长汀三洲万亩杨梅基地

南靖高山生态茶园

福鼎黄桅子药用示范基地

漳浦台资花卉基地

宁化虎杖大田栽培基地（林药）

漳州仙人球出口基地

漳州苏铁出口基地

武平富贵籽（朱砂根）盆栽培育基地

富贵籽盆栽

漳平杜鹃花种植基地（一）

漳平杜鹃花种植基地（二）

无患子果用林种植基地（生物能源）

无患子果叶

漳州人参榕出口基地

锥栗标准化栽培示范片

锥栗果实

南靖咖啡种植基地

● 林下种植

果树下仿生栽培铁皮石斛

活树附生石斛

林下套种金花茶（林药林茶）

邵武市杉木林下种植三叶青（林药）

马尾松下套种绿化苗木（林苗）

三元区杉木林下种植草珊瑚（林药）

草珊瑚叶果

6

大田县林下套种珍贵树种红豆杉（林苗）

七叶一枝花种植基地（林药）

七叶一枝花叶与花

绿竹与茶叶套种（林茶）

邵武市阔叶林下金线莲种植与微喷　　　　　　生长 7 个月金线莲

华山姜种植基地（林药）

林下栽培虎杖（林药）

● 林下养殖

林下养蜂

屏南竹林下养香猪

林下养鸡

药材金银花下立体养殖土鸡

红树林下养鸭

● **林下采集**

石斛花

大田县野生红菇

收获中的红菇

灵芝（林菌）

浦城丹桂花采集

丹桂花

竹荪（林菌）

松花粉

● 森林文化休闲

森林旅游方兴未艾

长汀三洲杨梅文化旅游节

森林休闲旅游

观赏园林

永泰高山草甸休闲旅游

南靖南坑咖啡景观休闲园

海峡两岸（漳州）花博会展馆

枇杷休闲采摘

● **药用类**

金银花

何首乌及药用根茎

玉竹

栝楼

石蒜　　　　　　　　　多花黄精　　　　　　　　厚朴花叶

天南星及药用根茎

射干及药用根茎

● 经济果类

长汀杨梅（林果）

柚子（林果）

银杏（林果）

桑椹（林果）

可可果（俗称咖啡之母）

无花果

树葡萄

油茶基地

油茶果（林油）

油桐

● 观赏花卉、苗木类

乐东拟单性木兰

漳州水仙花——金盏品种

福建山樱花

猴头杜鹃

漫山遍野的猴头杜鹃

色彩斑斓的紫薇花林

紫薇

桃花

野鸦椿

野鸦椿果实

蝴蝶兰

红掌（南靖林业实验中心）

优良景观植物枸骨

芳香樟种植基地

永安互叶百千层农田种植基地

互叶百千层(3年生农田单株长势)

山苍子

铁皮石斛花茶

金花茶叶

生物医药产品

藤木家居产品

茶多酚

林产化工

油茶产品

无患子日用化妆产品

森林食品：桂花产品

与群众面对面交流中药材种植

永安调研互叶百千层

在福安白沙村与绿竹种植户
开展 PRA 互动调查

考察金花茶苗木培育基地

福建森林非木质资源开发与利用

潘标志　主编

中国林业出版社

图书在版编目(CIP)数据

福建森林非木质资源开发与利用 / 潘标志主编 . —北京：中国林业出版社，2015.2

ISBN 978-7-5038-7958-6

Ⅰ.①福… Ⅱ.①潘… Ⅲ.①非木质林产品 – 资源开发②非木质林产品 – 资源利用 Ⅳ.①S789

中国版本图书馆 CIP 数据核字(2015)第 078242 号

中国林业出版社·科技出版分社
责任编辑：于界芬　于晓文

出版 中国林业出版社(100009　北京西城区刘海胡同 7 号)

网址 http：//lycb. forestry. gov. cn

发行 中国林业出版社

印刷 北京卡乐富印刷有限公司

版次 2015 年 5 月第 1 版

印次 2015 年 5 月第 1 次

开本 170mm×240mm　1/18

印张 23. 25　彩插　24 面

字数 466 千字

定价 86. 00 元

编委会

主　编　潘标志

副主编　杨长职　范辉华

编委会成员（按姓氏笔画顺序）

　　王邦富（福建三明林业学校）

　　乐通潮（福建省林业科学研究院）

　　关玉贤（福建省林业调查规划院）

　　江淑萍（浦城县林业科技推广中心）

　　刘友多（福建省林业调查规划院）

　　刘森勋（三明市林科所花卉苗木试验场）

　　李国忠（福建省林权登记中心）

　　李筱生（武平县林业局）

　　张海燕（邵武市林业科技推广中心）

　　林必强（漳州市林业局花卉办）

　　杨长职（福建省林权登记中心）

　　杨旺利（福安市林业局）

　　范辉华（福建省林业科学研究院）

　　潘标志（福建省林业调查规划院）

党的十八大报告提出：建设生态文明，是关系人民福祉、关乎民族未来的长远大计。2014 年，《国务院关于支持福建省深入实施生态省战略加快生态文明先行示范区建设的若干意见》的出台，使福建成为党的十八大以来全国第一个生态文明示范区。这是党中央、国务院对福建实施生态省战略的充分肯定和创建全国生态文明先行示范区的殷切期望，为福建省生态文明建设提供了新的重大机遇。

新的机遇赋予林业以新的使命。随着工业文明向生态文明的演进，林业承载了越来越多的社会期望与责任：为不断增加的人口和迅速发展的经济提供越来越多的林产品，为日趋恶化的环境担负起生态建设的主体重任，书写生态文明建设新篇章。作为"第二森林"之称的森林非木质资源开发利用受到越来越多的关注和重视，不仅为人类的生活提供了食物、药材等日常生活必需品，而且还是转变林业发展方式，促进绿色增长，推进农民脱贫致富的重要途径。"既要金山银山，更要绿水青山"。森林非木质资源开发利用同时兼顾生态保护和农民增收这一协调发展目标，对统筹生态保护和农村经济发展，探索在保护生态前提下增加农民收入的林业生产发展双赢模式，走绿色循环低碳发展道路，实现"百姓富、生态美"的有机统一，具有十分重要的作用。

福建省对非木质林产品的开发利用有着悠久的历史，且资源十分丰富。据资料统计，全省野生经济植物有 1200 多种，其中可利用的野生纤维植物类 388 种，油脂植物类 333 种，芳香植物类 126 种，淀粉及酿酒植物 315 种，单宁植物类 220 种。这类资源大多数是可再生的，可以重复利用，其中不少种类具有两种以上的用途，是人类对其利用的自然宝库。多年来，福建省在非木质资源利用方面取得了长足的发展，形成了比较完整的花卉、竹业、果药、制浆造纸、森林旅游、野生动植物驯养繁殖加工等非木质产业体系，成为海峡西岸现代林业建设的重要组成部分。

本书系统总结了福建省在非木质资源利用方面所取得的成就与经验，具有较强的系统性、创新性和科学性。体现在：综合和分析了国内外非木质资源利用的机制和方法；阐述了生态系统理论、可持续发展理论和循环经济理论的内容与应用实践，探讨非木质资源利用的理念与模式；运用SWOT分析了福建省非木质资源发展的基础与趋势、潜力与威胁，并从科学发展观的角度，提出了森林非木质资源利用的方略。同时，运用PRA调查方法选出福建省森林非木质资源利用的案例，内容丰富，涉及面广，且通俗易懂，体现了各地充分利用林荫空间、森林景观等资源发展养殖、种植、采集加工等产业，各具特色、异彩纷呈，是广大农民群众和基层干部智慧的结晶和辛勤劳动的成果，具有较强的针对性和实用性。

"踏遍青山作奉献，发展林业求先行。"本书的出版，倾注了课题组的大量心血，是课题组这些年来科研、推广与实践成果的阶段总结，既有科学的理论基础，又有实践的指导意义，也必将对全省乃至全国非木质资源利用起到积极的借鉴和推动作用。

二〇一四年十一月五日

注：董智勇，原林业部副部长，《森林与人类》期刊原主编。

前言

Preface

　　森林是陆地生态系统的主体，在这个生态系统中，除生态效益、社会效益外，蕴藏着巨大的经济效益。森林素有"绿色宝库"之称，森林除了向人类提供可贵的林木产品之外，同时还含有大量的非木质资源。如茶叶、干果、水果、花卉、野菜、药材、食用菌、竹子及其副产品以及森林景观等，它们是一种可再生的资源，其开发利用价值在国家和地方的经济占比中具有举足轻重的作用，对调整林业产业、促进山区社会和经济全面协调发展都具有重要的意义。

　　近年来，森林非木质资源开发利用得到重视和蓬勃发展，尤其是林下经济正成为又一中国特色的经济形态，展示了"机制活、产业优、百姓富、生态美"的新兴产业。福建地处我国东南沿海，由于特殊的地理位置和自然气候条件，林业的发展颇具优势，主要是：森林资源丰富，多达 5000 种以上，可供开发的潜力大；属亚热带海洋性季风气候，无霜期长，雨量充沛，雨热同期，适宜非木质资源的生长和繁衍；港澳台同胞和华侨华人众多，有利于扩大与海外的交流合作和发展外向型林业。据统计，2000～2013 年福建省主要非木材林产品总产值达 14078.6 亿元，初步形成了较为完整的花卉、竹业、制浆造纸、人造板、家具、森林旅游、野生动植物驯养繁殖加工等非木质产业体系。因此，进一步开发非木质资源得天独厚，前景广阔。但传统意义上的非木质资源是以某个领域（经济林、花卉、食用菌等）进入人们的视野，内涵单调，缺乏非木质资源利用和产业发展的理论与实践的系统性和综合性，直接或间接地影响森林非木质资源利用的步伐。

　　随着"生态福建""森林福建""清新福建"的提出和生态文明建

设进程的加快，福建在积极探索森林非木质资源生态模式的立体开发道路上，取得了很多可以推广的成功经验。本书以科学发展观、可持续发展、生态学和循环经济等理论为指导，通过自然科学与社会科学思想和方法的融合，采取多学科相结合，资料的全面收集与广泛的实验调研相结合，定性与定量相结合的工作思路和技术路线，从2002年开始就对南方红豆杉、三尖杉、虎杖、野鸦椿、铁皮石斛、无患子等森林非木质资源利用进行了不间断的调查与研究，历时10多年实施科研课题和开展实证研究。2007年开始以福建为例构思编著此书，并陆续开展资料收集和调研工作，探讨和总结福建省在非木质资源开发利用方面的成就与经验。在大量查阅、全面收集资料以及试验研究的基础上，还结合林业科技推广、林业调查规划工作，深入福建三明、南平、漳州、宁德、泉州、龙岩、福州等9个设区市的50多个县（市、区）100多个乡镇调研和开展科技服务，不断掌握第一手数据资料，到2011年年底形成了初稿，并在大田驻村期间，利用工作之余，不断进行深入、系统地研究和分析，形成了本著作。在本书形成过程中，先后得到了国家林业局、福建省发改委、福建省科技厅、福建省林业厅等部门的项目支持，尤其是2012年，福建省林权登记中心结合业务工作，组织相关专家与技术人员对本书进行继续完善和提升，进一步扩大福建省在森林非木质资源利用上的影响和推广意义。

全书共分7个章节，章节间逻辑性强，通俗易懂。力求做到理论上的实用性、方法上的操作性、案例分析上的代表性，为全省乃至全国森林非木质资源开发利用提供指导与经验、模式借鉴。具体归纳为：

第一章节主要提出森林非木质资源的概念与特点，简要分析利用的历史背景、国内外背景与发展趋势，从中发现并总结出一些规律性的经验，阐述非木质资源利用的地位与作用，探讨分析森林非木质资源保护与利用、短周期循环利用的本质、机制与特征。

第二、三章节在探讨生态系统理论、可持续发展理论和循环经济理论等理论对指导森林非木质资源利用的基础上，概括出理论与实践相结合的立体林业、混农林业、生态复合经营是非木质资源利用的理念，从而提出利用模式的定义、特性、原则原理等构建思路，详细阐述森林非木质资源立体复合经营与林下经济发展的模式类型，实用性和可操作性强。

第四、五章节主要应用 PRA 科学调查方法，结合课题组多年与科研实践、与农民互动调查，总结福建省森林非木质资源发展基础，筛选出 10 多个较为典型、较大规模的非木质资源利用模式，并运用层次分析法对其进行科学评价与综合分析，为其他森林非木质资源利用提供评价方法与模式。

第六章节从福建省森林非木质资源利用的现状出发，摸清资源现状并应用 SWOT 分析方法，阐述当前及今后福建省森林非木质资源开发利用的优劣势、机遇与威胁，运用层次分析法对此进行科学评价与综合分析，并构建 SWOT 分析矩阵，提出发展的意见与建议。

第七章节在 SWOT 分析的基础上，从生态文明建设和科学发展观的角度出发，站在全省的高度提出了非木质资源利用的战略构想、布局和实现途径与措施以及推进非木质资源利用的支撑体系建设，为福建省森林非木质资源科学利用提供依据。

本书由潘标志执笔编写，其他编委会成员分别配合案例材料的调研、收集与分析工作。

呈现在读者面前的这本书，还不够完美无疵。编者希望本书对森林非木质资源开发利用起到推动和抛砖引玉作用：希望本书引起有关部门、有关领导对森林非木质资源开发利用理论研究和应用实践的重视和兴趣。

本书在编写过程中参考和引用了国内外不少学者在这一领域的文献资料与成果，也吸收了一些相关领域学者的理念和观点，在此，谨表谢忱。由于非木质资源利用是个新兴领域，涉及的学科较多，实践中所遇到的问题较为复杂，且本书篇幅有限，加之缺乏编著经验，难免会有疏漏和不当之处，敬请各位同仁批评指正和谅解。

编　者

二〇一五年元月

目录
Contents

第六章　森林非木质资源利用的 SWOT 分析·············(256)

第七章　森林非木质资源开发与利用战略体系·············(281)

第一章

绪　论

在高度重视生态保护和森林可持续经营的今天，林区、山区更应该重视森林非木质资源的开发与利用。特别是在当前，国家生态文明建设和生态公益林保护工程的实施，传统的以木材生产为主的经营格局将被彻底打破，各种生产要素将进行重新组合。非木质资源利用受到越来越多的关注和重视。从全国来看，非木质资源的研发正在得到重视和蓬勃发展，已成为贫困山区发展经济，增加农民收入的一条重要途径。它不仅可以推动传统林业和林产工业的变革，可以提高现有森林的经济价值和多种附加效益，可以在保障人类生活的前提下，实现森林和林地的可持续利用。而且既不耗费森林的林木资源，又不破坏森林的更新能力，从而可以减少人们对森林生态系统的压力。

第一节　森林非木质资源概念、分类及特点

一、概　念

（一）资源的概念

资源通常被解释为"资财之源，一般指天然的财源"（《辞海》）。由于人们在研究领域和研究角度上存在着差别，资源又有广义、狭义之分。

广义的资源指人类生存发展和享受所需要的有形或无形、物质的和非物质的要素。一方面包括人类所需要的自然物，如阳光、空气、水、矿产、土壤、植物及动物等等；另一方面包括人类劳动所产生和需要的一切有用物质，如各种设备、房屋、其他生产资料性商品及消费性商品，还包括无形的资产，如信息、知

识和技术以及人类自身的体力和智力。

狭义的资源仅指自然资源，是指在一定时间、地点的条件下能够产生经济价值的、以提高人类当前和将来福利的自然环境因素和条件的总称。

人类社会财富的创造不仅来源于自然界，而且还来源于人类社会，因此资源包括物质和非物质的要素。世界上通常把资源说成是人类可以利用的自然生成的物质以及生成这些物质的环境功能。前者包括土地、水、大气、岩石、矿物及其森林、草地和海洋等，后者则指太阳能、地球物理化学的循环机能、生态系统的环境机能等。对于资源，从不同的角度、标准有着各种各样的分类方法。例如，按照生产要素的实物形态，划分为人力资源和物质资源；按资源的根本属性的不同，划分为自然资源和社会资源；按利用限度，划分为可再生资源和不可再生资源。其目的是为了更好地理解和把握不同资源间的相互关系及同类资源的共同特征，以便更好更合理地利用各种资源。

(二) 自然资源的概念

自然资源是人类生活和生产资料的来源，是人类社会和经济发展的物质基础，同时也构成人类生存环境的基本要素。它是指具有社会有效性和相对稀缺性的自然物质或自然环境的总称。联合国出版的文献中对自然资源的涵义解释为：从广义来说，自然资源包括全球范围内的一切要素，它既包括过去进化阶段中无生命的物理成分，如矿物，又包括地球演化过程中的产物，如植物、动物、景观要素、地形、水、空气、土壤和化石资源等。

人在其自然环境中发现的各种成分，只要它能以任何方式为人类提供福利的都属于自然资源。其特点是可借助于自然循环和生物自身的生长繁殖而不断更新，保持一定的储量。自然资源的类型有多种划分方法。按资源的实物类型划分，自然资源包括土地资源、气候资源、水资源、生物资源、能源资源、矿产资源、海洋资源、旅游资源等。从可持续发展的角度出发，分为耗竭性资源和非耗竭性资源。其中，非耗竭性资源(可更新自然资源)包括恒定性资源与易误用及污染的资源，耗竭性资源又包括再生 (可更新性)资源和不可再生(不可更新性)资源，主要有林地资源、生物资源等。

(三) 森林资源的概念

森林资源是生物和非生物资源的综合体，但以生物资源为主。它是自然资源的一种，是可更新的自然资源，它的更新取决于自身的繁殖能力和外界的环境，应该遵循永续利用的原则，加以充分利用。《中华人民共和国森林法实施细则》规定："森林资源，包括森林、林木、林地以及依托森林、林木、林地生存的野生动物、植物和微生物。森林，包括乔木林和竹林；林木，包括树木和竹子；林地，包括郁闭度 0.2 以上的乔木林地以及竹林地、灌木林地、疏林地、采伐迹地、火烧迹地、未成林造林地、苗圃地和县级以上人民政府规划的宜林地。"林业经济学将森林资源定义为：森林资源是以多年生乔木为主体，包括以森林资源环境为条件的林地及其他动物、植物、微生物等及其生态服务，它具有一定的生物结构和地段类型并形成特有的生态环境（邱俊齐，1998）。

（四）非木质资源的概念

什么是非木质资源（也称非木材资源）？森林非木质资源是一种自然资源，也是一种可再生（更新）的资源，它是森林资源的重要组成部分。它不同于一般的生物分类学中的概念，目前关于它的确切定义还不能在有关文献中找到。关于它的定义也是各种各样。世界各国对非木材林产品的叫法有很多种，如非木质林产品、林副产品、多种利用林产品等。根据联合国粮农组织（FAO）的定义：非木质林产品是从以森林资源为核心的生物群落中获得的能满足人类生存或生产需要的产品和服务。包括植物类产品如森林野果、野菜、药材、花卉等；动物类产品如昆虫产品（蜂蜜、紫胶）、野生动物产品；服务类产品如森林文化、森林旅游等。1991 年 11 月，联合国粮农组织在泰国曼谷召开"非木材林产品专家磋商会"，将非木材林产品定义为：以森林中或任何类似用途的土地上生产的所有可更新的产品（木材、薪材、木炭、石料、水及旅游资源不包括在内），主要包括纤维产品、可食用产品、药用植物及化妆品、植物中的提取物、非食用性动物及其产品等。顾名思义，非木质资源可理解为森林中除去木材以外的其他森林资源，包括林地、林木及其空间范围内生长着的一切动物、植物、微生物和其生存及发挥作用的自然环境因素的总称，也包括某些木材利用种类具有经济利用价值的枝叶和剩余物部分。

广义的非木质资源，包含生存于林中的动物、灌木、草本植物、藤本植物、微生物及林地、森林文化、森林景观等内容。把林地也归于非木质资源的内涵中，在当前林地资源属于国家所有，无法流转，作为非木质资源范畴显然是不合情理的。目前，各地林业部门也都没把林地归入非木质资源开发利用的范畴。因此，非木质资源开发研究的对象不应是森林资源中除林木资源以外的其他的所有内容，而应只包括目前已发现的可在人类的生产、生活直接被利用的部分。《中华人民共和国野生动物保护法》规定："禁止猎捕、杀害国家重点保护野生动物，禁止出售、收购国家重点保护野生动物或者其产品，因科学研究、驯养繁殖、展览等特殊情况，需要捕捉、捕捞、出售、收购、利用国家一、二级保护野生动物或者其产品的，必须经省、自治区、直辖市政府及国务院野生动物行政主管部门或者其授权的单位批准取得许可，野生动物保护法驯养繁殖国家重点保护野生动物的单位和个人可以凭驯养繁殖许可证向政府指定的收购单位，按照规定出售国家重点保护野生动物或者其产品"，将野生动物资源的开发利用基本限制于为科学研究等公益性事业服务的范畴，这就大大限制了林下野生动物资源的开发利用。由于这种限制，通常人们在说明非木质资源这个概念时，都不将野生动物资源包括在内，这也较为符合目前我国非木质资源利用的实际情况。在林业发展的新形势下，随着人们对森林碳交易的高度重视和交易规则的逐步完善，森林是重要的碳贮库，其碳循环利用效益将是森林非木质资源利用的一个不可分割的重要力量，是提升森林综合效益的有效途径。

狭义的非木质资源，指林中的资源植物（包括灌木、草本植物、藤本植物）和大型经济真菌以及森林景观等在内的物质体和非物质体的总称。这个提法往往得到大多数林业工作者认可和接受，并被众多媒体及刊物所广泛使用，本书在采纳此狭义概念的基础上，将森林碳汇纳入狭义范畴。

因此，笔者认为，非木质资源包括茶叶、干果、水果、花卉、野菜、药材、食用菌、竹子及其副产品以及森林碳汇、森林景观等森林资源。这类资源具有一个显著的特点，大多数是可再生的，可以重复利用，而且具有多种用途，是人类对其利用的自然宝库。

二、森林非木质资源分类

（1）按资源的实物类型划分，森林非木质资源包括植物资源、动物资源、大型经济真菌和旅游资源。

（2）按资源内涵划分，茶叶、干果、水果、花卉、野菜、药材、食用菌、竹子及其副产品以及森林景观等森林资源。

（3）按资源用途划分，药用、食用、纤维、染料、香料、油料、鞣料、淀粉、蜜源、经济昆虫寄主、牧草和观赏等多种用途。

（4）按非木质资源所处层次划分，有灌木、草本植物、藤本植物和大型经济真菌。

（5）按非木质资源特性划分，林木种子、树木苗类、林木叶类产品、木本食用菌和山菜类、饮料产品、调料产品、果类产品、中药材、观赏植物、野生动物及动物产品、天然橡胶和天然树脂、天然化工原料、编织用林木产品、其他林产品等。

（6）按非木质资源利用部位划分，根茎类（笋用竹、多花黄精、木薯、太子参、百合、泽泻、板蓝根等）、种实类（山茱萸、砂仁、枳壳、银杏等）、树皮（厚朴、肉桂、杜仲等）、花（金银花、木槿花等）、果用（野鸦椿、油茶、无患子、黄栀子等）、茎叶与全草类（草珊瑚、雷公藤、金线莲等）。

三、森林非木质资源特点

（一）种类繁多

福建特殊的地质地貌结构，复杂多样的气候类型，孕育了极为丰富的森林非木质资源。福建省蕴藏着大量野生经济资源，这类资源大多数是可再生的，可以重复利用，其中不少种类具有两种以上的用途，是人类对其利用的自然宝库。据调查全省的药用植物多达 246 科，共计 1873 种。药用植物 773 种。如石竹科的太子参（*Pseudostellaria heperophylla*）。福建食用菌资源也比较丰富，是森林非木质资源的重要组成部分，分布遍及全省，约 220 种，约占全国的 1/3，不少是名贵的菌类，如银耳科的银耳（*Tremella fuciformis*）。福建野菜资源有 79 科 236 种，根据森林野菜的主要食用部分和器官，有茎菜类、叶菜类、根菜类和花菜类。如菊科的蒌蒿（*Artemisia selengensis*）。福建竹类资源十分丰富，其中毛竹（Phyllostachys heteroclada）面积达 73.3 万 hm^2，福建竹类约有 19 属近 200 种（包括变种、变型），分别占我国竹子属、种的 39.8%、40%。除毛竹以外的经济竹种达 15 属 123 种。福建花卉资源共有 101 科 381 属 1600 种，其中野生的有 72 科 232 种，主要有兰科的建兰（Cymbidium ensifolium）、杜鹃科的福建杜鹃（*Rhododendron simiarum*）等。

（二）功能多样

大部分森林非木质资源中，含有多种人体所不可欠缺的氨基酸、胡萝卜素、多种维生素、蛋白质和铁、镁、钙等矿物质，而且大部分具有很高的药用价值，是治疗疑难杂症的药物资源。许多具有两种以上的用途。如南方红豆杉枝、叶、树皮能提取一种新型高效抗癌物质——紫杉醇；三尖杉枝叶、根、果可提取三尖脂碱，对治疗白血病、淋巴肉瘤有一定的疗效；金花茶具有极高的观赏价值和药用价值；白腊树既是优良用材绿化树种，也是优良经济花虫的蜡虫的寄主植物；雷公藤植物体含有抗艾滋病毒活性成分，能抑制 HIV-I 复制与重组，同时还是高级生物农药和生物制剂；许多森林蔬菜在我国药典上已明确记载具有一定的药用功能。如败酱全草入药，有清热解毒、消痈排脓和祛瘀止痛之功能，用于热毒痈肿、血气胸腹痛等；荠菜带根全草入药，有和脾利水、止血、明目之功能，用于水肿、淋病、痢疾、吐血、便血、血崩、目赤肿痛等症；马兰全草入药，具有凉血止痢、解毒消痈之功能，用于湿热泻痢、火毒痈疖等；蒲公英全草入药，具有清热解毒、利湿之功能，用于热毒痈肿疮疡、内痈、湿热黄疸及小便淋漓涩痛等；土人参根可入药，有强壮滋补之功效，主治病后体虚、劳伤咳嗽、月经不调、乳汁不足、遗尿、盗汗等症；树参根及枝、叶均可入药，民间常用于风湿性关节炎、跌打损伤、陈伤、半身不遂、偏头痛、月经不调等症。据报道，树参叶水提物灌胃给药，对乌头碱、$CaCl_2$诱发的小鼠心律失常和$BaCl_2$所致的大鼠心律失常均有明显的保护作用，静注给药能显著缩短肾上腺素诱发的麻醉兔心律失常的持续时间，还能明显推迟哇巴因性豚鼠离体心脏心律失常和心电消失的出现，可见树参叶对抗心律失常有一定作用。洪利兴等（2004）总结不少森林蔬菜对人体的某种疾病具有一定的单味食疗功能资料（表1-1），如蒲公英对便秘、消化性溃疡、黄疸型肝炎和缺乳病症有一定的食疗功能，马齿苋对细菌性痢疾和糖尿病症有一定的食疗功能，蕺菜对细菌性痢疾、肾病综合症和尿石症有一定的食疗功能。自古以来许多用中草药防治人、畜、鱼类疾病。吴德峰（2000）在实践中应用药用植物资源治疗鱼虾等水产动物疾病的研究，有针对性提出了一些常见的鱼类疾病的中草药防治范围和作用特点（表1-2）。除了以上的功能外，许多森林非木质资源还可加工成罐头、酱菜，高级补品等，以及作食品添加剂、化妆品等；在制作食品和加工过程中，有些残渣和剩余物还可作禽畜饲料。同时，很多非木质资源还具有绿化、美化、香化和景观等功能。无患子除材用、药用以及绿化观赏外，亦是良好的生活洗涤与生物质能源树种。

（三）营养价值高

森林非木质资源作为天然野生生物，多数具有风味独特，营养丰富，含蛋白质、脂肪、糖类、维生素、多种氨基酸和多种矿质元素，是亟待开发的宝贵膳食资源。森林蔬菜俗称山野菜，主要分布在山区林中、林下或林缘，无污染、纯天然。采集后，一般经开水焯、凉水漂后，可炒食、凉拌、做汤等，色泽翠绿，鲜嫩爽口，具有与日常蔬菜不同的独特风味。洪利兴等（2004）对几种森林野菜与常规蔬菜的内含元素与营养价值作了研究与比较。如荠菜的鲜美、马兰的清馨，香椿的脆香等，远非一般蔬菜所及，营养价值普遍高于或远远高于大白菜、包心菜和萝卜等日常蔬菜（表1-3）。如荠菜的蛋白质含量是大白菜的4.3倍，土人参的脂肪含量是包心菜的11倍，蕨菜的总糖含量是萝卜的1.6倍，胡萝卜素和维生素C的含量远远高于大白菜、包心菜和萝卜，特别是胡萝卜素，含量相对较低的香椿是大白菜的9.3倍，含量相对较高的蒲公英则是大白菜的73.5倍。山芹的维生素C含量特别高，据测定，每100g鲜品中含有一般蔬菜中所没有的维生素E及多种氨基酸，如异亮氨酸、亮氨酸、赖氨酸、蛋氨酸、苯丙氨酸、酪氨酸、苏氨酸、缬氨酸、精氨酸、组氨酸、丙氨酸、脯氨酸、天门冬氨酸、谷氨酸、甘氨酸、丝氨酸，总氨基酸含量1861.1mg。

（四）地域差异大

福建地处东南沿海，自然条件优越，非常适宜林木的生长，森林资源丰富，多达5000种以上。其中蕴藏着大量的非木质资源。由于境内海拔落差达3000多米，地跨中、南亚热2个明显气候带，野生植物资源具有多样性和分布规律性，森林植被类型，在同一山体的不同海拔高度、同一海拔高度的山脊、山坡和山谷的非木质林资源在种类和数量上都存在差异，表现出明显的地域特征。由此形成每个县(市、区)、乡(镇)和村落在非木质产品上的利用差异，什么样的森林环境就要发展与之相适应的非木质资源利用产业；从世界范围来看，资源的分布也是不均匀的，对其开发利用也存在明显的地域差异。同时，由于地域因素存在不利于开发和利用的不足之处。

（五）生长环境好、周期短

森林非木质资源之所以能得到国内外厂商和人们的关注和欢迎，污染少、质量纯是一个重要原因，它多生长在林下、林缘、山坡、河岸、田野、地埂、灌丛间，长期在物种选择压力和自然生境更替中生存，抗性强、病虫害少，自然成片面积大或栽种容易，成本低。而且在空气清新，光照柔和，水分充足，具有森林落叶腐殖质的立地环境中，未曾受到废气、污水、农药化肥、飘尘等有害物质的污染、侵害，因而成分纯正，没有残毒，人食用无副作用。同时，这类资源具有一个显著的特点，大多数是可再生的，可以重复利用，而且大部分森林资源生长时间短，可利用时间不长，多是当年可采收利用，长者3~5年，这种短期可见效益的资源，是人类可反复开发的自然宝库应当充分利用，发挥它的作用。因此，在人们注重自我保健，回归自然、追求健康的今天，开发无污染、纯天然的森林非木质资源，必然会受到人们的青睐和喜爱。

表1-1　森林蔬菜的单味食疗功能

病　症	蕺菜	蒲公英	败酱	马齿苋	荠菜	马兰
便秘		●				
消化性溃疡		●				
细菌性痢疾	●			●		
黄疸型肝炎		●				
肾病综合症	●					
淋病			●			
糖尿病				●		
结核病					●	
尿石症	●					
缺乳		●				
急性乳腺炎						●

资料来源：洪利兴等，《浙江效益农业百科全书·森林蔬菜》(2004年)。

表1-2　中草药的单味药用功能

药用功能	中草药名称
抗菌、杀菌作用	黄连（*Coptis chinensis* Franch.）、紫花地丁（*Viola mandshurica* cordata）、马齿苋（*Portulaca oleracea* Linn.）、虎杖（*Peynoutria japonica*）、筋骨草（*Ajuga decumbens* Thunb.）、金银花（*Lonicera japonica* Thunb.）、三棵针（*Berberis amurensis*）、鸭跖草（*Commelina communis* Linn）、地锦草（*Herba Euphorbia Humifusa.*）、铁苋菜（*Acalypha australis* L.）、南岭荛花（*Wikstroemia indica*）、马鞭草（*Verbena officinalis*）、穿心莲（*Andrographis paniculata* Burm．f.）和空心莲子草（*Alternanthera philoxeroides*）
抗寄生虫病、皮肤疾病作用	盐肤木（五倍子）（*Rhus chinensis* Mill.）、土荆芥（*Dysphania ambrosioides* L）、辣蓼（*Polygonum flaccidum* Meissn.）、使君子（*Quisqualis indica*）、贯众（*Cyrtomium fortunei*）、马鞭草（*Verbena officinalis*）、地肤子（*Kochia scoparia*（L.）Schrad.）、仙鹤草（*Herba et Gemma Agrimoniae*）、苦楝（*Melia azedarach* L.）、土大黄（羊蹄）（*Rumex daiwco* Makino）、鸦胆子（*Brucea javanica*（L.）Merr. RhusjavanicaL.）、枫杨（*Pterocarya stenoptera* C．DC.）、乌桕（*Sapium sebiferum*）、百部（*Stemona japonica*（Miq.）Miq）、苦参（*Sophora flavescens*）和醉鱼草（*Buddleja lindleyana* Fort.）
保肝健脾、凉血滋阴作用	一点红［*Emilia nsonchifolia*（L.）DC.］、白毛藤（*Solanum lyratum*）、黄连（*Coptis chinensis* Franch.）、虎杖（*Reynoutria japonica*）、半边莲（*Lobelia chinensis*）、半枝莲（*scutellaria barbata*）、叶下珠（*Phyllanthus urinaria* Linn）、韩信草（*Scutellaria indica* Linn.）、青葙子（*Celosia argentea* L.）、茵陈蒿（*Artemisia capillaris*）、野菊花（*Chrysanthemum indicum* L.）、薄荷（*Mentha canadensis* L.）、三加皮（*Acanthopanax lasiogyne* Harms）、白茅根（*Imperata cylindrica*）、爵床（*Rostellularia procumbens* L.）、积雪草（*Centella asiatica*）
理气消食、通肠止泻、活血祛瘀作用	陈皮、艾叶（*Artemisia Argyi*）、松针、一年蓬［*Erigeron annuus*（Linn.）Pers.］、地锦草（*Euphorbia Humifusa.*）、紫苏（*Perilla frutescens*）、马齿苋（*Portulaca oleracea* Linn.）、铁苋菜（*Acalypha australis* L.）、马鞭草（*Verbena officinalis*）、地榆（*Sanguisorba*）、土茯苓（*Smilax glabra*）、大叶桉（*Eucalyptus robusta* Smith）、鬼针草（*Bidens pilosa* Linn.）、樟（*Cinnamomum camphora* L.）、枫香（*Liquidambar formosama*）等
宁心安神、定惊开窍、抗惊厥作用	灵芝（*Ganoderma lucidum* Curtis. Fr.）、远志（*Polygalae radix*）、长柄南五味（*kadsura longipedunculata*）、松针、天南星（*Arisaema erubescens* Wall.）、细辛（*Asarum caudigerum*）、女贞子（*Ligustrum lucidum*）、地骨皮（*Lycium chinense* Mill）、旱莲草（*Eclipta prostrata* L.）、麦冬（*Ophiopogon japonicus*）等
补气壮阳、养血调虚、扶正祛邪	土党参（*Campanumoea javanica*）、沙参（*Adenophora tetraphylla*）、三加皮（*Acanthopenax lasiogyne* Harms）、旱莲草（*Eclipta prostrata* L.）、天门冬（*Asparagus cochinchinensis* Lour）、麦门冬（*Ophiopogon japonicus*）、百合（*Lilium brownii*）、巴戟天（*Morinda officinalis* How.）、长柄南五味（*kadsura longipedunculata*）、骨碎补（*Drynaria forturei*）、何首乌（*fallopia multiflora*）、仙茅（*Curculigo orchioides* Gaertn）等

表 1-3　日常蔬菜与森林蔬菜的营养比较（每 100g 鲜重含有量）

类别	菜名	蛋白质（g）	脂肪（g）	总糖（g）	胡萝卜素（mg）	维生素（mg）	磷（mg）	钙（mg）	铁（mg）
日常蔬菜	大白菜	1.2	0.1	2.0	0.10	31	28	40	0.8
	包心菜	1.1	0.2	3.4	0.02	38	24	32	0.3
	萝卜	0.8		6.2	0.02	27	34	53	0.6
森林蔬菜	土人参	1.6	2.2		3.59	87	28	62	4.2
	蕨菜	1.6	0.4	10.0	1.68	35	29	24	6.7
	荠菜	5.2	0.4	6.0	3.20	55	73	420	6.3
	马齿苋	2.3	0.5	3.0	2.23	23	56	85	1.5
	马兰	3.0	0.6	5.2	3.32	46	52	138	2.0
	茼蒿	3.7	0.7	9.0	4.35	49	75	730	2.5
	蒲公英	3.6	1.2	11.0	7.35	47	115	216	12.4
	香椿	5.7	0.4	7.2	0.93	56	120	110	3.4

数据来源：洪利兴等，《浙江效益农业百科全书·森林蔬菜》（2004 年）。

第二节　森林非木质资源利用背景、地位与发展趋势

森林非木质资源是指那些在森林中生长，人类除森林木材利用以外的资源，包括茶叶、森林果实、花卉、药材、野菜、森林景观、竹子及其副产品等森林植物资源，是森林生态系统的重要组成部分，由于其生长环境好、污染少，多数具有营养价值和医疗保健作用，人们对其开发利用有着悠久的历史，也具有广阔的发展前景。目前，国内在非木质林产品领域的研究相对滞后，且大多从现实的层面出发，鲜有对其历史变迁的回顾和展望。

一、森林非木质资源利用背景

（一）历史发展背景

1. 古代森林非木质资源利用

我国对非木质资源利用有着悠久的历史，非木质资源的利用与开发是与人类历史和文明同步的。我国古代勤劳智慧的人民在长期生产实践中，逐步认识了人与自然之间存在复杂的内在联系，积累了许多非木质资源利用的经验。在生产力低下的远古时期，最重要的非木质林产品是食物，即野生食用植物和动物，这是当时人们主要的生活来源之一，采集就作为原始人类获取生存物质的重要方式而广泛存在。随着对动植物的认识和实践知识的不断加深，在森林多种利用形式

中，又逐步辨别出了为人类疾病服务的药用植物。这虽是原始的、自发式的利用，但这已成为一种世代相传的文化遗产。

从神农氏开始就有非木质资源利用思想，《淮南子》记载"又辨百草之性以疗民疾，草根树皮始可以为药用"；春秋起，古人就用竹简记述历史文化，秦代以竹为管造成笔。

汉代非木质资源利用等农林事业大有起色，早在西汉（2000年前）就开始广泛种植经济果品枇杷，东汉（1700年前）开始种植橘柑，并发明造纸。《史记·货殖传》记载：山居千章树，安邑千树枣，燕秦千树栗，蜀汉江陵千树橘，陈夏千亩漆，渭川千亩竹；《淮南子》记载：丘陵阪险，不拓五谷者以树林木，春伐枯槁，夏取果蓏，秋畜疏食，冬伐薪蒸。

晋代就开始用竹子造纸。并著有研求草木性质专著《南方草木状》，目睹南越交趾植物珍奇。南北朝时，宋、南齐、梁、北魏北齐均提供民间种植桑果，《南齐书·刘善明传》记载：郡境边海，无树木，善明课民种榆槚杂果，遂获其利；《梁书·沈僎传》记载：令教民一丁种十五株桑，四株柿及梨栗，女丁半之，人咸欢悦，顷之成林。

唐宋以来非木质资源经济得到长足发展，著作颇多。唐永徽五年于两京及城中种果树，花卉在唐末五代（905~906年）就有荷花的栽培，品种达300余种。宋太祖年间有广植桑枣垦辟荒田者止纳旧租，至道二年有耕耨之外，令益树杂木蔬果。唐陆羽著《茶经》为我国茶之名著，其他如王方庆著《园庭草木疏》，宋陈翥撰《桐谱》，蔡襄著《荔枝谱》《茶录》，韩彦直撰《橘录》，吴僧赞宁撰《笋谱》。由于这些著作的影响，非木质资源得到广泛发展。特别是茶叶在唐朝兴起，到宋朝时盛况空前。宋元时期福建沿海大面积利用的茶叶、水果全国闻名，茶叶运销到70多个国家和地区，茶叶、中药材、果类在宋元明以至清初已初具规模，主栽品种也已初步定型。

明代明令百姓广栽桑、枣、柿、栗、胡桃等经济植物，且在林业经济上开创了新纪元。采收白蜡与乌桕种子取油，较其他树木果实，油量大这种取油方式从宋元时开始，至明代开始普及；明初（500年前）利用朽木人工栽培野生食用菌（香菇、白木耳等），明代茶叶利用分布广泛，早期作为贡品生产，清后期大量外销，种植之广与品种之优已居全国领先地位。明朝李时珍著《本草纲目》也是今之药用名著，凡木叶草实可以济民，详解植物药用之功用。

种养结合的庭院经济也有悠久的历史。春秋战国时期，间作套种和混作已经萌芽；东汉以后逐渐形成"桑基鱼塘"的生产模式；晋朝时，我国南方庭院经济已相当盛行；南北朝时也出现槐、榆与粮、豆、菜间作模式；元朝时对树木和作物的生物学特性有了进一步的了解，说明了传统农林生产的物种并非任意搭配的；明朝已经有了果园防护措施；清朝传统农林生产与经营更为普遍，不但注意物种的组合，经营上也更加精细，立体结构出现新格局。

2. 民国及抗战时期非木质资源利用

到了近代，民国时期森林制度较健全，制订不少主张林政管理与森林开发的制度。孙中山在《建国大纲》中提出开发森林多有竹材木材及桐油茶叶等其他一切森林产物。由于战事频繁，茶果、食用菌、中草药等非木质资源利用长期停滞不前，种植失管或破坏，产量大幅度下降。特别在抗日战争与解放战争期间（1937～1948年），由于战争损失不计其数，仅民营油桐、乌桕、油茶、胡桃等经济林损失达280多万亩。但为了战争需要，1940年成立农林部职责战争前后林业之措施，其间高度重视经济林之营造示范，1941～1943年先后成立经济林场四处，公布经济林场组织通则，重点引进、培育油桐、核桃、橡胶、金鸡纳树、八角、咖啡等国内外珍贵植物，全为供应国防军工医药等原料之用，共育苗1200万株、造林382万株左右。1941年还设立中央林业实验所，重点研究林产利用改进、国药繁殖实验等森林主副产品产物分级标准与运销制度，在四川金佛山培育试验常山、川芎、党参、防风、五倍子、厚朴等170余种药用植物，其中人工栽培亦有30余种。说明在战争期间，药用、军用等非木质资源发展得到重视。

3. 新中国成立后的非木质资源利用

1949年10月成立林垦部，主要行使普遍护林、重点造林和合理采伐与利用三大职责，明确尽量利用茯苓、冬菇、银耳、松脂等森林中副产品。非木质资源开发与利用开始一个崭新的发展时期，进入恢复性阶段，得到了党和政府领导的关心和支持。中共中央文献研究室和国家林业局编印本记载，毛泽东同志在20世纪50、60年代多次讲话指出"山区要发展经济林木，可以种核桃、梨，可以搞些核桃、枣子……核桃是高级油料"，"树木经济价值很大，木材是化学原料，可以多种些"，"要努力发展粮、棉、油、麻、丝、茶、果、药、杂等十二项生产"，这些林林总总讲话，多是一些非木质资源发展的范畴。我国开发利用的非木质林产品种类繁多，包括食用、药用、工业用等所有类型产品，社会经济发展及公众生活对非木质林产品需求量较大。根据不完全统计，我国林区仅木本植物就有1900种，其中芳香植物有340多种，可开发利用的食用植物120多种；药用植物约400种，经济植物100多种；蜜源植物800多种。此外，还有野生动物500多种。这些丰富的资源不仅为我国人民提供了大量的生活用品来源和就业机会，而且为国家创造了极大的经济产值和外汇收入。

我国绝大部分的森林资源处于山区，因此山区是非木质林产品的主要开发利用区域。山区经济以农业为主，在耕地数量既定和人均耕地较少的情况下，山区经济发展对森林资源的开发利用依赖程度较高，因此开发利用非木质林产品活动长期以来一直较为活跃。东北林区盛产蕨菜、刺嫩芽、松仁等食用类非木质林产品，而南方山区盛产芦蒿、荠荠菜、竹藤等非木质林产品。不同省份的非木质林产品利用活动各有特点。如浙江、福建、江西竹类资源的开发利用较为活跃；云南、四川等省则偏重于食用菌和药用、观赏类非木质林产品的开发利用；陕西、宁夏则大力开发利用枸杞、沙棘等非木质林产品。

根据资料统计，1978～1998 年，20 年的时间，在我国林业各项政策支持下，如，1985 年党中央、国务院出台了《关于进一步活跃农村经济的十项政策》，取消了农副产品统购派购制度，扩大市场调节，使农业生产更加适应市场需要，促进农村产业结构逐步合理化。我国橡胶、松脂、生漆、油桐籽、油茶籽、核桃等主要非木质产品产量从 101600t、337600t、2200t、391150t、478900t、113000t 一直跃升至 462344t、543156t、4577t、438680t、722846t、265121t，除油桐籽外，基本都是成倍的增长。作为世界最大的竹产品生产国，我国 1999 年末加工竹产品价值约 12 亿元，全职或兼职参与竹产品生产的劳动力数量逾 500 万人。截至 2005 年，我国食用类非木质林产品采集量已占世界总采集量 74%，油漆等工业用非木质林产品采集量占世界比重为 72%。当前，被利用的山野菜、食用菌品种逾百种，其中松茸、蕨菜、刺嫩芽等数十种产品还被大量用于出口。就入药用非木质林产品而言，我国可入药的植物多达 11000 种，占植物种类的 87.03%；主要收购品种为 400 余种，约占常用药材的 70%；年收购量 4 万 t，约占所有品种收购总量的 50%～60%，总价值 16 亿元左右。作为林化工业生产原料的松香、松节油等非木质林产品产量一直居高不下，诸如松香和松节油 2005 年全国产量分别为 6017 万 t 和 615 万 t，较 2004 年增幅分别为 24.19% 和 23.12%。此外，我国竹类非木质林产品产量大，每年竹笋产量达 160 万 t 以上，毛竹产量逾 5 亿根，杂竹产量逾 3000 万 t，折合 1000 万 m^3（张爱美等，2008）。

自进入新世纪，我国非木质资源利用尤其是林下经济进入快速发展阶段。许多省份坚持生态建设、产业发展和生态文明同步，立足兴林富民和现代林业建设，大力发展林下经济和立体经营，推进了林业发展方式的转变，提高了林地利用率和生产力，开辟了增收增效渠道，促进了农村经济特别是山区经济持续发展。如 2006 年，黑龙江省伊春市成为国有林权制度改革试点，通过实现森林所有权与林下经营权的适度分离，发展林下经济；2007 年 2 月 17 日，温家宝总理在辽宁抚顺农村考察时提出：能够保护好生态环境，发展好林下经济很重要。2007 年 3 月 9 日，温家宝接见海南人大代表时说："发展林业可以发展生态林、经济林，还可以发展林下产业，发展珍稀品种。"温总理的讲话充分肯定了我国蓬勃发展的林下经济这一新的发展方式。

进入"十二五"，非木质资源开发利用迎来了新一轮的发展机遇。国家从"转变发展方式，促进绿色增长"的高度来发展林下经济，从"事关林改成败，事关生态建设，事关农民增收，事关林业长远"的深度来发展林下经济，使林下经济的开发、研究、推广等方面进入了一个新的快速发展时期。2010 年中央一号文件明确提出，要因地制宜发展林下种养业。十一届全国人大常委会《对国务院集体林权制度改革工作报告的审议意见》要求，研究制定扶持林业综合发展的政策措施，鼓励农民因地制宜发展干果经济、林下种植业和种养业、林下产品深加工等，提高林地利用率和产出率。2011 年 10 月专门在广西壮族自治区召开全国林下经济现场会，全面部署加快发展林下经济，深入推进集体林权制度改革。时任中共中央政治局常委、国务院总理温家宝作出批示，明确指出，发展林下经济，既可促进农民增收，又可巩固集体林权制度改革在此基础上，2012 年 7 月国务院办公厅下发了《关于加快林下经济发展的意见(国办发〔2012〕42 号)》，进一步加快发展步伐，确保农民不砍树也能致富，实现生态受保护、农民得实惠的发展目标。2014 年 12 月国务院办公厅还下发了《关于加快木本油料产业发展的意见(国办发〔2014〕68 号)》，力争到 2020 年，建成 800 个油茶、核桃、油用牡丹等木本油料重点县，建立一批标准化、集约化、规模化、产业化示范基地，木本油料种植面积从现有的 1.2 亿亩发展到 2 亿亩，年产木本食用油 150 万吨左右。2014 年 11 月国家林业局下发《关于加快特色经济林产业发展的意见》(林造发〔2014〕160 号)，并下发《全国优势特色经济林发展布局规划(2013～2020 年)》。按照"突出特色、统筹规划、科学引导、分步实施、重点扶持"的发展思路，重点选择木本油料、木本粮食、特色鲜果、木本药材、木本调料五大类 30 个优势特色经济林树种，进行科学布局，重点引导发展。2014 年 12 月，国家林业局高度重视，专门批复成立了中国林学会林下经济分会，第一届分会主任委员由中国工程院李文华院士领衔，体现了政府为民的理念和做好林下经济的愿景。这些政策和措施的陆续出台，必将极大地推进我国森林非木质资源的开发利用，尤其是 2010 年以来的林下经济发展政策极大鼓舞了各省份林下经济的蓬勃发展，成为了又一中国特色的经济形态，把林下经济发展提高到了一定的战略高度。根据国家林业局统计，截至 2013 年，全国林下经济发展面积约 2752 万 hm^2，产值 5226 亿元，占全国林业产业总产值的 13.25%。其中，林下种植面积 735 万 hm^2、产值 1873.53 亿元，林下养殖面积 543 万 hm^2、产值 1273.43 亿元，相关产品采集加工面积 935 万 hm^2、产值 1070.28 亿元，森林景观利用面积 540 万 hm^2、产值 1008.46 亿元。

各地也相继出台了林下经济发展规划和扶持政策，林下经济得到各级政府的高度重视。在各级林业部门的共同努力下，通过广大农民的辛勤劳作，全国林下经济蓬勃发展。刘泽英(2011)统计，广西壮族自治区 2010 年林下经济产值达 135.8 亿元，惠及林农 312.89 万人、人均收入超过 1000 元。浙江省林下经济经营面积达 2200 多万亩，实现林下经济产值 826 亿元，带动农户 250 多万户。2010 年，四川省林下种植、林下养殖和森林生态旅游产值分别达到 15 亿元、146 亿元和 200 亿元。2010 年，仅安徽省黄山区森林旅游一项就实现旅游综合收入 5.1 亿元，占林业总产值的 41%，占全区 GDP 的 12.6%。重庆市秀山县 2010 年林下经济实现产值 13.36 亿元，新增林农收入 4.42 亿元，户均增收 3000 余元。预计 2011 年该县林下经济将实现产值 18.4 亿元，林农新增收入 5.04 亿元，户均增收 3400 余元，80% 的林农可实现万元增收。林下经济的产生与发展，有其深刻的社会发展背景、经济发展和科技发展背景，是集体林权制度改革进一步促生了林下经济。

(二)国外非木质资源利用背景

世界粮农组织(FAO，Food and Agriculture Organization)在一篇题为"森林、树木与人"的报告中提出不仅要重视木材、薪材和木炭等显而易见的林产品，而且要认真考虑那些经常被忽视的非木质林产品，包括水果、纤维、油料、树胶、蘑菇、野味、药材以及大量其他产品的多种效益。FAO 认为，无论是在发达国家还是在发展中国家，非木质林产品资源的开发利用有利于增加森林的经济效益、社会效益、生态效益。因此，必须对非木质林产品资源加以保护，并合理开发利用。自 1991 年 11 月在泰国曼谷"非木材林产品专家磋商会"上 FAO 对非木材林产品(NTFP)进行正式定义并划分类别以来，NTFP 在 20 世纪 90 年代引起国际研究的热潮，联合国粮农组织(FAO)联合国教科文组织(UNESCO)、联合国世界野生动物基金会(WWF)等众多国际组织在老挝、缅甸、印度等国家开展了 NTFP 项目调查及研究。结果显示，非木材林产品在为发展中国家尤其是贫困地区的农民提供经济来源、就业机会以及食物保障等方面，具有显著作用和重大意义。

冯彩云等(2001)对世界上许多国家利用非木质资源的现状与发展趋势进行了高度概括。20 世纪 90 年代初，FAO 结合用材林造林系统对热带森林非木材林产品资源管理研究中，首次把非木材林产品问题纳入《1961～1991 年森林资源报告》；1992 年联合国环境与发展大会(NCED)在《21 世纪议程》中指出：森林和林地作为发展的一种重要资源，它的巨大潜力尚未得到充分认识，改善森林的管理可以增加产品的产量和服务，尤其是木材和非木材林产品的产量，从而有助于增加就业和收入，增加林产品加工和贸易的价值，增加外汇收入，增加投资利润。森林是可再生的资源，所以应该采用与环境保护相适应的方式，实现森林可持续经营。并强调指出各国政府应对非木材林产品的开发和利用进行科学的调查，对木材和非木材林产品的特性及其用途进行研究，以更好地利用和扶持非木材林产品的加工，提高其价值和效益，宣传和推广非木材林产品，促进其发展。

1995 年联合国粮农组织根据环发大会文件的要求，在总结过去 40 年的经验基础上，制定了一项《关于非木材林产品资源开发与利用的未来行动计划》。许多国家也都在制定非木材林产品的发展计划。日本林野厅设立了林特产政策室专门研究制定振兴非木材林产品的发展对策，印度也在着手制定非木材林产品资源清查和经营规划，加强国有林与农用林业系统中非木材林产品资源的培育，加强非木材林产品的采集、干燥、贮藏、深加工及销售等方面的技术研究；欧盟和粮农组织在非洲、加勒比和太平洋国家开展了"可持续森林经营数据的收集和分析"项目，在 1998～1999 年间取得了这些地区非木材林产品的开发和利用实例以及在生产水平的定量和定性 信息资料。马来西亚 1990～1993 年开展了全国第三次森林清查，获得了藤、竹等非木材林产品资源的详细数据。随着非木材林产品开发利用的增长，与其相关的资源清查、评估、采集和生产、加工、销售等各环节的研究工作将进一步开展。

根据联合国粮农组织 2000 年的一份报告，80% 的发展中国家人口的药用保健与营养食物对森林的非木材林产品有很大的依赖性。目前，大约有几百万个家庭的生计与收入很大程度上来源于森林的非木材林产品。1997 年加拿大林产品销售总值为 587 亿加元，非木材林产品只占 0.4%。但是非木材林产品在社区、地方经济中往往具有非常重要的地位，保证着许多人季节性就业。魁北克省 lac-st-jean 地区采集浆果的居民，一年每人就能获得 5000 加元的收入；在老挝，非木材林产品在提供低成本的生活方式（食品、住房和医疗保健）方面功不可没。老挝 80% 的人口在农村，这些人的衣食住行对非木材林产品有很大的依赖。IU-CN—NTFP 项目组在 Salavan 省调查时发现，除了大米外，当地人吃的东西几乎全来自森林（Clendon，1998）。在老挝有 80 万个家庭（400 万人口）生活在农村，每年要消耗价值 2.24 亿美元的非木材林产品。因此，非木材林产品的收入大约占农村家庭隐性收入的 40% 左右。非木材林产品在百姓生活方面的作用可能占到总的 GNP（国民生产总值）的 20% 左右（1996 年为人均 261 美元）（ADB，1999）。除了提供食品外，森林附近农户的家庭现金收入的 55% 都来自出售非木材林产品。每年村民出售非木材林产品的收入多达 3100 万美元；墨西哥地跨北温带和热带，非木材林产品资源丰富，产品种类繁多，其中大多数资源还是在野生状态下被开发利用的，主要利用硬纤维、蜡、树脂和橡胶、调味品等非木质资源；世界贸易中至少有 150 种森林的非木材林产品占据着重要地位，例如蜂蜜、阿拉伯胶、藤、竹、笋、栓皮、坚果、精油、蘑菇以及一些药用植物和动物等。越南非木材林产品在国家经济中发挥着越来越重要的作用，今后将有更多的非木材林产品被开发出来。越南正着手在基层建立一种更好的组织机构，以实施"用直接的经济效益来促进更大规模的生产计划"，非木材林产品将形成未来家庭经济发展的资源基地。在印度，从事非木质林产品经营的人员超过 3000 万人；在印度尼西亚的爪哇岛中部，木雕占手工艺品出口的 75%。橡胶在许多国家中占有重要的经济地位。非木质林产品在森林的持续经营中也起着重要作用。虽然皆伐是最快的盈利方法，但它可毁掉所有的森林资源。相反，开发非木质林产品必须保持森林的完整性。与仅仅砍伐木材相比，如果大量开发和销售非木质林产品，森林将提供更多的经济收入。世界各国非木质资源利用现状与发展趋势为福建省发展森林非木质资源提供有益借鉴。

（三）福建非木质资源发展背景

福建具有热带、亚热带兼有多种温带植物适生的气候条件。全省野生经济植物尤其是茶、竹、果、菌、花、药类资源十分丰富。食用菌、花卉等是全国重要的生产基地，漳州水仙花，古田、罗源食用菌成为主要出口创汇产品。20世纪50年代开始利用牛粪代替马粪种植蘑菇获成功，70年代推广银耳新菌种和袋栽新工艺，促进银耳生产发展。1956年在闽南地区引种橡胶成功。果茶开发利用促进了当地农民的收入和生活水平，果类面积达 4.6 万 hm^2，产量 7.35 万 t；1963年茶叶种植面积和产量达 3.1 万 hm^2 和4700t。同时政府采取拨款扶持、产品奖售政策、扶持发展以木本油料为主的生产基地建设，70年代福建省在 44 个公社、3 个国有毛竹采育场中建设毛竹基地，面积达 15 万 hm^2，同时在各地还发展了苦竹、绿竹、麻竹等竹类资源及其加工等综合利用，取得显著的经济效益。林产化工等非木材产业发展逐步由单一产品向多品种生产发展，由初级加工向深度加工发展，积极发展了松香、松节油、栲胶、活性炭、樟脑等品种，成为出口创汇的拳头产品。但"十年动乱"使这些刚刚恢复起来的产业又出现较为严重的破坏。

1978年党的十一届三中全会以后，福建省的非木质资源利用工作重新受到重视。福建省树立"大林业"观念，积极拓展多种经营，非木材产业和第三产业，立体开发林区动植物、林副特产、绿色食品、森林药材、天然香料、色素等资源，重点开发森林食品、药材、建材等资源，并充分利用山区林区丰富的自然景观和观赏动植物资源，发展森林旅游业。1978年后，福建运用中央赋予的"特殊政策、灵活措施"和国际国内两个大市场有利条件，充分发挥资源和地理位置优势，大力发展名特优新果、茶、食用菌、花卉、中药材等非木质资源优势创汇产品，成为出口创汇的大宗拳头产品。80年代后期，确定 13 个年产商品竹 100 万根以上的县(市)为商品竹重点县，作为竹材生产基地县建设，确立竹产业支柱地位，走系列化笋、竹加工增值的路子，提高竹业经济的综合效益。经济林由过去以发展木本油料为主转向开发干鲜果品、饮料原料的生产基地建设，由单纯生产原料转向生产、加工销售综合经营，逐步变资源优势为经济优势，涌现出近 200 个果类面积超万亩的基地乡(镇)、1000 多个超千亩的基地村。到 1995 年福建省先后引进非木质资源优良种苗 500 多项、2700 多个品种和 4000 多台设备，其产品及加工品出口创汇已超过 4 亿美元。

自进入新世纪以来，特别是 2003 年福建省率先开始的农村集体林权制度改革后，非木质资源开发利用进入快速发展阶段。作为海西经济建设主战场的福建省，在发展森林非木质资源产业上不断创新机制、更新观念，出台了《福建省关于加快林业发展推进绿色海峡西岸的决定》《福建省建设海峡西岸经济区"十一五"林业发展重点专项规划》《福建省建设海峡西岸经济区"十二五"林业发展重点专项规划》等许多发展政策，将森林非木质资源利用发展摆上重要的位置，占据福建林业发展的半壁江山，使福建森林非木质资源利用取得了长足的发展，形成了比较完整的资源培育、花卉、竹业、制浆造纸、人造板、家具、森林旅游、野生动植物驯养繁殖加工等重要的非木质产业体系，引领全国非木质资源利用方向。特别是 2012 年 7 月《国务院办公厅关于加快林下经济发展的意见（国办发〔2012〕42 号）》下发后，福建省高瞻远瞩、与时俱进，2012 年 9 月及时出台《福建省人民政府关于进一步加快林业发展的若干意见（闽政〔2012〕48 号）》，2013 年 8 月出台《福建省人民政府关于进一步深化集体林权制度改革的若干意见（闽政〔2013〕32 号）》，2014 年 5 月制定出台了《福建省林下经济发展规划》（2014 ~ 2020 年）等政策与规划，落实资金，拓展林业新兴领域，将发展非木质利用产业作为加快林业发展的重点与突破口，为森林非木质资源的进一步利用创造了良好的发展环境和平台。按照生态优先、顺应自然、因地制宜的原则，科学发展林药、林菌、林花等林下种植业，林禽、林蜂、林蛙等林下养殖业，"森林人家"、森林景观利用等森林旅游业和森林化学利用、生物质等非木质产品采集加工业，立体开发森林资源，增加林农收入；从 2013 年起连续 3 年，省级财政每年安排 3000 万元用于发展林下经济，市、县（区）财政也应安排资金予以扶持。据不完全统计，在国家、省级加强非木质资源利用政策的引导与推动下，福建省非木质资源利用得到进一步发展。截至 2013 年，福建省各地的集体林地中大部分地区已不同规模地开展林下经济，集体林地涉及林下经济总面积达 161.28 万 hm^2，占全省集体林地总面积的 18.73%，其中林下种植 37.23 万 hm^2、林下养殖 29.00 万 hm^2、采集加工 73.54 万 hm^2、森林景观利用 21.51 万 hm^2，分别占林下经济总面积的 22.09%、17.98%、45.60%、13.33%；福建省林下经济生产总值 706.05 亿元，其中林下种植 218.20 亿元、林下养殖 35.50 亿元、采集加工 353.36 亿元、森林景观利用 98.99 亿元，分别占全省林下经济产值的 30.90%、5.02%、50.04%、14.02%，采集加工的产值比例最高。2013 年新种植经济林 37 万多亩，经济林产值达到 384.2 亿元，特别是森林食品、森林中药材等新兴领域异军突起、蓬勃发展，森林食品种植产值达 35.7 亿元，森林中药材种植产值达 16.7 亿元；2014 年，通过大力实施现代农业（竹业、油茶、花卉）发展项目、林下经济等重点项目，特别是 7000 万元专项资金的落实，扶持了林下经济示范基地 43 个，带动了近 2 万农户新增林下经济种植面积超过 40 万亩，有效促进了兴林富民，促进林业产品结构逐步优化，进一步拓宽了森林非木质资源利用的渠道。

二、森林非木质资源利用地位

在"社会—经济—自然"复合生态系统中,自然是基础,经济是命脉,社会是主导。森林非木质资源利用作为其中一个子系统,对社会、经济两个子系统以及整个生态系统无疑具有重大的战略地位和作用。它可以缓和人地矛盾,合理使用自然资源,改善环境质量,实现经济效益、社会效益、生态效益的统一,使社会经济系统与资源利用系统协同进步、良性循环,达到可持续发展的目的。森林非木质资源利用的地位与作用主要概括如下。

(一)落实生态文明建设新战略的重大举措

随着全社会对改善生态环境越来越重视,全社会对提高环境质量的呼声越来越高。国家对林业的认识和林业发展的指导思想发生了根本性的变化。林业不仅是一个产业,更是一项社会公益事业;不仅是国民经济的重要组成部分,更是生态建设的主体。绿色、低碳成为产业发展的一大潮流。2002 年国家林业发展战略提出了"生态建设、生态安全、生态文明"的"三生态"思想,这个战略在明确林业承担着保护国家生态安全、富民增收等生态、经济效益的同时,进一步明确了林业在建设生态文明社会中的重要作用。2007 年全国林业厅局长会议又提出建设生态、产业、文化三大体系,进一步增强了林业提供生态、经济、精神文化产品的功能。2014 年 3 月,国务院印发了《关于支持福建省深入实施生态省战略加快生态文明先行示范区建设的若干意见》,提出了在八闽大地建设国土空间科学开发先导区、绿色循环低碳发展先行区、城乡人居环境建设示范区和生态文明制度创新实验区的战略定位。这标志着福建的科学发展、跨越发展迎来绿色新机遇。在当前生态、生物、低碳经济形势下,更加强调的是绿色增长、绿色就业、绿色外贸、绿色致富和绿色城镇化,森林非木质资源利用特别是林下经济产业发展就是属于典型的绿色循环、低碳的经济模式。福建地处我国东南沿海,属于亚热带,雨量充沛,资源丰富,是国家发展森林非木质资源产业的重点区域,也是森林非木质资源培育最适宜的区域。科学、适度的发展森林非木质资源符合林业分类经营和新科学发展观的科学思想,是全面实施国家生态文明发展新战略的具体行动,增加了森林蓄积量,提高了林地利用率和产出率,生产的是绿色产品,增加的是绿色 GDP,实现的是绿色增长。

(二)促进森林资源的有效保护

生态文明观认为,保护与开发利用是可以统一的,离开了保护,开发利用就成了无源之水,而离开了开发利用,保护就缺少原动力。开发是保护的必要体现和发展的基础。根据生态学原理，一定量的干扰反而能保持生物多样性程度最高，从这个意义上说，适度合理的开发本身就意味着保护，同时，通过开发带来的经济收益，还可以通过各种形式返还到保护上，促使资源得到进一步的有效保护。因此，在对资源保护的过程中，不能一味的故步自封，应积极探索对资源的合理开发途径，只有综合开发才能综合治理。福建山多地少，山区生物多样性资源极为丰富，这是一个难以替代的优势。随着林改的深入，林农获得了自主经营的决策权和收益权，对发展林业的热情空前高涨，他们迫切发展一些效益好、周期短的项目，渴望能尽快脱贫致富、增加收入。而非木质资源利用具有周期短、投入少、收益稳及持续时间长、覆盖面广等优势，正符合林农对其发展的自愿需求。但现在许多地区的林木采伐将受到政府的严格控制，对于有林木资源的农民来说，木材采伐的严格限制意味着收入的减少，久之将挫伤林农管护公益林的积极性，不利于生态公益林的保护，需要有林地上的替代产业才能从根本上解决生态保护和农民收入之间的矛盾。因此应积极探索对森林非木质资源的合理开发利用途径，除为提高林农经济效益，推动非木质资源产业发展外，还能有效提高生态公益林的生态功能和社会效益，以开发促保护，以保护促开发，形成一个良性循环。

（三）转变林业发展方式的重要突破口

由于金融危机、生态建设，引发全国上下开展转变发展方式大讨论、大实践，提出了今后一段时期发展方式由不可持续性向可持续性转变；由粗放型向集约型转变；由出口拉动向内需拉动转变；由结构失衡型向结构均衡型转变；由高碳经济型向低碳经济型转变；由投资拉动型向技术进步型转变；由技术引进型向自主创新型转变；由忽略环境型向环境友好型转变；由"少数人"先富型向"共同富裕"转变。总的来说，新的增长方式强调的科学发展和可持续发展战略。过去以粗放经营、劳动密集型、忽视环境保护等发展方式如何在新的机遇面前进行产业结构调整，提高企业的经济效益，显得尤为迫切和重要。非木质资源的开发可推动传统林业、农业和森林工业经营管理措施的变革，使农林业等土地综合利用形式发挥更强的功能；可提高现有森林的经济价值和多种附加效益，使可持续林业措施更易推广，从而创造显著的社会效益；可在保障人类生活的前提下，实现森林和林地的可持续利用，既不耗费森林群种林木资源，又不破坏森林的更新能力，从而可减少人口对自然生态系统的压力。而非木质资源是一种可再生的资源。如果开发利用得当，注重在保护中求开发，在开发中加强保护，就可以做到持续发展，正好为林业提供了产业结构调整的空间和突破口。同时，非木质林产品是山区群众潜在的收入来源，在国家和地方的经济中起着重要的作用，不仅是提高山区农民收入、解决山区贫困的重要途径，也是保护山区环境，实现山区森林资源持续利用的必要途径。

(四)现代林业发展的重要推动力量

理论界对现代林业的定义说法很多,目前通常解释是,用现代的发展理念、现代的物质条件、现代的科学技术、现代的经营形式规划和建设,促进林业由木头经济向生态经济转变,由资源管理向资产经营转变,由粗放经营向集约经营转变,实现森林资源优质高效,生态系统良性循环,生态经济和谐发展,并在此基础上建设完善的生态体系、发达的产业体系、繁荣的生态文化体系,不断满足经济社会发展对林业的生态、经济、社会和文化需求。

2007年,国家林业局局长贾治邦指出,现代林业是科学发展的林业,以人为本、全面协调可持续发展的林业,体现现代社会主要特征,具有较高生产力发展水平,能够最大限度拓展林业多种功能,满足社会多样化需求的林业。

林业既是重要的公益事业,又是重要的基础产业;既承担着维护生态安全的重要功能,又承担着提供林产品的重要任务。促进现代林业又好又快发展,必须着眼于发挥林业的多种功能,推动现代林业多种效益的实现。发展森林非木质资源产业,是发展现代林业的重要组成部分和重要的推动力量,有利于林业多种功能的充分发挥。许多森林非木质资源不仅具有药用功能和食用功能,具有很高的综合利用价值,而且增收功能强,是一次种植多年受益的经济植物,是名副其实的"铁杆庄稼"。同时,从社会功能看,发展森林非木质资源产业,对于巩固和扩大集体林权制度改革成果具有重要作用。对广大农民来讲,获得林木所有权和林地使用权只是第一步,更重要的是如何发挥林地的最大效益,从中获得更大的利益,这样才能提高农民经营山林的积极性,集体林权制度改革的成果才能长久巩固。

(五)全面建设小康社会的必然选择

发展是人类永恒的主题,发展才是硬道理。山区经济与沿海经济之间的差距不言而喻,山区的贫困滞后亦是全面建设小康社会必须解决的一大瓶颈,但山区里蕴藏着丰富的物质资源,特别是作为21世纪最重要的资源之一,山地生物多样性资源的开发利用在山区经济发展及全面建设小康社会中有着重大的意义,因为它是目前贫困山区农民脱贫致富的资源基础。正所谓靠山吃山,山区的优势在山,潜力在山,出路在山,希望在山,福建省素有"八山一水一分田"之称,山区人口多,非木质资源的合理开发利用直接关系到森林可持续经营。因为山区的资源特征,决定了农民对山林的经济依赖性,单纯的木质资源利用不能满足山区人民脱贫致富奔小康的愿望,也难以实现森林可持续经营。森林非木质资源利用开发就是要将生态环境资源中蕴藏的巨大经济增长潜能充分释放出来,将这种最具希望和潜力的绿色资源后发优势转化为产品优势、产业优势和经济优势，从而赋予山区经济新的活力，促进山区经济的快速发展，缩小与沿海之间的差距，为全面小康社会建设做出贡献。

（六）促进农村产业结构调整和农民增收的有效途径

"三农"问题一直是历届政府的工作重点之一。2004 年中央 1 号文件《促进农民增加收入若干政策的意见》正式颁布，"发展农业、建设农村、造福农民"的"三农"政策越来越受到各级政府的重视。山区人口众多，但就业的机会却很有限，农民们面临着巨大的就业压力。非木质资源利用开发是在林业实施生态公益林保护工程以来的一项重大战略调整，利用闲置林地把农村的一些多种经营项目转移到林下，在不新增占地的情况下，为农民开辟出一个新的增收渠道，有利于资源优势转化为经济优势，是农村新的经济增长点，是山区、林区扶贫开发最有效的切入点，是农民脱贫致富的战略选择。除了为社会增收税金，为投资者获得满意的利润外，对社会及林业的贡献远大于其本身所获得利润。森林非木质资源利用开发从资源采集、育种、栽培、加工到产品销售的实现，需要众多行业参与和使用大量的劳动力，产业链长，如运输业、商业、服务业等，而且非木质资源开发是一个多资源利用开发，如林下种植药材、食用菌及林副产品综合加工与经营，可以改变原来比较单一的社会产业结构，能把资源优势转变成产业优势和经济优势，增加农民和地方财政收入，加速农村经济的全面发展，以全新的生态理念和科学的发展观带动山区农民走共同富裕的道路。

三、森林非木质资源发展趋势

随着社会的进步和人们对森林综合效益要求的提高，非木质林产品的经营管理、开发利用将向可持续方向发展，越来越多的非木质林产品将会被开发出来，高新技术将利益介入到非木材林产品资源的调查、研究及非木质林产品的生产和开发中来，非木质林产品的销售和流通将实现全球化。冯彩云等(2001)对世界非木质林产品的发展趋势作了比较深入的探讨，对世界各国研究森林非木质利用均有很好的借鉴与指导作用。

（一）非木质资源开发利用日益受到重视的同时，保护意识将越来越强烈

随着多样的森林非木质资源逐步得到开发利用，其体现出来良好经济效益、生态效益和社会效益，将被广大林农和林业生经营者所认同和推广。特别是有别于传统林业生产的林下经济产业将成为转变林业经济发展的重要模式，成为了产业优势突出、特色产品明显的"第二森林"，它是采取以保护生态环境为基本原则的绿色可持续发展循环经济模式，是实现"生态美"和"百姓富"的重要的组成

部分。同时，在非木质资源利用过程中，通过一系列有效的（如生态经济、循环经济以及可持续发展理论以及农民参与评估等）农村培训方法和工具，在林农和生产经营者中树立"适度、适宜、适用、合理开发利用"的科学发展理念，使他们深刻认识到只有通过对资源的有效保护，满足生态需求，才是可持续发展的保证，自觉建立起环境保护和可持续发展意识。在开发利用的过程中，与当地人共同开展"非木质林产品种类的评估和分类""制定非木质林产品利用标准和管理规章"，注意按需对林农进行专业技术培训，运用现代生物繁育技术（如育苗、非木质资源高效栽培等技术）进行物种繁殖，进行人工促进非木质林产品资源的天然更新或建立人工栽培非木质林产品的基地，最终实现非木质林产品的可持续利用。

（二）非木质资源开发利用技术不断提升的同时，主导产业将越来越多

21世纪的许多高新技术将运用到非木质资源利用领域，如生物工程技术、计算机技术和遥感技术将从多个层面介入到非木质林产品资源的调查研究、生产和开发中来。特别是生物医药、生物能源、生物农业以及生态林业的产业化程度将越来越高，它们的发展将是主导未来非木质资源产业的方向，将引领非木质资源开发利用的热潮。此过程如在开发林下经济行为时，不再是单纯地进行一种林下经济模式生产行为，往往是多种模式同时进行，呈现多功能多产业的现代林下经济模式发展。比如在发展观光休闲的森林人家的同时，提供涉农或涉林的文化教育以及通过林蜂模式、林菌模式等提供绿色农产品等等，体现了林下经济的向多元化功能发展趋势。

（三）非木质资源产品快速流通的同时，越来越实现全球化

在信息高速发展的今天，世界各国政治、经济和文化的交流日益频繁，巨大的地球已成为地地道道地"地球村"，人们在自己家中就能知道远在千里甚至万里之外的所发生的事件、所生产的产品。在非木质林产品的生产方面要及时把握市场信息，了解产品的市场份额，指导非木质资源产品生产，在销售和流通方面，各国都把非木质林产品的质量、价格和销售策略作为决定市场竞争胜负的关键，并逐步建立和完善非木材林产品的销售和流通体系、快捷的信息服务，特别是新兴的电子商务将促使非木质林产品销售和流通更加国际化。而这必然会呈现创意营销和智能化的发展趋势，首先是在创意创新的基础上，采用市场营销观念，实施品牌战略，以市场需求为导向，突出区位优势，无论是林下种养殖，还是开发森林休闲旅游，都将形成各具特色品牌，打造一批具有独特性、地域识别性的林下经济产品，不断提高林下经济产品的核心竞争力。其二是林下经济建设将成为一个利用互利用联网为代表的电子商务系统来指导林下经济生产及相关产

品销售的一种信息型、知识型现代农业的一部分。它广泛地利用商贸信息、农业科技信息、农资市场信息、农产品价格信息、市场销售信息、气象预报信息等信息源，准确把握市场需求的变化规律，通过计算机处理帮助林农或林场管理者进行决策和销售提供服务。

（四）非木质资源开发利用品种多样化的同时，越来越实现优质高产

森林是人类利用的自然宝库，许多非木质资源作为原材料广泛应用于食品加工、农业、工业、商业以及医药业等行业。尽管如此，目前在国际市场中交易活跃的非木质林产品也只有 150 多种，与丰富的森林资源相比，简直屈指可数。还有一些非木质林产品只利用了其中的一部分，或只开发出部分产品，还有很大的开发利用价值，有些非木质林产品还在深山老林中，未被人们开发利用。随着人们对绿色消费越来越重视的今天，越来越多的企业将在非木质资源利用的加工工艺、综合利用技术、产品设计研究及开发利用技术上进行提高和推广，以适应市场发展的需要。因此，通过积极收集、引进、创新种质资源，不断丰富林下经济建设品种，以及通过延长产业链、丰富产品的精深加工，将会有更多、更重要的优质、高产的非木质林产品得到开发利用与挖掘，特别是对一些粗加工后的废弃物和尚未开发利用的非木质林产品，以满足人们的各种生活、生产需要。

（五）山区坡耕地、山垄田将成为非木质资源培育的重要载体

据中国农业全集统计，福建省山垄田约占全省耕地面积的 20%，大约有 19.45 万 hm^2；坡旱地（坡耕地）大约有 18.52 万 hm^2；还有大量分布在丘陵山地坡面的山排田以及有 45451.1 hm^2 的非规划林业用地。这类土地资源多分布在山区盆谷地带和丘陵、岗台地和山坡上，对种植水稻等农作物产量低、效益差。随着大量劳动力向城镇、工厂转移，很多坡耕地、山垄田出现荒芜现象，特别在福建省大力推进森林福建建设和"四绿"工程建设以及保护和提升森林资源质量的新形势下，这为森林非木质资源开发利用创造了良好的发展契机，缓解山区农民对森林资源的依赖。如绿化苗木的长期种植，药用、香料及生物能源树种的栽培等等，不仅为林下非木质资源异地栽培提供了大量的土地资源，提高土地资源的利用率，也能为这些坡耕地再添绿装，有效地提高福建省非规划林地的覆盖率。

第三节　森林非木质资源利用机制与特征

森林非木质资源利用是在保护的前提下进行开发利用，属于限制性利用，它包含了一切行之有效的行政、经济的手段，科学的经营技术措施和相适应的政策制度保障等体系，进行森林景观开发、林下套种经济植物、绿化苗木、培育食用

菌、林下养殖等复合利用模式。由于技术进步、经济发展，改善生态环境的需求，赋予了生态系统的内容和活力，形成了立体林业、混农林业、农林复合经营等各种模式的技术体系和理论体系，反映了非木质资源为山区林农脱贫致富提供一个有效利用机制与特征，从而为推动我国现阶段发展森林非木质资源探索出了一条好路子。

一、森林非木质资源利用机制

国内外许多国家和地区对森林非木质资源利用所产生的良好效果表明，创新森林非木质资源利用方式关键是从根本上解决森林资源经营管理中面临的如何正确处理好发展林业经济与保护发展森林资源之间的内在关系这一难题。楼涛等（2002）从森林非木质资源利用机理提出了森林资源的辩证利用、短周期循环利用和保护性利用，具有积极借鉴意义。

（一）资源的辩证利用

辩证唯物法是以自然界、人类社会和思维发展的一般规律为研究对象。它告诉我们，非木质资源利用属于物质运动的范畴，它是辩证利用的根本属性。它具有利用过程、发展渐进和创新否定等特性。森林具有经济、生态和社会这三大效益，三者之间既有内在联系，又在一定条件下相对独立。三大效益的实现都需要具有良好的森林资源条件为前提，这是三者之间的联系。传统的林学理论中，木材是森林经营的主导产品。非木质产品、风景资源和生态环境等只是森林经营的副产品，因此在以往的森林经营中只注重木材的开发利用，而忽视了森林资源中非木质资源、风景资源和生态环境等其他资源的开发利用。在森林资源和生态环境保护日趋重要，木材生产受到抑制的现实条件下，原有森林产品利用方式中的不合理性日益显现，以上观点正是反映木质资源利用逐步向非木质资源利用的过程与渐变的特性。现在非木质资源和生态旅游的开发利用，正是充分认识到了森林产品创新否定与主次之间的辩证关系，从实际出发，进行了变主为副、变副为主的转变，实质上就是对森林资源的辩证利用。具体地说，就是利用树木的叶、花、果和森林中的草、林地、风景、环境等资源进行森林产品的开发利用以创造经济价值，为当地村民的经济收益服务。与此同时，保留森林资源的主体——林木，达到保护森林资源，实现森林资源的生态价值和社会价值。

（二）资源的保护性利用

保护和利用也具有辩证的对立统一关系。它们的对立统一关系表现为：保护的目的是为了利用，利用是为了更好的保护。森林资源的保护性利用是指在保护的前提下利用森林资源，并通过有效的方法在利用过程中保护森林资源，达到保护与利用的有机统一，也实现"百姓富、生态美"的有机统一。随着森林可持续发展战略的发展，保护和利用非木质资源对森林可持续发展具有重要的意义。开发利用非木质林产品资源与采伐森林不同，它只是对森林生态系统部分进行开发利用，不会造成不可逆转的破坏。只要不过度开发，森林系统本身就会自行恢复。例如，森林非木质资源与生态风景资源的利用，由于没有对森林资源的主要组成基础——林木直接造成损害，对森林资源及生态环境所带来的负面效应很小，在利用过程中能够采取有效的措施将其对森林资源和生态环境的负面影响严格控制在可承受的限度之内，通过森林生态系统的自组织能力，可以有效地恢复生态系统，走绿色循环低碳发展之路。在许多地区，非木质资源和生态旅游的开发给经营者，特别是当地村民带来了可观的经济收益，他们从中认识到了保护森林资源给他们带来的好处，因而能自觉地采取有效措施，停止森林采伐活动来保护森林资源，或者通过封山育林，使森林资源得到了有效地保护。而在森林游憩和休闲中，旅游者通过沐浴森林氧吧等生态旅游活动，认识到了丰富的森林资源和优良的生态环境对改善生存条件、提高生活品味和增进身心健康的重要性，能更加自觉地投入到森林资源的保护活动中来，由此形成了森林资源"利用——保护——再利用——再保护"的良性循环机制。从生态系统理论上看，非木质资源的保护是保护自然资源和环境，使之满足人类的需求和生态的动态平衡，而利用则是对环境和自然资源的数量、质量和结构的调节，使森林生态系统具有较高的生态功能和经济功能，从而实现较高的比较利益。所以，非木材林产品生产是生态、社会与经济效益兼容的可持续森林经营的重要途径，有利于森林可持续发展，改善生态环境，促进农村经济的发展。

（三）资源短周期循环利用

许多林业科技人员和森林经营生产者一直来都在寻求一种能重复不断地利用森林资源的有效途径。森林经理学家甚至提出了"法正林""全龄林"等理想模式，但都是围绕着木材采伐利用这一方式进行研究。采伐林木是一次性的森林资源利用方式，森林被采伐利用后，往往需要经过十几年，甚至几十年时间的培育才能达到可以被再次利用的状态，林业生产经营周期长。对森林非木质资源和生态旅游资源来说它是再生资源、可持续利用资源，是继林木资源后的又一个重要资源，具有广阔的前景和庞大的利用空间。它的利用则完全不同、其生产经营周期被大大地缩短，森林中的叶、花、果、草等在利用后一般只需要 1 年时间的培育就能达到可以被再次利用的状态，能在较短时间内可以更新、再生或可以循环使用，因此它是"取之不尽、用之不竭"的。在林业产业化发展的新时期，科学培育林下资源，大力发展"优质、高效、生态、安全"林业循环经济，是合理利用林地，种、养结合综合开发林下资源的重要途径。比如，林下养蜂是非木质资源短周期利用的典型事例，只要蜜粉源充足，气候适宜，一个采集蜂群在大流蜜期 5~6 天即可采收约 3~5kg 蜂蜜，一个流蜜期可采 4~6 次。这种利用不仅体现生物学食物链中承上启下的作用，保持了大自然的生态平衡；而且具有极强的空间优势，不与种植业争土地和肥料，也不与养殖业争饲料，更不会污染环境，具有发展的可持续性。对于生态旅游来说，森林风景资源和生态环境本身就具有连续的特点。只要旅游条件许可，一年四季都可以开展生态旅游经营。只要对森林资源及其生态环境进行必要的保护与管理，生态旅游活动可以年复一年不断地进行。这种短周期循环利用方式不仅提高了森林资源的利用率，而且使得乡村农民每年都能有稳定增长的经济收入。但在现有不少非木质资源生产技术尚处粗放情况下，尚未推导出非木质资源利用循环周期的定量表达方法，对非木质资源循环使用还有其限度，以此决定其循环使用的周期性。因此，需要广大科技人员进一步研究确定不同资源不同利用周期。

（四）林业外部性问题的有效解决

根据均衡理论，实现社会最佳资源配置的社会边际收益(SMB)等于社会边际成本(SMC)，同时还要求社会边际收益与私人边际收益(PMB)一致，社会边际成本与私人边际成本相一致(PMC)，当 SMB≠PMB，或 SMC≠PMC，便存在外部效应(邱俊齐，1998)。森林外部性一方面，森林经营过程中产生无形的森林生态产品，为社会和他人带来利益，具有正外部性的特点。另一方面，由于森林外部性具有无形性、多样性、交叉性等特点，且目前尚未建立森林生态产品，如森林涵养水源、保持水土、调节气候、改善环境、保护生物多样性等价值，都难以在现有的市场体系中，通过经营者与受益者直接交换方式实现其价值，属于技术性外部性。比如，由于国家对公益林经营的限制，对经营者带来的利益损失主要表现为：禁止商业性采伐而产生的木材生产及与此相关的经营项目的利润减少；为维护公益林健康要求经营者对公益林实行看护和管理的成本投入。

因此，为了减弱公益林外部性，政府应确定合理的经济补偿标准，按照森林经营者在无限制时所获得的经济利益，作为政府报价或补偿的依据，保证经营者获得正常的经济利益，提高提供森林生态产品的积极性。如近年来福建省对公益林补偿机制方面取得了重大突破，2007 年 9 月出台的《福建省水资源费征收使用管理办法》明确规定，要从征收的水资源费中安排资金用于公益林补偿。补偿资金逐步增加，从 2002 年的 0.96 亿元增加到 2007 年的 3.1 亿元，增加到 2013 年 5.15 亿元，创造性地实施了江河下游地区对上游地区森林生态效益补偿政策，使 4294 多万亩公益林补偿标准由每亩 5 元提高到每亩 7 元，再增加到目前的每亩 17 元，自然保护区每亩每年补偿 20 元。今后补偿标准仍有不断增长的空间。同时，转变政府投入与补助的方向，对那些能通过改善市场和经济结构的项目和产品，提供种苗、技术、低息贷款、减税等服务，提高林业生产经营者的收益。森林非木质资源的利用通过开发林下中草药、食用菌、森林野菜资源以及森林景观，不断提高森林的生态经济效益，体现出林业生产经营者边际收益的提高，弥补公益林管理的成本，有效地解决林业的外部性问题，实现资源最佳配置。

二、森林非木质资源利用特征

（一）生态性

在生态文明建设的大背景下，森林非木质资源利用必须以生态学、生态经济学以及循环经济原理为基础，注重生物学、生态学特性的统一，必须考虑非木质资源物种结构与开发利用功能的生态稳定性。在一定时空范围和一定的技术条件下，必须使非木质资源从生态功能和经济功能都强大起来，且有"造血"机制，这样才能使各种利益群体得到满足。但"生态功能"和"经济功能"二者是矛盾的统一体。生态利用也并不完全地杜绝那些可更新资源的适度的开发利用，只要生态利用和可更新资源开发利用以环境和自然资源的承载力为限。森林非木质资源的限制性开发利用，由于没有对森林资源的主要组成基础——林木直接造成损害，对森林资源及生态环境所带来的负面效应很小，可以通过各种有效措施将其对森林资源的生态环境的负面影响严格控制在可接受的限度之间，依靠森林生态系统自组并恢复其生态功能，故能实现资源的良性循环与多级利用。同时，保持经营项目在时间上的连续性与立体性，如新造林地间作黄芪（林—药模式），最多可连种3茬（每茬2个生长季），一般以种一茬较好，怕以后会发生光竞争不利于林木生长。其经营目的之一是为了弥补林木生长周期过长的缺陷。因而选择的项目大多是周期短、见效快的，能够保持近期收益维持整个系统的正常运转和长期连续的收入保持系统的稳定。

（二）经济性

经济性是森林非木质资源开发利用的前提，是人们追求现实生活的首要目标，也是社会性和生态性的基础。森林非木质资源利用要求投入一定的物质和能量，发挥所有成分的综合效益，其资源利用模式的社会经济性体现在两个方面。首先，人类从事资源开发利用的短期目标表现为增加农产品的产量和经济效益，而长期总目标则是实现社会的繁荣与可持续发展。其次，任何时期、任何形式的资源利用活动都是在一定的社会经济条件下，通过一定的技术手段来实现的，在管理上要求比单一组分的人工生态系统有更高的技术。社会经济性应关注利用条件和手段方面，主要充分考虑采取集约化经营，提高系统的自组织能力，实现物质的多级利用和转化效率，使系统达到经济高效、社会和谐和生态稳定发展。

如，森林非木质资源的利用与木质资源完全不同，非木质资源将其生产经营周期大大缩短，森林中的叶、花、果、草等在利用后一般只需 1 年时间的培育就能达再次利用的状态。有条件的森林景区，其景观一年四季都可以进行生态旅游开发，获得收益。这种短周期循环利用方式不仅能提高森林资源利用率，而且能使林区农民每年都能有稳定增长的经济收入。

（三）社会性

森林非木质资源开发利用是要激活社会各种生产要素向林业集聚，实现非木质资源开发产业链的延伸，并获得产业边际效益和带动示范效应。非木质资源利用开发是在林业实施生态公益林保护工程以来的一项重大战略调整，除了为社会增收税金，为投资者获得满意的利润外，对社会及林业的贡献远大于其本身所获得利润。从资源采集、育种、栽培、加工到产品销售的实现，需要众多行业参与和使用大量的劳动力，如运输业、商业、服务业等，而且非木质资源开发是一个多资源利用开发，如林下种植药材、食用菌及林副产品综合加工与经营，可以改变原来比较单一的林业产业结构，为大量农村剩余劳动力找到出路，从而增加林农和地方财政的收入，有效地解决农业、农村和农民问题。

（四）整体性

非木质资源利用系统是完整的人工生态系统，有其整体的结构、功能和效益，在其利用的组分之间有物质与能量的交流和经济效益上的联系，整体协调共生。因此，要把取得系统的生态、经济和社会效益作为系统整体性、稳定性和持续能力管理的重要目的，经营时通过投入各类技术、经济要素开展资源利用活动，不仅要注意其组分的某一成分的变化，而且要注意组分间的动态联系。如在杉木林下套种草珊瑚，它们是"物种共生互利""生态位""食物链""生物物种分层现象"等原理具体应用到实际中去的典型例子，首先是考虑草珊瑚的耐阴这个特性；其次由于草珊瑚的根系生长和落叶对杉木林地土壤结构和土壤肥力的提高有比较好的促进作用；第三草珊瑚是草本植物，不会对杉木主体结构造成实质性的影响，互生共荣，从而形成了资源利用系统的现实生产力。它是各管理调控要素的作用在于协调资源利用过程中人与自然的关系，为资源的高效合理利用营造公平有序的社会环境。

（五）多样性

在社会经济系统中，它有生态的多样性、物种的多样性、资源用途的多样性、林分复合经营结构的多样性。自然系统中物种越丰富，则系统的结构越复杂，系统越稳定，功能越齐全。因此，森林非木质资源经营理念把这些成分从空间和时间上结合起来，使系统的结构向多组分、多层次、多时序、多种产品和效益发展。一是系统的组成、经营目标的多样性，也决定了与其他土地利用方式的不同。它改变了常规林业经营对象单一的特点，至少包括 2 个以上的成分。这里的"农"包括粮食、经济作物、蔬菜、药用植物、食用菌等。所谓"林"包括各种乔木、灌木和竹类组成的用材林、薪炭林、防护林和经济林。二是系统是建立在特定的自然、社会、经济条件下的，而各地的自然、社会、经济条件千差万别，因而其生态与物种丰富，应根据不同地区的特点，采取不同的模式、措施和方法，切实做到因地、因时制宜保护生态与物种的多样性，并以此为基础，扬长避短，发挥综合优势。三是资源的多用性要求在对资源开发利用时，必须根据其可供利用的广度和深度，实行综合开发、综合利用和综合治理，以做到物尽其用，取得最佳效益。如南方红豆杉根据其不同的经营目标，分析其经济效益，为其他非木质资源利用开发提供借鉴。南方红豆杉用材 50 年为一个轮伐期，扣除成本及税收外，木材及剩余物综合效益为 4.8 万元/（$hm^2 \cdot a$）；林下种植与大田种植药用原料林，3 年生收获时平均鲜重生物量达 3 万 kg/hm^2。经过粗加工（纯度50%）1 万 kg 枝叶生物量可提取 2kg 紫杉醇，价格约 100 万元，效益可观，且原料林截干采收后，可重复培育萌条；把红豆杉开发推广绿化苗木、盆景观赏品种亦有良好的效益。还比如自然保护区既可用于生态旅游，也可用于植物、动物、微生物以及改善人类的生活环境等。

（六）区域性

区域性是森林非木质资源利用模式的空间属性，是资源利用区域差异的前提和基础。它是指资源分布的不平衡，存在数量或质量上的显著地域差异，并有其特殊分布规律。由于经纬度、海拔高程、地质地貌条件等因素变化的影响，导致不同地区存在气候、土壤、水文、物种等方面的差异性。不同的生态环境中生长着不同的非木质资源种类，形成了一个地方的特产，最终形成各具地域特色的森林非木质资源利用模式。因此，区域性造成非木质资源的种类特性、数量多寡、质量优劣都具有明显的差异，分布也不均匀，从而形成不同的生态环境与景观类型，进而造成森林非木质资源利用系统各要素之间的组合与匹配方式的差异性，导致区域间社会文化传统和经济发展水平的不一致。这种差异决定着非木质资源在利用过程中对特定资源利用方式的接受程度和调控能力。

（七）有限性

非木质资源有限性包括三个方面的内容：第一，每一种类的非木质资源都是有特定用途、特别用途的，都只是满足人类生产生活的某一方面的需要。比如，森林果实主要解决人类吃的问题，森林景观主要解决人类野外休憩问题。第二，任何非木质资源在数量上是有限的。资源的有限性在不可更新性资源中尤其明显，由于任何一种矿物的形成不仅需要有特定的地质条件，还必须经过千百万年甚至是上亿年漫长的物理、化学、生物作用过程，因此，相对于人类而言是不可再生的，消耗一点就少一点。对于可再生资源，如动物、植物，由于其再生能力受自身遗传因素和受外界客观条件的限制，不仅其再生能力是有限的，而且利用过度，使其稳定的结构破坏后就会丧失其再生能力，成为非再生性资源。第三，特用非木质资源由于使用范围和使用人数都非常有限，再加上某些特用作物的季节消费，生产产量多了就消耗不了，受市场影响很大。因此，在生产特用作物时，就要科学预测，合现安排种植计划，生产优质产品，以质取胜。如药用作物，少了是个宝，多了是根草。因此，有限性是非木质资源最本质的特征。

第二章

森林非木质资源利用理论

森林非木质资源利用是现代林业发展道路上一个不可或缺的重要组成部分，涉及多学科，横跨多领域的一项系统工程。人们所熟知的生态系统理论、生态经济理论、可持续发展理论、循环经济理论及其实践过程中的森林可持续经营、生态林业、社会林业、林业可持续发展等现代森林经营思想和林业发展理论，是森林非木质资源利用实践和发展的重要基础理论。笔者认为它们是一脉相承、互为交叉联系、互为弥补促进，是理论基础与提升、内涵与外延相结合的理论统一体系。本章只重点介绍生态系统、可持续发展、循环经济的基本理论和理论对非木质资源利用的指导意义等内容，仅供参考。

第一节　森林非木质资源的利用理论基础

一、生态系统理论

生态系统理论是英国著名植物生态学家坦斯利（A. G. Tansley）1935 年首先提出的，此后经过美国林德曼（R. L. Lindeman）和奥德姆（E. P. Odum）继承和发展形成。生态系统概念是：在一定的空间内生物和非生物成分通过物质的循环、能量的流动和信息的交换而相互作用、相互依存所构成的一个生态功能单元。地球上大至生物圈，小到一片森林、草地、农田都可以看作是一个生态系统。一个生态系统由生产者、消费者、还原者和非生物环境组成，它们有特定的空间结构、物种结构和营养结构。其中营养结构以物质循环和能量流动为特征，形成相互连接的食物链和食物网结构。生态系统的功能包括生物生产、能量流动、物质循环和信息传递。其中对森林非木质资源利用有着重要指导意义的是生态平衡与生态稳态理论。

(一)生态平衡与生态稳态

中国生态学会1981年11月召开的"生态平衡"学术讨论会上提出的定义是："生态平衡是生态系统在一定时间内结构与功能的相对稳定状态，其物质和能量的输入、输出接近相等。在外来干扰下，能通过自我调节(或人为控制)恢复到原初稳定状态。当外来干扰超越自我调节能力，而不能恢复到原初的状态谓之生态失调或生态平衡破坏。生态平衡是动态的，维护生态平衡不只是保持其原初状态。生态系统在人为有益的影响下，可以建立新的平衡，达到更合理的结构，更高效的功能和更好的效益。"

生态稳态(ecological homeostasis)是一种动态平衡的概念，生态系统由稳态不断变为亚稳态，进一步又跃变为新稳态。生态稳态是在生态系统发育演变到一定状态后才会出现，它表现为一种振荡的涨落效应，系统以耗散结构维持着振荡，能够使系统从环境中不断吸收能量和物质(负熵流)。

所谓生态平衡，只不过是非平衡中的一种稳态，是不平衡中的静止状态，平衡是相对的，不平衡是绝对的。生态平衡在受到自然因素(如火灾、地震、气候异常)和人为因素(如物种改变、环境改变等)的干扰，生态平衡就会被破坏，当这种干扰超越系统的自我调节能力时，系统结构就会出现缺损，能量流和物质流就会受阻，系统初级生产力和能量转化率就会下降，即出现生态失调。

(二)生态系统平衡的调节机制

生态平衡的调节主要是通过系统的反馈能力、抵抗力和恢复力实现的。反馈分正反馈(positive feedback)和负反馈(negative feedback)。正反馈是系统更加偏离位置点，因此不能维持系统平衡，如生物种群数量的增长；负反馈是反偏离反馈，系统通过负反馈减缓系统内的压力以维持系统的稳定，如密度制约种群增长的作用。抵抗力是生态系统抵抗外界干扰并维持系统结构和功能原状的能力。恢复力是系统遭受破坏后，恢复到原状的能力。抵抗力和恢复力是系统稳定性的两个方面，系统稳定性与系统的复杂性有很大关系。普遍认为，系统越复杂，生物多样性越丰富，系统就越稳定。生态系统对外界干扰具有调节能力，才使之保持了相对稳定，但是这种调节机制不是无限的。生态平衡失调就是外界干扰大于生态系统自身调节能力的结果和标志。不使生态系统丧失调节能力或未超过其恢复力的干扰及破坏作用的强度称为"生态平衡阈值(ecological threshold)"。阈值的大小与生态系统类型有关，另外还与外界干扰因素的性质、方式及作用持续时间等因素密切相关。生态平衡阈值的确定是自然生态系统资源开发利用的重要参量，也是人工生态系统规划和管理的理论依据。

（三）生态系统恢复与重建理论

生态系统的干扰可分为自然干扰和人为干扰，人为干扰往往是附加在自然干扰之上。自然干扰的生态系统总是返回到生态系统演替的早期状态，一些周期性的自然干扰使生态系统呈周期性的演替，自然干扰也是生态演替不可缺少的动力因素。人为干扰与自然干扰有明显的区别，生态演替在人为干扰下可能加速、延缓、改变方向甚至向相反的方向进行。人为干扰常常产生较大的生态冲击（ecological backlashes）或生态报复（ecological boomerang）现象，产生难以预料的有害后果。如森林非木质资源中的森林野菜、中草药过度挖掘与开发；一些无规划、规模小、设施差、管理不善、资源浪费、污染严重的个私小企业盲目上马，造成恶性竞争，导致环境恶化或资源浪费。生态恢复与重建理论认为由于人为干扰而损害和破坏的生态系统，通过人为控制和采取措施，可以重新获得一些生态学性状。自然干扰的生态系统若能够得到一些人为控制，生态系统将会发生明显变化，结果可能有 4 种：① 恢复（restoration），即恢复到未干扰时的原状；② 改建（rehabilitation），即重新获得某些原有性状，同时获得一些新的性状；③ 重建（enhancement），获得一种与原来性状不同的新的生态系统，更加符合人类的期望，并远离初始状态；④ 恶化（degradation），不合理的人为控制或自然灾害等导致生态系统进一步受到损害。

（四）林业生态系统理论

1. 林业生态系统的内涵

林学自创立以来，各国对于林学、森林、林业的认识发生了很大变化，在深度和广度上都有了许多新的发展。林学经历了传统林学向现代林学的转变，从"木头"林业向"生态"林业转变，从"伐木"行业转变为以生态环境建设为中心、全面发挥森林生态建设效应的集生态、经济和社会功能于一体的可持续发展的林业。林业生态系统主要是基于当前生态危机和社会危机日益突出这一问题，认为自然、社会与人类是一个复合的大系统，林业经营必须遵循生态系统的生存、发展、竞争等自然规律，人类的经营与干涉活动不能超出林业自身调节能力的阈值，实现人类与自然、环境的协同共生、和谐发展，达到资源共享、环境保护、经济发展、社会文明的和谐局面。林业生态系统贯彻了"生态产业化，产业生态化"的思想，整合了社会资源与林业资源，将各种社会关系与生态关系纳入同一个系统，充分利用现代科技和手段，将社会、经济与生态环境相结合，既实现经济社会的进步和人类自身的发展，又实现生物圈永久的稳定与繁荣。因此，林业生态系统的内涵包括 3 个方面：①加强林业经营，形成节约能源资源和保护生态环境的林业产业结构、增长方式和消费模式，维护林业生态安全；②加强林业生态建设，在全社会牢固树立林业生态文明观念；③实现"天人合一"，协调人与自然、与环境的关系。

2. 林业生态系统的基本框架

林业是一项十分重要的公益事业和基础产业，也是一项十分重要的文化载体，具有巨大的生态功能、经济功能和社会文化功能，这是林业的基本属性。因此，现代林业，也是科学发展的林业，是以人为本、全面协调可持续发展的林业，是能够最大限度拓展林业多种功能，满足社会多样化需求的林业。构建现代林业生态系统就是要按照林业的基本属性和内在规律，以林业的多种功能满足社会的多样化需求。这既是现代林业建设的基本内容，也是经济社会可持续发展的本质要求。在当前中国构建和谐社会和促进生态文明建设的宏观背景下，必须把建设林业生态系统作为现代林业可持续发展的战略目标，作为林业工作的出发点和落脚点，作为全体林业建设者义不容辞的神圣职责。构建现代林业生态系统，要求人们用现代发展理念引领林业，用多目标经营做大林业，用现代科学技术提升林业，用现代物质条件装备林业，用现代信息手段管理林业，用现代市场机制发展林业，用现代法律制度保障林业，用扩大对外开放拓展林业，用培育新型务林人推进林业，努力提高林业科学化、机械化和信息化水平，提高林地产出率、资源利用率和劳动生产率，提高林业发展的质量、素质和效益。

综上所述，构建现代林业生态系统的基本框架包括完善的林业生态体系、发达的林业产业体系、繁荣的生态文化体系3个方面。这个3方面构成完善的现代林业生态系统。

(1)建设完善的林业生态体系。通过培育和发展森林资源，着力保护和建设好森林生态系统、湿地生态系统，在农田生态系统、草原生态系统、城市生态系统等的循环发展中，充分发挥林业的基础性作用，努力构建布局科学、结构合理、功能协调、效益显著的林业生态体系。具体包括实施五大林业重点工程：一是加快实施沿海防护林体系建设工程。按照国家确定的任务，抓好工程落实。二是加快实施荒山绿化工程。各级政府要加大荒山绿化投入，制定优惠政策，加快荒山绿化步伐。三是加快实施农田防护林工程。进一步营造高标准农田林网，在风沙区营造防风固沙林。四是加快实施城乡绿化工程。在农村继续开展绿化示范村镇活动，促进社会主义新农村建设。在城市积极推进绿化美化，争创森林城市和园林城市。五是加快实施湿地和自然保护区建设工程。加大湿地恢复保护力度，加快森林类型自然保护区建设。

(2)建设发达的林业产业体系。应当看到，林业在促进经济发展、增加就业和农民增收中的作用越来越突出，我们必须抓住机遇，加快推进由产业大省向产业强省的转变。因此，切实加强第一产业，全面提升第二产业，大力发展第三产业，不断培育新的增长点，积极转变增长方式，努力构建门类齐全、优质高效、竞争有序、充满活力的林业产业体系。力求在以下三个方面进一步取得成效：一要科学规划林业产业，发挥优势，建设速生丰产用材林、名特优新经济林、木本粮油及生物质能源林基地，大力发展木材加工、果品储藏加工、林木种苗、花卉、森林旅游等产业，培育一批名牌产品和龙头企业；二要继续办好中国(三明)、中国(漳州)等林产品交易会等重大林业会展，积极发展会展经济，搭建林产品交易平台，培育和开拓林产品市场；三是大力实施"走出去"战略，扩大林业对外开放，充分利用国外资源，缓解林产品供需矛盾，满足经济社会发展需要。

(3)建设繁荣的生态文化体系。繁荣的生态文化是生态文明的重要组成部分。要积极唱响生态文明建设的主旋律，主动占领生态文明建设的主阵地，普及生态知识，宣传生态典型，增强生态意识，繁荣生态文化，树立生态道德，弘扬生态文明，倡导人与自然和谐的重要价值观，努力构建主题突出、内容丰富、贴近生活、富有感染力的生态文化体系。重点是以森林公园和湿地自然保护区为依托，积极开展生态文化主题公园、生态示范教育基地建设，满足人民群众日益增长的生态文化产品需求；深入开展多种形式的生态文化活动，提高全民的生态意识，树立生态道德观念，促进生态文明建设。

坚持科学发展观，全面构建现代林业生态系统，既是时代赋予我们的神圣使命，也是一项长期而艰巨的任务。中国必须从现实国情出发，遵循客观规律，有重点、按步骤、分阶段地向前推进。在推进现代林业生态系统建设的战略过程中，要特别注意把握以下3条基本原则：①坚持实施以生态建设为主的林业发展战略，把更多更好的生态产品奉献给人民，这是现代林业建设的根本任务；②牢固树立人与自然和谐的重要价值观，积极推动生态文化建设，为现代文明发展做出应有的贡献；③必须坚持把改革作为推动林业持续快速发展的根本动力，努力发展和形成符合现代社会发展要求的林业生产力和生产关系。

二、可持续发展理论

(一)可持续发展的内涵

"可持续发展"概念是根据市场经济条件下产生的生态环境问题，从综合协调好人口、资源、环境、经济四大子系统之 间关 系的角度上提出来的。与会代表认为：突破了发展生态观的可持续发展的概念，是指经济、社会发展的持久永续，以及经济、社会赖以支撑的资源、环境的持久永续。具体地说，"可持续发展"是人口、经济、社会、生态、资源的和谐发展，是对资源 实行最优利用基础上的发展，是全民、全国乃至全球的共同发展，是包括经济、政治、文化的发展以及作为这种发展综合反映的人的发展，是强调系统内部的持续能力、区域间的公正性以及生态环境保护的发展。持续发展的基本意图是"既满足当代人的需要，又不对后代满足其需要的能力构成危害。或者说，满足当代人的发展需求，应以不损害、不掠夺后代的发展作为前提"（Timberlake，1988）。可持续发展的本质是运用生态经济学原理，增强资源的再生能力、引导技术变革使再生资源替代非再生资源成为可能。主要内涵有：

1. 可持续发展的公平性内涵

人类需求和欲望的满足是发展的主要目标。然而，在人类需求方面存在很多不公平因素。可持续发展的公平性含义是：一是本代人的公平。可持续发展满足全体人民的基本需求和给全体人民机会以满足他们要求较好生活的愿望。要给世界以公平的分配和公平的发展权，要把消除贫困作为可持续发展进程特别重要的问题来考虑。二是代际间的公平。这一代不要为自己的发展与需求而损害人类世世代代满足需求的条件。

2. 可持续发展的持续性内涵

布伦特兰夫人在论述可持续发展需求内涵的同时，还论述了可持续发展的限制因素，可持续发展不应损害支持地球生命的自然系统：大气、水、土能超越资源与环境的承载能力。

3. 可持续发展的共同性内涵

可持续发展作为全球发展的总目标，所体现的公平性的持续性原则是共同的。并且，实现这一总目标，必须采取全球共同的联合行动。布伦特兰夫人在《我们共同的未来》的前言中写道："今天我们最紧迫的任务也许是要说服各国认识回到多边主义的必要性"，"进一步发展共同的认识和共同的责任感"，这是这个分裂的世界十分需要的。

（二）可持续发展的目标和特征

1. 可持续发展的目标

（1）可持续发展鼓励经济增长，与国家实力和社会财富相适应。可持续发展不光重视增长数量，更追求改善质量、提高效益、节约能源、减少废物、改变传统的生产和消费模式、实施清洁生产和文明消费。

（2）可持续发展要以保护自然为基础，与资源和环境的承载能力相协调。因此，发展的同时必须保护环境，包括控制环境污染、改善环境质量、保护生命支持系统、保护生物多样性、保持地球生态的完整性、保证以持续的方式使用可再生资源，使人类的发展保持在地球承载能力之内。

（3）可持续发展要以改善和提高生活质量为目的，与社会进步相适应。可持续发展的内涵均应包括改善人类生活质量、提高人类健康水平，并创造一个保障人们享有平等、自由、教育、人权和免受暴力的社会环境。

2. 可持续发展的特征

可持续可总结为4个特征：经济持续发展、社会持续发展、资源持续发展和环境持续发展，它们之间互相关联而不可分割。孤立追求经济持续必然导致经济崩溃；孤立追求生态持续也不能遏制全球环境的衰退。资源持续和环境持续是基础，经济持续是条件，社会持续是目的。人类共同追求的应该是自然制和社会复合系统的持续、稳定、健康发展。具体体现为：

（1）经济可持续发展。由于可持续发展的最终目标是不断满足人类的需求与愿望。因此保持经济的持续发展是可持续发展的核心内容。发展经济，改善人类的生活质量是人类的目标也是可持续发展的目标。

（2）社会可持续发展。社会可持续发展的核心是社会进步。因此，提高全民族的可持续发展意识，认识人类生产活动可能对人类生存环境造成的影响，提高人们对当今社会及后代的责任感，增强可持续发展的能力，也是实现可持续发展不可缺少的社会条件。

（3）资源可持续利用。资源问题是可持续发展的中心问题，而可持续发展的核心是要保护人类生存和发展所必需的资源基础。在开发利用的同时，对可更新资源，要限制在其承载力的限度内，同时采用人工措施促进可更新资源的再生产；对不可再生资源，要提高其利用率，积极开辟新的替代资源途径，并尽可能减少对不可再生资源的消耗。

（4）环境可持续发展。可持续发展与环境密不可分，并把环境建设作为实现持续发展的重要内容和衡量发展质量、发展水平的主要标志之一。正是由于环境问题，人类才反思过去，才有可持续发展概念的出现，没有良好的环境作保障，就不能实现可持续发展。

（三）可持续发展的原则

可持续发展的原则包括公平性原则、可持续性原则和协调性原则。

1. 公平性原则

公平性是指机会选择的平等性。公平具有时空性。从时间上来看，一般从代际的角度来进行探讨。可持续发展要求代际之间、代内之间的公平性。由于当代人主宰这个世界，后代人对他们的意愿没有发言权，因此，当代人应该在不影响其发展的前提下，约束自己的行为，为后代人创造更好的生存环境。从空间的角度来看，区域之间也存在公平性问题。

2. 可持续性原则

可持续性是可持续发展的精髓。可持续性包含三个方面的含义，即适宜的人类生存条件的可持续性，生存条件能不断地满足人类的需求；生态系统的永续利用，保持生态系统自身的稳定性，以支持人类以及与人类共存的其他生命；代际代内均等性，对于权利与义务在不仅代内是平等的，而且要滤及代际之间。

3. 协调性原则

可持续发展不仅强调公平性，同时也要求具有协调性。协调性是指社会之间的和谐，同时也包括人类与自然之间的和谐。这种和谐性原则，要求我们在自己行动时，要考虑行为的后果，不要对他人和生态环境造成影响，要采取协调和谐的方式的行动，保持与自然之间的共生互惠的美好关系。

（四）森林的可持续发展和持续经营的观念

可持续林业理论源于可持续发展理论。根据美国林纸协会的定义，可持续林业是"作为土地管理者经营管理森林，通过综合地发展、培育和收获林木以生产有用的产品并且保护土壤、空气和水的质量以及野生动物和鱼类的生境，既满足日前的需要，又不损害未来世代满足他们需要的能力的林业"。可持续林业理论是一种崭新的理论体系，它从更长远的历史角度和更广阔的社会空间思考森林经营问题，具有明显的全局性和战略性特点，目前还没有形成可操作的技术体系，还是一个需要长期研究和探索的新领域。

一直以来，社会、科学、经济的影响改变着森林经营的环境，其变化的趋势形成了森林经营观念和模式的更替。从全球林业发展的历程来看，到目前为止，森林经营大体经历了三个阶段：传统的森林永续利用阶段，以德国的经典林业（以法正林理论为支撑）为标志；20 个世纪 60 年代以来的森林多用途永续利用阶段，以 1960 年第五届世界林业大会主题森林多功能利用为标志；森林可持续经营阶段，以 1992 年首届世界环境与发展大会的"关于森林问题的原则声明"中提出"森林应当以可持续的方式经营"为标志。对于森林可持续经营，世界各国根据各自的不同情况提出了相应的经营模式，较有代表性的有德国的"近自然林业经营"和美国的"森林生态系统经营"等。

森林的可持续发展与持续经营构成了可持续发展的林业，所谓可持续发展的森林（sustaintable development of forest）是一贯的、审慎的、持续的，但又是用灵活的方式来维持林业产品和森林服务之间的平衡，以及提高森林对社会——经济和环境的贡献。这个定义指出："要不断改变经营以满足社会不断变化着的需要，经营系统在所有阶段都是可持续的。"那么，可持续的森林经营（sustainable forest management）就是指：经营永久性的林地，以达成一个或多个明确的、持续不断提供林业产品和森林服务为经营目标的生产过程，森林未来的生产能力和遗传品质不舍过分地下降，以及对自然的和社会的环境没有过度不良的影响。它包括了一系列的准则，诸如：保护林木的多样性、保持林地和林木的生产力、维持森林生态系统可更新能力、保护生境以利野生动植物的栖息和保持水土、防止由于工业发展引起的大气和水的污染、防止森林不可逆转的退化、维持和增强森林在地球生态循环中的作用。"森林资源应当以可持续发展的方式管理，以满足这一代人和子孙后代在社会、经济、生态和文化精神方面的需求。"不论是生态还是经济，是可持续发展、良性循环，还是短期行为、恶性循环，关系到人类的生存和地球的平衡。发展是社会、经济和政治三者相互联系的动态过程，社会经济的增长、社会结构的变迁和自然生态系统的维护共同构成社会真正的发展。

由此可见，森林要能实现可持续发展，必须实行对森林可持续经营，要持续经营森林必须提高到人类社会系统和地球生态系统的高度来认识，并引起全社会的重视和支持，而决非林业一家之事。为此，必须制定一系列的有关政策、法规和行为准则。持续经营一方面意味着对森林和林地的职责和使用；另一方面意味着各级政府和管理部门义不容辞的责任。其经营的目标包括：总体目标是通过现实和潜在森林生态系统的科学管理、合理经营，维持森林生态系统的健康和活力，维护生物多样性及其生态过程，以此来满足社会经济发展过程中对森林产品及其环境服务功能的需求，保障和促进社会、经济、资源、环境的持续协调发展。

1. 森林可持续经营的社会目标

持续不断地提供多种林产品，满足人类生存发展过程中对森林生态系统中与衣食住行密切相关的多种产品的需求是森林可持续经营的一个主要目标。森林资源可持续经营的社会目标还包括为社会提供就业机会、增加收入、满足人的精神需求目标。对于大多数发展中国家而言，森林资源可持续经营还具有发展经济、消除贫困的目标。

2. 森林可持续经营的经济目标

首先是通过对森林资源的可持续经营获得人们生活所需的多种林产品，从而带动林产工业的发展，为国家或者地方的经济发展做出贡献。其次，通过对森林资源的可持续经营，使相关的森林经营者和经营部门获得持续的经济收益。再次，通过对森林资源的可持续经营，能促进与森林生态系统密切相关的水利、旅游、渔业、畜牧业的发展，从而提高相关产业的经济效益。最后，通过对森林的可持续经营，提高国家、区域（流域）等不同尺度空间防灾减灾的经济目标。

3. 森林可持续经营的环境目标

这主要取决于人类对森林环境功能、森林价值的认识程度。包括：水土保持、涵养水源、二氧化碳储存、改善气候、生物多样性保护、流域治理、荒漠化防治等目标。从根本上为人类社会的生存发展提供适宜和可供利用的生态环境，为满足人的精神、文化、宗教、教育、娱乐等多方面需求提供良好的生态景观及其环境服务。

三、循环经济理论

循环经济是一种新的、先进的经济发展模式，是实现可持续发展的理想经济模式，是目前实现人与自然和谐发展的最佳途径。循环经济的理论基础是生态经济理论和系统理论，具有层次性和开放性等特点。在我国，发展循环经济应坚持以可持续发展和科学发展观为指导，建立完善的循环经济立法和制度支撑体系，以促进循环经济的发展及循环型社会的建立，最终实现人与自然的和谐发展，黄选高对循环经济的概念与内涵作了简明扼要的概述。

（一）循环经济的概念与内涵

1. 循环经济的概念

循环经济（circular economy），也称为物质闭环流动型经济，资源循环经济，循环经济社会。它是相对于传统经济而言的一种新的经济形态，其本质上是一种生态经济。它要求遵循生态学规律，合理利用自然资源和环境容量，在物质不断循环利用的基础上发展经济，使经济系统和谐地纳入到自然生态系统的物质循环过程中，实现经济活动的生态化。

一般认为，循环经济要求按照生态学规律组织整个生产、消费和废弃物处理过程，将传统的"资源——产品——废弃物排放"的单向、开环式经济流程转化为"资源——产品——再资源化"的闭环式经济流程，改变工业社会以来的资源高消耗、产品用完就扔掉和废弃物的高排放，实现废物资源化和无害化，使经济系统和自然生态系统的物质和谐循环。因此，可以给循环经济下这样的定义：所谓循环经济，是一种运用生态学规律来指导人类社会的经济活动，是建立在物质不断循环利用基础上的新型经济发展模式。由于循环经济是按照生态规律利用自然资源和环境容量，实现经济活动生态化转向的经济，因此，有专家认为循环经济本质上是一种生态经济。

2. 循环经济的内涵

循环经济是对物质闭环流动型经济的简称。从物质流动的方向来看，循环经济是一种要求运用生态学规律，将人类经济活动组织成为"资源——生产——消费——再生资源"的反馈式流程，也就是闭环式经济流程，实现"低开采、高利用、低排放"，最大限度地利用进入生产和消费系统的物质和能量，提高经济运行的质量和效益，达到经济发展与资源、环境保护相协调并且符合可持续发展战略的目标。所以，循环经济是一种"促进人与自然的协调与和谐"的经济发展模式。它要求以"减量化（reduce）、再利用（reuse）、再循环（recycle）"（3R）为社会经济活动的行为准则，运用生态学规律把经济活动组织成为一个"资源—产品—再生资源"的反馈式流程，实现"低开采、高利用、低排放"，以最大限度地利用进入系统的物质和能量，提高资源利用率，最大限度地减少污染物排放，提升经济运行质量和效益。

循环经济要求人类的经济活动按"减量化、再利用、再循环"操作原则（"3R原则"）进行：

（1）"减量化"原则。是指在产品生产和服务过程中尽可能地减少资源的消耗和废弃物、污染物的产生，采用替代性的可再生资源，以资源投入最小化为目标，以提高资源利用率为核心。生产者应通过减少产品原料投入和优化制造工艺来节约资源和减少排放，消费群体应优先选购包装简易、结实耐用的产品。

（2）"再利用"原则。是指产品多次使用或修复、翻新后继续使用，以延长产品的使用周期，防止产品过早成为垃圾，从而节约生产这些产品所需要的各种资源投入。要求消费群体改变产品使用方式，有效延长产品的寿命和产品的服务效能，如纸板箱、玻璃瓶、塑料袋的包装材料的再利用，有时甚至可以多达数十次循环。生产者应采取产业群体间的精密分工和高效协作，加大从产品到废弃物的转化周期，最大限度地提高资源产品的使用效率。制造商应使用标准尺寸进行设计，如标准尺寸设计能使计算机、电视机和其他电子装置中的电路更换便捷，而不必更换整个产品。鼓励再制造工业的发展，以便拆卸、修理和组装用过的和破碎的东西，如欧洲汽车制造商把轿车零件设计成易于拆卸和再使用，同时又保留原有的功能。

（3）"再循环"原则。是指使废弃物最大限度地变成资源，变废为宝，化害为利。通过对产业链的输出端——废弃物的多次回收和再利用，促进废弃物多级资源化和资源的闭合式良性循环，实现废弃物的最小排放。

"减量化、再利用、再循环"原则（"3R原则"）构成了循环经济的基本思路，但它们的重要性并不是并列的，循环经济不是简单地通过循环利用实现废弃物资源化，而是强调在优先减少资源消耗和减少废弃物产生的基础上综合运用"3R原则"。"3R原则"的优先顺序是：减量化—再利用—再循环。

"减量化"原则，即以较少的原料和能源达到既定的生产或消费目的，在经济活动的源头节约资源和减少污染；"再利用"原则，即尽量延长产品的使用周期，使产品和包装容器能反复使用；"再循环"原则，即产品完成其使用功能之后能够重新变成可再利用的资源。

从循环经济的内涵及其运行看，循环经济是一个经济大系统，它涵盖工业、林业和消费等各类经济社会活动。循环经济具体经济活动通过运用"减量化、再利用、再循环"（3R）原则，分别实现两个层面的物质闭环流动。

（二）目前循环经济发展的几个支撑理念

1. 节能经济效益理念

目前，这一理念为大多数国家接受和采纳。美国是一个生产大国和消费大国，美国人在个人生活中很节俭，在国家政策层面则一向重视发展循环经济，早在20世纪70年代末就制定了一系列以循环为目标的能源政策，此后虽不断调整，但其核心内容主要是3点：一是促进可再生能源的开发利用，二是充分合理利用现有资源，三是鼓励节能。多年来，美国政府主要通过财政手段鼓励可再生能源的开发和利用。美国不仅拨款资助可再生能源的科研项目，还为可再生能源的发电项目提供抵税优惠。2003年，美国将抵税优惠额度再次提高。

2. 资源系统循环消费生产理念

日本非常重视建立资源生产和消费领域的循环经济模式，依照循环经济的理念，在资源生产和消费领域设计出3种不同维度的循环模式：第一，通过企业内部的循环，促进原料和能源的循环利用；第二，通过企业之间的循环，组成生态工业链，形成共享资源和互换副产品的产业共生组合；第三，通过社会整体循环，大力发展绿色消费市场和资源回收产业，完成循环经济的闭合回路。

3. 工业生态系统理念

这是由美国通用汽车公司研究部的福罗什和加劳布劳斯提出的一种新理念。1989年他们发表了《可持续发展工业发展战略》一文，提出了生态工业园的新概念，要求企业之间产出的各种废弃物要互为消化利用，原则上不再排放到工业园区之外，其实质就是运用循环经济的思想组织园区内企业之间物质和能量的循环使用。自20世纪70年代丹麦卡伦堡"工业共生体"进入自发形成过程后，美国、日本、加拿大和西欧等发达国家和地区先后建成或正在建设的生态工业园区有数十个。

4. 生活垃圾无废物理念

德国已经实施再利用废物的一系列相应措施。这种理念本质上要求越来越多的生活垃圾处理要由无害化向减量化和资源化方向过渡，要在更广阔的社会范围内或在消费过程中和消费过程后有效地组织物质与能量的循环利用。

（三）循环经济的层级结构

系统观点内包含着层级思想。任何系统都是有层次的，循环经济模式也同样存在着层级结构。在不同的层次上，循环经济的表现和要求也有所不同。

（1）在基础层次上，循环经济主要表现为单个企业的生产活动和回收再生利用活动以及个人的消费行为。

在单个企业内循环经济模式主要体现为清洁生产，即利用清洁的原材料，通过清洁的生产过程生产出清洁的产品。清洁生产要求企业在生产过程中实现资源投入的减量化，并对在生产和消费过程中产生的废弃物进行直接回收再利用，最大限度地减少废弃物的排放，力争做到排放的无害化和资源的循环利用，提高资源利用率。循环经济模式下公民个人在消费时应注意保护环境，尽可能地选择绿色消费，减少和杜绝一次消费，对可反复利用和回收再生利用的资源进行再使用和垃圾归类。

（2）在低层次上，循环经济模式表现为生态工业园区的形式。

由于单个企业内的循环具有一定的局限性，很难完全实现废弃物的资源化和无害化处理和资源的循环利用，需要在企业外部去组织物质和能量循环，于是便产生了生态工业园区。生态工业园区是根据生态学原理和循环经济理念设计建成的一种新的工业组织形式，它通过设计工业园区的物质和能量流的模式，模拟生态系统，形成企业间的共生网络。生态工业园区内的各个企业之间相互耦合和依赖，使物质和能量在企业之间循环流动，最大限度地提高资源利用率。

（3）在中间层次上，循环经济系统的表现形式为区域循环经济和资源回收再生利用产业。

在区域循环经济中，物质和能量的循环已经突破了企业和园区的界限，而在更广泛的范围内循环，并且通过发展资源回收再生利用产业来回收企业和生态工业园区无法消解的废料和副产品，以及社会生活中产生的废弃物，并且在经过处理后向企业的生产活动和人们的生活活动提供产品。

（4）循环经济的最高层次是社会层次。

在社会层次上，将循环经济理念融入经济和社会发展的全过程，从而将循环经济上升为一种社会治理的理念和思维方式。这种治理理念以可持续发展思想和科学发展观为基础，指导社会各个领域内的活动。这种治理社会的理念和思维方式提倡社会节约、生态文明和绿色消费。通过提高人们的节约意识和环保意识，来改变人们的消费活动和企业的生产活动，进而达到建设节约型社会和循环型社会的目的。

循环经济的四个层次之间是相互作用，相互影响的，较高层次以较低层次为基础，并指引较低层次的发展。循环经济的这种层级结构保证了循环经济系统的稳定性。

（四）林业循环经济模式的基本框架

我国经过了 20 多年的林业产业化和生态林业经济探索初步形成了符合中国国情的生态林业发展模式，为构建林业循环经济奠定了良好的实践基础. 从理论和实践上来说，中国林业循环经济模式的整体框架为：

1. 从宏观层次上构建林业循环经济发展的国民经济体系

林业循环经济模式的建立离不开整个国民经济体系的良性循环，必须以科学发展观为指导，落实中共十八大提出的"五位一体"、"两个翻番"，特别是要注重"生态文明建设"，使林业循环经济模式与其他产业发展有机协调起来。

2. 从中观层次上构建林业循环经济的生态产业化体系

生态林业产业化是遵循发展农村经济与生态环境保护相协调、自然资源保护与其开发增值实现可持续发展利用相协调的原则，基于生态系统承载能力的前提下，充分发挥当地生态区位优势及产品的比较优势，在林业生产与生态系统 良性循环的基础上开发优质、安全和无公害农产品，实现生态、环境和经济效益协调统一的林业生产体系。构建林业生态产业化体系必须在林业产业内部形成相互依存、相互制约的产业关系，并按照一定的比例和搭配方式组成相互连贯的有机整体。例如，以林业复合经营系统、林业粗加工业系统、林业三剩物利用系统、造纸和制板业系统、环境综合处理系统为框架，构建生态林业产业化体系，各系统之间通过中间产品和废弃物的相互交换和衔接，从而实现了一个比较完整和闭合的生态产业网络，从而资源得到最佳配置，废弃物得到了有效利用，环境污染减少到最低水平。

3. 从微观上构建林业循环经济的生态林业生产体系

生态林业生产体系包括：一是林产品生产过程中推行科学的施肥和施药技术和方法，同时研制和生产对生态环境污染较少的"绿色"肥料和农药，做到清洁生产，减少乃至杜绝污染；二是推行林业生产体系内部物种之间的互惠互利种养技术，使废弃物排放最小化。如种植业的立体种植、养殖业的立体养殖以及种养结合的林鱼模式等，既保护了生态环境，又增加了经济效益；三是发展能源生态综合性工程，由以沼气为纽带的能源生态工程，是农村走向全面建设小康社会的典型模式，温家宝总理给予了充分肯定，农村能源生态综合工程不仅改善了农村生态环境，而且有利于农村经济产业结构的调整和农民收入的增加，它是当今推动农村和林业循环经济发展有益尝试。

第二节　森林非木质资源利用理论指导与借鉴

生态系统、生态经济、可持续发展、循环经济等理论在森林非木质资源开发上的应用，集中体现在立体林业、混农经营与生态复合经营理念上，为我们在森林非木质资源利用的途径、措施和方向上提供了强有力的理论武器，深刻指导着森林非木质资源开发与利用，发挥着生态、经济与社会的综合效益，最终实现人与自然全面、协调的可持续发展。

一、理清非木质利用的理念和模式

随着国家生态文明战略实施的不断推进，林业建设始终以生态学和经济学的原理为指导，把林业的经营对象视为森林生态经济系统，按照生态经济系统的规律，立足自身特点与资源优势，因势利导地发展、培育和利用森林资源，使生态、经济和社会等效益同步发展，全面实现森林生态经济系统的良性循环和持续经营与利用。根据非木质资源利用的立体空间、时间顺序以及利用目标的多维性，我们在森林非木质资源利用过程中，不断创新思路，强化非木质资源利用的生态系统与可持续发展理论、生态经济与循环经济理论的指导，为创新"立体林业""混农林业""农林复合经营"理念奠定了基础。它们在内涵与原理、实践性质与内容上大同小异、异曲同工。杜炳新（2008）提出农林复合系统又称复合农林业、农用林业或混农林业，是一种新型的土地利用方式；袁玉欣（1994）提出混农林业可以是混农林业、农用林业、农地林业、农林系统、农林业系统工程、农林复合生态系统等复合名词；混农林业又称立体林业，立体林业是从我国传统混农林业中的农林作物间作套种混交方式的基础上发展而来的。说明三者的关系紧密，一脉相承。三种非木质资源利用理念将林、农、牧、渔、副各业合理组合成为多功能、高效率的综合生产体系，进行科学的经营管理，使之相辅相成，循环生产，多级利用，做到林地、果园、农田、鱼塘相结合，农林牧副渔相结合，种植、养殖、加工以及林工商相结合，实现由粗放经营向集约经营的转变，由单一的林业采伐制向多种经营方向发展，取得最高的系统综合效益。这是福建省现阶段发展林业的一条新路子，将为现代林业包括三种森林非木质资源经营注入新的活力，开辟更新更广的研究领域，具有非常大的利用价值和发展潜力。

（一）立体林业

立体林业的基本涵义可以归纳为："以林为主，多种经营，立体开发，全面发展。"它是符合林业生产规律与林业企业特点的一种经营制度，是林业企业特有的一种生产经营模式。是指合理有效地利用林地上的环境生态资源（光、热、水、土和地形地势等），建立多物种（绿色植物、饲养动物和微生物等）、多行业（种植、养殖和加工业）、多时效（短、中和长期收益）、多层次结构（乔木、灌木、草类等；涉及种植、养殖、加工、旅游、服务等行业）的集约经营的林业生产模式。

任何一种立体林业模式都是根据当地环境资源、生物物种的优势、生产水平和社会经济发展的需求，统筹规划设计的系统工程。其目的是以某一物种为主，多物种共生于一个系统之内，充分利用阳光、水分、养分和空间，"共生互利"，发挥潜在的优势，从而提高整体系体工程的生产力。它是一种区别于传统林业，兼顾经济、生态和社会效益的集约化经营方式，是在对森林资源全面认识和正确评价的基础上，依据林区的资源优势和其他优势实现对林区的生物和非生物资源的综合开发，在林区建立以森林培育和木材生产为中心的多产业复合体系，并在不断实验和调整基础上，遵循系统生态学、生态经济学、运筹学等科学原理和生态与经济兼顾的原则，寻求建立林区最佳的产业结构和相对稳定的生产系统，以期实现最佳的经济效益、社会效益和生态效益。

（二）混农林业

混农林业是一种土地综合利用形式，即有意识地将林木或多年生木本植物与农作物或畜牧业结合起来，使它们成为一个综合整体，这种经营方式谓之混农林业。随着生态学原理渗透到各个领域，人们逐渐认识到生态林业和混农林业是现代林业的发展方向。混农林业立体经营是发展生态林业的有效途径。

混农林业最初的定义是由曾经担任过联合国粮农组织总干事和 ICRAF 第一任主席的 King 及其同事在 1968 年给出的，即"混农林业是一种适合当地栽培实践的经营方式，是在同一土地单元内将农作物生产与林业和（或）畜牧生产同时或交替地结合进行，使土地的全部生产力得以提高的持续性土地经营体系"。ICRAF 经过多年的研究与讨论，于 1982 年定义混农林业是一种土地利用系统和工程应用技术的复合名称，是有目的地将多年生木本植物与林业或牧业用于同一土地经营单位，并采取时空排列法或短期相间的经营方式，使林业、林业在不同的组合之间存在着生态学与经济学一体化的相互作用。

我国学者熊文愈认为，按照农、林、牧、渔、副各业的特点，根据生态学的原理和时空排序，将其全部或部分组合成为人工生态系统进行综合经营管理，使之发挥巨大的经济、生态和社会效益，称为混农林业系统。1988 年，有学者提出了："混农林业作为一种土地利用技术和制度的集合名词，是有目的地把多年生木本植物（乔木、灌木）等同草本植物（农作物、牧草）和（或）畜牧业经营同一土地单元，并采取统一或短期相同的空间配置、轮作等耕作措施；在混农林业系统的不同组分只存在着生态学和经济学方面的相互作用"。这一观点当时为国际上多数学者广为认同。

进入 20 世纪 90 年代，随着可持续发展思想在各学科、领域内的渗透，混农林业是一种新型的土地利用方式，在综合考虑社会、经济和生态因素的前提下，将乔木和灌木有机地结合于农牧生产系统中，具有为社会提供粮食、饲料和其他林副产品的功能优势，同时借助于提高土地肥力，控制土壤侵蚀，改善农田和牧场小气候的潜在势能，来保障自然资源的可持续生产力，并逐步形成林业和林业研究的新领域和新思维。

为更好地适应资源与环境持续管理的复杂性，ICRAF 主席于 1996 年对混农林业又下了新定义：混农林业是一种动态的以生态学为基础的自然资源管理系统，通过在农地及牧地上种植树木达到生产的多样性和持续发展，从而使不同层次的土地利用者获得更高的社会、经济和环境方面的效益；具有目的性、集约性、综合性和相互关联性 4 个主要特征。

尽管世界各地及其不同的历史时期对混农林业的定义不完全一致，但其基本原理、基本内容和主要特征是相同的。其内涵可以概述为：多物种、多层次、多时序和多产业的人工复合经营系统。物种结构、空间结构、时间结构和食物链结构是混农林业的重要标志。对比其他土地利用系统，混农林业系统具有多样性、系统性、集约性、高效性和持续性等特征。

混农林业被视为一种土地综合利用体系，是一个包含农、林、牧、副等多种产业的人工生态系统，它根据生产经营者的目的要求、当地自然环境条件和社会经济背景以及经营对象的性质、功能，按空间位置和时间季节次序，加以合理调配组合，补充必要的物质和能源，使之成为相互促进循环利用，多级生产稳定高效的以林为主的生产体系。目前在我国及世界范围内已得到了大规模的发展，在林业生产和生态建设以及对改善林业生态环境和林业种植结构、促进农村经济的发展和增加农民的收入上已取得了显著的成效。

（三）农林复合经营

"复合经营"作为当今世界理想的经营方式之一，已引起管理界的重视，成为学术界的热门话题。农林复合经营也有人称为混农林业。

农林复合经营是指同一土地上，在空间位置与时间顺序上，将多年生木本植物与农作物和家畜动物结合在一起而形成的所有土地利用系统的集合。是一种充分利用自然力的劳动密集型集约经营方式。这种经营方式对土地的充分利用，发展多种经济，改善环境，剩余劳动力的充分利用等方面都有很积极的作用。农林复合经营系统有复合性、系统性、集约性、等级性(尺度多变性)等特征。

在 20 世纪 70 年末和 80 年代初期，农林复合经营的研究在理论和实践上都得到很大发展。在此期间，许多人对农林复合经营提出过自己的定义。国际农林复合研究委员会(ICRAF)对农林复合给出的定义是："农林复合是一种土地利用技术和系统(制度)的复合名称，是有目的地把多年生木本植物(乔木、灌木、棕榈和竹子等)与林业或牧业用于同一土地经营单位，并采取同一或者短期相同的经营方式，使农林复合在不同组分之间存在着生态学和经济学一体化的相互作用。"李文华、赖世登(1994)以国际农林复合研究委员会提出的定义为依据，把农林复合经营表述为"农林复合经营系统是指在同一土地管理单元上，人为地把多年生木本植物(如乔木、灌木、棕榈、竹类等)与其他栽培植物(如农作物、药用植物、经济植物以及真菌等)和(或)动物，在空间上或按一定的时序安排在一起而进行管理的土地利用和技术系统的综合，在农林复合经营系统中，在不同的组分间应具有生态学和经济学上的联系"。这是我国最具有代表性的定义。

在经济上复合经营比单一经营有利，可从复合经营的基本原理，即复合经营体内部门之间的结合关系，更明确地讲就是经营体内部门之间的"补合或补完关系"及分散风险关系说起（根锁，2003）。假设，某一经营体由 A 和 B 两个部门构成，A 部门对 B 部门具有补充不足的作用，反之，B 部门对 A 部门没有补充不足的作用，这种关系叫做补合关系。如果 A、B 两个部门彼此间有互相补充不足的作用，则称为补完关系。比如，木竹加工的经营者，不利用加工"三剩物"则成为浪费，而利用"三剩物"生产胶合板、造纸的经营者则减少了浪费，实现了循环利用。同时，一旦遇到市场危机前者则易于破产，而后者由于"三剩物"创造了附加价值，从而至少补充了一点资金来源，即体现了经营体内部门之间的补合关系。假如，利用"三剩物"的经营者由于循环利用，实现了林业资源的间接保护，则体现了经营体内部门之间的补完关系。这样，由于实现了补合或补完关系而在一定程度上发挥了"分散风险和减少灾害影响的机能"。在实际的经营群体中，各部门之间具有上述补合或补完关系的经营体不仅常见的，而且类型多种多样。

复合化与规模扩大并列是经营者为经营成长而采取的基本战略之一，也是经营者选择经营活动领域和经营形态的重要经营战略。它的指导思想是以资源最佳合理配置为立足点，以生物多样性为目标，以最小的资源耗能量换取最大的产出．尤其是对林地资源的合理利用和保护为目的的复合系统林业复合经营是生态林业的核心它是通过一定的林业生态系统与一定的林业经济系统，运用相互适应的技术措施，进行一系列能量与物质的转换，以提高林地的综合生产能力—综合我国生态林业与立体农林业的实践，林业复合经营是指经营者根据当地的地貌、土壤、气候、水和生物等自然资源条件与社会经济条件和市场需求情况，以及经营对象的性质、功能按时空多维结构原理，有序地组合好第一性生物生态开发利用系统，以及给系统投入适时、适量的物能，使之成为相互作用，多级生产和循环利用的人工复合生态系统。20 世纪 70 年代后三北防护林体系、长江中下游防护林体系等生态环境建设中应用了许多农林复合经营模式，如林药间作、林草间作"桐—粮间作""林—胶—茶"间作等，这些经验模式有效地改善了生态环境，提高了农民收入，达到了很好的土地利用效果。

二、明确经济与资源结构调整方向

实施可持续发展战略，从经济角度上讲，有利于转变经济增长方式，实现从粗放（外延）型向集约（内涵）型方向发展。经济增长方式从粗放型转变为集约型是我国经济发展战略转变的核心内容和主要课题，关系到我国现代化的全局和进程。我国多年来实行粗放（外延）型增长方式，依靠上新项目，铺新摊子，增加要素投入量实现增长，其速度虽然较快，但它是以高消耗资源和牺牲环境为代价的。实践证明，现行的经济发展模式无法继续下去了，必须变粗放增长为集约增长，变向外扩张为向内使劲，变依靠要素投入量推动经济增长为依靠提高要素效率推动经济增长。发展森林非木质资源产业是林业新兴产业和林业经济的增长点，可以说是发展林业循环经济的重要突破口和方向。森林非木质资源产业发展是在坚持生态优先的前提下，充分挖掘林业特色种植业并形成主导产业，充分发挥产业的经济功能和生态功能。因此，要实现可持续发展战略，必须下大力气调整林业产业结构。重点在以资源培育为基础的第一产业方面，合理提高林地生产力，加快发展经济林、药用林、生物能源林和花卉基地，促进基地建设规模化、集约化、专业化；在以增加附加值为主的第二产业方面，努力提高产品科技含量，加快推进林浆纸一体化项目建设，大力发展木材综合利用和非木质资源高效利用业，巩固提升以松香、活性炭、松节油等为主的林化产业，推进生物医药、生物能源新兴产业发展，促进形成资源节约和环境友好的生态产业体系；在以服务社会和服务行业为主的第三产业方面，积极改善森林景观，建设森林休闲基地，大力发展森林旅游业。

（一）立足资源优势，走非木质林产品精深加工的发展之路

选好建好龙头企业，以市场为导向不断开发出适销对路的新产品，尤其要注重非木质资源产品的精深加工，延伸产业链，不断抢占市场，提高市场的占有率。要建立起质量保证体系，实施名牌战略，增强市场竞争力。

（二）大力推进森林产品认证

森林认证是推动森林可持续经营，促进林产品市场准入，加快林业国际化进程的有效途径。要广泛开展森林经营认证和产销监管链认证，尤其是要大力推进非木质林产品的认证，实现林产品利用由过度消费向绿色消费转变。

（三）加速开发森林生态旅游业

与传统的旅游活动相比，现代生态旅游的最大特点就是其保护性。利用优美的自然环境，充满民族风情和民族文化发展生态旅游，引导山地居民走出困境，增加收入，促进经济和环境可持续发展。加大开发森林生态旅游资源的力度，将其作为一项支柱产业来抓，福建省森林公园的数量和规模不断扩大，福州国家森林公园、泰宁猫儿山、闽侯旗山、武夷山、永春牛姆林等一批森林公园已成为福建新兴的旅游胜地，森林旅游业已成为福建省林业产业新的经济增长点。

（四）大力发展林农自营经济

重点抓好林下种植业、养殖业等多种产业的发展，形成规模、形成立体、形成循环，并形成交叉互补，使之成为替代产业的支柱。同时，努力创造条件招商引资，重点要选准项目，制定吸引力较强的优惠政策，创造优良的发展环境，借助外力促进新的产业形成，实现产业的转换和替代。

三、拓展经济和生态效益协调途径

人们普遍认识到，森林具有经济效益、社会效益与生态效益等三种效益，在这三种效益中人们往往最先关注经济效益，因为森林能产出木材、药材、油料和化工原料等产品，但目前生态价值也得到越来越多的关注。林业的生态效益是指林业发展所带来的生态方面的正面影响。十八大报告中明确提出"把生态文明建设放在突出地位，融入经济建设、政治建设、文化建设、社会建设各方面和全过程，努力建设美丽中国，实现中华民族永续发展"。建设生态文明，促进国民经济又好又快发展是一项涉及诸多方面的系统工程，林业是其中一项基础性、战略性的重要工作。随着生态文明建设日趋深入，国家越来越重视林业的发展，更加注重林业的生态效益。有人估算，我国森林的生态价值约为经济价值的 8 ~ 10倍。2010 年以福建省 2007 年森林资源二类数据为基础，依据国家林业局《森林生态系统服务功能评估规范》，对福建省森林涵养水源、保育土壤、固碳释氧、积累营养物质、净化大气环境、生物多样性保护、森林保护、森林游憩 8 项功能13 个指标进行评估，福建省森林生态服务功能评估总价值超 7000 亿元以上（不包括沿海防护林），其生态效益价值远远大于其经济价值。而林业的生态效益和经济效益有着密切的联系，它们是互为制约、互为促进的矛盾体。因此，我们不仅要"金山银山"，也要"绿水青山"。

林业生态系统理论、循环经济理论和可持续发展理论为解决生态效益和经济效益矛盾的提供了思路，拓展了解决的途径。林业既涉及全社会加速绿化河山，提升森林数量和质量，改善自然环境，又关系到林业企业、林农谋求生存空间。在林业资源不足的情况下，林业的经济效益和生态效益之间的矛盾一直存在。如果转变观念，利用政策导向，发展循环经济，就可以做到一举两得。福建林业正在转变观念和思路，着力在创新生态文明建设体制机制上下最大气力，持之以恒抓绿色的质与量的提升。2010 年启动"四绿工程"，2011 年开展大造林活动，福建全省共完成造林绿化 701 万亩；2014 年全省完成造林绿化 160 多万亩，并在全国率先完成了 180 多万亩国家储备林划定工作。如今，作为我国首个生态文明先行示范区建设的福建省，不求竭泽而渔的经济，也不求缘木求鱼的生态。2014年，福建创新价值导向，取消了属重点生态功能区的 12 个县（市）的 GDP 考核，在全国率先对各县(市、区)开展了林业"双增"目标年度考核,将森林覆盖率作为各地生态保护财力转移支付激励资金的重要指标,并建立起森林资源保护问责机制,对责任主体实行一票否决。这正是福建林业探索如何实现"绿水青山"和"金山银山"的兼容举措。

与此同时,在探索森林非木质资源开发与利用的自觉性保护和发展途径上也一直创新着、行动着,脚踏实地的实现有质量、可持续增长的目标。一方面,让木材产业自身的利益驱动来推动生态环境保护,如在林业采伐限制条件下,企业为了解决其经济利益的持续稳定,调整产业结构,大力开发森林非木质资源的同时,不得不对森林进行防火、防病虫害、非木质资源保护等生态保护,避免产业总是在资源的粗放式利用以及产成品的低附加值经营中形成"高资源投入——低产出——高资源投入"的恶性循环。另一方面,在林业循环经济背景下,通过合理地强化森林资源的供给约束,激励木材产业改革生产技术,提高劳动生产率,形成对有限木材资源的高效利用和非木质资源产品的高附加值经营,使整个产业步入"低资源投入——高产出——低资源投入"的良性循环,最终提升非木质资源产业的核心竞争力。

四、树立科学利用与参与经营观念

在可持续经营思想的指导下,摸清资源利用现状、科学论证资源潜力、充分了解市场需求、制定总体规划,同时,注重资源科学培育,注意种养结合,不断维持和提高林地的生产能力。特别是充分发挥科学技术在发展森林非木质资源循环经济中的作用,建立绿色技术体系,包括环境工程技术、清洁生产技术,资源化利用技术、低能耗高性能环境友好材料开发技术、生态环境监测技术、森林认证技术、水土保持技术,以及生物技术、电子技术和通讯技术等都将在森林非木质资源循环经济中得以应用,为林业循环经济和可持续发展提供技术支撑。

同时,在森林非木质资源开发过程中,还需要树立"公众参与"的观念。森林可持续经营是实现可持续林业的支持基础,而公众参与是森林可持续经营的必然要求。公众参与是指不同的政府部门、不同的利益团体和个人参与森林经营和相关的其他活动等,各级政府要通过利益的驱动和精神的号召使社会各界都参与到循环经济发展当中。参与式林业是让生产者积极参与林业经营规划的制定、实施、利益分配及监督和评估。即促使生产者自主地组织起来,参与到有关他们自己的任何发展过程中,分担不同的责任,朝着达成一致的目标努力,并通过林业活动(项目)的实施而获得利益,形成有效的资源控制和持续的资源创造,从而调动了农民的主动性和积极性,有利于林业经营成果的管护,而形成一个比较稳定的、协调的社区环境,最终有效地推进了可持续经营战略的顺利实施。因此,可以说参与式林业是促进林业可持续发展的一种重要模式。而近几年,集体林权制度改革为农民实现了经营权、处置权和收益权，也为公众参与提供了必要的条件，福建林业要上新的台阶，特别是非木质资源利用要有大的发展，就需要动员和组织广大人民群众通过各种方式积极参与其中，引导农民走上绿色发展之路，更需要广大社会公众的参与和支持。

五、阐明发展环境条件和制约因素

随着国家对科学发展、可持续发展以及生态环境保护日趋重视，非木质资源开发利用的环境因素同样会被关注。特别是林下经济作为一种崭新的林业生产方式和经济现象，产业优势突出，全国正处于起步阶段。其产业将成为转变林业经济发展的重要模式，又是一个中国特色的经济形态，在政策、技术鼓励与指导下，各地百姓踊跃参与。现有的林下经济运行模式主要有：种植业，包括林药模式、林菌模式、林菜模式等；养殖业，如林下养禽（鸡、鸭等）、养畜（猪、鸵鸟、梅花鹿等）；非木质加工业：花、果、根、叶提取与加工等；生态旅游业，如农家乐、森林人家等。随着林下经济发展的日趋深入，其环境条件肯定会越来越被关注，对其开发利用要特别重视环境友好型的利用模式（高兆蔚，2012）。认为：林下经济发展所指的森林，是受到其时间和空间的约束，并不是所有的森林，在任何时期都可以利用来发展林下经济的。首先在森林的林种结构上，林下经济发展适宜于人工商品林为主的林地包括用材林，经济果树林的林地而特用林，防护林的林种，由于法律和政策上的限制，大部林下经济项目，受到约束。其次，在时间和空间的谋划，大部分在中、幼龄林和林分郁闭度在0.2~0.6间或者疏林地、宜林迹地、未造林地上安排。其三，林下经济发展对于森林，还要求林地立地质量等级在Ⅰ至Ⅲ地级的林地中开展，它在林下发展种植业，可以获得较大和较好的经济效益。对于自然保护区，江河和湖库周围的水源涵养林要注意只能发展养蜂业和野生菇菌类采摘业，而且不宜破坏林下地被物，但在保护区核心区，缓冲区也受法律上限制。其四，在公益林中的防护林发展林下种植和养殖，要十分重视保护林下地被物，防范江河水源污染，和保护林地土壤肥力，防止水土流失问题。大批量的水禽类养殖，要优先提出禽流感疾病的预案。我们所说的所谓公益林要管严，实质上就是禁减人为干扰和破坏，实施封山育林，近自然林业经营形式，或者叫做森林生态系统经营，促使其森林自然修复、演替和更新。

六、提出发展模式的制度建设框架

要保证森林非木质资源利用的可持续发展，必须建立完善的非木质资源利用机制，依靠先进、超前的制度来规范和管理，只有这样才能有效地构建非木质资源利用模式，为森林非木质资源利用的良性循环提供客观依据。按照理论，其具体建立的制度如下。

（一）赋予农民对土地永久性的承包经营权

林地权的稳定性对农户的长期投资有显著的推动作用，由于林地权的不稳定性所导致的长期投资的减少，必然导致土地质量的下降，影响中国林业的可持续发展。因而在当今集体林权制度改革上赋予农民对林地永久性的承包经营权，这样可以消除农民对林地长期投资收益的不确定性，防止农民对土地的掠夺性经营行为，有利于实现非木质资源利用模式及循环经济模式的推行。

（二）优化林业产业结构体系

应根据"整体、协调、循环再生产"的原则，优化林业产业结构，形成立体种养加工一体化以及农、林、牧、副、渔各业互惠互补的产业发展链条，以实现全面、多层次利用自然生态资源、清洁生产以及人类经济、生态、社会和谐发展的综合目标。要注意从促进规模经营和提高效益出发，积极引导一批以产权联结为主要形式的非木质资源利用产业集团，实行贸工林一体化经营，发挥群体优势，增强竞争力。

（三）推行林业生产的先进技术

从国外林业发展来看，基因工程、种子工程、生物技术、节水喷灌等新的林业科学技术在林业循环经济中发挥日益突出的作用。因而，政府应制定扶持政策，从总体上加大对林业科学技术扶持力度，在林业中推行先进的生产技术。

（四）建立有利于非木质资源利用发展的政策和法律体系

对于我国居民，尤其是广大农村居民对生态环境保护知识较为缺乏和意识比较薄弱的状况，在非木质资源开发利用过程中，要防止以牺牲环境为代价的资源开发模式，"以法兴林""以法治林"是非木质资源利用的长期健康发展的必由之路。因此，政府及各级主管部门要制定合理的政策，强化行业管理，尽快出台相应的法律法规，完善森林非木质资源开发利用这一产业的相关系统。政府必须用立法来加强对森林资源的保护，加强对森林生态系统的保护，做到依法管理，依法保护，走可持续发展的道路。同时，当地政府应强化责任意识，并通过立法把林业可持续发展和循环经济纳入地方基层政府的职责范围之内，加强对发展生态林业重要性的教育、宣传和引导。并且综合运用财税、投资、信贷、价格等政策条件，调节和影响林业投资主体的经营行为，建立自觉节约资源和保护环境的激励机制（图2-1）。

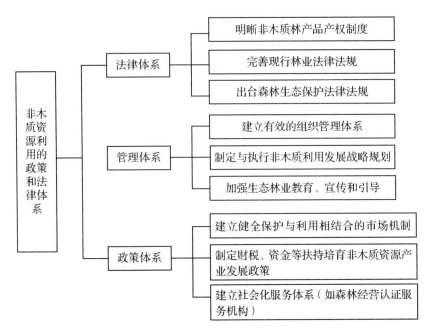

图 2-1 非木质资源产品利用政策和法律体系

第三章

森林非木质资源开发利用模式

第一节　森林非木质资源利用模式构建

当前，全国各地都在如火如荼地推进森林非木质资源开发利用，取得了明显的成效。但也出现了参差不齐的发展水平，存在开发、利用与保护和森林可持续经营的矛盾，不少地方尚处于粗放经营、低效运行、盲目发展阶段，甚至出现资源锐减、生境破坏、更新跟不上利用等问题，危及野生非木质森林生物资源生存和发展。因此，除了加强利用模式的制度建设外，应用生态生物理念构建利用模式和技术规范已刻不容缓，目的是为了做到有章可循、有模式可参考，达到有序地科学合理地推动非木质林产品的开发，避免在开发、利用中损害森林环境和森林生物资源的持续利用。

一、森林非木质资源利用模式定义

"模式"即方法，是一个过程或情境的一个质或量的表征，是对现实世界事物的有序整合，它以逻辑的和简洁的方法去解释复杂的系统现象。本章引用系统论的思想以及周小萍等(2004)森林非木质资源可持续利用模式的概念，即由某一区域[如小流域、省(市、县)级区域]的非木质资源特点与可持续利用要求所确定的一种非木质资源利用方式在一个地域单元所取得经济、社会和生态效益，并形成一种相对固定的、可供人们认识和应用的框架和方法。

一般而言，非木质资源利用模式包含了如下内涵(周小萍等，2004)：一是非木质资源可持续利用模式是地域单元林业资源特征、资源利用方式等要素在不同空间和时间尺度相互联系、相互作用的结果；二是区域不同的资源利用条件使非木质资源可持续利用模式各要素的组合方式不同，因此存在着不同的模式类型；三是非木质资源可持续利用模式实质是在遵循林业生态系统规律的基础上，人工控制的多目标有序系统。可见，非木质资源可持续利用模式并不是固定僵化的"样板"，而是在"系统样式"框架下，依据区域资源特征与资源利用的差异性进行的多样性选择，强调因地制宜，鼓励不同地区依据其自身的资源优势发展具有持续性特征的多种利用模式。

二、森林非木质资源利用模式构建

(一)模式构建的基本原理

非木质资源利用是一个较为复杂的生态系统的动态运行机制，需要运用现代科学技术将参与系统结构的各个组分进行合理组装，并发挥系统的最大功能。这种功能的效益发挥意味着设计尊重物种多样性，最少对资源的剥夺，保持营养和水循环，维持植物生境和动物栖息地的质量，以有助于改善人类及生态系统的健康(谭俊，1996)。为达到以上目的，就要使利用模式设计尽量合理化，易于调控，其基本任务及目标需要遵循以下原理和要求。

1. 增加多样性，加速能源转化

自然系统包容了丰富多样的生物。生物多样性至少包括三个层次的含义，即：生物遗传基因的多样性、生物物种的多样性和生态系统的多样性。多样性维持了生态系统的健康和高效，是生态系统服务功能的基础。非木质资源开发利用主要针对是森林的林下资源，与自然资源是紧密相连的。在利用模式设计中，就应尊重和维护其丰富多样性，尽可能地从增加系统的生态多样性和物种多样性以及系统内组分多样性的角度考虑，创造合理的生态位结构，使各组分在时、空位置上各得其所，力求避免生态位的过分重叠，提高系统的可塑性和弹性以及抵御外来灾害的能力，保持系统的稳定。复合经营模式的设计，必须使系统要有个合理的结构，尽量满足"保持有效数量的乡土动植物种群；保护各种类型的及多种演替阶段的生态系统；尊重各种生态过程和干扰"。如，可人工延长营养链或人工加环等工艺以满足系统的良性循环及运转，达到多级多层次多方位多空间利用自然资源的能力，提高营养级的能量转化率、物质分解率、加速循环率。还有按现代技术利用系统内物质的合成、积聚、分解、降解及分散过程，使林分的立体多层结构物种合理配置及相互适应，达到多级利用，做到物尽其用。

2. 保护与节约自然资本，避免环境污染

要实现森林非木质资源利用的可持续，必须对林下可再生资源加以保护和节约使用。对它们的使用也需要采用"保本取息"的方式而不应该是"杀鸡取卵"的方式。因此，对于森林非木质资源利用模式的设计强调自然生态系统的物流和能流的持续循环发展。设计过程重点解决三个方面的因素：一是对森林资源的保护。在大规模的非木质资源发展过程中，特殊森林生态景观元素或生态系统的保护尤显重要，如城区和城郊湿地的保护、自然水系和山林的保护、珍贵非木质资源的异地保护等等。二是减量。尽可能减少包括能源、土地、水、生物资源的使用，提高使用效率。设计中如果合理地利用自然的过程如光、风、水等，则可以大大减少能源的使用。例如在森林公园景观设计中如林地取代草坪，乡土树种取代外来园艺品种，也可大大节约能源和资源的耗费，包括减少灌溉用水、少用或不用化肥和除草剂，并能自身繁衍。三是再生。在自然系统中，物质和能量流动是一个由"源—消费中心—汇"构成的、头尾相接的闭合环循环流。因此，大自然没有废物。而在现代经济林发展的生态系统中，这一流是单向不闭合的。在人们生产过程中过多地使用化学肥料和农药，造成了水、大气和土壤的污染。

3. 利用生物共生原则，推进高效发展

生物互利共生，是两种或两种以上生物彼此互利地生存在一起是生物之间相互关系的高度发展。在模式设计过程中，要利用生物的互利共生，"偏利作用""他感作用"以及避免竞争等传统的生物学方法，使共生的生物在生理上相互分工，使生物组分相互协调发展、生长有序、互利互补，在组织上形成了新的结构；比如，在自然界中，植物间存在着各种共生现象，葡萄与桑树栽培在一起，桑树可充作葡萄的天然支架，且葡萄长得格外茂盛，产量很高；优良中药材黄精与竹子共生，均能促进黄精与竹林的生长；有一种蕨类附生在油棕树上，靠油棕的分泌物质来刺激自己的生长，而对油棕不会产生有害的影响；还有植物的授粉与蜂类是互惠共生关系最为密切的一类，有的植物只允许一种蜂传花授粉。如果我们在利用设计过程，能充分考虑植物间、动物与植物间以及植物与微生物间的共生现象，就能获得丰产丰收的目的，为高效生态林业建设拓展新的思路和开辟新的途径。

（二）模式构建的基本原则

1. 生态与经济兼顾的原则

生态效益与经济效益的兼顾就是须妥善处理维护生态平衡与发展经济的关系，通过采取科学的措施，充分保障相关各方面的正当权益，充分保障相关各方面的正常生存与发展。任何一种经营模式，都要遵循生态系统基本原则，根据当地的环境资源及优势生物物种，兼顾生产水平和社会发展的需求，设计出一个生态与经济互相协调与发展的工程，以生态保证为基础促进经济的发展，以经济的发展促进生态的进一步保护。

2. 遵循生物物种分布规律的原则

地球上所有植物、动物和微生物所拥有的全部基因以及各种各样的生态系统，共同构成了生物多样性，它们是经过漫长进化过程而逐渐形成的。每一个生物物种都有其分布规律和适生环境，根据物种的分层现象及其规律，合理地利用土地、光能、空气、水肥和热能等自然资源，安排与指导林下经济经营与生产实践，实现林下经济生产系统的整体、协调、循环、再生。如：树种分层搭配混交，林药分层混生、药材与药材混种、林禽鱼分层混合模式等等，都是以此原则为依据的。

3. 遵循物种、时空和技术的"三维结构"原则

非木质资源开发利用不仅是一项技术层面的经济活动，更是一项涉及多维生态价值维护的创新活动。在物种、时空和技术组成的"三维结构"中，应分别遵循"多样性原则"、"合理性原则"和"配套性原则"。一是建立物种多样性的结构。要遵循物种间"共生互利"和生态系统理论，建立以一种生物（林木等）为主，多物种共存与一个系统之中的目标。二是创立合理的时空结构。创立合理的时空结构要考虑"空间差""时间差""生理差"在物种生存中的相互作用，力争使物种的配置不争空间，生长周期与成熟收获期的协调和谐，达到物种间空间利用最大效益。三是建立配套的技术结构。实践证明，技术是提升非木质资源复合经营水平的有效手段。因此，必须综合应用相应生物技术、机械技术、林分结构调整技术、非木质资源采收技术等一系列配套技术，发挥非木质资源利用的整体生态功能及效益。

4. 立体与综合开发利用的原则

立体开发是一种集种植、采集、养殖等多体产业链，在发展区域经济或促进林业生产发展的前提下，按林区的立地条件和林分特点，以开发区的自然资源为依托，实行宜菌则菌、宜果则果、宜药则药、宜牧则牧。并从整体出发，在营林区内从山上到山下，从沟塘到溪流，划分层次带，建立梯形的立体经营模式；对局部小地块，研究立体林业综合开发，在空间层次的上、中、下全部充分利用。同时，树立综合利用、立体经营、全面发展的观念，建立外延与内涵相结合的开放式的大林业，推进林下经济植物的多功能开发，对于一些珍稀珍贵、开发前景广阔的物种采取一些技术措施实现异地保护开发，发挥林下经济最大的效益。武平县富贵籽盆景开发就是通过森林药用植物朱砂根矮化技术的应用而发展起来的好例子。

(三)模式构建内容与特性

1. 垂直结构设计

群落的垂直结构，主要指群落的分层现象。陆地群落的分层与光的利用有关。在发育完整的森林中，森林群落从上往下，依次可划分为乔木层、灌木层、草本层和地被层等层次。每层又可按高度分几个亚层。乔木层是森林中最主要的

层次，依森林类型不同，可分为 1~3 层。模式的垂直设计主要指人工种植的植物、微生物、饲养动物等的组合设计，强调的是物种间协调与共生。包括单层结构、双层结构、多层结构，如在林冠下栽植农作物或经济灌木，如杉木和砂仁间作、橡胶和咖啡间作等。垂直设计首先考虑的是主层次种群的选定，一般是上层林木，主要考虑是它的木质利用，这在利用模式中起着关键性的作用，应选择速生性、效益高的树种。在主层次已确定的情况下，就要选择模式中的副层次，即非木质资源利用层次。它与主层次的搭配是根据主层次的林分结构、密度以及生物学特性等因素，主要做到需光性与耐阴性种群相结合，深根性与浅根性种群相结合，高秆与矮秆作物相搭配，乔灌草相结合，无共生性病虫害等。

2. 水平空间结构设计

水平结构为森林植物在林地上的分布状态和格局。不同植物都有自己特有的分布格局和镶嵌特性。分布格局有随机分布、聚集分布和均匀分布，聚集分布是森林植物水平分布的主要格局；人工林和沙漠中灌木的分布可能近似于均匀分布。水平设计是指非木质资源 3 种利用理念各主要组成的水平排列方式和比例，它将决定模式今后的产品结构和经营方针。在进行水平设计时，首先要考虑各组成林木的生长规律，特别是对林冠的生长规律要有深入的了解，以便预测模式的水平结构变化规律和透光度，从而结合不同植物对光的适应性，设计种群的水平排列。其次要考虑林木的密度和排列方式与模式的经营方针和产品结构相适应，怎样的林木和农作物(药材、野菜、食用菌等)适当的比例关系可使其相互促进等等。第三，在设计间作类型时，要考虑的是下层植物的特性，如果下层植物是喜光植物，上层林木一般呈现南北向成行排列为好，适当扩大行距，缩小株距；如下层为耐阴性植物，则上层林木应以均匀分布为好，使林下光辐射比较均匀。水平空间结构设计包括带状间作、团状间作、生物地埂、生物带等方式。在空间上可以水平配置，如杉木与厚朴混交、泡桐和茶叶团状间作。

3. 时间结构的设计

模式的时间结构设计必须根据物种资源的生长周期和农林时令节律，设计出能够有效地利用土地资源、生物资源、社会资源的合理格局或机能节律，使这些资源转化效率较高。主要有间作、套种、轮作、混种等。因其研究的是非木质资源的利用，它是以林木为主，以农促林，主要在林内安排一些短期作物或见效快、收益早的其他种群，以短养长，长中短相结合。设计时要考虑：一是按生物机能节律把 2 种以上的种群设置在同一空间内，并有机地组合起来。如幼龄宜密植，老龄宜稀植；二是根据林木与非木质资源的生物生态学的不同以及生长周期的不同，最大限度地利用它们的生长期、成熟期与收割期先后次序的不同，从而形成在一个年度的营养生长期内，同一块土地上经营管理多种多样的作物。林业中的上层林木一次种植，林下种植非木质资源可以一年多茬，也可以一年一茬，做到常年收益。

4. 食物链结构的设计

从系统的观点来看，组成森林生态系统的各成分之间，通过取食过程而形成一种相互依赖、相互制约的营养级结构。一个完整的森林生态系统由初级生产者、消费者、分解者和非生物的环境所组成，它们可划分为不同的营养级。运用食物链原理，加强非木质资源利用系统内各个环节上的同化率，提高转化率，多层次再生循环利用，扩大再生产，提高产品产值等方面都有很重要的意义。从生态观点看，食物链既是一条能量转换链，又是一条物质传递链；从经济观点看，食物链是一条创造财富和经济价值的增值链。在生态系统原理的指导下，如果引入增加新的食物链环节，一方面可增加林地土壤有机质，另一方面新链环节可把不能被人们直接利用的副产品转化为可以被人类直接利用的产品，由此增加了系统的经济产出，使得非木质资源利用系统的主产品由原来的一个扩大为两个或三个以上，实现系统的净生产量的多层利用。

5. 技术结构的设计

通过实践证明，理想的森林非木质资源利用模式，如果没有配套的系列技术，其功能和效益是不可能实现的。技术结构体系包括：生物技术与工程相结合，生物防治与化学防治相结合，农业技术与林业相结合，常规技术与现代技术相结合等。非木质资源利用应强调结构与技术的统一，把技术作为优化、强化物种结构、时空结构的重要手段或措施，使它更紧密地随着其他两个结构的变化而调整并保持协调的关系。技术结构研究与设计的重点是有关物质和能量投入的内容、适度时间和方法，通过人为外加技术干预，协调种植、养殖和加工三者的关系，以发挥林业生态经济系统的整体功能及其效益。

三、森林非木质资源利用模式类型

森林非木质资源经营实践历史悠久，随着生态文明建设进程的加快，积极探索森林非木质资源生态模式的立体开发道路，得到了政府重视和群众拥护，在全国各地发展速度很快，加之各地区自然条件、生活习俗等因素的影响，利用类型与模式多种多样，给利用类型的选择和分析带来一定的困难。在高度重视生态文明建设的今天，发展森林非木质林产品首先要在不减少森林生态效益的前提下来推动，显而易见其利用模式要遵循生态与经济共赢原则，强调森林非木质生物资源开发应是生态经济型的。因此，立足森林生态系统和可持续经营，立足非木质资源"立体林业""混农林业""农林复合经营"等几种理念，着重对立体复合经营和林下经济发展类型组、定义与模式进行划分。其实这两种利用类型组合是一脉相承、紧密相连的，同样融贯了多学科交叉的科学思想。根据森林非木质资源利用模式构建的定义、特性与原则原理，并结合经营目标、组成和功能的不同，对复合经营模式的调查，发现非木质资源复合经营发展类型多样，特色突出，呈现以下 5 种模式类型：林—农复合型、林—牧（渔）复合型、林—农—牧（渔）复合型、特种农—林复合型、多用途森林经营型（表 3-1）。

表 3-1　非木质资源复合经营类型

类型组	定义	主要模式
林—农复合型	在同一土地单位上，通过时间序列、空间配置，进行结构搭配，相继把林木与农作物结合在一起的种植方式	林为主间作模式、以农为主间作模式、农林并举模式
林—牧（渔）复合型	在同一经营单位的土地上，林业与牧业或渔业相结合的经营模式，是将林业与牧业进行间作或者把林业与渔业相结合的复合经营系统类型	林牧间作模式、牧场饲料绿篱模式、护牧林木模式、林渔结合模式
林—农—牧（渔）复合型	在注重农业、林业的同时，不放弃牧业与渔业发展	林—农—牧多层种植模式、由林农型转变为林—牧模式、林—农—牧庭园兼营模式、林—农—渔结合模式
特种农林复合型	以生产特种产品为目的进行结构搭配的种植方式	林木混交模式、林—药间作模式、林—食用菌结合模式、林木—资源昆虫结合模式
多用途森林经营型	以保护珍贵珍稀野生动植物和保障林地生产力为前提的，采取异地保护和合理开发利用，实现可持续发展目标	各种形式的轮荒耕作模式；资源的异地保护利用模式等

而对于另一种多学科交叉且综合发展的林下经济，通常情况下，其发展模式类型要考虑林下经济植物与建群植物的天然、协调、稳定关系以及种间关系适度调整、林下空间或时间交错及迁地循环发展等因素，来发展适宜的林下经济产业，也就是说什么样的森林环境就发展什么样的模式和种类，切不可千篇一律，生硬凑合，以持续获得较理想的生态与经济效益。通过调查，福建省在林下经济发展类型方面也是多种多样，利用林下独特的自然条件、土地资源和林荫空间，在林冠下开展林、农、牧等复合式经营。依照相关政策文件和各地发展实践，林下经济涉及行业范畴主要归纳四大类几十种模式，形式多样、内容复杂。即林下种植业、林下养殖业、林下采集业和森林旅游业。这四个方面在不同地区有林药、林花、林草、林菌、林禽、林蜂、采集加工、林下休闲等多种不同发展模式，范围由林下扩展至林上，从种植扩展至种植、养殖、加工、休闲旅游等复合经营，最重要的是科学选择具体操作的突破口（表 3-2）。

表 3-2　林下经济类型

类型组	定义	主要模式
林下种植	充分利用林下土地资源和林荫优势，在以乔木为主的林地下种植经济林（水果）、农作物、种苗和微生物（菌类）等，从而使林上林下实现资源共享、优势互补、循环相生、协调发展的一个生态农业模式	林药、林菌、林草、林花、林茶、林苗、林经（果）、林粮、林菜、一竹三笋等
林下养殖	在林下养殖畜禽、水产、特种经济动物等，充分利用林地闲置空间，提高产品品质，改善林内环境，实现了经济效益、社会效益和生态效益"三赢"	林禽、林畜、林蜂（昆）等
林下采集加工	从事森林中的林下资源产品采集与加工	林果采摘、松脂采集、林中食用菌采摘、藤芒采集等
森林旅游休闲	以森林为主要介体的森林公园、生态农庄发展森林旅游观光、林下休闲娱乐等	旅游观光、休闲度假、康复疗养等

前面两个类型组划分是建立在大量调查与研究基础上，内容全面，反映了生态发展的复合模式，得到了国际上的认可和许多国家的广泛采用。具有简明实用、形式直观自然，易被人接受和理解的优点，特别适合我国的混农林业及立体复合经营和林下经济发展等类型与模式的选择应用。

第二节　立体复合经营模式

森林非木质资源利用中，重点以生态经济学原理为基础，最大限度地发挥森林的多种效能，农、林、牧、副、渔相结合的经营类型，以达到生态与经济效益兼容、长期与短期效益兼顾的目的。以下总结、归纳与筛选出各地推进森林非木质资源利用的立体（复合）经营模式，它是"立体林业""混农林业""农林复合经营"等几种理念的混合交叉、互相推进的模式，依托的是时间、技术、水平、垂直以及食物链结构等设计要求，具有非常强的操作性和实用性。

一、林地套种模式

林地套种模式是利用物种生长期、成熟期的先后次序不同，合理调节控制时间和空间的变化，实行林作物与农作物之间套种搭配。这种模式主要针对林业上在初植未郁闭前的用材林幼林和经济林行间隙地进行套种，采取林农结合、以耕代抚、以短养长，不仅可以促进林木生长而且前期有可观的收入，收获的粮、油类、中药类和蔬菜瓜果类可以供应市场需求，搞活了林区经济。如宁化初植银杏叶用林下套种虎杖药用植物以及套种西瓜等农作物、沙县南阳柑橘园中套种仙人草和尤溪县金柑园中套种灵香草。下面介绍金柑园中套种灵香草经营模式。灵香草系报春花科排草属多年生草本植物，具有清热解毒、止痛等功效，亦可用于日用化工和食品工业。2000 年在 7 年生郁闭度 0.68、密度 968 株/hm² 的金柑林下进行套种灵香草试验，选择林中隙地无规则见缝插针套种灵香草，密度约 12000 株/hm²，并以不套种为对照。从表 3-3 中可知，套种与不套种金柑生长状况基本相似。产量略有升高，可以肯定，套种灵香草对金柑产量没有影响。在不影响金柑产量的同时灵香草平均藤长 40cm 左右，基径 2～4mm 可收获干草 1015kg/hm²，以 4 元/kg 收购价计算，则每年每公顷可收益 4060 元。

表 3-3　不同处理金柑园生长状况调查

处理	金柑				灵香草			
	郁闭度	地径（cm）	冠幅（m/m）	产量（t/hm²）	藤长（cm）	基径（mm）	支/丛（支）	年产量（kg/hm²）
套种	0.68	5.3	3.1/2.8	34.85	40.3	2.9	6.2	1015
未套种	0.62	5.3	3.0/2.7	30.98				

二、林地间作模式

农林间作的模式在我国已有悠久的历史。这种间作模式与套种不同，它是一种长期经营的模式。林木是一个轮伐期，间作的作物可实现一年多茬，一季多熟，可达多品种多效益之目的，特别是可以林农兼顾，对于强化以林业为基础是有益的。目前，常见到泡桐、枣、杨、柿、桃、梨等多树种与农作物有机组合在一起，形成多种间作模式，林（松、乌桕、板栗、泡桐等）+ 茶等。尽管构成模式的主体树种不同，在内容上和具体做法上有不少差异，但它们都有共同的基本特征，即都是生态性生产流程和有机组合的空间集聚体，使林木与作物相互促进、相得益彰的互补系统，能取得较好的综合效益。福建省三明市发展林药（林下间种草珊瑚等）、安溪茶园上间种白花泡桐、永春林下间种东方肉穗草等。如东方肉穗草栽植地点宜选择在疏密度适中、腐殖质厚、水肥条件好、中龄林以上郁密度 0.7 左右的杉木林、阔叶林或竹林林下缓坡地为宜。利用林下人工栽培繁殖东方肉穗草，每年可产出东方肉穗草鲜草约 1100～1400kg/hm²，经济效益显著，而且复层经营林地，利用率高；同时，有利于保护植物种质资源，维护物种多样性。此种经营模式的推行，有力地促进了农、林、药特产品的发展，增加了收益，保证了出口和创汇。

茶树是福建最为重要的经济植物之一。茶树系统发育过程中具有喜光，耐阴，喜湿以及喜气温适度的特性。在传统的茶园种植中多采取单一层面，开带经营的模式。茶树对光的利用率较低，在夏秋季节，茶树光饱和点只有自然光

1/2~1/5，此外树冠覆盖度小，不仅光能利用率低，而且水土流失较为普遍。下面根据研究成果，着重探讨分析茶园上间种泡桐经营模式。

1. 改良技术与分析

试验于1998年开始，原茶为1988年种植的茶园，以白花泡桐3种不同间种密度分别建立标准地，采取简单对比试验设计，重复3次，间种水平有，A：株行距10cm×10cm正方形配置；B：株行距4cm×8cm，品字形配置；C：株行距6cm×6cm，错位配置。于1997年冬进行块状整地，挖大穴（穴规格80cm×80cm×60cm），每穴下基肥尿素等0.5kg，过磷酸钙2kg。1998年初用一年生根插苗造林，当年3月份进行平茬截干，并进行抹芽、修枝，抹芽、修枝高3m，1999年春进行人工斩梢接干，表3-4是2003年试验林调查结果。

表3-4　不同间种白花泡桐的茶园生长状况

处理	泡桐株行距（m×m）	泡桐					茶树	
		株数（株/hm²）	平均胸径（cm）	平均树高（m）	枝下高（m）	立木材积（m³/hm²）	芽叶数量（个/m²）	茶叶产量（g/m²）
A（CK1）	10×10	100	20.4	11.3	5.2	17.7882	750 685	108.7 73.5
B（CK2）	4×8	312	19.3	10.2	5.1	45.0902	712 690	86.3 72.8
C（CK3）	6×6	278	19.2	10.3	4.8	40.1788	735 690	93.8 73.1

* 泡桐材积公式 = 0.0000527610 $D^{1.882161}$ $H^{1.009317}$

从表3-4中可知：7年生株行距10cm×10cm的白花泡桐平均树高11.3m，胸径20.4cm，单株材积1.7788m³，每公顷立木材积17.7882m³；最大单株树高15.5m，胸径23.3cm；株行距4m×8m，平均树高10.2m，平均胸径19.3cm，每公顷立木材积45.0902m³，单株材积0.1445m³。最大单株树高15.8m，胸径22.7cm，株行距6cm×6cm，平均树高10.3m，胸径19.2cm，单株材积0.1445m³，每公顷立木材积40.1788m³；最大单株树高10.1m，胸径29.8cm，以单株材积从大到小依次为A＞B＞C。表明株行距10cm×10cm间种密度白花泡桐生长较好。由于白花泡桐经营中采取了系列的技术措施（如平茬截干、抹芽、修枝、人工接干等），白花泡桐枝下高都在3m以上，树高在8m以上，加上白花泡桐迟发叶、早落叶的生物特性，对茶园的光照影响较小，主要表现在利的方面。

从表3-4中可知，对茶叶产量构成中影响较大的因子，均以间种泡桐的试验地较对照（单一茶树）为好。单位面积芽叶数和茶叶产量均有所增加。株行距10m×10m间种与对照（CK1）比，芽叶数量和茶叶产量分别增9.5%和47.9%；株行距4m×8m间种对照（CK2）比，芽叶数量和茶叶产量分别增加3.2%和18.5%，6cm×6cm间种与对照（CK3）比芽叶数量和茶叶产量分别6.5%和28.3%。3种间种比较，以株行距10m×10m最好，6m×6m次之，4m×8m居后。表明就茶叶产量而言，以 10m×10m 株行距间种密度较好。这可能是间种密度较大时，辐射量较大幅度下降，对茶树胁迫作用较大，反而制约有利方面。但与单一层面的茶树经营而言，依然有促进作用。

2. 间种后对生态功能的影响

在茶园内种植白花泡桐，由于林冠和树干的挡风，遮阴作用这样就减弱了林内气流的垂直交换，使园内的气流接近水平状态，林内气温下降。据测定：间作与对照茶园在离地 0.2～1.5m 垂直分布上的温度变化比较大。最高气温间作区比对照显著降低，0.2m 处低 2.5℃，1.5m 处低 1.2℃，茶叶丛表面低 2.9℃。当间作区茶丛表面温度达 36.5℃时，对照茶丛面却高达 40.8℃。当然时间较短，但对茶树夏梢影响较大，2003 年夏季遇干旱，温度又高，有 10.8% 的茶梢出现萎蔫现象。从生态角度分析，气温的降低，有利于茶园蓄水。还有茶园套种白花泡桐，树木稀疏或零星分布，为茶树的生长发育提供适宜的生态环境，提高茶叶的质量和产量。

三、林分间作(或混交)模式

这种模式是根据当地的土质、气候、水、热等环境资源条件，并依据林木、经济作物的生物生态学特性的异同点而立体进行混交设计，因地制宜地选择宜栽树种与重要经济作物，借地理优势而进行综合经营。这种模式强调的是生物同一层次上的竞争与促进。目前各地有杉木＋油桐，林木(杉木等)＋药(厚朴、银杏、肉桂等)混交等多种经营模式。如，宁化县城郊乡从 20 世纪 90 年代以来，大力推广厚朴药用林与杉木混交造林，种植达 2000～3000 亩以上，对厚朴的利用主要是通过剥皮而获得珍贵的药材，或整株利用。实践表明厚朴与杉木混交造林，杉木生长高大，对厚朴有较大的干扰作用，但可促进厚朴树高生长。关键技术是严格控制混交比例，厚朴∶杉木＝4∶1～5∶1，造林密度 150～167 株/亩，杉木 30～35 株/亩左右，厚朴 120～130 株/亩，杉木采用插花混交，以缓和种间竞争，杉木原则上不间伐，中间分 2～3 次间伐利用厚朴，直至 15～20 年，砍光厚朴，留下杉木培育大径材。同时，还表明混交的综合效益比杉木纯林高得多，不仅由于种间的竞争促进杉木和厚朴产量的提高。而且厚朴落叶能起到保水、保肥和保土的作用，从而使混交林表现出比杉木纯林更好的涵养水源、保持水土的功能。

四、实行乔灌草复合模式

这种模式是把处于空间不同生态位的树种、草类、作物等，按物种互利共生的原理把它们合理搭配混交在一起，形成复层结构或层立体结构，如针阔叶树混交、早期速生与后期速生、喜光与耐阴、宽冠型与窄冠型、深根与浅根、有根瘤与无根瘤、乔灌混交、乔灌草混交、寄生与附生等合理搭配，组建成为一个人工生态系统，使其各得其所，共生共荣。同时，采取生态综合治理，实施农林复合经营，实行用材林与茶果经济林、乔木与灌木、林业与农业、种植业与养殖等相结合的多种途径，使生态环境得到显著改善，促进林业产量的提高。如三明莘口教学林场马尾松林下复层混交林，林下中间层种植火力楠、拉氏栲、青栲、闽粤栲、格氏栲和苦槠等绿化树种，林下植被层有黄瑞木、白花苦灯笼、广东蛇葡萄、毛栲、流苏藤等。这种复层混交是充分利用空间结构的差异，各层次没有形成与上层竞争光照的局面，而是利用了层层过滤的光线，形成乔灌草混交的合理搭配，是一个非常好的生态系统。还有福安林业科技推广中心依据铁皮石斛的生物学特性，采取在阔叶树上逐层螺旋挂植珍贵药用植物铁皮石斛，使铁皮石斛缠绕阔叶树而生长，形成较为典型的立体螺旋式种植模式，为国内首创。

五、庭院立体经济模式

庭院立体经济模式庭院经济是指农户充分利用家庭院落的空间、周围非承包的空坪隙地和各种资源，小片的可以发展小果园，实行集约经营，达到事半功倍之效。这种发展模式主要地域为房前屋后、沟塘埂、自留地、农田周边等"小四"旁，在福建省许多乡村普遍存在，点多面广，主要有种植、养殖、加工以及盆景培育和农家乐等。这种模式的发展潜力很大，是进行长期经营的方式，具有无可取代的作用。不仅可提高土地和空间利用率，便于管理和投入，还可充分利用农业剩余劳动力和劳动时间，增加农民收入，改善农村环境。因庭院及周边有小环境丰富多样，该模式的空间配置方式及树种和农作物的选择比较复杂，需因地制宜。树种主要还是选择经济效益较高的果树，农作物也主要选择蔬菜作物及药材，常常是几种果树与数种蔬菜或药材混合间作，需精细管理。

纵观各地丰富多彩的庭园经济类型以及明显的特点，使庭院经济也在不断地拓展延伸，可在小片内发展立体式的多种经营，选择合适的树种作为庭院经济发展的主要力量（表3-5），如经济林（板栗、梨、银杏、石榴、桃、葡萄、柿以及无患子等）＋蔬菜或药材或花卉，可以做到持续效益；再如顺昌县洋口镇转运站房前种植的6株无患子，胸径大约29cm，除了观赏外，每年每株能收获果实100多kg，按收购价6元／kg计，6株无患子可收益3600元，效益不菲，故此种模式能成为农民增收的一条好途径。也可在庭院开展竹子、柳条、藤条编织业，成为农民增收的好模式。

还有在乡村农田周边防火林带种植杨梅也是良好的庭院发展模式，兼具防火果用观赏多功能。杨梅是我国特产常绿果树之一，具较高的经济价值。同时，它是优良的防火树种（抗火性能属二级），宜于利用特殊区域栽培，它树冠整齐，姿态雅致，观赏性、景观性好。根据1999～2003年研究成果，杨梅定植后第5

年开始投产，年平均株产 15kg，按市场收购价平均每千克 3 元计算，总产值为
16.87 万元。扣除防火林还投资 5125 元(表 3-6)，再加上施肥投资 3750 元，以
管理 5 元/(年·株)计算，750 株/km，5 年需 33750 元，共投入 42625 元，纯收
入 12.6 万元。与生土带和木荷防火路比(表 3-6)。生土带没有收入而木荷防火林
带，2003 年调查平均胸径 6.7cm，平均树高 5.5cm，每平方千米蓄积量 40.6m^3，
按阔叶出材量 55% 计算，材积为 22.33m^3，按 150 元/m^3 计产值 3349.5 元，扣除
总投资，第 5 年时收益为 49.5 元/km。显然，杨梅防火林带在发挥防火功能的同
时，亦能创造不菲的经济效益，在条件允许的情况下，应该大力提倡营建杨梅防
火林带。

表 3-5　可供选择的庭院经济树种

树种	拉丁学名	科	属
李	*Prunus salicina*	蔷薇科	李属
梨	*Pyrus pyrifolia*	蔷薇科	梨属
桃	*Amygdalus persica*	蔷薇科	桃属
桑	*Morus alba*	桑科	桑属
柚	*Citrus grandis*	芸香科	柑橘属
葡萄	*Vitis vinifera*	葡萄科	葡萄属
枇杷	*Eriobotrya japonica*	蔷薇科	枇杷属
柑橘	*Citrus reticulata*	芸香科	柑橘属
杨梅	*Myrica rubra*	杨梅科	杨梅属
龙眼	*Dimocarpus longan*	无患子科	龙眼属
荔枝	*Litchi chinensis*	无患子科	荔枝属
无花果	*Ficus carica*	桑科	榕属
无患子	*Sapindus mukorossi*	无患子科	无患子属

表 3-6　1999～2003 年不同防火路投资概算

林带名称	当年投资(元/km)	维修费		总投资[元/(年·km)]	产值[元/(年·km)]	收入[元/(年·km)]
		95～2000 [元/(年·km)]	2001～2003 [元/(年·km)]			
生土带	1000	500	800	6400		
杨梅防火林带	2625	500	/	5125	168750	126125
木荷防火林带	800	500	/	3300	3349.5	49.5

*杨梅纯收入已扣肥料款和管理费。

六、水陆立体种养模式

这种模式主要包括林禽、林渔复合经营等，以林为主，特点是种植与养殖结合的物质和能量的循环利用，加速林（果）、禽、鱼协调，和谐和统一发展。如，多数林区内都存在河流、水坑、水塘等极为丰富的水资源，而且有的面积较大、水质较好、无污染，一般均未开发利用。如采用网箱或铁丝网进行截流大范围养鱼，或在林缘废弃水田挖塘生态养鱼，或在林中饲养林蛙，同样会创造较好的经济效益。还有在林下养殖家禽既可吃昆虫，又可食野草，而且自由活动空间大。家禽体形健壮、肉美蛋香、营养丰富，绿色无公害，在人们越来越重视食品安全的情况下，深受消费者喜爱。林下散养鸡，被人们称为"森林鸡"。同时，家禽吃害虫，可减轻林木病虫害发生；家禽产粪肥地，促进林木生长，形成科学合理的生态链（图3-1）。

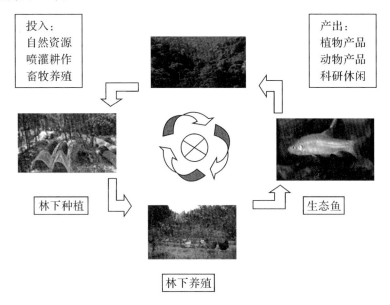

图3-1　水陆立体种养模式图

七、小流域综合治理的立体经营模式

该类型在山区水土流失区、废弃矿山区逐渐形成全方位的综合治理与立体经营发展模式，是在传统的乔、灌、草相结合的综合治理方式上发展起来的小流域农业综合开发形式。如低山丘陵顶部栽松树，中部经济果木林，下部为农作物，而小河流两侧栽竹林等可阻挡泥沙入江。水源较好的地方种水稻，旱地种玉米、红薯等，林下栽培牧草，如：白三叶（*Trifolium repens* L.），田埂上种经济果木，形成水土保持林—经济果木林—农作物—牧草的复合经营系统和相应的多种发展模式。这种模式主要考虑山区和丘陵区的水土流失的现状所采取以小流域为单元，实行山、水、田、林、路综合治理，走治山与治水相结合，生物措施与工程措施相结合，治理与开发相结合、实施与管理并重、规模与综合配置、精品与高效发展的路子，变单一经营为立体经营的模式，是改变山区面貌、促进林业的发展和群众致富的根本途径。福建省长汀县曾经是我国南方最大、最严重的水土流失地区。长汀县所采取水土流失治理措施就是遵循"草—牧—沼—果"生态模式行事的，治理与开发并举，生态与经济双赢，在立体经营上下功夫取得了极其显著的成效。长汀县河田镇位于福建省主要江河——汀江上游区域，在小流域治理前，地表裸露，土壤沙化侵蚀严重。多年来坚持"以封为主，封造结合，形成乔、灌、草立体结构郁闭"的治理措施，取得丰硕成果。据龙岩市林科所研究报道，主要采取以类芦、斑茅为主栽草种的乔（马尾松）、灌、草、藤（饭豆、巴西豇豆、圆叶决明等藤本豆科绿肥作物）、竹（花吊丝竹）和杨梅、板栗等多种植物品种生物措施综合治理技术对治理水土流失成效显著。2003 年，在长汀河田极强度水土流失区缓坡山地推广种植花吊丝竹（种植密度为 60 株/亩），1 年时间就可郁闭成林，第二年开始产笋，第三年进入盛产期。实践证明，该竹种是水土流失区营建水土保持、笋用竹兼用林最理想的丛生竹种。2000 年迄今，长汀治理水土流失面积 117.8 万亩，森林覆盖率由 1986 年的 59.8% 提高到现在的 79.4%。该模式前期投资较大，见到效益需要较长时间，运行管理也需要大量人力、财力，但发展后劲大，数年投资，百年收效。因此大多都是政府行为，或者是在林业部门和水土保持部门的扶持下一些资金雄厚的个体户所为。

上述各种间作、套种与混交以及立体经营模式，其共同特征都是在有限的林地内，充分利用生态资源与相应的物种有机组合而建立起来的人工复合生态经济系统，由此可形成林、粮、果、药、油、茶、禽、畜等多种经营生产，真正实行林工贸一体化发展。并且在整个经济效益的关系上突出了长期效益（木材效益）、中期效益（林、农、药立体配置）、短期效益（农作物）的合理搭配，相互协调。如，在已郁闭成林的林冠下土地上，种植各种药用植物，可种植白术、麦冬、半夏、浙贝、铁皮石斛等药用植物。林下种植药材既有利于保持水土、改良土壤、提高土地利用率，又能获得较好的经济效益。还有在林木成林后，利用林地遮阴条件好、湿度较大的特点，可以发展纯天然、高质量的绿色食品。如食用菌培育，具有早出菇、早采收、产量高、效益好、利于生产、无公害绿色食品等特点，培养出来的食用菌品质也比农田大棚集约经营得好，所以在有的林区已得到大面积推广栽培。

第三节　林下经济发展模式

当前易被人接受和理解且分类形式直观自然的林下经济是非木质资源利用的

一种非常重要的利用形式，也是当前人们发展非木质资源利用最为常见的模式。其实林下经济发展也是一种立体复合与循环发展模式，是在农林复合经营的基础上发展起来的新兴产业，它们是一脉相承的两个不同的模式提法，只是考虑与当前林下经济的新业态接轨，且考虑它易于接受与直观的特点，我们故而单独列出一节来反映。

现阶段学术界对林下经济的概念尚无一致的看法。我国各地林地情况各异，林下经济发展模式不同，导致大家对林下经济的理解也不尽相同。从学术的角度看，姜秀华(2004)首次对林下经济进行定义，林下经济是指在推进管护经营的过程中，在国家政策允许的情况下，承包户或者承包人，利用可以开发利用的林下资源，诸如野生植物、野生动物、林间草地、水塘等进行的生产经营活动。

贾治邦(2011)在全国林下经济现场会上提出，林下经济主要是指以林地资源和森林环境为依托，以林下种植、养殖、采集、初级加工、森林景观利用为主要形式，开发利用林地资源和林荫空间的复合生产经营活动。

高兆蔚(2012)认为林下经济是绿色增长的重要组成部分，是全面提升森林质量和效益的重要手段，是林业可持续发展战略重要组成部分，其主要内容为对特定的森林资源，在下木层采用林下发展种植业、养殖业、非木质产品加工业和森林景观休闲业的形式，构建各种林农牧副渔复合经营，促进林下经济向着集约化、规范化、标准化和产业化方向发展，以达到增加经济收入的目的。徐超等人(2013)认为林下经济应该是以林地资源和森林态环境为依托，在不减少单位林地生态效益的前提下增加该单位林地经济效益的林业生产经营活动的总和。

关于"林下经济"的概念，不同研究者表述的定义虽然不同，但可以看出其内涵具有以下几个方面的要义：①它以林地资源和森林生态环境为依托的；②强调生态效益，以获得生态、经济、社会的综合效益最大化为直接目标；③以可持续发展为指导原则；④包括的内容更加丰富，产业化特征更明显；⑤以生态学、生态经济学等为基础理论。

因此，本书认为林下经济是借助特有的林地资源和森林生态环境，遵循生态效益优先和绿色循环经济理念，通过合理的林下种植、养殖，林下采集、休闲以及资源异地利用等生态复合经营活动，达到林区经济组织和林农个人增加经济收入目的。林下经济是在农林复合经营的基础上发展起来的新兴产业，需要因地制宜，科学规划，长短有机结合，在不同的地区采取不同的实现方式、不同的品种考虑不同的发展形式，实现资源共享、优势互补、循环发展。翁翊(2012)，陈波等(2013)，丁国龙等(2013)相关研究分析了林下经济典型模式的基本特征与优缺点，本书重点调查收集一些与这些模式相关联的发展案例加以描述，体现了林下经济"机制活、产业优、百姓富、生态美"的生态与民生共赢和林业经济新业态。现简要总结如下。

一、林下种植

林下种植需要考虑生物分布规律、适宜生境、物种间搭配共生等原理，在林地的选择与准备、栽植苗的密度、林上林下的郁闭度以及品种的选择上也要求有较高的专业知识和技术含量。林下种植可以达到近期得利、长期得林、远近结合，以短养长、立体化经营的产业化效应。2013 年福建省林下种植产量达 58 万 t。

（一）林药模式

林药模式是林下经济最为重要的一种模式，林药与林业可以说同宗同源，与森林环境密切相关，只有原生态的森林环境才培育了品质高、疗效好的中药材，才造就了历史悠久、闻名中外的中药产业。选择在用材林、经济林、薪炭林下培育、经营植物药材，其栽培模式一定要根据其自身的生态学特性设计，不可千篇一律。即在林间空地上间种较为耐阴的中药材，特别是那些怕高温、忌强光的药材，可有利于药材的生长，也可达到"以短养长"的目的。草本类药用植物栽培种类有七叶一枝花、金线莲、铁皮石斛、多花黄精、玉竹、虎杖、孩儿参、石蒜、山麦冬、夏枯草、蕺菜、山姜、华山姜、射干、半夏、玄参、天南星等，灌木类药用植物有金花茶、栀子花、草珊瑚、天仙果等，藤本类药用植物有金银忍冬、何首乌、栝楼、绞股蓝、巴戟天、雷公藤、钩藤等；不同药材喜好不同的气候、土壤和林下环境，有南北地域之别，因此有道地药材之说。南方可种植元胡、白术、延胡索、麦冬、半夏、浙贝、前胡、金线兰、铁皮石斛等药用植物。北方可种植人参、党参、平贝母、黄芪、桔梗、龙胆、五味子、五加皮等。

林药复合栽培对全省各地农民来说不仅易于接受，而且有一定的经验。在推广当中要注重品种搭配。树种和药材宜选择耐阴、耐寒、抗病虫害的种类，为兼顾药材的生长，还要选择干性强、主根发达、枝叶稀疏的树种。由于用根药材收获时不可避免地要对林木根系造成伤害，因此要选择以地上部分入药为主的药材种类；如果选择以根系入药为主的药材种类，就要选择浅根性药材，并在栽植时距树干有合适的距离。药材一般可选择的种类有党参、当归、大黄、天麻、半夏、白芍、柴胡、车前子、红花等种类。时间安排上，在幼龄林木、果树尚未封行时，可在行间栽培 1～3 年收获的喜光药材，如孩儿参、黄芪、柴胡等。树冠较稠密的树种，可套栽麦冬等喜阴湿环境的药材。树冠较稀疏的树种，可套栽党参、丹参等药材。根据树木的物候期，发芽较晚的树种，可套栽喜光但有夏眠习性的药材，如贝母、元胡等；果实成熟期在最热月份来到之前就结束的果树，可套栽喜热怕踏的菌类药材，如茯苓等。三明市三元区林下种植草珊瑚是一种比较成熟的林药发展模式，在杉木、阔叶林等下套种草珊瑚，2013 年实现产值

2870万元，带动农民就业2150人，人均增加收益2160元，被评为省级科技示范园区，被国家林业局正式授予"中国草珊瑚之乡"，被中国中药协会种植养殖专业委员会认定为"中国优质道地药材示范基地"。宁化县安乐乡黄庄村有竹林1万多亩，但耕地只有1100余亩。黄庄村156户竹农选择适宜在竹林下套种的黄精，短短几年时间共套种了5000余亩黄精，经过规范种植管理后，2014年开始收成，每亩可产干药材10kg以上，市场价15元/kg左右，以每农户30亩竹林计算，三年的种植周期可让农民增收万元左右。

优点：林下种植药材，既有利于保持水土、改良土壤、提高土地利用率，又能获得较好的经济效益。根据药用植物生态学特性，在郁闭度较高的林下宜栽培较耐阴的种类，如七叶一枝花、黄精等；而中度耐阴植物则宜栽于郁闭度较低的林下，如板蓝根、白术、山药等。与上层乔木植物基本没有种间矛盾。

缺点：不适于大宗药用植物规模化种植，多数中药材在专辟土地上像作物一样栽植、管理，单位面积效益更高。林药套种在药材种类选择、种植布局、栽培技术、收获加工等方面，尽量按市场要求运作。药材在全社会的用量毕竟较少，不像大宗农产品，它很容易达到市场饱和，所以价格波动往往很大，切忌盲目发展。

专栏3-1　柘荣县引导油茶林下套种太子参

太子参又名孩儿参，为石竹科植物异叶假繁缕的块根，属滋补类中药。柘荣县种植太子参历史悠久，素有"中国太子参之乡"之美称。太子参喜欢在温暖而湿润的环境里生存，害怕高温和强光暴晒，比较耐寒，以块根留种种植，生长期为7个月左右。油茶是重要木本油料植物，产业链长，经济价值高。在油茶林下套种太子参不仅实现生态、经济和社会效益的有机结合，而且有助于提高土地利用率。

1. 因地制宜　创建生态经营模式

柘荣县因其具有独特的地理气候条件，成为太子参最佳生产区。柘荣县虽有适宜种参的气候条件，但是土地比较缺乏，影响了产业的发展。为了解决林农种参用地难的问题，柘荣县创新思路，结合近几年国家重点扶持的油茶产业，分别选择新造油茶林和油茶老残林，建立油茶林地套种太子参的立体经营示范基地，不仅解决了林农种参用地难的问题，而且实现了一举多得的效果。既在油茶林地上种植太子参增加地表植被盖度，对油茶幼林地起到很好的固土保水作用，有效防止水土流失；在油茶林的自然遮阴作用下，有利于夏季高温高湿天气对"种参"的保存；每年的11～12月份采挖太子参，相当于对油茶林进行一次全面的垦复，促进了油茶树的生长，节约了生产成本。

2. 节约成本，促进参农增收致富

2010年，柘荣县出台了《关于扶持油茶产业发展的若干意见》，对油茶林地间作套种太子参给予劳务补贴，极大地提高了参农种参积极性。同时，引导油茶种植企业和太子参种植户建立农企合作关系，有效解决了种参用地和产品销售的问题，促进了太子参产业的良性发展，达到了生态、经济的"双赢"。通过套种，太子参平均亩产量达150千克，最高可达225千克，与坡耕地种植的产量基本一致。油茶林每年可以减少1～2次的垦复和施肥投入，每亩可节省经营成本投入200元左右。2010年，柘荣县新植油茶基地4000亩，年底就有1500余亩被群众垦复套种太子参。2011年年底，柘荣县太子参产业实现净收入1.26亿元，带动参农人均增收1400多元，为相关企业节省油茶抚育经营成本140多万元。

摘自2012年9月5日《中国绿色时报》

（二）林菌模式

充分利用森林管护砍下的枝杈、木材加工剩余的木屑等做原料，在林下土地上栽培食用菌，利用林地荫蔽、湿度较高的环境，将经过室内接种、发菌后的袋栽菇，置林下全天候的天然温度、湿度、通风、光照的环境中培养出菇，采收子实体。药用菌类植物栽培品种有灵芝、茯苓等，食用菌类植物品种有竹荪、香菇、平菇、木耳、银耳等。一些地区充分利用林下空气湿度大、光照强度低、氧气充足、温差小的林下种植毛木耳、大球盖菇、灵芝等可与当地经济林等主业齐头并进，市场潜力巨大，收益高，是荫蔽林地开展林下种植的首选模式。

优点：郁闭度0.6~0.9的林下环境基本上能够满足食用菌出菇环节对温度、湿度高低变化及光照强度、CO_2浓度的要求；林内修剪的枝条（特别是板栗、榛子等果树枝、壳斗科、杨柳科、桑科、榛科、桤木科植物的枝条）是优质而便捷的培养基原料，降低了原料生产成本、提高了产量，而且循环利用，林菌套作培养基废料可作林地肥料，促进林木生长；不占用耕地充分利用现有林地资源，基础设施标准低，资金投入较少；食用菌生产周期短，降低了投资风险，加快了林农增收致富的步伐；林地野外栽培的食用菌，其产品均具备天然、营养、有机，是原生态野生食用菌产品，品质也比室内的好，符合当今崇尚天然食品的消费需求，经济价值高。所以在有的林区已得到大面积推广栽培。

缺点：腐生型食用菌需水较多，栽培劳动强度较大，费时较多，因此，用于栽培食用菌的林地应尽量靠近清洁水源，且地势平坦，交通便捷，林道完善。此外，腐生性食用菌栽培的多个环节中，只有出菇、采收环节在林下进行，森林只是一个阶段性寄居场所。根据资源需求模式看，腐生型食用菌栽培对木材资源是单向需求关系。根据地域自然气候不同，栽培食用菌的种类和季节也需要因地因时而变。

在调查中发现很多农户一般选择大棚种植菌类，这样虽然管理比较方便，但是初期投资成本比较大；而林菌这个模式比较稳定，不但为菌类生长提供一个良好阴湿的环境，充分利用空间，节约成本支出，而且食用菌的质量明显提高，从而提高经济效益。闽侯县林下培育灵芝，以福建岁昌生态农业开发有限公司为龙头，"公司+农户"，组织林农在海拔650m以上的阔叶林下进行灵芝接种和种植，灵芝每亩种植1000个，加上林地整理及其他人工费用，亩投入成本约2万元，种植 2 年，每亩可产灵芝孢子粉 1kg，亩产值达 4 万元。

（三）林茶模式

林茶模式在低山丘陵地区，不适宜间作粮食作物的地块，林下种植茶树是一种很好的选择，林茶模式是一种以农为主的林下经济发展模式。林下可以为茶树提供一定的遮阴，提高茶叶品质与产量。林茶复合经营作为一种人工复合经营方式在我国已有近四、五十年的历史。林茶复合经营的类型主要包括用材树种与茶树复合型，如湿地松、泡桐、香椿等；经济、干果类树种与茶树复合型，如乌桕、油桐、板栗、橡胶、黄樟、银杏、杜仲等；果树与茶复合型，如山楂、柑橘、梨等。在林分选择方面，应把握以下几个原则：一是林分郁闭度与树种。一般茶复合经营的林分郁闭度以 0.3 ~ 0.4 为宜，郁闭度过高或过低都会影响经营效果；树种选择与单作茶园树种选择的原则基本一致。二是土壤与地形。根据茶树的生物学特性，要求土壤厚度 0.8 m 以上、养分丰富、酸性、透水透气性能好、石砾含量少；林分地形地势一般以坡度 15°以下为宜，常有冻害的北方茶区，应以南坡或东南坡为宜；在南方冻害轻的茶区，选择南北坡向均可。

优点：林茶间作在空间、时间与产业结构上，林、茶业上下配置、布局合理，既有先后又有交叉的发育次序；在生物物种上互利共生，充分利用了自然资源，使系统高效率地输出多种产品，提高了土地利用率和生物能的利用效率。众多研究表明，林茶复合经营能有效提高茶叶的产量和质量，同时也为南方一些地区的低产林改造提供了一种可行的选择。

缺点：由于工业发展造成的环境污染，加之为了追逐经济利益，许多茶农大量使用化肥、除草剂、农药等化学物质，使得茶园生态环境受到不同程度的污染。因此，茶叶中往往含有对人体有害的农药残留物、氟化物及其它重金属元素等有害物质，制约我国茶叶对外出口贸易。此外，我国林茶间作相关实践研究还不够深入，特别是在间作树种的选择标准、配置方式以及评价标准方面仍然有较为广阔的研究空间。

（四）林花（苗）模式

主要是利用在苗木培育至销售前期这段时期，充分利用了林下的遮阴效果，在林下套种山地小水果或者其他小花木苗，或者利用常绿阔叶林分优良的伴生树种，如观光木、乳源木莲、深山含笑等，采取种群迁移、扩散、物种与基因交流等方式，不仅提供了很高价值的种质资源，而且开发培育珍贵阔叶树苗木，无疑有明显的社会、生态和经济效益。有人将林苗模式叫做林花模式，有人将其称为林苗一体化模式，虽然名字不同，但内容一致。对于稀疏林可以培育木本花卉苗，间距大时还可培育喜光的观赏花木。而对于种植密度较大的林分地或果园，多以种植草本花卉为主，如宿根花卉。宿根花卉为多年生草本花卉，一般耐寒性较强，可以露地过冬。其中又可分为两类：一类是菊花、芍药、玉簪、萱草等，以宿根越冬，而地上部分茎叶每年冬季全部枯死，翌年春季又从根部萌发出新的茎叶，生长开花；另一类是石斛、春兰、蕙兰、剑兰、兜兰、一叶兰、万年青、花叶芋、铁线蕨、马蹄莲、吉祥草等，地上部分全年保持常绿。福建省延平区种植百合花是比较典型的例子，平均产值可达 60 多万元/hm^2。

优点：在林下栽培这类植物对林地自然生境的影响甚微。这种模式上述各种植物的自然分布区林下均可培植，产值较稳定，风险较小，还可以美化环境，是比较理想的林下种植模式。

缺点：这种模式需要考虑林分的郁闭度选择适宜的苗木或花卉品种，技术要求较高；同时市场波动较大，需要灵活应对。

(五)林菜模式

林菜种植模式，即传统林木、果树与蔬菜的混合栽培形式。这种模式同样在我国具有悠久的历史，尤其是在北方平原地区比较盛行。根据林间光照程度和蔬菜的喜光特性选择种类，也可根据二者的生长季节差异选择品种。蔬菜选择时以耐阴、抗病虫害的品种为首选，有白菜、莲花菜、萝卜、油菜、菠菜、大蒜、芹菜、香菜等。选择辣椒、茄子、番茄等长日照 喜光的蔬菜品种时，要求稀疏的林木、果树地类，每 1hm^2 大概 750 株以下，蔬菜距果树有合理的距离。还有利用冬春季节林间光照种植蒜苗、菠菜、圆葱等蔬菜。但一般蔬菜对阳光、水、肥要求高，必须选好自然条件合适的地段。像紫萁、鱼腥草、蕨菜、檬木之类栽培，对土壤条件要求不高，且能在密度较小的林下进行，可归属于典型的林下经济模式。如尤溪县农户林下种菜是一大亮点，特别是以八字桥佛手瓜专业合作社为龙头，在林边、沟边、路边、田边、林下种植佛手瓜 1 万多亩，2012 年产鲜瓜 2.3 万 t，年销售额 5200 多万元，年纯利润 1500 万元，会员年收益 2 万多元。

优点：在林中冠下套种森林野菜，树林可很好地控制光照强度和光照时间，减轻强光对蔬菜的危害，保持森林野菜的清脆、鲜嫩、可口等自然品质，提高了森林的经济效益与生态效益。森林可大大降低风速，调节气温，为蔬菜营造一个适宜环境，林下温度较低，还可以大大减少病虫害的发生，有利于无公害蔬菜的栽培。

缺点：林下种蔬菜技术性较高，需要选择适宜的品种和把握播种期，老百姓不容易掌握。目前，科研部门对林下种植蔬菜的品种和郁闭度要求方面的研究比较少，需要进一步探讨和总结。

林下是一个比较荫凉的环境，宜选择生长周期短、植株较低矮、较耐阴的蔬菜品种。现将部分品种与生长特点推荐如表3-7，仅供参考。

表 3-7　常用蔬菜的品种与生长特点

种类	品　种	播期及其生长特点
莴笋	红满田、种都 5 号、冬春莴笋、金剑	9 月/下旬至 10 月/上旬(喜冷凉气候)
甘蓝	中甘 11 号、春丰、黑叶平头、京丰 1 号、晚丰、秋甘 1 号、秋甘 2 号	4 月/上旬(植株较矮,适合在林下种植)
大白菜	京春早、浙江的早熟七号、津绿 55、绿星七十、黄芽 14	4 月/上中旬(生育期短、耐寒、耐热、抗抽薹、结球紧实)
茄子	三叶茄、墨茄、蓉杂茄 1 号、蓉杂 2 号	10 月(茄子要求较高空气湿度和土壤湿度)
辣椒	早杂 2 号、中椒 6 号	4 ~ 5 月(早熟、结实率高、抗病)
蒜	金堂早蒜、软叶蒜	9 月/中下旬
生姜	山东莱芜大姜、广州肉姜、安徽临泉虎头	5 月/上旬(喜欢温暖不耐寒,不耐霜)
葱	长胜、圆藏、雄浑	10 月/上旬(分蘖能力)
西兰花	曼陀绿、优秀、大丽、绿泉	8 ~ 9 月(喜温暖、湿润)
叶芥菜	松叶芥菜、竹竿青芥菜	可周年播种(适应性强、耐热、耐风雨)

(六)林经(果)模式

经济林范畴是属于林业两大体系中的商品林体系,《中华人民共和国森林法》规定:经济林是"以生产除木材以外的果品、食用油料、饮料、调料、工业原料和药材等林产品为主要目的的林木"。我国有可以利用的经济树种 1000 余种,进行人工栽培的近百种。经济林是我国的重要林种,也是经济效益较高的林种,是森林资源的重要组成部分。经济林产业,是集生态、经济、社会效益于一身,融一、二、三产业为一体的生态富民产业,是生态林业与民生林业的最佳结合。目前,经济林多为纯林种植,采用混交栽培的很少,在自然界出现的天然混交林却比比皆是,如天目山区的山核桃、毛竹、小竹混交,山核桃、棕榈混交,山核桃、板栗、香榧混交,杨梅、毛竹混交等。在重视生态建设的今天,尽量避免在一个地区建立集中连续的纯林,提倡生态混交经营经济林,采取两种及两种以上经济植物套种模式,提倡低干耐阴树种与高干喜光树种混交,上层造林一般选用周期比较长的,下层造林选择周期短的,除了两者收获时间的错开,还要避免病虫害的相互影响。

优点:经济林在集体林中占有较大比重,发展特色经济林的重点在集体林。通过在集体林中大力发展以木本粮油、干鲜果品、木本药材和香辛料为主的特色经济林,有利于挖掘林地资源潜力,为城乡居民提供更为丰富的木本粮油和特色食品;有利于调整农村产业结构,促进农民就业增收和地方经济社会全面发展。从单纯经济林角度看,管理方便,有利于规模经营,提高效益;采用生态种植经济林角度看，有利于当地的生态环境改善，所产生果品（产品）更符合绿色食品的要求，保证经济林优质、安全生产。杨梅耐阴可以和喜光板栗、锥栗，高干的山核桃等带状混交，生态效益和经济效益都不错。

缺点：经济林是生态功能比较脆弱的一个林种，是整个森林生态系统中的薄弱环节，不解决这些问题，经济林本身就不可能持续发展，也会影响整个森林生态系统功能的发挥。主要表现为：多行纯林栽培不利于生物多样性和生态平衡；频繁耕作特别是坡地垦复、植被破坏、土层松动、水土流失严重；在管理过程中，往往需要施肥、喷药，容易带来环境和产品污染；多数经济林（除水果）的立地条件差，加上长期水土流失、土壤肥力下降，树体衰退快，影响经济效益，形成"经济林下不经济"的局面。

（七）林粮模式

根据林木与作物的生物学特性和经营水平的不同，在成林或幼林中间作，是林农复合经营的传统模式。

在幼年树林下种植番薯、西瓜、玉米、马铃薯、花生、豆类等传统低秆作物，其中豆类作物效果最好，它们具有一定耐阴性和固氮性。在东北地区林稻模式作为一种高品质的粮食来培育，渐受人们的重视。在原生态食品越唱越响的今天，人们已在重新认识它们的价值。这些一、二年生粮食，种植后几个月就可收获。林粮模式在株行距较大、郁闭度小的林下，种植一定的粮食作物，可以选择矮秆小麦等主粮作物，也可以选择黄豆、豌豆等杂粮作物，经济效益可观，市场前景广阔，还可养地培肥。

优点：这种模式很灵活地利用幼年树林的光照和土地空间，并有改善土壤理化性能和林间小气候的作用，适当间作可增加粮食丰收，又保护林木生长，减少水土流失。并且在对农作物的施肥等管理同时，也加强了对苗木的抚育管理，做到了以耕代抚，对其上的幼年树生长十分有利，可谓一举双得。该模式操作比较简单，山区林农都熟悉这类作物的种植技术，很容易获得成功，因此这种模式能广泛分布在全省各地。

缺点：该模式直接的经济效益相对较低，须在林木郁闭度较小的新造林地块幼苗的行距间隔的土地上种植，受到时间和规模的约束。

（八）林草模式

林草模式是指由森林和草地结合形成的多层次人工植被，是有目的地把多年生木本植物与农业、牧业合在同一土地上，并采取时空分布或短期相间栽种来提高林业经济的一种新型模式。此模式对树种没有特殊要求，南方山区常见的乡土树种都可选择，对草种要求也不严，只要耐阴、与树种没有共同的病虫害即可。

广西林业科学研究院等开展了林下 15 种林草种植试验与生长适应性评价研究，为林草推广提供了理论与实践基础。林草牧模式在郁闭度较高的林地，可以有选择性地种植优质牧草，可出售鲜饲草，也可放养畜禽，一举多得。在郁闭度 0.7 以下的林地，紫花苜蓿、三叶草、黑麦草均适合种植；在郁闭度不大的林间，可种植适合本地生长的能耐阴的牧草，发展畜禽养殖业，又能培肥地力，促进林木生长。最耐阴的牧草有假俭草、葛麻藤及白三叶稍耐阴的有天蓝苜蓿、南苜蓿等。

在此模式中，草本植物可以作为纽带，一般常见的人工栽培牧草，使系统成为自给自足的林草复合经济型生态系统。主要功能：①增加地表覆盖，有效抑制幼林地的水土流失，起到防风固土、减少水蚀、抵御自然灾害的作用；②改善树木生长环境，降低盛夏地表温度，在夏秋高温干旱季节，草地比裸地能降低地表温度 8～15℃，使表土含水量增加 8%；在冬季，可提高地面温度 6～8℃，提高相对湿度 5%～18%；③地下根系改善土壤的理化性质，有利于树木根系对水分、肥料的吸收、转化利用，促进树木生长。

二、林下养殖模式

林下养殖主要利用林下禽畜食物资源丰富，活动场地大、空气新鲜的优势，养殖家禽、家畜与特色动物，形成以草养牧、以牧促林、以林护牧的良好循环。可以说，福建省林下养殖点星罗棋布，基地建设也从分散到规模经营。2013 年福建省林下养殖 24204 万只（万头、万箱）。

（一）林禽模式

这是一项新兴产业，可生产典型的有机绿色食品。在林下透光性、空气流通性好的环境条件下，放养或圈养各地方特色品种，如乌凤鸡、三黄鸡、贵妃鸡、象洞鸡、孔雀、鸭、鹅等禽类动物，不仅可以利用林下的草茎、草籽，也可利用林下昆虫，如蚱蜢、蟋蟀、白蚁、鳞翅目昆虫幼虫、成虫等。如果结合人工饲养大麦虫、蚯蚓等作为鸡、鸭等的高蛋白活饲养，则可提升经济效益，鸡蛋产量比普通养殖的鸡蛋高出 15%～30%。不同家禽种类需要不同的林下环境。如鸡可以在山坡地或平原地区各种树木林下自由活动，而鹅、鸭属水禽，喜欢在山溪、湿地、水边活动，喜食水生植物和动物，最好在杨树、柳树林或河流、洲、滩林下养殖。红树林下滩涂养殖水鸭母培育了广西北海地区海鸭蛋大产业，效益高。

优点：此模式把种植、养殖合理地安排在一个系统的不同空间，既增加了生物种群和个体数目，又充分利用了土地、水分、热量等自然资源。林下养禽，可以充分利用林下空间和林下杂草资源，林下的草木、昆虫可补充鸡、鸭、鹅的饲料，鸡、鸭、鹅的粪便经过处理可做林地的肥料，起到控制杂草和增加土壤有机质的作用，为树木提供肥料，实现了以林"养"鸡，以"鸡"育林，促进林木生长，形成科学合理的生态链。此外，还能扩大家禽活动空间，提高禽产品抗病性和品质，家禽体形健壮、肉美蛋香、营养丰富，绿色无公害，深受消费者喜爱。

缺点：家禽的粪便因散落面广，不便收集处理，易污染水源，传播疾病；不同禽类，有不同环境要求，需要因地适宜地选择养殖种类。需要对进行养殖密度进行合理控制；家禽持续对林地踏踩，易致林地板结，尤其是鸡喜欢刨地啄食嫩根和地下昆虫，不利于林下植物多样性的维护。因此，必须采取错时轮牧的方式，缓解禽类对林地生态环境的不良作用。

根据林地水源条件和树种类型，应选择相适应的家禽养殖种类，天然饲料与人工就地养殖蚯蚓等动物饲料相结合。要利用简易发酵床或沼气池，对饲养量大的家禽粪便进行无害化和资源化处理。

在加快推进农业经济结构调整和落实严格的耕地保护制度政策下，是调大调优种养业、节约节省土地资源、加快林业发展、改善生态环境的一项重要措施。泰宁县林下养鸡，以山天畜牧公司为龙头，成立养殖合作社，带动农户分散养殖，提供赊种苗、赊药品、赊饲料、包技术、包回收、包利润的"三赊三包"服务，解决农户养殖的后顾之忧，是保持农村稳定、促进农业增效、农民增收，实现农村经济科学发展的重要途径。

专栏 3-2　林禽模式案例

1. 德化打造无公害林下黑鸡放养场

德化县盖德乡下寮村黑鸡放养基地采用"林下养鸡"的生态放养模式，放养场所选择在远离居民区的连片树林里，养殖的是 2005 年 8 月通过福建省畜禽审定委员会组织审定的地方优良品种——德化黑鸡。由于生长环境山清水秀、空气清新，周围环境不受工业"三废"污染，黑鸡以小草、虫子等为主要食料，自然地生活在广阔的树林里，既降低了饲养成本，又使鸡群活动多，疾病少，肉结实，营养丰富，市场销路好。因为是生态鸡，市场上一只散养乌鸡的价格要比普通鸡每 500g 高二三十元，效益很不错。为了进一步提高养殖水平和效益，放养基地严格按照农业部制定的无公害技术规程进行饲养管理，认真做好疾病预防、科学饲养等工作。2010 年经泉州市绿色食品办公室取样化验及产地条件综合考评，产地环境与产品质量均达到了无公害农产品的标准要求，顺利地通过了认证。获得了省农业厅颁发的无公害产地证书和产品证书。成为德化县继国宝乡上洋村、三班镇龙阙村两个基地后的第三个获得无公害农产品认证的黑鸡放养基地。现在，德化县无公害黑鸡年生产规模达到了 22.5 万羽，产值约 1000 万元，为山区群众发展林下经济增收致富闯出一条新路子。

2. 泰宁林子里飞出"金凤凰"

泰宁林下养殖的是当地独有的金湖乌凤鸡。金湖乌凤鸡在 2009 年被农业部确认为国家畜禽遗传保护资源，2011 年被列入国家地理标志登记保护。

泰宁重点发挥这一优势，打造乌凤鸡品牌。在全县 9 个乡(镇)各建立了一个示范点，扶持引导广大农民在各种经济林或用材林下养鸡，开发乌凤鸡旅游特色食品。在林下养鸡益处多，鸡能吃掉林中的害虫，粪便还能为林子的生长提供肥料，充分实现了养殖与林地的互惠互利。

泰宁林下养鸡主要以龙头企业带动农户分散养殖为主要形式，成立养殖合作社，采用"公司＋基地＋农户"的产业模式进行生产开发，为养殖户提供"三赊三包"服务，即赊种苗、赊药品、赊饲料；包技术、包回收、包利润。2012年，泰宁县林下养殖乌凤鸡1.51万亩，亩养殖量120只，亩产值5400元。该项目带动农户多，作为传统养殖的变革，涉及面广影响大，受惠农户1.5万户、人口6万人。

摘自2012年8月31日《中国绿色时报》

（二）林畜模式

相比于林禽模式，林畜模式难度系数更大，可在林下活动空间较大的林地利用林下野生草本植物或林下人工种植饲料植物，为兔、猪、牛、羊、鹿等家畜提供饲料，获得绿色、安全、畅销的动物产品。实施的途径主要有：一是放牧，即林间种植牧草可发展奶牛、肉用羊、肉兔等养殖业。林中不少树木的叶子、种植的牧草及树下可食用的杂草都是良好的饲料。如森林郁闭前，栽植紫花苜蓿，效益可达7151元/hm^2。果树林下可种红薯藤、欧洲巨苣养猪、葛藤养兔。二是在林中建造专门养殖的舍饲设施，在林中舍饲养殖肉猪、梅花鹿，由于林地有树冠遮阴，夏季温度比外界气温平均低2～3℃，比普通封闭畜舍平均低4～8℃，更适宜家畜的生长。根据实践表明，林下养羊模式实行圈养与放牧相结合，适宜3m×10m株行间距的中龄林以上的林地。如清流县林下养羊，以上上清食品有限公司为龙头，推广"公司＋农户"带动林下养羊，年饲养黄羊4.76万头，年产值5715万元。

优点：林下活动空间大，可为家畜提供自然、健康的活动场所，有利于提高抗病性；林下天然的新鲜饲料，也有利于动物自由生长发育，提高动物产品品质；提高林下CO_2浓度，有利于植物生长。牲畜踩踏，有利于地表枯落物进入土壤成为有机质。在林下种植牧草，再用牧草作饲料养羊、梅花鹿、菜牛等家畜；不仅可大幅降低饲养成本，而且家畜的肉质好，效益高。

缺点：牲畜践踏，易致林地板结，不利于树木生长；牲畜啃食树皮、嫩枝、树尖等，妨碍树木正常生长；粪便不易集中处理，增加碳排放；容易导致面源污染，恶化水源等环境；需要专门的畜牧兽医知识和技能。羊等牲畜特别喜欢啃食树皮、草根，新造林地禁放羊或放牛，以免伤害幼树；在林木成长为中龄林以后，可在林下适度放养猪、羊等家畜，考虑到管理方面的因素，这种模式主要在平原地区地势平坦的用材林地中进行，山地不宜发展。总之，相比于有利的一面，林下牲畜对林木的健康更多地偏向于有害，经营时应设法趋利避害。

因此，林下养畜，应远离河流、溪水，但必须有供牲畜饮用和洗浴的必要水源；严格控制单位面积数量，分区圈养，轮圈放养；对树干基部做好防啃护套；合理处理好牲畜粪便，发展沼气，变害为利。林下养畜有别于草原放养和围栏饲养，林下空间有限、天然饲料不足，需人工种植饲料作物和药、饲两用植物，讲究集约化，小面积高效益，并做好疫情处理。另外，由于大量牲畜在养殖过程中产生的难闻气味以及噪音等，对于野生动物驯养的地址应选择远离人类居住地。

专栏3-3　平和县林下养豚狸，引领林农致富

平和县属山区县，全县人口58.2万，土地总面积346.2万亩，林地面积270.1万亩，其中生态公益林85.9万亩，森林覆盖率70.2%。随着有林地面积的扩大，可造林地逐渐稀少，如何增加林地单位面积产出，提高林地资源的综合利用收益，让林农真正从林地上实现增收，成为平和县林业发展的突出问题。近年来，平和县结合县情实际，积极探索发展林下经济的新路子，有效地提高了林地效益，增加了农民收入。

一、政策扶持，保障林下养豚狸

平和县委、县政府出台了《豚狸养殖户奖励办法》，按每只每年奖励50元的优惠政策给予奖励，大大提高了广大农民养殖的积极性。开展技术培训，邀请福建农科院、福建农林大学的专家和技术人员开展豚狸病害防治技术和豚狸繁殖等项目研究，开展优良品种选育，编发《豚狸养殖技术参考》《提高豚狸经济效益建议》小册子，举办豚狸养殖技术培训班200多期，培训农民及乡镇村干部1万多人次，为林下养殖豚狸产业的发展营造良好的氛围，有效提高豚狸养殖的产量和质量。

二、典型示范，引导林下养豚狸

为了提高豚狸附加值，扩大销路，推动豚狸产业持续发展，平和县建立坂仔镇峨眉村豚狸养殖基地、小溪镇豚狸养殖基地、山格镇豚狸养殖基地等3个典型范例，发挥示范带动作用。目前，豚狸养殖产业已形成一定产业规模，全县有500多户农户进行林下养殖，养殖豚狸40万多只，产值达1200万元，被誉为"福建豚狸之都"。平和县多次举办"豚狸"产品展销会，吸引国内外众多嘉宾，前来考察、洽谈合作，提高了知名度，进一步拓宽了销路。县科技局、林业局、农业局认真组织考察研究豚狸产业加工项目，引进了豚狸肉制品加工设备及相应的生产技术，生产出豚狸肉干，逐步解决了全县豚狸肉质产品加工问题。2011上半年，豚狸肉制品加工生产厂家又增加6家，已经初具规模。

三、增收致富，归功林下养豚狸

豚狸为食草动物，养殖成本比较低；繁殖很快，一只成年豚狸一年能生15~20只细仔；养殖周期短，一般两个多月可以出售；豚狸肉营养丰富，其铁含量是甲鱼的3倍，锌和硒的含量很高，被公认具有抗癌作用，每斤售价达30元左右；就连粪便也是很好的肥料，正可谓全身是宝。通过养殖豚狸，户均年收入可达2万多元，边远山区的很多农民依靠养殖豚狸走上了脱贫致富奔小康之路。

摘自2011年10月《全国林下经济发展典型材料汇编》

(三)林蜂(昆虫)模式

养蜂(昆虫)是我国的一项传统养殖业,是无污染的绿色行业,低碳又环保。对森林植物本身基本上没有不利影响,值得推广,是农民脱贫致富的好项目,是林下经济的一个特例。林下养蜂(昆虫)的历史有数千年之久,蜂蜜的利用是从渔猎时代开始的。槐树、椴树、枣树、柑橘、荆条以及森林生态林林下养蜂;昆虫种类繁多,用途多样,有药用、食用和饲用、观赏、产丝等,且应用范围广,在白蜡树、女贞林下养白蜡虫,在盐肤木林养五倍子,在木豆、黄檀、牛肋巴林下养殖紫胶虫,在仙人掌上养胭脂虫,利用桑叶养蚕等等。

林下养蜂(昆虫)需要特别注意做一些准备与场地选择工作,养蜂主要包括蜜源调查,在确定放蜂地点之前,一定要调查清楚蜜源植物的种类、面积、花期等情况。养蜂场地周围2.5km半径范围内,全年至少要有一两种大面积的主要蜜源植物,养殖其他昆虫要注意选择健壮的寄生树种与养殖时期,这是养蜂(昆虫)成败的关键性工作,也是养蜂(昆虫)生产的基础。

优点:昆虫是人类的朋友,是人类的财富。养育以上昆虫,收获昆虫产品,只需根据各种资源昆虫特点选择不同的树种或森林,按照专业养殖方法操作即可,技术操作简易,只要稍加培训,就能胜任。也不会污染环境,不会对森林构成损害,且养蜂生产设备简单,养蜂不与种植业争土地和肥料,也不与养殖业争饲料,更不会污染环境,而蜜蜂以其特有的生物学特性参与到大自然的生态平衡中,在食物链中起了承上启下的作用,还能促进植物授粉,利于植物繁殖和天然更新。据专家研究,蜜蜂授粉的价值是其经济价值的150倍。

缺点:养蜂特别是人工育王蜜蜂以及林下昆虫养殖及采收技术要求高,需要一定的专门技术。目前人工养殖的蜂种多数是意蜂、中华蜜蜂,对当地土蜂种群繁育有一定的影响,须适度控制。其他经济昆虫养殖则不易形成规模。除养蜂业相对较成熟外,其他资源昆虫的养殖需要下游加工链配套拉动,才能形成稳定的产业。

专栏3-4　林蜂模式案例

武平县林下养蜂产业蓬勃兴起

作为全国集体林权制度改革的策源地,武平县在探索林下经济发展方面起到了标杆的作用,特别是林下养蜂产业得到了长足的发展,走在了全省林下经济发展的前头。

生态养蜂优势明显。武平县森林覆盖面积达79.7%,原始阔叶林占40%以上,境内还有面积几十万亩的梁野山国家级自然保护区,生态环境优美,蜜源丰富,具有发展养蜂产业无可比拟的优势。据专家分析,武平的蜜源如果能利用上1%,就能产出500t蜂蜜。2010年成立的武平县石燎阁蜂业有限公司广泛在林下、林缘、田园等地发展了128个养蜂基地,拥有中华蜜蜂上万群,年产蜂蜜40t,产值约500万元。多年来,不断地摸索实践,

---

逐步掌握了养蜂的各种技术和方法，申请了3项实用型技术专利，并与农林大学蜂学院技术合作，以提高资源利用率，提高蜂产品的产量和质量。

品牌销售誉满神州。多年来，武平县采取"走出去、请进来"的办法，做大做强养蜂产业，不断提高规模与效益。在石燎阁蜂业有限公司成立以来，公司的产品经常参加福州、厦门、香港、北京等地的展销会，形成了一个特色销售网络圈。同时，通过央视"绿色时空"栏目、福建电视台等多个栏目和网络媒体、报刊杂志的大力宣传下，公司的"石燎阁"、"梁野仙蜜"蜂系列产品不但走出了本县、本市、本省，还把美名传遍神州，走向世界。目前，公司优质、绿色、健康、天然的蜂产品基本保持供不应求状态。

示范带动成效显著。石燎阁蜂业有限公司在自身发展的同时，2011年以公司为龙头企业成立了"武平县梁野仙蜜养蜂合作社"，采用"公司＋合作社＋基地＋农户"的先进管理模式，带动300位贫困山区农民就业，并发展了14个乡镇60多个自然村的88个残疾人养蜂示范户，带动广大群众致富。据不完全统计，全县拥有一家蜂产品企业，五个养蜂专业合作社。中华蜜蜂已达一万多群，涉及的养蜂人员有1000多人。年产蜂蜜10万kg以上。年产值可达1000万元以上。现在每年还以1.5倍的速度在增长，推进了林业发展和林农增收。

光泽县打好林下养蜂基础，推进产业持续发展

光泽县位于武夷山脉西南麓，森林覆盖率高，生态优良，蜜源植物丰富多样，给蜜蜂采蜜创造了条件，所产的蜂蜜品质优良。2004年光泽县成立了养蜂协会，在此基础上，2006年光泽组织技术人员对全县主要蜜源植物分布情况及花期作了普查，指导蜂农了解全县蜜源情况，为养蜂产业发展打下了重要基础，使光泽县成为全国闻名的养蜂重点县。如，作为产业示范的光泽县杉城农民养蜂专业合作社，成立于2009年，短短3年多时间，从最初的当地11户社员，发展到了福建省和江西15个周边县市161户蜂农加盟的跨省、跨县市的专业合作社，注册了"小野蜂"商标，主要采取统一标准但分散饲养、统一销售但分片区管理的模式。2011年光泽县人民政府出台《关于加强农产品质量安全追溯体系建设的意见》，把杉城农民养蜂专业合作社列为推行农产品质量安全可追溯工作的对象之一，打造森林生态食品。2011年该合作社的蜂产品获得农业部绿色食品A级认证，产品进入新华都、永辉等全国大型连锁超市。2013年该社已有养蜂基地106个，年产值近2000万元，户均收入10万元以上。还有地处武夷山自然保护区内的光泽县寨里镇大洲村，于2013年9月成立了光泽武夷玲珑养蜂专业合作社，社员17人，养蜂达635箱，仅蜂蜜一项全村养蜂户就可增收90多万元。实践证明，林下养蜂不仅符合山区的实际，而且促进了生态保护，促进了农民的增收致富，推动了农村养蜂事业的健康、持续发展。这个例子能为许多县市发展林下经济的提供借鉴(摸清家底、技术支撑、质量溯源等)。

三、林下采集加工

林下采集加工是指从事森林中的林下资源产品采集与加工的，2013年福建省林下采集加工产品达355万t。目前林下采集加工主要是藤芒编织、竹产品编制加工、松脂采集、竹笋采集加工、山野菜、山野果、山草药次生物及菌根性食

用菌的采集加工。其中以菌根性食用菌的采集加工最为典型，成为福建省各地区林下经济发展普遍采取的模式之一，因为在自然属性上其最符合非木质利用经营原则，在此着重介绍。

（一）林下采集的原则

1. 保护性原则。福建省森林覆盖率较高，降雨较为充沛，可以较好地满足林下采集的资源和品种所需要的温湿度条件，资源丰富。从生物多样性保护角度出发，在利用过程中，要正确引导山区群众合理开发利用，不管什么资源都不能过度利用，竭泽而渔。

2. 技术指导原则。对于一些非木质资源而言，其生长环境要求相对较为苛刻，仅能在某些地区的某些区域生长。因此，对于其开发应着重选择异地利用方式，对于一般性的品种采取人工设施栽培，对于特殊品种因地制宜利用人工促繁技术进行种植。

3. 采集区域划分原则。制定年度采集作业设计和作业区域，明确采集资源情况、采集范围(明确四至界限)、面积、采集数量、采集技术要求、监管措施等内容，尤其是在生态脆弱区域均不得采集非木质资源。进行科学采集，促进休养生息、循环利用，实现人与资源环境和谐发展持续发展。

（二）林下采集的优缺点

1. 优点

(1)林下采集资源丰富，深受市场欢迎。福建省森林覆盖率高、气候多样性和生物多样性为野生菌的培育、采集、加工提供了得天独厚的自然环境，野生品种繁多，如山野果(蓝莓、越橘、山葡萄、柿子、松子、榛子、核桃、草莓)、山野菜(蕨菜、苦菜、黄花菜、黄瓜香、香椿等)、山草药(五味子、虎杖、黄精、石斛、金线莲、瓜蒌等)、编织原料(苕条、柳条、藤条等)、食用花卉原料(松花粉、桂花、木槿花等)等，具有营养丰富、味道鲜美，多为纯天然的绿色食品，深受百姓喜爱。

(2)林下采集与林木间作互补优势显著。如在林下种植一些菌类过程中，菌类与林木之间"互利互惠"，一方面，菌类生长初期所要求的培养料来自于一些人工辅料等，不仅不会与周围树木争夺养料、水分，其菌糠还会对周围树木的生长发育起到促进的作用；另一方面，与传统的平原种植食用菌模式相比，树林的郁闭度对食用菌的生长起到遮阳降温的作用，更有利于那些适宜在阴凉、潮湿的环境中生长的菌类栽培，有效地避免了大棚温室中人为不断进行调节室内温湿度以适宜食用菌生长的问题。

(3)林下采集操作方便，生态优势明显。林下采集对于资金、技术等前期投入要求较低，采集不额外占用耕地，而且自然采摘容易。同时，林下采集业相比于大面积竹林山坡地垦复、桉树等速生林高强度经营、山坡地林下养畜、禽产生污染那样存在生态隐忧，具有明显的生态优势。

2. 缺点

众多采集品种如野生菌(红菇、牛肝菌、鸡枞等)富含丰富的营养价值，口感鲜美，经济价值高，颇受消费者喜爱。同时多数野生菌还不能人工栽培，使得大部分林农仍沿用传统的自然采摘方法，在经济利益的驱使下，往往造成对野生菌的过早采摘和破坏，容易引起资源的过度采摘，造成非木质资源特物种濒危。比如，大田县红菇品质好，一些来自于其他地方的红菇借以大田县东风农场的名义以次充好，造成不利影响。

（三）林下采集的前景与效益

食用菌是优良的食品，又是大宗出口的产品，有很高的经济价值。本节以野生食用菌为例，分析林下采集的效益与前景。在食用菌众多的产品中，多为共生菌(菌根性食用菌)和寄生菌(腐生型食用菌)，如香菇、黑木耳、灵芝、美味牛肝菌、泥菇等，尤其是红菇，必须借助木本植物(特别是阔叶林)的残体或活植物体，才能正常生长发育和繁殖。菌根性食用菌是指与松科、壳斗科等植物共生、具有菌根结构和特性的食用菌。其生物学特性决定它必须与树木共生才能正常生长、完成生活史；反过来，它也能帮助树木活体吸收土壤中的营养，促进生长，并提高树木免疫力，增强抗逆性。其生活习性完全不同于以消耗木材资源为代价的腐生型食用菌(如香菇、木耳等)。此类食用菌包括许多经济价值很高的种类，如黑孢块菌、松茸、美味牛肝菌、红汁乳菇、松乳菇、灰肉红菇、血红铆钉菇、鸡油菌等。它们以纯天然的风味和营养特色，成为高档农产品市场的佼佼者。

新西兰、法国、意大利等国家均将菌根性食用菌产业当做替代利润平平的传统农业的新型生物产业。我国开展菌根性食用菌研究起步虽晚，但在一些特色品种的栽培和保鲜技术领域已具备了一定的优势。菌根性食用菌的国内市场巨大，长期供不应求。如长沙、广州、上海等地新鲜红汁乳菇子实体市场价约140~200元/kg。人工经营的红汁乳菇-马尾松林，仅收获红汁乳菇一项，每年产值可达4000~5000元/亩，且同一地段上可连续收获30年以上。野生菌根性食用菌的采收、贸易活动在解决许多农村家庭生计和劳动就业方面发挥了积极作用。结合扶贫攻坚、天然林保护、自然保护区生态补偿和替代产业开发、退耕还林等项目，在山区发展菌根性食用菌这一生态、经济效益双高的林下经济项目可以收到事半功倍的效果。因此，发展林下采集食用菌产业离不开森林及一定的森林生态环境，还必须依赖于常阔叶林森林群落及其形成的生态环境。根据1993~1995年在一片 30.7hm² 的常绿阔叶林试验研究调查食用菌有较大的经济价值。调查表明天然可食食用菌不完全统计达 8 种，主要有红菇、香菇、泥菇、美味牛肝菌、木耳等，其经济效益测算见表 3-8。从表 3-8 中可以看出，这林分产生的食用菌有较高的经济价值，平均经济价值达 2303 元/(hm²·a)。

表 3-8 天然次生阔叶林内食用菌效益

品种	产量 （kg/hm²）	单价 （元/kg）	经济效益 ［元/(hm²/a)］
红菇	1.22	1600	1952
泥菇	0.5	360	180
香菇	0.3	100	30
美味牛肝菌	2.5	50	125
毛太耳	0.2	80	16

* 以上产量为 1993～1995 年产量 3 年的平均值；美味牛肝菌为鲜重；单价为 2013 年度市场价格估计。

由于阔叶林资源减少的原因，特别是以壳斗科为主要建群种的常绿阔叶林群落越少，红菇数量，质量都大幅度降低，而目前尚未有人工栽培成功红菇的报道，应该说红菇生长发育具有特定的条件，但到目前为止有一点可以肯定，在人为干扰少、处于自然状态下的以壳斗科树种为主的常绿阔叶林分是红菇生长发育的必要条件。就此而言，建立和保护天然常绿阔叶林有实际的经济价值科学研究价值。近年来，福建省红菇、灵芝等采集产业就是通过对林分的保护，促进了红菇、灵芝产量和质量的提高，增加了当民农民群众的收入。泰宁县以县食用菌种植协会为龙头，采用"协会＋农户"的形式，划定红菇生长保护地 3.2 万亩，投资 1152 万元，亩产红菇 0.3kg，年产值 1.5 亿多元；武平县因其独特的自然地理环境，每年当地农民采集的天然野生紫灵芝干品约 10t，产值约 600 万～700 万元；而被誉为"红菇村"的大田县东风农场盂坂村就是这种模式的示范典型。

专栏 3-5 红菇村的绿色经济

福建大田县盂坂村留山产红菇的历史悠久，在南宋就有记载，目前，留山上产菇林区达 2600 多亩。以前，村民各自为阵，护菇力量分散，红菇菌区容易遭受破坏，每年大多只能采收干菇 200 多千克，各家收成也高低不均。1997 年，盂坂村组织全村"抱团"管护、采收红菇，修起防火路，成立护林队，对产菇林区采取精致管护。护林队员由全体村民投票，每年选出票数最高的 6 位村民为护林队员，村民们可随时上山抽查护林队员工作。

身处密林之间的盂坂人，却鲜用柴火，大多采用电器，率先用起了沼气。村里每年烘烤红菇需要 2000 公斤木炭，全都是村民们跑到周边地区收购来的，绝对舍不得砍留山上一根杂木。盂坂人想得很简单：砍倒一棵树，就可能减少一处生长红菇的地方，就是断了自己一条财路。留山上满山尽是阔叶树，处处都是生长红菇的好地方，只有爱护留山，留山红菇才会取之不尽，才能"留"给子孙后代。每年红菇收成后，接下来的近一年时间，村民们在 2600 多亩的山场进行劈草、清理作业，让林木"透气"、菌群繁衍。盂坂人对留山管护之道概括为"以生态养生态"，即生态密林易产菇，红菇得利来护林。就是山上有杂木因风吹倒，也没有一个村民会擅自取回家，就让它烂在山上，增加菌群。只要护林的习气不丢，红菇产量还会不断上涨，留山，就是年产百万的"金山"。2013 年共采收干菇 1500 多千克，产值 200 多万元，户均获利 5 万元以上。

四、森林生态旅游

森林生态旅游是一种正在迅速发展的新兴的旅游形式，也是当前旅游界的一个热门话题。森林提供木材的功能逐步消退，改善环境及为公众提供休憩功能正在逐步被加强。森林生态旅游越来越为人们所关注，已成为世界旅游业的重要组成部分和现代林业必不可少的重要内容。

森林生态旅游指以森林为主要介体的森林公园、生态农庄发展森林旅游观光、林下休闲娱乐等。它是充分发挥林区山清水秀、空气清新、生态良好的优势，合理利用森林景观、自然环境和林下产品资源发展旅游观光、休闲度假、康复疗养等产业。它可为游客提供观光、保健、娱乐、运动、教育、探险等产品，给人以精神上享受与放松。同时，依托森林发展的生态农庄是一种新兴的林下休闲旅游，它利用林地资源以及农家院落的林荫优势、生态优势、花果优势、园林优势、人文优势等，集休闲娱乐、旅游购物、绿色消费、返璞归真等功能于一体，不断满足人们对健康型、营养型农产品的需要。另外，伴随着森林生态休闲游的发展，森林环境空气质量好坏（负氧离子含量高低）逐渐受到注重健康养生人群的关注，将成为林下经济发展的一个重要方向与模式，姑且称之为"林气模式"。

表3-9　武夷山国家级自然保护区空气负离子测定表　　　单位：个/cm^3

序号	地点	位置	正离子		负离子	
			均值	最高值	均值	最高值
1	金石滩	瀑布前35米	380	470	8260	9460
2	滴水岩	跌水边	290	350	10160	10710
3	桃花峪	跌水群	820	870	84720	88700
4	桃花峪	源头跌水1米	810	820	11320	12670
5	桃花峪	阔叶林中	670	710	950	970
6	桐木关	杉木林	260	290	540	570

（续）

序号	地点	位置	正离子		负离子	
			均值	最高值	均值	最高值
7	情侣瀑	瀑布前 3 米	710	730	72400	89000
8	先锋岭	瞭望台上	510	520	1020	1060

数据来源：武夷山自然保护区。

武夷山自然保护区在一些地点做了负氧离子测定工作，为我们提供了良好的借鉴。（表3-9）

我们应该建立不同森林环境等级划分标准，重点做好每个等级空气质量指标测定工作，进而建立不同等级的"林气"休闲养生区，充分反映福建省良好森林生态环境和清新空气，打响"清新福建"品牌。近年来，"森林人家"建设方兴未艾。福建省利用森林景观建立的森林人家402个，年均游客数量1.1亿人次。如三明市新建森林人家84家，从三明中心城市向北沿"沙县—将乐—泰宁—建宁"等县新建森林人家，已初步形成一条精品线路。

（一）森林生态旅游基本原则

1. 开发与保护结合原则。森林生态旅游以生态经济和旅游经济理论为指导，以保护为前提，遵循开发与保护的结合，在森林生态旅游的同时，应重点保护好森林生态环境。

2. 突出统一规划与布局原则。森林生态旅游规划应以森林生态环境为主体，符合国家现行有关专业技术标准、规范的规定，突出自然野趣和保健等多种功能，因地制宜，发挥自身优势，形成独特风格和地方特色。同时，统一布局，统筹安排建设项目，做好宏观控制；建设项目的具体实施应突出重点、先易后难、可视条件安排分步实施。

3. 生态旅游模式选择原则。以森林旅游资源为基础，充分利用原有设施，重点考虑游客的便利与资源的效益进行适度建设，切实注重实效。主要包括：

一是交通便利性原则。随着城市群的出现，各地积极开展基础设施的建设工作，逐步为人们的出行提供了较为完善的经济、便利条件，也为生态旅游模式的广泛出行打下了坚实的基础；

二是城市近郊区域原则。生态旅游作为一种新型旅游方式，是伴随着城市发展、人们对于休闲娱乐的追求而逐渐形成的，在城市近郊区域，由于其特殊的地理位置、便利的交通措施、庞大的消费群体，为生态旅游产生的效益提供了极大的保障；

三是景点附近村落原则。旅游景区产生的经济效益主要还是依靠门票收入以及营业收入两部分，如何更好地将旅游景区周边村落纳入到景区常规化管理之中，打造出景区生态群景观，将直接影响当地的经济收入，同时也可以避免当地村民的投机收益，有效保护景区的正常收益，提高景区的后期建设经费。

（二）森林生态旅游经营模式

根据目前各类森林旅游经营的实际情况，森林人家可采取以林农一家一户为主体，以大企业家、大户投资为引导的经营模式，陈婕（2010）将其分为如下 3 种模式。

1. 林户集合经营模式

在特定地域乡村中的古朴村庄作坊，传统劳作形态，独特民间习俗开展林家乐或农家乐，以一个村或邻近乡村特色林家乐个体经营户的集聚经营，形成有影响力的专业村。针对不同人群设计不同休闲载体，开展特色服务。如体验劳作型：林农将林农家的林地、田地以及圈舍等，有偿提供给游客，给游客分配"责任林地"，让游客定期耕作、管理、体验劳动的乐趣；娱乐休闲型：为城镇居民在周末、国家法定假日等提供特色农庄、主题农园，利用农舍提供短期住宿服务，使游客暂时融入到当地乡村生活中，体验乡村生活的乐趣。

2. 公司制经营

这是森林旅游休闲的主体经营模式。依托大公司实行企业化运作，针对中低档、品位不高、缺乏特色的森林人家拓展成为较高档次的体验型森林人家休闲度假区，实现生产、销售一条龙服务；同时公司还可与林户合作，充分利用林农的务林经验，增大吸引力和效益。此外，可以在森林旅游地内开设林村习俗文化、体验休闲、养生会所、康复疗养基地等，公司制经营的森林人家体验休闲可采用会员制，从而使森林人家具有持久感染力和生命力。

3. 政府主导综合开发型

以政府为主导投入资金开发核心景区景点，改善森林人家旅游公共基础设施，招商引资建设旅游接待服务设施，正面引导林农参与旅游接待服务。加大市场运作力度，以市场配置资源，以城乡一体化的方式打造，通过政府合作经营，先行投入再溢价退出，将开发项目整体转让给公司。目前，此类开发模式已逐渐淡出人们的视野，政府更多的是采取引导和扶持政策。

（三）森林生态旅游模式的优缺点

1. 优点

森林休闲旅游是由森林旅游和森林游憩发展而来，是人们在闲暇时间内发生的在以森林为依托的环境中进行的休闲活动，以走进森林、亲近自然、修身养性、锻炼身体的休闲项目为载体，包括在森林环境中进行随意性的、具有愉悦感的文化体验或精神文化活动。森林旅游有利于解决社会的就业问题，吸收农村剩余劳动力，使农民在参与森林旅游活动过程中，获得经济实惠，生活更加宽裕。同时森林旅游的发展必能带动其他相关产业的发展，例如道路交通、餐饮、娱乐等产业，产生投资与就业的乘数效应，为农民参与旅游、增加收入提供广阔的空间。利用现有现代林业园区、特色基地、森林公园资源，积极开发休闲观光、"林家乐"、"农家乐"等服务业和森林旅游，挖掘森林潜在经济效益。

2. 缺点

旅游开发的利益性和保护性的均衡一直是旅游业界所面临的一大难题，尤其对于以对环境起巨大调节作用的森林资源为依托而开发的旅游产品，其本质上应该是保护大于开发，更准确地讲，必须得在有利于保护的基础上进行有限度的开发。然而对于很多以盈利为目的开发商来说是一个难题，所以在目前各种体制不完善的情况，很多地区森林休闲旅游开发面临着环境损害这样一个风险。例如开发过程中宾馆等基础设施的建设影响了整体景区的生态原貌、游客时空分布不均出游所引发的生态环境问题。再如，景区运营过程中，为了利益最大化，对于景区容量控制不到位，导致游客对于森林景区的破坏，环境的污染，不但导致生态环境的破坏，长期下去对于整个森林休闲的环境氛围的塑造都会造成很大影响，所以在今后的开发中要尤为注意这一点。

专栏 3-6　森林生态旅游模式

泰宁生态游创出"新天地"

泰宁是一个林业用地占全县土地总面积 81.6% 的山区林业大县，他们依托丰富的资源景观，进一步挖掘资源潜力，打造森林旅游这一朝阳产业。

近年来，泰宁县紧紧抓住"旅游兴县"的战略，以森林旅行公司为主体，在省级峨嵋峰自然保护区、县城城郊、主要旅游公路沿线，建设以度假休闲、林中体验为主要内容的"森林人家"。全县共有森林人家 65 户，其中峨嵋峰森林人家是福建首批四星级森林人家；梅口乡水际村是本省旅游第一村，也是福建森林人家首批挂牌试点，全村共有森林人家 42 户；杉城镇南会村李家坊与白土自然村共有森林人家 16 户，是本省首批森林人家建设试点户，另有清水湾、乐野山庄、白鹭山庄、一品苑山庄等森林人家。

泰宁县的森林人家主要分布在城区至水际码头的湖滨路边上，通过开办林家客栈、做绿色餐饮、卖绿色食品等，增加农户收入。2012 年泰宁森林人家所涉林地面积 3100 亩，已投资 2100 万元，可接待游客床位 500 个，年产值 800 万元。

摘自 2012 年 8 月 31 日《中国绿色时报》

松溪县顺应林改盛势，开发"森林人家"

地处闽江上游的松溪县，是福建省重点林区县之一，生态区位重要。全县林地总面积 127.86 万亩，其中生态公益林 25.2 万亩，占林地总面积 19.7%。2007 年，松溪县结合当地实际和生态公益林创新管护机制改革，积极探索生态公益林非木质利用建设之路，利用

生态林茂密的森林植被和奇特自然景观，以生态旅游为主题开发"森林人家"，带动了林区经济发展和农民增收。

松溪县本着"以人为本、保护优先，先易后难、逐步推进"原则，因地制宜，以点带面，加快推进生态旅游产业发展，形成了"森林人家"和"森林公园"两种主要的发展模式。这里首推位于松溪县中部、距县城3km且林木茂盛、景色优美的诰屏山森林人家。2004年，

钱桥村民刘仁东同钱桥村委会签订承包经营合同，着手开发建设诰屏山，以休闲和农业两大旅游为主题，先后投资了近500万元，开发集"吃（农家菜、野生动物）、住、行、游（景点）、健（爬山）、赏（植物、野生动物）、（垂）钓"为一体的休闲农业旅游佳地。景区除接待本省周边县市游客外，许多外省游客如浙江等地也慕名而来。近几年来接待人数逐年增加，2011年达5万人次，年营业收入也达310万元。2008年8月被评为"福建省首届十佳森林人家"、"南平市环境教育基地"、"南平市科普教育基地"。

摘自2011年10月《全国林下经济发展典型材料汇编》

从上述不少地方在实践中摸索出的林木下面间作套种其他经济作物，养殖鸡、鸭、猪、羊等，逐渐走出一条"不砍树也能致富"的新路子。发展林下经济，对缩短林业经济周期，增加林业附加值，促进林业可持续发展，开辟农民增收渠道，发展循环经济，巩固生态建设成果，都具有重要意义。可以这么说，发展林下经济让大地增绿、农民增收、企业增效、财政增源。同时，发展林下经济是个系统工程，林下经济发展一定要注意与生态环境协调，以生态为基础、以效"适宜、适当、适度、适用"的原则，确保林地可持续发展，永续利用，成为生态高效现代林业发展模式之一。只有让林地早点下"金蛋"，才能更好地促进林业生态建设及产业发展，才能更好地以良好的经济效益巩固林改成果，在兴林中富民，在富民中兴林。

首先在林下种植选择种植品种时，一定要考虑当地的环境、气候等条件，因地制宜的选择适合本地发展且经济效益高的品种，使林地的资源得到充分利用。

其次要根据林相结构选择适宜的林下种植模式。根据林木各生长期的不同林相结构特点，合理布局林下经济模式，在幼林中，一般以林下套种较喜阳的中药材、食用植物为主；而在林分郁闭后，茂密的树林提供了极为理想的生态环境，可以套种较耐阴的中药材、食用植物、花卉和食用菌等，经济效益比较可观。

第三要根据林地布局选择适当的林下经济植物种植规模。根据林地的布局确定林下经济植物的种植规模，一些规模化的林地可以种植一些需求量大、生产周期相对较长的品种；而一些小面积的片林，可选择种植一些需求量较小、生产周期相对较短的品种。

第四要根据生态环境评价确定适度的林下经济植物开发程度。林下经济植物

栽培需要有相关的科学数据来指导，应结合环境生态评价结果，确立林下高效种植技术体系，防止片面追求经济效益而忽略生态效益的现象发生。

第五要根据林下经济植物产业发展寻求适用技术支撑。林下经济植物栽培是一种生态的、可持续的、有利于食品安全的生产模式，探索才刚刚起步，许多适用技术需要研究，许多技术体系和产业链需要完善。

第四章

森林非木质资源利用
现状调查

第一节　森林非木质资源利用调查方法

　　摸清福建森林非木质资源的发展现状与基础，是进行总结分析森林非木质资源利用的实践与经验的第一步，也是为各地非木质资源利用提供有益借鉴的基础。

　　本书按照"文献收集整理——实地调查——提出问题——分析问题——解决问题"基本逻辑进行研究。运用定性研究与定量研究相结合的方法。主要分为两个部分进行调查研究。

　　第一部分以收集各类文献资料等二手资料为主，兼以部分实地调查。收集、整理并分析国内外研究资料，各地的植物志、统计年鉴、产业发展规划、科研与推广等材料，找出非木质资源利用的理论基础。同时，根据福建省森林非木质资源利用的规模、效益等，确定茶、竹、林果、林药、花卉与食用菌、林化等非木质资源产业的利用现状与基础以及 SWOT 分析材料为调查对象。

　　第二部分为案例调查，主要以实地调查为主，兼以文献资料调查。主要选择福建省具有一定规模、在区域内有重要影响、且具有发展潜力的非木质林业资源采取 PRA（参与式农村评估）调查方法，在实地调查的基础上，对非木质资源发展现状及存在问题进行阐述。同时运用层次评价方法进行非木质资源利用的分析，探讨促进福建森林非木质资源的科学利用和发展策略。

一、调查目的和任务

开展全面的非木质林产品的调查与研究，进一步摸清全省非木质资源利用情况，是科学认识福建发展非木质资源产业非常关键的基础性工作。对于更好地制定对森林资源管理，推进森林生态系统、生物多样性保护与社会经济的和谐发展，都将具有重要的现实意义。这些工作需要各级政府、林业部门组织科研院校、规划设计对森林非木质资源的数量、分布、质量等问题进行详细调查，摸清资源情况，建立森林非木质资源信息系统，为森林非木质的开发和保护提供科学依据，避免资源的浪费，尽量做到综合开发，物尽其用，变资源优势为经济优势。由于目前林业部门对非木质林产品利用现状与利用模式没有系统的了解与总结。因此，本书在前期调查的基础上，初步提出实用的非木质资源调查技术方案，为今后全面调查非木质资源提供借鉴与参考。

非木质资源调查的主要任务包括以下几个方面。

（1）摸清全省非木质林业资源（尤其是已具规模、较有特色或较具潜力的非木质林业资源）的具体分布区域，不同类型非木质林产品的相关产量情况，包括数量、起源、分布、可及度等。

（2）对非木质林业资源进行分类，评估其资源优势与生产利用情况，包括推广地点、面积及效益情况。

（3）对非木质林业资源利用产生的社会、经济和文化的作用与影响做出评估，包括正面与负面的影响。如人们日常生活对非木质林产品采集的依赖程度，村民采集非木质林产品在其当地经济生活中所处的地位，掌握非木质林产品对森林资源管理和生物多样性保护带来的负面影响。

（4）对非木质林业资源的发展方向、目标与前景进行分析评估。注意分析不同类型非木质林产品采集数量、质量的变化情况（如何种资源消失了、枯竭了，哪些资源数量减少、质量下降了，哪些种类还能持续性采集）及今后的变化趋势；研究与分析利用非木质林产品活动的生态因素及可持续性。

（5）市场价格波动与非木质林产品采集活动之间的互动关系（侧重于近5年来的变化情况），市场前景及经济效益。

（6）当地政府对非木质林产品的管理活动（政策、措施、项目、税收、技术服务）情况及这些管理活动对村民采集非木质林产品的影响。

（7）分析在非木质林业资源调查、研究、采集、利用、流通、贸易、发展等方面存在的主要问题，弄清某一区域非木质资源利用模式，包括技术、组织、林产品生产等方法及措施、途径。

二、调查内容

根据国际上的分类方法，结合我国的实际情况，调查方案将非木质林业资源划分为经济林、花卉、竹藤、林化产品资源、其他林副产品、野生动物及动物产品和生态旅游等 8 个一级类别，并确定各类产品的代码（表 4-1）。

（一）经济林

是以生产果品、食用油料、饮料、调料、工业原料和药材等为主要目的，是我国五大林种之一，是森林资源的重要组成部分。经济林树种的产品属非木质林产品，包括果实、种子、花、叶、皮、根、树脂、虫胶和虫蜡等等。

（1）木本粮食：代替粮食做家畜粮食饲料，代替粮食做食品、饮品：如锥栗、板栗、青稞、木薯等。

（2）木本油料：直接榨制食用油：如油茶籽、油橄榄等。还有以干果形式为人们提供脂肪（不可见油）：如核桃、榛子、松子等。

（3）特色鲜水果：如龙眼、荔枝、香蕉、梨、山楂、桃、杨梅、李子等。

（4）饮料：如茶叶、可可、咖啡等饮料作物。

（5）调料：如花椒、八角、肉桂等。

（6）香料：如山苍子、牡荆、野玫瑰、百里香、荆芥、香薷、薄荷、桉树等，其茎、叶、花、果中含有挥发油，是香料和医药工业的重要原料。

（7）森林药材：指主要用于中药配制以及中成药加工的木本药材和草本药材作物。如木本药材：山茱萸、木瓜、杜仲、厚朴、肉桂、银杏等；药用植物：铁皮石斛、七叶一枝花、黄精、金线莲、草珊瑚、金银花、金花茶、虎杖等。

（二）花卉

指有观赏价值的草本植物、灌木以及小乔木，还有包括盆景和桩景。

（三）竹藤

以利用竹笋、竹炭、竹制品和编制藤制品为主的产品。

（四）林化产品资源

非木质化产品是指利用非木质森林资源，如树脂、树胶、树叶、树皮、花、果等，经化学和生物加工提取非木质资源内含物或制备生产的各种产品及其进一步深加工和应用。如提取植物精油、生物碱、氨基酸、茶多酚、紫杉醇、绿原酸、茶树油等，可以用于日常生活保健、工业原料以及生物质能源等等。

（五）其他林副产品

（1）食用菌：依食用菌繁殖生长的基物为主，将野生食用菌的生态习性分为 4 类。①木生菌：如侧耳菌、木耳菌、银耳菌和多孔菌科等。②土生食用菌：如羊肚菌、跪笔属、竹荪属的某些种。③虫生菌：白蚁伞属、冬虫草等。④菌根真菌：如白丝膜菌、牛肝菌科、红菇科等。

（2）森林野菜：如蕨菜、苦菜、马齿苋、野百合、木槿等。

（3）花粉类产品：松花粉、蜂花粉等

（4）森林资源昆虫：①工业昆虫：如家蚕、柞蚕和生产紫胶、白蜡、五倍子等的昆虫。②药用昆虫：如地鳖、芫菁、蚱蝉等。③蜜粉源昆虫：如蜜蜂、胡蜂等。④其他资源昆虫。

（六）野生动物及动物产品

利用人工养殖的动物或合理捕杀的野生动物产品加工生产肉类、裘皮、药材、食品等产品。

（七）生态旅游

在森林公园、风景名胜区（林业部门主管）、自然保护区以及观光果园和花圃内开展的旅游休闲活动。主要为游人提供休闲、观光、游玩、度假、垂钓、野营、科普、采摘等服务。

（八）其他资源

主要反映森林文化（反映人与森林关系的文化现象）、森林碳汇（利用生态公益林和多功能林提供森林固碳服务）以及其他方面（如负氧离子等）的资源利用形式。

表4-1 森林非木质资源分类体系代码表

一级类别	二级类别	三级类别	代码
1. 经济林	木本粮食	做家畜饲料	111
		做食品、饮品	112
	木本油料	直接榨制食用油	121
		以干果形式为人们提供脂肪	122
	水果		130
	调料		140
	香料		150
	饮料		160
	森林药材	木本药材	171
		药用植物	172

（续）

一级类别	二级类别	三级类别	代码
2. 花卉	草本植物		210
	灌木		220
	小乔木		230
	盆景		240
	桩景		250
3. 竹藤	竹	利用竹笋	311
		竹制品	312
		竹炭产品	313
		其他	314
	藤	编织藤制品	321
		其他	322
4. 林化产品资源	松脂		401
	植物单宁		402
	精油（芳香油）		403
	桐油		404
	乌桕油		405
	活性炭		406
	白蜡		407
	生漆		408
	树胶		409
	其他林化产品		410
5. 其他林副产品	食用菌		510
	森林野菜		520
	森林资源昆虫		530
	花粉		540
6. 野生动物及动物产品	人工养殖		610
	产品加工		620

（续）

一级类别	二级类别	三级类别	代 码
7. 森林生态旅游	森林公园	国家级	711
		省级	712
		市县级	713
	风景名胜区	国家级	721
		省级	722
	自然保护区	国家级	731
		地方级	732
	观光果园和花圃		740
8. 其他资源	森林文化		810
	森林碳汇		820
	其他		830

三、调查研究方法

（一）常规资料调查

森林非木质资源的发展现状与基础主要采取文献查询搜集和整理分析方法。这是做好非木质资源利用现状与基础分析的重要前提。根据所能获得的档案、研究论文及书籍等查明以下资料与情况：

1. 自然地理

包括所在地地理环境条件（地形、地势、经纬度、海拔高度等）、各种气象因子（年及月平均气温、地温、降水及极值温度、日照时数、蒸发量及无霜期）以及土壤类型、水文资料等。

2. 社会经济

收集所在地历史政区变迁、政区现状及管理体制、所属区域以及农村人口分布、历年国民经济情况、主要经济来源、区内人均收入水平、土地分类面积（无立木林地、宜林地、非规划林地等）、当地特色非木质资源发展情况（非木质林产品的历年产量、价格和收入等）。

3. 发展政策

查找历年出台与林业发展，特别是与森林非木质资源利用有关的政策以及国家、省、市、县等相关部门制订的发展政策。

4. 其他资料

收集国内外研究资料、统计年鉴等二手资料以及相关研究报告。

（二）重点调查方法

对具有一定规模、在区域内有重要影响、且具有发展潜力的非木质林业资源进行重点调查，非木质林业资源的调查以县区（国有林场）为基本单位，采取自下而上的调查方法，先由各县林业主管部门指定专业技术人员，对县域内非木制资源进行调查统计，填写调查统计表（各地可自行设计调查表），然后汇总形成调查研究报告（表4-2至表4-7）。

＿＿＿＿＿＿县（市、区）森林非木质资源调查研究报告

一、林业资源概况

二、调查内容和方法

三、森林非木质资源分布情况

四、特色、规模森林非木质资源

五、具有发展潜力的森林非木质资源

六、森林非木质资源发展举措与成效

七、相关政策建议

八、附加相关图片、表格（详见表4-2至表4-7）和图纸（森林非木质资源分布图）

报告编制单位：（盖章）

表 4-2 非木质资源利用基本情况统计表

序号	单位	林地资源统计							人口							农民收入						
		林地面积(hm²)	发展非木质资源的林地面积(公顷)					非木质资源农田等异地保护利用面积(hm²)	总人口(人)	从事非木质资源人口数(人)						农民人均纯收入(元/人)	来自非木质资源纯收入(元)					
			林下种植	林下养殖	采集加工	森林景观利用	合计			林下种植	林下养殖	采集加工	森林景观利用	农田等异地保护利用	合计		林下种植	林下养殖	采集加工	森林景观利用	农田等异地保护利用	合计
		1	2	3	4	5	6	7	8	9	10	11	12	13	14	15	16	17	18	19	20	21
1	合计																					
2	__镇																					
3	__镇																					
4	__镇																					
5	__镇																					
6	__镇																					
7	__镇																					
8	__镇																					
…	…																					

县（市、区）_____

表 4-3　非木质资源种植情况统计表

序号	单位	非木质资源种植利用方式	总面积（hm²）	总产量（万 t）	总产值（万元）	绿色、有机、无公害产品标准化产品比率（%）	种植品种 数量（个）	种植品种 重点品种	示范基地 林下种植 面积（hm²）	示范基地 林下种植 数量（个）	示范基地 农田异地种植 面积（hm²）	示范基地 农田异地种植 数量（个）
			1	2	3	4	5	6	7	8	9	10
合计	合计	合　计										
		林药利用										
		林菌利用										
		林粮利用										
		林果利用										
		林草利用										
		林茶利用										
		林菜利用										
		其他利用										
1	___镇	合　计										
		林药利用										
		林菌利用										
		林粮利用										
		林果利用										
		林草利用										
		林茶利用										
		林菜利用										
		其他利用										
2		……										
…												

表4-4　非木质资源林下养殖情况统计表

_____县（市、区）

序号	单位	林下养殖模式	林地涉及面积（hm²）	总产量（万只、万头、万箱）	总产值（万元）	优质产品比率（%）	养殖品种		示范基地	
							品种数量（个）	重点品种	面积（hm²）	数量（个）
			1	2	3	4	5	6	7	8
1	合　计	合　计								
		其中：林禽模式								
		林畜模式								
		林蜂模式								
		其他模式								
2	——镇	合　计								
		其中：林禽模式								
		林畜模式								
		林蜂模式								
		其他模式								
…	……	……								

表4-5　非木质资源产品采集加工情况统计表

_____县（市、区）

序号	单位	采集加工	林地涉及面积（hm²）	加工量（万t）	总产值（万元）	加工比率（%）
			1	2	3	4
1	合计	合　计				
		药材采集加工				
		藤芒编织				
		竹产品加工				
		松脂采集				
		竹笋采集加工				
		野菜采集加工				
		其他				

（续）

序号	单位	采集加工	林地涉及面积（hm²）	加工量（万 t）	总产值（万元）	加工比率（%）
			1	2	3	4
2	＿＿＿镇	合　计				
		药材采集加工				
		藤芒编织				
		竹产品加工				
		松脂采集				
		竹笋采集加工				
		野菜采集加工				
		其他				
……	……	……				

表 4-6　森林景观利用情况统计表

＿＿＿＿＿县（市、区）

序号	单位	林地涉及面积（hm²）	总产值（万元）	林家乐（农家乐）数量（个）	游客数量（人/年）	其他利用形式	备注
		1	2	3	4	5	6
1	合计						
2	＿＿＿镇						
3	＿＿＿镇						
4	＿＿＿镇						
5	＿＿＿镇						
6	＿＿＿镇						
7	＿＿＿镇						
8	＿＿＿镇						
……	＿＿＿镇						

表4-7 非木质资源经营和市场情况统计表

县(市、区)＿＿＿＿

单位:个、万元、hm²、万t

序号	单位	农民专业合作社							龙头企业							相关产品生产加工企业				仓储企业				综合交易市场	
		数量	产值	从事非木质资源					数量	产值	从事非木质资源					数量(个)		年加工量	年产值	数量(个)		仓储量	年产值	数量	年交易额
				数量	涉及林地面积	产值	资源异地利用面积	产值			数量	涉及林地面积	产值	资源异地利用面积	产值	合计	大中型企业			合计	大中型企业				
		1	2	3	4	5	6	7	8	9	10	11	12	13	14	15	16	17	18	19	20	21	22	23	24
1	合计																								
2	＿＿镇																								
3	＿＿镇																								
4	＿＿镇																								
5	＿＿镇																								
6	＿＿镇																								
……																									

注:1. 生产加工大中型企业为从业人员数大于500人,年销售额大于1000万元;

2. 仓储大中型企业为从业人员数大于100人,年销售额大于1000万元。

　　针对山区开发与种植利用的森林非木质资源产业，是与山区林农有着密不可分的联系，调查研究可参考采取"参与式农村评估"（Participatory Rural Appraisal，PRA）。该方法是以农民在长期的生产、生活实践中积累的丰富的乡土知识为基础，在外界的帮助下为解决农民自身困难和问题而建立的一套适用的工作方法。

　　1. 参与式调查的方法

　　"参与"这个词在现今的多数发展项目中被广泛应用。农村发展的实践者经常在他们的项目评估、项目计划及监测评估的文件与报告中引用这个词。然而，最重要的是如何真正理解"参与"的内涵，并把参与理论付诸实践。关于"参与"的定义，在国际发展文献中可见许多，而且有一定的差别，以下是几种主要的定义方式。

　　（1）公众参与指的是通过一系列的正规机制直接使公众介入决策；

　　（2）参与是在对产生利益的活动进行选择及努力的行动之前的介入；

　　（3）市民参与是对权力的再分配，这种再分配能够使在目前的政治及经济过程中被排除在外的穷人在将来被包括进来。参与可被定义为在决策过程中人们自愿的民主的介入，包括：①确立总目标、确定发展政策、计划、实施及评估经济及发展计划；②为发展努力做贡献；分享发展利益。

　　（4）参与能带来以下好处：①实施执行决策时具有高度的承诺及能力；②更大的创新，许多新的想法和主意；③鼓励动力的产生和责任感。

　　（5）参与可被定义为农村贫困人口组织自己、组织他们自己的组织来确定他们真正的需求、介入行动的设计、实施及评估的过程。这种行动是自我产生的，并且是基于对生产资源及服务的可使用基础上，而不光是仅仅的劳动介入。同时，也基于在起始阶段的援助及支持以促进并维持发展活动计划。

　　"参与"的学科概念是在20世纪70~80年代对战后发展及双边合作的经验和教训的反思中提出来的。它主要是针对穷人，特别是贫困农牧民，社会弱势群体被排斥在发展的决策和发展的行动过程之外，目标群体不断被边缘化而提出的。它起源于对传统发展理论和实践的反思。PRA（Participatory Rural Appraisal，参与式农村评估）是近年来国际上广泛采用的一种方法。在对林区社会经济进行调查研究的实际工作及促进农村发展项目工作中，显示了它所具有的优越性。方法使用上的参与性、互动性、动态性、灵活性、简单实用；操作步骤的系统性；产出、结果的交叉印证；定性、实证的特点；过程的透明性、可视性和直观性；途径的自下而上；目标群体的需求导向；主客体的换位：以农民为主，外来人员为辅，内外平等伙伴关系。

　　PRA是一系列方法（包括绘图法，矩阵图法，群众会议法，分级、打分与分选法，分析法和相关关系图法等）的总和，这些图表、矩阵图和模型都是PRA具体方法，可以形象化地表现PRA要收集的信息，使农村社区的参与者能直观地了解它们，并坐在一起有针对性地讨论它们。所以说，这种方法不仅可以使调查者全面、真实地了解农村社区的历史、形状和问题，而且可以使当地社区的居民在调查研究中充分参与和分享他们自己的知识，客观地认识自己的生活环境和条件，并在此基础上制定出自己的行动计划。

2. 参与式调查的原则

经过近 20 年的实践和发展，PRA 方法正在逐步完善。世界各地在使用 PRA，积累了丰富的经验，邱俊齐（2002）总结出一些使用原则，概括起来 PRA 的主要原则有以下四个统一：

（1）应用与创新统一原则。应用 PRA 方法首先要在适宜的时间、适宜的地点对具体的问题实施 PRA，做到实施的目的、对象与时间、地点相互协调，这是保证 PRA 成功的第一步；在实施 PRA 时，要求 PRA 的使用者不要拘泥某些成型的程序和经验，而应结合实施对象和目标的特殊性，主动地学习当地社区的知识和文化，并在此基础上灵活、富于创新地使用 PRA 方法。

（2）沟通与平等统一原则。同传统的社会经济调查研究方法不同，PRA 的实施者应是向当地居民学习，并用当地的标准认识事物，而不是做当地社区的老师。因为在实施 PRA 时当地社区的居民是主角，PRA 的使用者的目的不只是了解情况，更主要的是与当地社区的居民分享信息，促进他们发展。因此，调查者要注意角色的改变，正确自身行为和态度，认真做一个好的听众和好的观察者，而不是指手画脚的指挥者，平等的与当地居民针对社区发展问题进行沟通，直接向他们学习。

（3）信息调查与处理统一原则。在信息调查中，不要刻意追求信息的精确。当能用一些比较简单和直观的方法达到目的时，就不要刻意去进行准确的计算，方法的目的是解决问题，不是教条地应用什么程序和得出一些精确的结果。同时，社会经济信息是复杂多变的，有些还带有很大的主观片面性。因而要善于处理和校正信息，尽量将不同方法、不同途径和不同来源的信息资料进行交叉比较，保证信息的客观全面和信息的准确。

（4）参与与分享统一原则。在实施 PRA 方案过程中，尽量使当地社区的居民都能参与 PRA 的活动，在活动中改变自己的境况，加深对问题的认识，并直接从中受益。同时做到调查者、非政府组织、政府机构和当地社区的居民共同分享有关信息、当地文化知识、野外工作经验和 PRA 成果。

3. 参与式调查的程序

（1）选题与计划阶段。PRA 方法是一种适合对农村社区进行调查的方法。因此，PRA 方法的选题阶段要重点选择的调查对象应以农村社区为主。本项目所设计的森林非木质资源利用这个主题与农村的生产生活密切相关，符合 PRA 方法应该建立在当地社区居民充分参与基础上的调查方法。同时，周密的计划和充分的准备是调查研究得以顺利进行的必要保证。制定计划对顺利完成调查工作是非常重要的。因此,笔者在初步收集二手资料与调查社区初步接触等,以及学习培训的基础上,从多层面调研角度,专门设置了森林非木质资源开发利用案例调查提纲,列出需要了解的具体问题,为选择与分析案例提供充足的资料。由于时间仓促,调查方法有不全面和不科学的地方,以期在实践中不断补充与完善。

①在县级层面主要收集:县里出台对某一非木质资源产业的政策类文件与发展规划材料;县里发展非木质资源的总体情况;扶持措施:包括出台的非木质资源发展相关政策,主要包括产业、财政、税收和投融资等政策以及项目、技术、培训与机制创新等;发展模式:包括组织方式、利用途径;市场概况:包括取得的成功经验和做法,存在的主要问题,产品需求量现状及趋势、销售价格和销售渠道等;所取的成效:包括基地建设、企业发展、技术成果(专利、标准、论文、实用技术等)、经济效益、推广应用、带动农户等方面的情况;

②在企业层面(包括中介组织、协会、农村合作社等)主要收集:企业经营情况(包括总资产、规模、产品、生产线、开发成本、经营利润等);发展模式(包括企业+基地、企业+农户、企业+基地+农户、企业+协会+农户等);所取成效(包括技术成果、品牌、认证情况以及基地建设、推广应用、市场辐射与带动农民情况)。

③在乡村、个体层面主要调查材料:基本情况:包括地理位置;社区人口数、人员受教育程度以及教育程度对非木质资源利用的影响;耕地面积、林地面积、森林覆盖率、植被情况以及气象因素等;

社会经济调查:社区经济发展状况(包括社区发展历史以及非木质资源的历史性变化趋势、社区公益事业情况、社区自然资源及使用情况、社区自然使用过程中有什么冲突与问题、当地风俗习惯等),在填写矩阵时,通常以小豆子、玉米粒以及数字来说明相关事件的重要程度,最大数值为10,按所调查人数的平均分来体现(表4-8和表4-9);社区家庭收入情况(包括粮食、养殖、种植等);社区家底支出情况(包括生活、学习方面、种植成本、原料成本以及其他方面);发展模式(包括个人自营、协会组织带动、企业带动、村委及政府带动等方面),同时调查连续几年地点、面积和产量等指标,如表4-10;种植模式(包括套种、林下、坡耕地、大田、房前屋后等方面),同时调查连续几年地点、面积和产量等指标(表4-11);社区某一非木质资源利用方向(包括药用、食用、观赏等)与森林非木质林产品的市场交易及最终使用者(如自用、小贩收购、企业收购及消费量等);社区某一非木质资源产业连续多年发展速度及结构、价格变化情况(侧重于近5~10年来的变化情况)(表4-12);乡村组织对非木质林产品的管理活动(制度、政策、措施、项目、税收、技术服务)情况及这些管理活动对村民采集非木质林产品的影响;所取成效(包括基地建设、实用技术推广应用、带动农民情况)。

表4-8　某一非木质资源经营活动的季节性日历

事件 ＼ 月份(月)	1	2	3	4	5	6	7	8	9	10	11	12
健康												
支出												
收入												
资源需求												
产品需求												
科技需求												
劳动力需求												
劳动力剩余												
种水稻												
其他												

表4-9　非木质资源不同利用方式与不同主体收益冲突矩阵

利用方式 ＼ 冲突方	企业	村与村之间	村与乡	村与县	协会	林农之间	环境之间
资源采集							
资源利用							
精深加工							
其　他							
备　注	问题： 1. 请解释一下冲突的本质是什么？原因是什么？ 2. 在乡村内、乡村外和乡村之间有什么办法解决这些冲突吗？ 3. 随时间的推移，这些矛盾和冲突会发生什么变化吗？ 4. 在资源生产加工过程中，哪一个环节最容易引起冲突或环境影响？ 5. 在生产旺季，是否会有出现劳力短缺问题？如何解决这些问题？						

表4-10　非木质资源分年度发展模式调查表　　　　　单位：hm²、万 t

发展模式 ＼ 年限		___年	___年	___年	___年	___年	___年	备注
个人自营	面积							
	产量							
协会带动	面积							
	产量							
企业带动	面积							
	产量							

（续）

发展模式 \ 年限		年	年	年	年	年	年	备注
政府带动	面积							
	产量							
其他	面积							
	产量							

表 4-11　非木质资源分年度种植模式与种植区域调查表　　单位：hm² 、万 t

发展模式 \ 年限		年	年	年	年	年	年	备注
林下	面积							
	产量							
林间套种	面积							
	产量							
坡耕地	面积							
	产量							
大田	面积							
	产量							
房前屋后	面积							
	产量							
纯林	面积							
	产量							
其他	面积							
	产量							

表 4-12　非木质资源分年度产业发展变化情况表

年限		___年	___年	___年	___年	___年	___年	备注
产业发展速度								
产品结构变化								
产品价格变化	最高价							
	最低价							
	一般价							

（2）实施阶段。实施阶段包括资料收集、资料整理和促进社区居民参与三项主要内容，它是调查研究者直接或间接同被调查者接触，获取所需资料和使社区居民自我认识和自我发展的过程。因此，这是PRA调查的关键阶段。

①资料收集：农户访谈（半结构）：选择社区的一些村民（男、女、儿童）进行访谈，对非木质林产品的一些定性问题进行问卷调查；选择一些专题性问题进行半结构访谈；关键人物访谈：在调查中，对一些掌握非木质林产品信息的关键人物如协会负责人、企业负责人、专业采集者、购买者（包含乡镇的一些饭店、食馆）、中间商、中草药医生、加工者进行专访，了解非木质林产品的一些专门信息。现场研究观察：在当地的一些村庄、集市进行现地观察，发现当地正在使用和交换的非木质林产品，为访谈及调查作准备。采集地考察：对村民经常去采集非木质林产品的林区进行考察，了解采集地的实际环境，现场观察村民的采集活动及采集方式、方法。收集市场信息：收录市场信息是了解非木质林产品采集与需求的一条重要途径，市场交易是影响非木质林产品采集活动和需求变化的一个非常重要的方面。在农村集市里，选择对非木质林产品较熟悉人员作为信息员，定期收录在集市交易中非木质林产品的各种信息。小型座谈会：与抽样村庄和当地政府及其相关部门进行座谈，了解地方及村民对非木质资源利用的需求、希望、问题、设想和打算。

②外业调查。重点是按照统一的要求和方法深入基地、山场以及企业进行外业调查，调查项目主要包括生态因子、胸径、树高、冠幅，以及产量、面积、效益等经济性状调查。

③资料整理。在资料整理过程中，随机地选择一部分村民共同对收集的资料进行调查分析，确定资料的真实性和重要程度，并对资料进行补充。同时，检查分析外业资料（主要是调查表格是否齐全，项目填写是否符合要求，计算是否准确等）。然后，将资料整理成便于分析的形式。表4-13就是PRA经常使用的矩阵冲突方法的简例，在调查当中要根据实际情况灵活变通调查方法，请参考。

表4-13　PRA 矩阵冲突方法

PRA方法	调查	便于分析的形式	备注
矩阵	具体的矩阵	例如： 1. 资源分布与利用情况； 2. 土地资源不足等； 3. 同居民交谈得到的信息和问题加以分类、归纳	将矩阵变换成便于分析的直方图等

（3）总结阶段。①资料分析。资料分析一方面是应用统计手段对调查资料进行量化分析，揭示它们之间的数理特征。另一方面是运用比较、归纳、推理或统计的方法发现资料之间的内在联系，揭示数理特征和资料本身所包含的意义。②

撰写调查报告。首先进行案例剖析，对非木质林产品的一些典型事件、典型产品、典型对象进行研究，更深入地了解非木质林产品采集的社会、经济、文化背景和内涵。为非木质林产品的采集制定具体、有效的管理策略，寻找可持续利用非木质林产品的办法，提供一些切实可行的思路。其次，调查研究报告是整个调查研究过程的总结，调查研究者要向外界展示自己的调查报告。因此，调查报告要听取被调查社区和其他有关的参与者的意见和建议。

第二节　福建省自然与社会条件

一、气候概况

福建省处于北纬23°31′~28°18′之间，靠近北回归线，属于典型的亚热带气候。全世界亚热带气候的共同特点是气温较高，气候干燥。而福建背山面海，山清水秀，森林茂密，横亘西北的武夷山脉，像屏障般挡住北方寒冷空气入侵，海洋的暖湿气流可以源源不断输向陆地，这就使得福建大部地区冬无严寒，夏少酷暑，雨量充沛，形成暖热湿润的亚热带海洋性季风气候。其主要特征：一是季风环流强盛，季风气候显著。气候的回暖和转凉，四季的开始和结束，都随季风环流活动而转移。二是冬短夏长，热量资源丰富。全省无霜期在250~336d之间，多数地区接近或超过300d，与广东、广西和台湾相近，具备优越的气候条件。三是冬暖，南北温差大；夏凉，南北温差小。四是雨、干季分明，水分资源充沛。五是地形复杂致使气候多样。六是灾害天气频繁。水、旱、风、寒历年可见，气候偏离常态是经常的。水灾主要是梅雨型洪涝和台风型洪涝。风灾主要有三种类型，即台风、大风、冷空气活动造成的沿海大风和局地强对流天气下的大风；旱有春旱、夏旱和秋冬旱之别；寒有倒春寒、五月寒、秋寒和隆冬寒四种。福建气候的主要特点主要表现在三个方面。

（一）气温高，光热丰富

大部分地区年平均气温为19.5~21.0 ℃（仅西北部的山区低于18 ℃），最热月平均气温达26~29 ℃，最冷月也有9~13 ℃。

（二）干、湿季甚为分明

3~9月降水量占全年的80%，为湿季；10~翌年2月仅占全年的20%，为干季，福建雨季一般从5月初开始，到6月底结束。1个多月的总雨量占全年雨量的三分之一左右。

(三)季风气候显著

3~6 月为春季，7~9 月为夏季，10~11 月为秋季，12~翌年 2 月为冬季。春季暖和湿润多雨，夏季炎热，多热带气旋(以下通称为台风)影响，秋冬季干燥少雨，沿海风大。

福建境内，以福州—福清—永春—漳平—上杭一线为界，可分为中亚热带和南亚热带。福建山地，地形复杂，形成了多种多样的地方性气候，而且气候的垂直变化也比较显著。一些较高的山地(如黄岗山等)，除山麓基带属于中亚热带外，随着高度上升，就会出现北亚热带、暖温带，甚至中温带气候，降水量也随着高度不同发生变化。复杂多样的气候，形成不同的生态环境，为各种生物的生息繁衍，为发展丰富多样的农、林、副业生产提供了有利条件。各地气候条件见表 4-14。

表 4-14　福建省各地(市)水热条件

地区 (市)	年降水量 (mm)	年均温 (℃)	年积温 (℃)	年有效积温 (℃)	历史最高温(℃)	历史最低温(℃)	霜期 (天)
福州	1700~1980	16.0~20.0	6152.0~8913.0	4837.0~7658.0	41.6	~4.0	15~39
莆田	980~2045	15.0~21.4	6096.0~11026.0	4700.0~7476.0	40.5	~4.0	3~20
泉州	1000~1353	16.0~21.0	5373.0~8800.0	3982.0~6800.0	38.4	-7.0	0~28
漳州	1000~2253.5	20.6~21.5	6354.0~7865.7	4265.7~7302.2	39.2	-2.2	15~50
厦门	1000~1651	20.8~21.8	6455.0~8658.0	4316.0~6953.0	40.4	-1.5	0~18
龙岩	1000~2452.2	13.8~20.1	4750~9550	4200.0~8500.0	39.2	-11.0	14~85
三明	1400~3000	14.6~19.5	5500.0~7550.0	4500.0~5880.0	42.0	-10.0	57~126
宁德	1573.4~2400	13.6~19.8	4727.3~7250	3900.0~6500.0	43.2	-10.8	35~80
南平	1600~1800	16.7~17.6	4235.0~6852.7	4000.0~5958.0	41.4	-8.1	68~131

二、主要土壤类型

福建位于华南褶皱系东部。在漫长的地质历史时期中，形成多种类型的沉积构造，多旋回的构造运动，多期次的岩浆活动，多期的变质作用，构成复杂的构造，它们主要呈北东向延伸。其构造单元划分为：闽西北隆起带、闽西南坳陷带、闽东火山断坳带三个一级构造单元。另外是若干个隆起和坳陷和断陷二级构造单元。在二级构造单元内，又可依据其所形成的主要褶皱，划分为一系列复式背斜和复式向斜。根据全国和全省第二次土壤普查的分类系统，福建土壤划分为：铁铝、初育、半水成、盐碱、人为 5 个土纲，赤红壤、红壤、黄壤、石质土、紫色土、石灰（岩）土、新积土、风沙土、潮土、山地草甸土、滨海盐土、酸性硫酸盐土、水稻土等 13 个土类，26 个亚类。福建地跨中、南亚热带，两个地带的代表性土壤系红壤和赤红壤，其分界线大致是：东北自福清县的海口，经该县的宏路，莆田县的常太，仙游县的榜头，永春县的五里街，安溪县的官桥，华安县的仙都、城关，南靖县的和溪，西南迄平和县的九峰与广东相接。红壤与赤红壤之间，并没有一条截然明显的界线，而是以过渡的形式存在。界线基本从戴云山脉东南麓展布。由于山麓分布着许多自西向东或自西北向东南敞开的河谷或断裂谷地，有利于东南季风的湿热气流顺河谷直入，因而赤红壤也相应沿河谷深入，与红壤形成锯齿状交错分布。同时，福建是一个多山的省份，丘陵山地的海拔大多在 250～1000m 之间。各地地形地貌及主要土壤类型统计见表 4-15。

表 4-15　福建省各地地形地貌及山地主要土壤类型

地区（市）	地 形 地 貌	土 壤 类 型
福州	地貌类型多种多样，而以山地、丘陵为主，占土地总面积的 72.68%，其中山地占 32.41%，丘陵占 40.27%	红壤为主、黄壤、黄棕壤、粗骨性红壤、紫色土等
莆田	属福建东南沿海低山丘陵区。地势由西北向东南呈梯状倾斜。西部和北部以山地为主，低山、峡谷、盆地相错杂其间；中部和东部为冲积平原和海积平原；东南部沿海为半岛和丘陵台地，地势低平，港湾环抱	红壤为主、砖红性红壤、粗骨性红壤
泉州	依山面海，境内山峦起伏，丘陵、河谷、盆地错落其间。泉州海岸线曲折蜿蜒，总长约 421km	红壤、砖红壤为主，
漳州	漳州西北多山，东南临海，地势从西北向东南倾斜。地形多样，有山地、丘陵、又有平原。西北部横亘着博平岭山脉，海拔 700～1000 米。	红壤、黄红壤、砖红性红壤
厦门	由厦门本岛、鼓浪屿岛、九龙江北岸沿海地区及附近小岛 、海域组成	红壤、沙壤土
龙岩	全市地势东高西低、北高南低。境内的武夷山脉南段、玳瑁山、博平岭等山岭沿东北—西南走向，大体呈平行分布。地貌类型按形态来分，可划分为中山、低山、丘陵、平地 4 类	红壤为主，黄红壤次之
三明	属闽西北山地丘陵带，地势自西北向东倾斜，位于武夷山脉与戴云山脉之间的汇水区，以山地和丘陵为主，地形地貌复杂	红壤为主、黄壤、黄红壤
宁德	地貌支离，类型多样，以山地丘陵为主。中山面积占 41%，低山占 16.7%，丘陵占 42.3%	红壤、黄红壤、黄壤
南平	地形地貌以河谷盆地和丘陵低山为主，丘陵山地 2.11 万 km²	以红壤为主

三、土地资源特点

(一)绝对量少,人均占有量低

全省土地总面积 12.14 万 km^2,占全国土地总面积的 1.29%;人均土地面积 3.38hm^2,不到全国人均土地面积的一半,是最少的省份之一。

(二)宜林地多,宜耕地少

全省山地丘陵约占土地总面积的 90%,地形坡度较大,灌溉条件差,不利于开垦为耕地而适宜林木生长。全省宜林地约占土地总面积的 74%,宜耕地占全省土地总面积的 21%。

(三)耕地中高产田少,中低产田多

根据农业部门的调查,全省高、中、低产田占现有耕地的比例分别为 17%、38% 和 45%,中低产田合计占全省耕地的 83%。

(四)沿海港湾众多、滩涂广阔,开发利用潜力大

福建海域宽阔,海岸线长,沿海港湾有 125 个,港湾内侧大多分布着浅海滩涂,主要分布在三都澳、兴化湾、罗源湾等 18 个港湾,据适宜性评价,可围垦滩涂资源约有 4.27 万 hm^2。

(五)土地资源空间分布的地域差异显著

闽东南地区(福州、厦门、漳州、泉州、莆田五市)土地总面积约占全省的 34%,而耕地面积占全省的 47.06%;闽西北地区土地总面积约占全省的 66%,而林地面积占全省的 76.1%。

四、潜在的人力资源状况

福建省农村人口 2581 万人,占总人口的 73.76%,农村人均收入达到 4080 元/年。九地(市)农村人口分布及农村人口所占比重,农村劳动力,人均年收入等情况见表 4-16。从表中可以看出,农村人口主要经济来源于农林与务工收入,也有着充足的农村劳动力。随着森林非木质资源的开发利用,诸如森林旅游、中药品采集、运输等第三服务业将为农村劳动力提供广阔的就业机会。

表4-16　福建九地(市)农村人口及经济收入

地市	农村总人口 (万人)	农村人口 比重	农村劳动力 (万人)	农村人均 收入(元)	主要经济 来源
福州	422.8	75.0%	148.5	4500	农林、务工
莆田	261.1	91.7%	112.6	4180	务工
泉州	552	88.0%	226.3	4957	农林、务工
漳州	366.8	84.5%	150.4	4568	农林、务工
厦门	68.2	56.4%	27.9	6853	农业、务工
龙岩	226.7	81.6%	92.9	3427	农林、务工
三明	199.7	77.3%	81.8	4033	农林、务工
宁德	262.8	84.4%	107.7	3517	农林、务工
南平	221.5	75.0%	90.8	4097	农林、务工
合计	2581.6		1038.9		

(本节一至四资料由周俊新提供)

第三节　福建省森林非木质资源发展基础

一、发展环境和政策基础

　　林业肩负着发展林业产业和保护生态环境的双重使命，传统林业经营造成了双重使命间顾此失彼的矛盾，林业分类经营及其在此基础上的有效林业产业政策和生态环境保护政策，为上述矛盾与问题的解决提供前提条件。当今按商品林和公益林划分森林资源就是应对森林资源可发挥不同功能以满足人们需求而不产生冲突的结果。福建省历来对非木材林产品如茶果经济林、竹笋、食用菌、花卉以及林化产品的发展高度重视，出台了不少单项(专项)产业发展的扶持政策，也取得了良好的发展基础和经济优势，但都没有明确体现出森林非木质资源利用的观念，没有概括其利用的定义和内涵，更没有总体发展规划。近年来，国内外许多国家对森林非木质资源的利用更是作为一项事关国家战略安全、提高农民收入和推进农村经济社会发展的重要举措。对于福建省来说，福建森林覆盖率连续多年居于全国首位，2013年达到65.95%，也是全国唯一一个水、大气、生态环境全优的省份。在生态优势得天独厚的基础上，福建进一步提出要在经济发展中加快"绿色转型"，实现有质量、有效益的发展。发展森林非木质资源产业是兼顾生态与民生的"绿色经济"，是重要的抓手。尤其是面对福建省占现有森林面积的30.7%的生态公益林，这是林农对其提高经济收入的主要依赖对象。同时这些森林中分布大量的非木质资源，这些森林不能采伐或限制采伐利用，使所有者在经济上必然受到较大的损失。而且生态公益林资金补助短缺已远远不能满足山区林农迫切脱贫致富的愿望。随着时间的推移，必然不利于公益林的长期保护和发展，也难以实现森林可持续经营。如何既做到生态公益林的保护，又能增加林农收入、发展农村经济，这为生态利用福建森林非木质资源带来了发展契机。

制定合理有效的政策是推动非木质资源发展的不竭动力，然而当前的政策仍受传统林业的惯性影响，既能促进非木质资源发展，又能改善生态环境，这两者间相互协调的新政策体系尚未形成。原来对于非木质资源的开发利用速度慢，是以林副产品利用为表现形式，很明显地突出"以木为主"的利用观念，没有宽松的政策环境作为支撑。对此，福建省在生态建设的大背景下，对于发展森林非木质资源不断创新机制、转变观念，从 2004 年起相继出台了《福建省委省政府关于加快林业发展建设绿色海峡西岸的决定》《福建省建设海峡西岸经济区"十一五"林业发展重点专项规划》《福建省林业厅关于印发福建省生态公益林限制性利用试点工作方案的通知》《福建省人民政府关于推进生态公益林管护机制改革的意见》《福建省委省政府关于深化集体林权制度改革的意见》《福建省委省政府关于持续深化林改，建设海西现代林业的意见》等许多有利于森林非木质资源利用开发的政策，将发展森林非木质资源摆上重要的位置，明确提出"积极开展非木质利用，除自然保护区核心区、缓冲区和生态脆弱区域外，允许管护主体科学合理地利用林地资源和森林景观资源，发展养殖业和森林旅游业"、"在坚持生态优先的前提下，鼓励生态公益林权所有者开展林下套种药用植物、食用菌，利用林间空地种植珍贵树木、竹子和生物质能源树种，利用景观资源发展森林人家等生态旅游，省级财政每年安排专项资金给予扶持"等等，为森林非木质资源的利用创造了良好的发展环境和政策保障。进入"十二五"，2012 年国务院出台了《关于加快林下经济发展的意见》和《林业发展"十二五"规划》，提出要科学合现利用森林资源，促进林下经济向集约化、规模化、标准化和产业化发展，为促进林下经济开发提供了国家层面的政策保障。福建省把握机遇、高瞻远瞩、与时俱进，2012 年 9 月出台《福建省人民政府关于进一步加快林业发展的若干意见（闽政〔2012〕48 号）》，将拓展林业新兴领域，大力发展非木质利用产业作为加快林业发展的重点与突破口予以大力扶持。主要涉及林业生物产业、花卉产业、林下经济、森林生态旅游和森林文化产业，政策制定具体，涉及面广，易于贯彻实施，作为全省林下经济发展的指导性文件。2014 年 5 月，福建省林业厅制定出台了《福建省林下经济发展规划（2014～2020 年）》，从指导思想、基本原则、发展目标、区域布局、建设重点、重点工程与保障措施等方面统筹规划林区林下经济发展，体现林下经济在推动福建科学发展、跨越发展中的地位和作用，是规划期内政府引导和推进福建现代林下经济发展的行动纲领，是制定林业相关政策和安排重点项目投资建设的重要依据。福建省几年来还陆续制定了《福建省林业产业振兴实施方案》《福建省林产加工业发展导则》《福建省林木种苗发展规划(2011～2020 年)》《福建省花卉产业发展规划(2011～2020 年)》《福建省"十二五"农民专业合作组织发展专项规划》《林业合作经济组织建设工作手册》《关于发展生物能源和生物化工财税扶持政策的实施意见》《福建省政策性森林火灾保险实施方案》《福建省森林保险灾害损失现场查勘定损规定(试行)》《福建省促进茶产业发展条例》《福建省人民政府关于推进现代果业发展的若干意见》《福建省促进生物医药产业发展八项措施》等配套非木质资源发展政策,为非木质资源开发利用快速发展奠定了基础。

然而有些政策还处在政策与规划层面上,真正落实到产业、技术发展上尚需时日。在森林资源利用方式创新与转变过程中,林业主管部门和科技人员要发挥主导作用,做好组织、引导、服务和管理工作,对森林非木质资源的发展应该从服从或服务于国家总体和林业整体的可持续发展的宏观管理层面上考虑,必须不断地满足经济发展、社会进步和人民生活水平提高对森林非木质产品日益增长的需要,并真正实现森林非木质资源利用的生态效益、经济效益和社会效益的统一。目前,福建省在重视森林非木质资源利用的同时,对其开发利用特别是生态公益林的非木质资源利用仍有比较多的限制,如《福建省生态公益林管理办法》《福建省生态公益林规划纲要》以及《中华人民共和国森林法》《中华人民共和国森林实施条例》等等,影响非木质资源开发利用向纵深发展。为此,在发展上要树立森林非木质资源的辩证利用观念。在发展总体上,实行"以保护为主,保护、开发、利用相结合"的经营方针;在开发建设上,实行"统筹规划,分步开发,滚动发展,逐步提高"的开发建设方针。明确提出非重点区位的生态公益林非木质资源是在保护的前提下进行开发利用,属于限制性利用,它包含一切行之有效的行政、经济的手段,科学的经营技术措施和相适应的政策制度保障等体系,进行森林景观开发、林下套种经济植物、绿化苗木,培育食用菌,林下养殖等复合利用模式,要求各地乡村根据本地的特点和优势,转变森林资源利用观念,有目的、有计划分类指导,对森林资源进行辩证利用、变资源主体消耗型利用为资源主体留存型利用,将森林中的珍贵非木质资源通过异地繁殖、培育与规模化开发,变资源破坏性利用为资源保护性利用。

二、产业基础

福建有"东南山国"之称,林地面积占土地总面积的 76.3%,多山的地理环境和温润多雨的亚热带海洋性气候,使广大林区内蕴藏着丰富的非木材林业资源。全省野生经济植物有 1200 多种,其中可利用的野生纤维植物类有山油麻等 388 种,油脂植物类有油茶等 333 种,芳香植物类有山苍子等 126 种,淀粉及酿酒植物有猕猴桃等 315 种,单宁植物类有五倍子等 220 种。尤其是茶、竹、果、菌、花、药类资源十分丰富。福建省对森林非木质资源的利用也取得良好的基础。

（一）茶产业

福建是我国著名的茶叶产区，茶叶生产历史悠久，茶文化底蕴深厚，是茶之乡、茶之祖、茶之源。安溪县和武夷山市素有"茶树品种资源宝库"之称。福建省茶树种质资源的开发利用，始终处于全国领先地位，1977 年省农科院茶叶研究所建成了全国最早，福建省规模最大的茶树品种资源圃。国家级、省级茶树品种数量、无性系茶树良种普及率居全国第一。经过多年的良种培育，目前福建已选育出国家级良种 26 个，省级良种 18 个，无性系茶树品种推广普及率达 95% 以上。福建是国内乌龙茶茶树品种资源最丰富的地区，现有国家审（认）定乌龙茶品种 12 个，占全国审（认）定乌龙茶品种的 90% 以上。省审（认）定乌龙茶品种 15 个，丰富的乌龙茶品种资源为福建生产乌龙茶奠定了优越的基础，乌龙茶种植面积、产量、产值和出口创汇居全国第一。乌龙茶品种面积约为 10.67 万 hm^2，占茶叶种植总面积的 53.06%，乌龙毛茶产量约为 14 万 t。

随着世界范围内兴起的绿色消费热潮，茶叶以其芳香、解渴、保健的特点受到人们越来越广泛的青睐，已成为世界性的饮料。在我国及世界茶饮料市场快速发展的带动下，福建茶产业进入发展新阶段，正从茶业大省向茶业强省迈进，成为福建省重要的传统出口农产品之一，远销五大洲 50 多个国家和地区。福建茶产品消费市场总体上处于供需两旺的局面，但因茶叶类别的不同略有变化。乌龙茶的生产、销售发展态势良好，特别是名优乌龙茶，如武夷岩茶、安溪铁观音等更是供不应求。福建乌龙茶消费量增加幅度较大，近 20 年来增长了约 3.5 倍；绿茶、白茶的市场需求稳中有升，在但产品消费群体以中、低端市场为主；花茶市场持续低迷，特别是茉莉花茶原料基地锐减少，产量、销售量都有不断减少的趋势；红茶类在沉默许久之后异军突起，特别是宁德福安的"坦洋功夫"红茶，2006 年开始在福安市委领导极力倡导与推广下而推出的老品牌，此后几年间，变化之大，叫人目不暇接。2008 年"坦洋功夫"成功注册证明商标，并作为中国申奥第一茶登上国际舞台，产值约占全球茶叶总产量的 80%，引领全省乃至全国红茶的开发热潮；袋泡茶产品发展迅速，目前主要有绿茶、红茶、保健茶等袋泡茶产品，但以低端产品为主。由于袋泡茶具有快速、卫生、方便等优点，市场发展前景广阔。从表 4-17 可看出，2000 年以来茶叶种植面积总体呈现稳步增长过程。2013 年，福建茶园总面积 23.23 万 hm^2，总产量 34.70 万 t，全省涉茶产值超过 400 亿，全省涉茶人口达 400 多万人，占全省总人口比重达 14% 以上。与2000 年相比，茶园面积增加了 79.8%，茶叶产量增加了 2.75 倍。茶产业已成为福建省农村经济的重要支柱和民生产业，在国民经济和社会发展中发挥着重要的作用。

表 4-17　2000～2013 年度全省茶叶与园林水果种植面积

年份	茶叶		园林水果	
	面积($\times 10^3 hm^2$)	产量(万 t)	面积($\times 10^3 hm^2$)	产量(万 t)
2000	129.21	12.60	563.70	356.44
2001	130.65	13.39	558.19	401.19
2002	133.35	14.33	553.81	424.93
2003	138.58	15.02	554.43	441.68
2004	145.06	16.44	547.65	468.90
2005	155.23	18.48	550.67	479.36
2006	159.82	20.01	542.08	495.40
2007	169.76	22.39	536.43	517.29
2008	189.07	24.73	541.43	553.37
2009	194.84	26.57	538.04	564.08
2010	201.20	27.26	536.15	564.48
2011	211.34	29.60	531.18	605.93
2012	221.46	32.10	534.93	625.82
2013	232.29	34.70	539.20	658.54

（二）林果产业

丰富的果树资源使福建素有"南方水果之乡"的美誉。由于福建境内自然条件优越，各种干鲜林果种类丰富，全省有热带、亚热带、温带水果 3000 多种，柑橘、龙眼、荔枝、香蕉、菠萝、枇杷、橄榄等特色水果年产达 650 多万 t，人均水果占有量全国第一。建瓯锥栗、永春芦柑、尤溪金柑、天宝香蕉、云霄枇杷、永泰李干、莆田枇杷、莆田桂圆、度尾文旦柚、建阳橘柚等 10 多个果品及其加工品相继成功获得国家地理标志保护产品，福建省 16 个村镇被农业部评为"全国一村一品"示范村镇。丰富的林果资源和产量为当地创造了巨大的经济效益，先后有不少县市被国家林业局评为中国经济林之乡，比如：尤溪县为中国金柑之乡、永春、南靖、长泰县为中国芦柑之乡、云霄县为中国枇杷之乡、建瓯、建阳市、政和县为中国锥栗之乡、永泰县为中国李乡、漳浦县为中国芦笋之乡、诏安县为中国青梅之乡等。而且果树生产的区域化布局已经形成，目前福建省热区已有 16 个基地先后被农业部授予全国南亚热作名优基地。从表 4-17、表 4-18 看出，2000 年开始，福建省水果种植面积趋于稳定，基本保持在 50 多万顷，福建省各类园林水果从 2000 年的 356.4 万 t 增加到 2013 年的 658.5 万 t，增加了 84.8%；2013 年全省水果产值达 159.29 亿元。

福建省是我国南方的水果生产大省，但仍存在一些无法回避的不利因素。如品种和产品结构不尽合理、布局失调，水果早、中、晚熟品种搭配不当，成熟期过于集中。龙眼、荔枝、柑橘、香蕉、桃、李等水果由于种植面积过大，产量高，呈现品种的结构性过剩，产品供过于求的问题突出；枇杷、橄榄、文旦柚、黄花梨等名、特、优、稀水果由前几年的供不应求，价格持续攀升，到现在也出现产量高、价格稳中有降的趋势。目前福建省水果以鲜食为主，加工量约为总产量的 20%，而发达国家则为 40%～70%；加工产值与采收自然产值相比仅为 0.45∶1，美国和日本则分别为 3.7∶1 和 2.2∶1。水果粗加工多、精加工少，初级产品多、高档产品少，加工品种短缺，出现了不少新鲜水果集中上市不易保存，价格低下的困境。为进一步提升福建省现代果业发展水平，促进果业增效、农民增收。2012 年 12 月，福建省人民政府出台《关于推进现代果业发展的若干意见》，在福建省 31 个果园面积 10 万亩以上的县（市、区）重点优化果树品种结构，同时兼顾优势特色果类产区，在稳定柑橘、龙眼、荔枝、枇杷、梨、桃等传统大宗水果生产基础上，扩大台湾优良水果品种种植面积。优化调整果树品种和熟期结构，通过高接换种或改植等措施，使早、中、晚熟品种结构以及鲜食与加工品种结构更趋合理。2013～2015 年，每年建立 1 万亩果树品种结构调整示范片。并且鼓励和引导龙头企业、专业合作社，建设果品清洗、分级、打蜡、贴标、保鲜（冷藏、气调）、包装等商品化处理中心，建立健全果品采后处理体系和从产地到市场的冷链体系，推进产后处理加工。同时，推进品牌创建与质量工作，以福建省名优水果为重点，引导水果企业开展产品商标注册和品牌的培育、申报、认证、注册工作，扶持水果企业申请无公害农产品、绿色食品、有机食品和良好农业规范（GAP）认证，引导水果产区开展农产品地理标志登记，推进地理标志产品保护工作。

（三）竹产业

福建是我国竹子的重点产区，福建竹类竹林面积达 93.5 万 hm^2，其中毛竹 86.8 万 hm^2，居全国首位。2006 年武夷山市举行的第五届中国竹文化节上，福建、浙江、湖南等 10 个省的 30 个县（市）被授予"中国竹子之乡"，福建占 6 个，分别为建瓯、永安、沙县、顺昌、武夷山、尤溪，名列榜首。近年来福建省竹笋产业蓬勃发展，竹笋加工产品不仅走俏国内大江南北，而且日益受到国外市场的青睐，竹笋产品主要销售地区已从日本和我国港、澳、台地区逐步扩大到东南亚、欧洲和北美，达 30 多个国家和地区，竹笋产品呈现产、销两旺的良好局面。一方面，全省竹笋加工业迅速发展，使资源缺口加大。目前，福建省笋竹加工企业总数达到了 2253 家，笋产品除清水笋、笋干等传统产品外，笋罐头、调味笋等即食笋系列新产品大量增加。特别是一些大型笋竹加工企业的建立，对中小径竹的笋竹需求量猛增，鲜笋产品缺口逐步增大。另一方面，国内外对绿色笋产品消费的渴求大大促进了竹笋有机食品市场的发展。竹产品还广泛应用于农业、医疗制药、保健品、建材等领域，有竹质人造板、竹地板、竹炭、竹汁保健品的开发利用，在国内外都有广阔市场。2013 年全省竹笋干（鲜笋应折成笋干）11.9 万 t，竹业产值完成 359.57 亿元，比 2012 年增加 11.3%。

（四）花卉产业

福建省花卉产业是随着改革开放不断推进，人民生活水平日益提高，而保持良好的花展势头，呈现稳健、持续发展的趋势。20 世纪 80 年代，全省农口各单位先后从国内外引进草本、球根和宿根、木本等近 500 种花卉品种，到 1985 年底，全省花卉种植面积达 4.53 万亩，花木远销全国 26 个省（直辖市、自治区）及港澳市场，销售额达 7000 多万元，初步形成了福州、漳州、厦门、泉州和龙岩 5 个花卉产区。进入新世纪，花卉已成为福建省农业产业化九个重点特色产业之一。全省各级政府坚持以市场为导向，以科技为动力，以效益为目标，从发展壮大花卉企业入手，在布局区域化、经营规模化、生产专业化、产品多样化上取得明显成就。2005 年，全省花卉种植面积达 23.33 万亩、销售额 25.30 亿元、出口额 1753 万美元，与 1996 年相比，分别增长了 2.05 倍、5.61 倍、2.50 倍，亩均销售额达 10844 元。花卉产业的产销运行进入了良性循环，福建花卉产业实现了从数量扩张向质量效益型的过渡，从而为向现代花卉转型奠定了基础。2009 年福建省政府将花卉同茶叶、竹业、油茶、水产养殖一起列为现代农业建设内容，2012 年省政府印发了《福建省花卉产业发展规划（2011～2020 年）》，出台了《关于扶持花卉苗木产业发展的意见》，从做大总量、做优质量、争创品牌、跨越发展的思路做大做强福建花卉业，进一步加快花卉产业的发展步伐。到 2012 年年底，全省花卉苗木种植面积达 62.27 万亩，全产业总产值达 259.8 亿元；实现销售额 169.1 亿元；其中种植产业总产值 160.6 亿元，实现销售额 96.2 亿元，出口额 8088.5 万美元。全省花卉亩均销售额达到 1.55 万元，继续领跑全国。

（五）林药产业

福建具有悠久的中药材种植（养殖）的历史，药材地道名产有绿衣枳实、建泽泻、建莲子、浦城薏苡、柘荣太子参、南靖巴戟天、泰宁雷公藤、长泰春砂仁、莆田枇杷叶、邵武瓜蒌与白术、光泽蕲蛇、尤溪银杏与穿山甲等。2007 年福建省启动了"福建中药材 GAP 示范基地的建设"重大专题、优良农业规范（Good Agricultural Practices，GAP），按 GAP 标准推动实施了太子参、仙草、山药、春砂仁、巴戟天、厚朴、金线莲、铁皮石斛、佛手、瓜蒌、金银花、穿心莲等三十多个县、市(区)中药材无公害基地建设项目。其中泽泻和太子参基地分别于2004年和2005年通过国家食品药品监督管理局的GAP现场认证，同时分别在建瓯、建阳、莆田、柘荣和上杭等地建立了太子参、建莲子、厚朴、南方红豆杉、白术、雷公藤、山药、凉粉草、黄栀子、玫瑰茄、青黛、茯苓等11个道地大宗中药材生产品种，其中"柘荣太子参"被认定为中国驰名商标。标志着中药现代化实施在福建已进入了一个新的阶段，已初步形成闽东、闽西北和闽南的中药材规模种植基地，药材种植发展潜力巨大，并形成种植——加工(饮片)——提取(分离纯化)——新药研发、生产的产业链，发展潜力巨大。目前种植面积上万亩的中药材有十余种，其中凹叶厚朴、南方红豆杉、雷公藤、太子参、短葶山麦冬的种植面积和产量均居全国首位。据相关农业部门统计，2011年福建省中药材种植面积约4万hm^2。

中药材产业是个新兴产业，也是农民增收的新增长点。随着医药保健事业的兴起和发展及全球"人类回归自然"的呼声高涨，中药材的用途已不限于人们防病治病的需求，大量的保健品、化妆品也含有中药材。因此，对福建省的中药材产业现状进行分析，进而推进福建省中药材的科学发展具有极为重要的意义。为推动中药材种植业、中药材制造业、中药流通行业持续发展，2008年由福建省农业厅牵头组织与中药材产业相关的中药制药企业、中药材种植专业合作社、中药材种植大户、科研院所等成立了福建省中药材产业协会。福建省2008年有65家中药生产企业通过GMP认证，其中中成药生产企业50家，中药饮片生产企业15家；中药产品总量超过5000 t，生产包括滴丸、气雾剂、注射剂在内的20多种中药剂型。福建省拥有自主知识产权且具有较大规模的现代化中药生产企业，如漳州片仔癀药业有限公司、厦门中药厂进入中国大陆中药产业50强；新大陆药业、同春药业、海王药业等企业分别在上海证交所、深圳证交所成功上市；三爱药业、闽海药业、厦门金日等企业年销售额超亿元人民币。2013年福建省中药材的种植与加工总产值达28.6亿元，森林食品的种植总产值达35.78亿元。

(六)食用菌产业

食用菌资源遍布福建全省，成为林区人民增收的途径，但由于原生森林植被破坏严重，野生食用菌资源日益减少，已逐渐被人工栽培的品种所替代，人工栽培的食用菌中常见种类有双孢菇、香菇、各种平菇、草菇、金针菇、滑菇、银耳、黑木耳、毛木耳、猴头菇、竹荪等。目前，福建已成为我国最重要的人工栽培的食用菌产地之一，分为闽东南沿海粪草生优势食用菌生产区(为福建省粪草生食用菌蘑菇、草菇、姬松茸以及木生菌白背毛木耳等优势种类的主产区，包括漳州、厦门、泉州、莆田、福州、宁德六地市的部分县区)和闽西北木生食用菌优势种类生产区(为木生食用菌、药用菌传统产区，包括南平、三明、龙岩三地市和宁德的寿宁、屏南、古田、周宁等高海拔地区）。在食用菌品种选育、驯化、引进工作成效显著，具有一批国内领先水平的食用菌技术，如香菇"Cr"系列、蘑菇"2796"、毛木耳"781"、姬松茸等。银耳"双菌制种"、银耳和香菇代料袋装、反季节栽培、段木灵芝和竹荪田园栽培等新技术在我国食用菌发展史上具有重大影响，栽培技术不断创新，领先国内。香菇、蘑菇、银耳、木耳、金针菇、草菇等食用菌产量居全国首位。从表4-18看出，2000～2013年，全省食用菌产量从462484t增加到959920t，增加了2.07倍，主要食用菌蘑菇、香菇、白木耳、黑木耳产量分别从272106t、88292t、12401t、29105t增至387079t、104674t、42265t、45596t，年均分别增长3.25%、1.43%、18.53%、4.36%。

（七）林产工业

福建还拥有丰富的林产工业原料资源，特别是马尾松乔木林面积达330.2万hm²，占全省乔木林面积的48.2%。主要林产化工产品为松香、松香深加工产品及松节油等，产品市场份额较小，市场供需关系因国内、国际市场波动而发生明显变化，面临着技术进步及竞争产品带来的冲击。林产化学产品包括松香、松节油、樟脑、活性炭、纸浆、纸及纸制品等产品，其中2013年松香类产品产量达123903t，比2012年上升10.28%；松节油类产品产量达19336t，比2012年上升12.38%；樟脑产品产量11594t，比2012年上升12.99%；而木质活性炭产量达143716t，比2012年下降9.42%。

（八）其他产业

其他非木质资源产业也得到长足的开发利用。福建省境内旅游资源丰富，森林景观优美，森林旅游发展势头不减。森林旅游基本格局已初步形成，全省现有县级以上森林公园178处，其中国家级森林公园29处、省级森林公园128处、县级森林公园21处，经营保护总面积18.7万hm²，开发了山区、沿海两条森林生态旅游路线，旅游人数2065.1万人，年创旅游收入6.31亿元，从业人员达18607人。森林旅游基础配套设施得到了很大的改善，吃、住、行、游、购、娱旅游六要素基本条件已逐步成熟。福建省梅花鹿、龟鳖类、蛙类等野生动物的种养在国内具有一定的产业优势，2013年全省陆生野生动物繁育与利用产值达79104万元，以民营企业和外资企业为主。含有野生动植物成分的中成药、雕刻品、裘革、鞋帽的生产加工业在福建省有着悠久的历史，不少产品驰名海内外，远销日本、韩国、美国、印度尼西亚等30多个国家和地区。近年来油茶产业也突飞猛进，2013年福建省油茶种植面积达到176273hm²，油茶籽产量97825t，产值达21.5亿元。

森林非木质资源利用得到福建省各级政府、林业部门的高度重视，取得了长足的发展，初步形成了比较完整的花卉、竹业、制浆造纸、人造板、家具、森林旅游、野生动植物驯养繁殖加工等重要的非木质产业体系，不仅促进了当地经济的发展，也推动了各地农业产业化结构的调整，加快了农民增收奔小康的步伐，对于进一步提升福建森林非木质资源产业具有无可比拟的基础和条件。据调查统计（表4-19），2000～2013年福建省主要非木材林产品总产值14078.6亿元，其中茶果等经济林产品产值2410.48亿元，占17.12%；花卉产品产值476.94亿元，占3.39%；木材加工及藤棕草制品产值4587.79亿元，占32.59%；竹藤家具制造产品产值1728.44亿元，占12.28%；木竹浆造纸及纸制品产值4448.14亿元，占31.60%；林产化学产品产值426.81亿元，占3.03%。

表4-18　主要年份各类茶叶、园林水果、食用菌产量　　　　单位：t

项目	2000	2005	2010	2012	2013
茶叶	126000	184800	272616	320958	346989
#红茶	1615	1652	13473	27365	36866
绿茶	72431	88923	102438	110064	109899
青茶	50685	85924	147789	172690	188038
园林水果	3564400	4793600	5644800	6258220	6585444
#柑橘	1306027	2153154	2722988	3034072	3234653
龙眼	104068	216452	241138	264579	244446
荔枝	79580	160289	147281	148565	151699
香蕉	746454	855398	882087	902580	915058
枇杷	54268	112596	222273	230563	236920
菠萝	30267	37731	39348	37808	36923
橄榄	24009	33714	54931	70163	73805
柿	99896	160475	141094	198677	206987
桃	143377	199653	222371	246334	260651
李	179121	243224	232943	284930	306912
梨	96394	147755	185345	205745	215290
苹果	380	198	309	240	240
葡萄	38702	59066	100171	127623	144366
杨梅	42734	63235	99003	110333	114309
食用菌	462484	559993	762663	877962	959920
#蘑菇	272106	283828	341758	364442	387079
香菇	88292	77680	92345	100051	104674
白木耳	12401	16508	30589	38684	42265
黑木耳	29105	28009	35491	41344	45596

注：数字来源于2014年福建统计。

表 4-19　2000～2013 年全省主要非木质林产品产值表　　　　单位：亿元

统计年份	合计	茶果经济林产品	花卉产品	木材加工及藤棕草制品	木竹藤家具制造	木竹浆造纸及纸制品	林产化学产品
2000	390.44	84.27	12.83	96.20	37.93	145.06	14.15
2001	420.31	92.60	14.42	102.74	40.51	154.93	15.11
2002	465.57	90.62	16.47	117.56	46.35	177.28	17.29
2003	534.00	109.00	20.00	133.00	52.00	201.00	19.00
2004	579.36	113.95	25.34	143.68	48.68	238.30	9.41
2005	662.71	124.30	25.89	169.91	66.84	264.73	11.04
2006	705.5	114.90	24.27	207.16	71.51	270.97	16.69
2007	855.5	156.37	24.61	262.99	82.29	307.60	21.64
2008	965.68	166.05	30.53	298.69	96.71	347.00	26.70
2009	1023.68	172.48	31.32	333.01	115.33	339.37	32.17
2010	1212.15	198.29	33.84	440.07	114.32	373.98	51.65
2011	1766.22	236.87	42.24	663.43	202.84	561.02	59.82
2012	2017.26	366.54	75.38	733.19	265.60	513.50	63.05
2013	2480.22	384.24	99.80	886.16	487.53	553.40	69.09
合计	14078.6	2410.48	476.94	4587.79	1728.44	4448.14	426.81

备注：林产化学产品包括松香、松节油、樟脑、活性炭等。数据来源：2001～2013 年福建省林业统计年鉴。

三、区域发展情况

（一）区域产品及品牌建设情况

根据 2008 年《福建省林业发展区划三级区区划报告》成果资料以及 2014 年度补充调查，本书汇总了全省 19 个区 85 个县(市、区)的非木质资源现状、传统产品与特色产品以及品牌建设情况，难免疏漏之处，仅供各地综合分析与参考(表 4-20)

表4-20　福建省区域优势特色非木质资源产品情况

林业区划三级区名称	县（市、区）	传统优势产品	特色产品	品牌建设
06~01 闽北闽江源水源涵养林区	浦城县、松溪县、政和县	食用菌、毛茶、竹笋、板栗、油茶籽、杜仲、厚朴等	食用菌、白茶、丹桂系列产品（桂花茶、桂花蜜、丹桂酸枣糕、丹桂薏米糕等）是区域特色产业	浦城是"中国丹桂之乡、中国油茶之乡"，松溪是福建"茶叶状元县"、"中国食用菌之乡"；政和是"中国白茶之乡、中国锥栗之乡"
06~02 武夷山生物多样性自然保护林区	光泽县、武夷山市、建阳市	柑橘、竹笋、茶叶、锥栗、食用菌、葡萄、油茶、兰花	茶叶、锥栗、竹类食品及工艺品、橘柚	武夷山是"中国竹子之乡"，武夷岩茶久负盛誉，"大红袍""正山小种""水仙""肉桂"等品种屡获殊荣，"建阳橘柚"获国家工商总局商标注册的地理标志；建阳是"中国锥栗之乡、中国特色竹乡"；光泽是"中国特色竹乡"
06~03 闽北山地丘陵大径材培育林、竹林区	邵武市、建瓯市、顺昌县、延平区、将乐县	柑橘、梨、柿子、葡萄、竹笋、食用菌、锥栗、茶叶、松香、松节油	竹笋、食用菌、锥栗、茶叶、百合、无患子产品、竹荪、擂茶、金线莲	建瓯是"中国名特优经济林锥栗之乡、竹子之乡"，"建瓯锥栗"被国家质量技术检验检疫总局批准为地理标志产品，"延平百合"获国家工商总局商标局颁发的地理标志证明商标；顺昌是"中国无患子之乡""中国油茶之乡与中国竹荪之乡"；将乐是"中国毛竹之乡、中国擂茶之乡"
06~04 闽东低山丘陵一般用材林、茶林区	寿宁县、柘荣县、屏南县、周宁县	毛茶、梨、葡萄、柿子、板栗、食用菌、	绿茶、香菇、油奈、无核柿、板栗、太子参、三尖杉	寿宁是"中国花菇之乡、中国名茶之乡"；柘荣是"中国太子参之乡"，"双芽牌"仙岩雪峰绿茶获绿色食品标志
06~05 闽东岩岸沿海防护林区	福鼎市、霞浦县、蕉城区、福安市、罗源县、连江县	柑橘、毛茶、特产晚熟龙眼、荔枝、四季柚、油茶籽、巨丰葡萄、食用菌	白茶，特产晚熟龙眼、荔枝、绿竹、四季柚	福安是"中国绿竹之乡、中国茶叶之乡"，富春、莲岳和绿馨3个品牌获"绿色食品"证书，"坦洋工夫"红茶获得国家原产地保护产品标志；"福鼎大白茶""福鼎白毫银针"获得国家地理标志证明商标，"蕉城晚熟龙眼""福鼎四季柚"是国家地理标志证明商标。蕉城是"中国晚熟龙眼之乡"，龙眼基地被授予"农业部南亚热带作物名优基地"的称号

（续）

林业区划三级区名称	县（市、区）	传统优势产品	特色产品	品牌建设
06～06 闽西闽江源水源涵养林、风景林区	建宁县、泰宁县、宁化县、清流县	黄花梨、建莲、猕猴桃、台湾蜜雪梨、早熟温蜜橘、水蜜桃、松香、松节油	建莲、猕猴桃、黄花梨、油茶、苗木花卉	建宁是"中国黄花梨之乡、中国无患子之乡"，"九利"茶油是省内著名茶油品牌；清流是"中国桂花之乡、绿化苗木之乡"；宁化是"中国虎杖之乡"，获道地药材称号
06～07 闽中林产基地工业原料林、珍贵用材林区	尤溪县、沙县、梅列区、三元区、永安市、明溪县	毛茶、柑橘、梨、葡萄、柿子、食用菌、竹笋、金柑、紫杉醇、竹子产品、油茶	笋干、金柑、紫杉醇、水柿、茶油产品、草珊瑚、金线莲	尤溪是"中国金柑之乡、油茶之乡、绿竹之乡"，"尤溪金柑"获得国家地理标志产品保护；永安是"中国金线莲之乡、中国笋竹之乡"；沙县是"中国竹席之乡"；三元是"中国草珊瑚之乡"；明溪是"中国红豆杉之乡、中国淮山之乡"；梅列是"中国黄精之乡"
06～08 闽江水口库区水土保持林、果树林区	闽清县、古田县	柑橘、食用菌、橄榄、雪柑、芙蓉李、油奈	食用菌、橄榄、油奈	古田县是中国著名的"食用菌之乡"，银耳产销量居世界第一，"古田银耳"是全国著名品牌，"古田油奈"是注册的地理标志产品，1999年被中国绿色食品发展中心审定为"绿色食品"的珍稀名贵水果
06～09 环福州西北面城市风景林、水土保持林区	晋安区、闽侯县、永泰县	柑橘、李、梅、橄榄、晚熟龙眼	茉莉花茶、芙蓉李、橄榄	永泰、闽侯分别有"中国李乡"、"中国橄榄之乡"的称号。"永泰芙蓉李"是国家地理标志证明商标
06～10 汀江源头水土保持林、一般用材林区	长汀县、武平县	板栗、茶叶、温州蜜柑、早熟梨、早熟桃、野生花卉、松香	板栗、绿茶、建兰、竹笋、食用菌及松香	长汀的"阴塔牌"脂松香获部优产品称号，"宝珠峰"松节油获省优产品称号
06～11 闽西山地丘陵工业原料林、一般用材林区	新罗区、漳平市、连城县、上杭县	柑橘、花卉、食用菌、毛茶、林产工业原料	观赏花卉（建兰、永福杜鹃）、毛茶	漳平南洋乡以盛产水仙茶闻名遐迩，素有"水仙茶之乡"美誉，是世界上生产水仙茶饼的发源地，生产的水仙系列茶叶在国内外屡获殊荣；漳平是"杜鹃花之乡与花木之乡"

（续）

林业区划三级区名称	县（市、区）	传统优势产品	特色产品	品牌建设
06～12 闽中戴云山山地丘陵一般用材林区	大田县、德化县、永春县	柑橘、毛竹、芦柑、梨、柿子、油茶籽、毛茶、绞股蓝	芦柑、绞股蓝、德化梨、高山茶	永春县是著名的"中国芦柑之乡"；德化梨是德化县的品牌水果，注册有"九仙山"牌商标，2004 年、2005 年分别通过了福建省无公害农产品认证和国家农业部质量安全中心认证，德化是"中国油茶之乡"与"中国竹子之乡"；大田是"中国高山茶之乡"与"中国油茶之乡"
07～01 环福州东南面城市环境保护林、沿海防护林区	鼓楼区、台江区、仓山区、马尾区、长乐市、福清市、平潭县	福橘、晚熟龙眼、荔枝、枇杷、水仙花、油桐籽、福建苏铁	福清枇杷、平潭水仙花、福建苏铁、茉莉花茶	2010 年国家质检总局批准对"福州茉莉花茶"实施地理标志产品保护，使它成为中国也是世界唯一的茉莉花茶类地理标志保护产品。仓山是"中国花木之乡"
07～02 莆仙山地平原果树林、沿海防护林区	涵江区、城厢区、荔城区、秀屿区、仙游县	荔枝、龙眼、枇杷、文旦柚、柑橘、橄榄、板栗、油茶籽、毛茶、食用菌、林产编织工艺品	龙眼、荔枝、枇杷、文旦柚	"莆田枇杷"获国家"中国枇杷原产地"标志认证，并且是注册的地理标志产品。"度尾文旦柚"是地理标志保护商标
07～03 环泉州城市风景林、沿海防护林区	丰泽区、鲤城区、洛江区、泉港区、石狮市、晋江市、惠安县、南安市、金门县、思明区、海沧区、湖里区、集美区、同安区、翔安区、龙海市	龙眼、荔枝、花卉产品、毛茶、食用菌、水仙花	龙眼、荔枝、水仙花	龙海是"中国水仙花之乡"，"漳州宜春"水仙花载誉海内外
07～04 闽南名特优茶林、水土保持林区	安溪县	乌龙茶、柑橘、梨、葡萄、柿子、龙眼、荔枝	安溪铁观音	安溪是"中国乌龙茶（名茶）之乡"
07～05 闽南短周期工业原料林、花卉产品区	芗城区、龙文区、长泰县、华安县、南靖县、平和县	柚子、芦柑、兰花、荔枝、龙眼、香蕉、麻竹	平和琯溪蜜柚和华安坪山柚、芦柑及南靖的兰花、金线莲	长泰是"中国芦柑之乡"；华安是"中国名茶之乡"；南靖为"中国兰花之乡、金线莲之乡、麻竹之乡、香蕉之乡、芦柑之乡"，2008 年南靖首件地理标志商标——"南靖兰花"集体商标在国家工商总局商标局注册成功；2010 年南靖兰花被国家工商行政管理局评为"中国驰名商标"；平和是"中国蜜柚之乡"

（续）

林业区划三级区名称	县（市、区）	传统优势产品	特色产品	品牌建设
07～05闽南短周期工业原料林、花卉产品区	永定县	蜜柑、红柿、药材、松脂、毛茶	红柿	
07～07闽南沙岸沿海防护林、花卉产品区	云霄县、漳浦县、诏安县、东山县	枇杷、柑橘、荔枝、龙眼、橄榄、花卉产品	花卉产品（水仙花、兰花、榕树盆景、仙人掌类植物、棕榈科植物、阴生观叶植物）、青梅、芦笋、枇杷	云霄县曾获得"中国枇杷之乡"称号。漳浦是"中国花木之乡""中国榕树盆景之乡"，2009年闽南花卉人参榕被评为"福建名牌产品"；诏安是"中国青梅之乡"

（二）三明市林业生物医药产业发展情况

2009年11月，三明市被国家林业局批准建立首个"国家级林业生物产业基地"，也是福建省确定的海峡西岸天然药物产业基地，发展林业生物产业得天独厚，在发展生物医药产业方面走在全省的前列，产业发展特色鲜明。展现三明市生物医药产业的发展现状与成效，对推动森林非木质资源利用将起着典型和窗口作用，意义重大。根据《福建三明国家林业生物产业基地发展规划（2009年）》成果资料和三明市野生动植物保护管理站刘国初2005年在中国红豆杉国际专题论坛上发表的论文，归纳探讨了三明市生物医药产业发展基础、药用植物资源合理利用途径和做法，对于正确认识和评价三明发展生物医药的优势和条件，指导全省各市县区乃至全国发展非木质资源的可持续利用，具有重要的意义。

1. 资源条件

三明药用植物资源条件是以三明市乡土药用植物资源和引种栽培为基础的。

（1）药用植物资源。三明属山地丘陵地带，河谷盆地交错，溪流网布，生态类型多样。气候为亚热带海洋性季风气候，热量丰富，雨量充沛。适宜许多种类生物的生存和繁衍，植物、动物、微生物资源十分丰富。自然植被多为常绿阔叶林与针叶混交林，中草药资源在这个地带品种最为繁多，也是集中分布区域，是一座天然药用资源的基因库。综合3次药用资源普查，全市共有药用资源1887种。其中按种类分：矿物类15种，动物类159种，植物类1713种；按用途分：抗癌药40多种，抗衰老药8种，治疗心血管药30多种。从药用植物的种类来评价，在福建省名列第一。三明的土壤类型和植被类型，不仅适宜典型地带的药用植物生长，还适宜多种北方药用植物生长。既有热带的八角，也有中温带的梅花鹿和北温带的西洋参等动植物在当地生长繁育。药用植物资源开发具有得天独厚的自然条件。

(2)引种栽培。三明市人工栽培中药材和驯养药用动物有较长的历史,积累了丰富的经验。传统中药材种植并已基本形成主产区的品种有厚朴、吴茱萸、茯苓等。1958 年尤溪、宁化、沙县等县引种厚朴,市、县两级林业部门给予了大力支持,与发展针阔混交林相结合,作为重点品种推广,每年列入造林计划;20世纪 60 年代引进茯苓,70 年代中期普及推广菌种栽培和树兜种植法繁育,历年生产的茯苓大量调供全国各地及加工出口;吴茱萸在境内已经有 300 多年的种植历史;1976 年引入天麻试种取得成功;除此之外,还引进了黄连,三七、杜仲、辛夷、白术、鳖鱼、梅花鹿等。

2. 措施与成效

三明市提出了发展"4+1"产业集群,将林业生物产业定位为三明市经济发展格局中具有重要战略意义的高技术产业。几年来,三明市坚持改革与发展并重、生态与产业并举,借助林改创新的体制机制,通过海峡两岸现代林业合作实验区这个重要平台,着力推进林业生物产业建设

(1)明确发展思路。三明市发展林业生物产业思路明确,以生物医药、林产化工、食(药)用真菌、木本油料、生物能源"五个结合"作为发展的主旋律,成效显著。2013 年规模以上生物医药企业 56 家,基地面积超过 36 万亩;生产中成药 320t、化学原料药 119t、植物原料药 882kg、保健品 7000t、氨基酸 2747t;生产松香及其深加工产品 5.79 万 t,松节油及其深加工产品 1.49 万 t,活性炭、竹炭产品 2.24 万 t;生产食(药)用真菌 19.3 万 t;建成油茶基地 50 万亩,生产茶油 2500t;建宁县规划建设以无患子为主的生物能源林 50 万亩。

(2)构建合作平台。以构筑对外交流、科企对接等"平台"作为提升生物产业水平的载体。在对外交流方面。三明市先后与中国生物工程学会、中国中药协会、中国医药保健品进出口商会、上海医药行业协会中国医药工业信息中心、台湾两岸生技与医材工作小组等建立了常态性合作关系,提高我市生物医药及生物产业的影响力。科企对接平台方面:与国内外 36 所科研院校及台湾地区有着较为紧密的技术交流与合作。2012 年科技投入 3094 万元,红豆杉、雷公藤等中药材 GAP 示范基地建设等 3 个项目列入福建省区域重大科技专项。

(3)夯实发展基础。注重夯实园区建设、基地培育、科技创新"三个基础",为林业生物产业发展打下良好基础。三明市建有生物医药专业园区 3 个、功能小区 7 个,规划总面积 36136 亩,至 2008 年落实入园企业 28 家;累计建成中药材基地 30 多个品种 36 万亩。其中泰宁雷公藤、三元草珊瑚、明溪红豆杉、建宁莲子列入福建省地道药材 GAP 示范基地建设;建有博士后工作站 4 家、生物组培中心 5 家,省企业技术中心 3 家,申报国家专利 32 件,获国家专利授权 11 件。有 7 家企业通过了国家 GMP 认证,3 家认定为高新技术企业,6 家被授予福建省

创新型试点企业。福建华灿生物科技有限公司工具酶系列产品获福建省优秀新产品二等奖。

（4）实施带动战略。实施品牌带动、龙头带动、特色带动"三大战略"是推动三明生物产业发展的重要助力，提升生物产业发展的知名度，挖掘发展的潜力。一是品牌带动。拥有福建省名牌产品 15 个、福建省著名商标 11 枚，居全省同行业第一。同时，虎杖、草珊瑚、多花黄精被中国中药协会中药材种植养殖专业委员会审定为三明市的"道地中药材"。永安金线莲、三元草珊瑚经国家质检总局批准获得地理标志产品保护。二是龙头带动。福建南方生物紫杉醇、汉堂制药雷公藤甲素、沈郎油茶系列产品、三真药用真菌、福建华灿酶制剂、华健生物多功能植物提取等系列产品均居全国前列。三是特色带动。拥有全国最大面积的红豆杉、雷公藤、芳香樟、草珊瑚人工种植基地，明溪是"中国红豆杉之乡"，清流是"中国桂花、油茶、罗汉松、绿化苗木之乡"，建宁是"中国黄花梨、建莲之乡"，宁化是"中国虎杖之乡"，尤溪是"中国金柑、绿竹、竹子之乡"，永安是"中国笋竹、竹子之乡、金线莲之乡"，沙县是"中国竹席之乡"，泰宁是"中国竹笋、锥栗之乡"、将乐是"中国毛竹之乡"、三元是"中国草珊瑚之乡"。

（5）落实保障措施。落实组织领导、政策激励、资金扶持"三项措施"作为生物产业发展的坚强保障，对推动生物产业健康、持续、快速发展起到了积极作用。组织领导。成立了由市领导亲自挂帅的产业领导小组，建立了目标管理责任制和联席会议制度。各县（市、区）也相应成立了领导小组。设立三明市生物医药及生物产业办公室。相关县（市、区）也设立了生物医药及生物产业办公室。政策激励。先后出台了《三明市人民政府关于加快工业园区建设的若干意见》《三明市人民政府关于促进生物医药产业加快发展的若干意见》《三明市人大常委会关于促进荆东生物医药工业集中区建设的决定》《三明市人民政府关于加快工业经济发展的实施意见》等一系列政策规定，对生物产业在财税、土地、奖励等方面予以重点政策扶持，资金扶持。

3. 远景规划

三明市生物产业发展具有丰富的生物资源和较好的产业基础，发展生物医药、生物制造、生物资源保护和开发利用等领域优势明显，具备发展林业生物产业的资源配置、政策扶持、空间拓展优势。可他们仍不满足当前的现状，继续作出了发展规划，重点加强点、线、面的合理布局，建设"五大"基地，发展"五大"领域，力争使三明市林业产业结构优化升级，推进生态文明建设，增加林农收入，带动区域经济发展，力争使三明成为我国生物产业版图上的重要一极。这些发展举措均说明三明市对非木质资源开发利用的重视和远见卓识。

（1）"五大"基地。即中药材种植养殖基地，包括草珊瑚（三元）、黄精（梅列）、钩藤（梅列、大田）、红豆杉（明溪）、厚朴（明溪、尤溪）、虎杖、银杏（宁化)、金线莲(永安、明溪)、南五味子(尤溪)、细叶青蒌藤(沙县)、金银花(将乐)、雷公藤(泰宁)等。生物能源原料基地,包括建宁无患子、清流生物质能源林、永安生物质能源林等。生物制造原料基地,包括明溪木薯、大田木薯等。健康产品基地,包括油茶基地、笋用林基地、莲子基地等。香精香料基地,包括芳香樟(明溪)、山苍子(将乐)、桂花(清流)、互叶百千层、迷迭香(永安、清流)。

(2)"五大"领域。即生物医药、生物技术、生物能源、生物制造、健康产品等5个领域。其中:生物医药,包括疫苗与诊断试剂、生物制药、化学药制造、中药、生物医学工程等。生物技术,包括生物育种、生物制品(含生物农药、生物肥料、动物用药品、疫苗、植物生长调节剂、动物饲料、完全可降角家用薄膜)等。生物能源,包括能源植物种植、生物液体燃料等。生物制造,包括生物基源材料、微生物制造等。健康产品,包括香精香料、生物保健品、森林食品等。

(3)发展远景。远景规划不仅能够巩固发展生物产业基地的丰硕成果,而且是调整产业结构、促进产业发展的关键举措。三明市还将发展规划延伸到"十三五"期间,体现出三明发展林业生物产业的决心和信心,体现出林业生物产业发展的科学性和延续性。

原料基地建设方面 加大良种、标准化和有机化栽培技术的推广力度,重点建设以雷公藤、红豆杉、厚朴等10个高附加值药材为主的生产基地、以无患子为主的生物质能源原料林基地和以山苍子、芳香樟为主的香精香料原料基地;积极探索引种国内外高附加值药材和国内稀缺药材;建成集药材引种试验、良种繁育、示范、观光旅游于一体的现代化生产基地;充分利用各县市自然保护区的特殊优势,发展健康休闲产业,通过建立百草园、药用植物园、中药材标本馆、中草药数据库,并运用信息化的手段,发展中草药科普教育的相关产业。

"十二五"期间,全市新增林业生物产业原料基地45.85万亩,其中:新增主要中药材种植基地面积12.85万亩,辐射推广面积达到149.4万亩,新建生物质能源原料林基地24.0万亩、香精香料原料基地9.0万亩;生物制造原料—木薯种植面积达3.0万亩/年以上;主要健康食品基地(油茶、笋用林、莲子)规模达295万亩,继续推进低产改造,推广绿色、生态、无公害或有机栽培技术,实现高产优质、高效,至2015年,油茶林面积达90万亩、亩均产茶油提高到30kg斤以上,笋用林油茶林面积达200万亩、其中丰产林达55%。

"十三五"期间,原料基地建设经营全面推行"良种化、标准化和无公害化或有机化",全市新增林业生物产业原料基地41.5万亩,其中:新增主要中药材种植基地面积13.5万亩、中药材种植与辐射总规模达到428万亩,新建生物质能源原料林基地20.0万亩、香精香料原料基地8.0万亩;生物制造原料—木薯种植面积达4.0万亩/年以上；主要健康食品基地(油茶、笋用林、莲子)规模达305万亩，强化低产改造和绿色、生态、无公害或有机栽培技术的推广，实现增产、提质、增收，至2020年，油茶林面积达100万亩、亩均产茶油提高到40kg以上，笋用林面积达200万亩、其中丰产林达70%。

生物产品加工方面　林业生物产业体系不断完善，产品实现纵向(如生物医药制品的成品药和制剂)和横向(保健品、保健食品、添加剂、染色剂、防腐剂)延伸，品牌建设初见成效，并在国内外产生影响，成为全国最有影响力和竞争力的林业生物产业发展地区之一。引进、新建高科技生物企业及关联企业5~8家；建立年产5000t中药饮片、7万t皂苷粉、10万t生物柴油的生产基地，并建立中药标准提取物的生产基地。到2015年，开发新产品100种以上，具有自主知识产权的8~10种。通过兼并、联合、重组等方式，培育年销售收入10亿元以上的企业集团3~5个。同时，创造一批国内国际市场的知名品牌产品，出口生物精深加工产品占总产量1/3以上，形成省内一流、国内先进的研发能力，成为重要的生物医药出口基地和具有国际竞争力的生物医药研发基地。到2020年，全市林业生物产业产值达180亿元以上，成为我国生物产业版图上的重要一极。

药品流通贸易服务体系建设方面　培育和发展一个经营品种齐全的现代药品物流龙头，在独立经营基础上，成为全国超大型医药物流企业的节点企业；发展一批药品批发经营企业，并在物流园聚集；以重点、大宗产品经营户、药品批发企业带动园区中药材交易发展，积极向省政府申请"海西生物医药商贸流通中心"，园区形成较大的中药材集散地，药品流通贸易额达到50亿元/年以上。

第五章

森林非木质资源利用
典型案例

多年来，笔者结合林业科技推广工作的实际，深入 60 多个厅直属单位、各市(县、区)开展调查、研究相关林业科技推广、森林非木质资源、项目可研规划等工作。除此之外，还多次参加中国林学会、中国林业科学研究院、华东区科技信息委员会等学术团体组织的学术研讨会，沟通交流了各省份林业非木质资源利用的技术与发展现状，对指导福建省科技推广、非木质资源利用有着积极的影响。通过多年非木质资源利用的调查、研究与分析，并从多年项目实施与合作角度出发，选取 6 个设区市 10 多个县(市、区)的非木质资源利用案例。这些案例从不同调查与分析角度体现出各地充分利用林荫空间、异地保护等举措发展林下养殖、种植、采集加工等产业，各具特色、异彩纷呈，是广大农民群众和基层干部智慧的结晶和辛勤劳动的成果，具有较强的操作性和积极的借鉴意义。

第一节 九龙江畔百花香

九龙江水流过的漳州平原，地处福建省最南部沿海，水热资源丰富，蕴藏着热带、亚热带、温带的各种野生花卉资源。在这一片历史悠久、人文荟萃的土地上，有着悠久绵长的花卉种植史。今天，漳州人种植花卉，已经不再是满足自身欣赏、追求愉悦感觉的原始需求，他们把花种植成一种生活，种植成一个产业，他们以花为媒，将美丽传播四方，广结五洲四海的"花缘"。

一、基本情况

（一）自然条件

漳州地域倚山面海，背靠省内七大山脉中的戴云山和博平岭两大山脉，沿海则是平坦开阔的厦漳平原，属南亚热带海洋性季风气候类型，暖热湿润，年平均气温21.1℃，年降水量1500～1800mm. 无霜期340d，年日照2000h以上。同时，漳州地形由于高山和谷地气候垂直变化显著，不同海拔高度地区的气温差异很大，局部兼有中亚热带、温带等气候，生态环境多种多样，可适应较多花卉品种引种培植的需要。

（二）区位优势

漳州市位于中国福建省最南部沿海，辖8县1市2区，总人口470万，土地面积1.26万km^2，海域面积1.86万km^2。靠近港、澳、台，东临厦门特区，南接广东汕头特区，市区离厦门高崎国际机场60km、离厦门港（漳州港）仅50km，离火车东站15km、南站8km，高速公路贯穿全境，海陆空交通极其便捷。同时，漳州是全国著名侨乡，漳台血脉相连，语言相通，具有明显的对台区域优势，是对台交流合作的示范窗口。

二、发展基础

回顾漳州花卉产业从小到大、从无到有的发展历程，百花村的发展历程始终是我们所津津乐道的。百花村具有600多年的花卉栽培历史，明永乐二年，朱熹后人朱茂林到塘北拓圃成园，开始栽花种果，引耕田亩，并成为生计逐渐发展成规模。改革开放以后，九湖花卉得到迅速发展，村民不但利用房前、屋后、阳台等发展了花卉庭院经济。而且把花卉种到了水田内，使种植规模不断扩大。近几年来，漳州市抓住机遇，在沿国道324线建成了龙海市九湖镇至漳浦县城关的"百里花卉走廊、千家花卉企业、万亩花卉基地"，发展了一批集基地生产、示范推广、展示销售、观赏旅游等功能为一体的花卉龙头企业，成为闽台农业合作重点科技验园区。几年来，漳州通过新品种、新技术的引进、消化、创新，漳州花卉产业迅速崛起，产业化经营实现了从品种少到种类繁多，从粗放产品到微型盆景、精致包装、系列开发的转变，改变长期以来水仙花"一枝独秀"的局面，形成了水仙花、兰花、榕树盆景、仙人掌与多肉植物、棕榈科植物、阴生观叶植物、药用花卉、绿化苗木这八大类特色产品2000多种国内外奇花异卉（表5-1），有400多个花卉品种畅销韩国、日本、荷兰等57个国家和地区。从表中可以看出，2001～2013年这8大类花卉从种植面积、产量与产值的发展与变化情况，基本上都呈明显的上升趋势。尤其是食用药用花卉方面变化显著,种植面积从2001年的186亩,上升到2013年3735亩,增幅达1908%;产值从97.8万元,提高到94299万元,增幅之大令人鼓舞。主要是因为食用药用花卉(如铁皮石斛、金线莲等)在2009年以后才大面积种植,之前药食用花卉多为农家自产自用,产品利用也是多种多样,有盆栽、干品、鲜品。随着社会经济的进一步推进,发展花卉苗木产业已成为漳州调整农业产业结构、促进农民增收的重要途径。据统计,到2013年底,漳州市花卉苗木种植面积25.39万亩,产值122亿元,花卉苗木销售额57.2亿元,花卉出口额6241.1万美元,连续多年居全省第一、全国前列,成为全国最大的盆栽花卉出口基地。花卉企业达到900多家,其中大中型花卉企业有180多家。

表5-1 2001~2013年漳州市主要年份花卉产品变化情况

花卉产品	种植面积(亩)				产量(万粒、万株、kg)				产值(万元)			
	2001	2005	2010	2013	2001	2005	2010	2013	2001	2005	2010	2013
水仙花	8358	8113	7380	6797	6898.1	6384.5	5982.1	5108.9	9854	9235.6	10114.7	11571
兰花	1765	2016	2239	2446	1209.3	1331.2	1586.9	1689.8	62112	69471	68955	85523
榕树盆景	21484	26687	31459	32574	3155.1	4117.2	5158.9	5780.18	87655.9	107811.3	119839.6	124397.4
仙人掌与多肉植物	2361	3155	5198	5353	3584.1	4781	9641.6	8808.6	14582	21001	29873.3	26363.6
棕榈科植物	48723.9	50142.3	55620	54292.2	98563.5	109814	149876.6	138661.9	105816.1	134518.2	119415.2	124935.5
阴生观叶植物	6248	7014.2	7491.6	7551.2	11755	18516.9	22549	26342.8	14824.1	19354.2	33854.8	36217.3
食用药用花卉	186	341	1902	3735	51063	93616	522167	1025392	97.8	210	20141	94299
绿化苗木	81120	95474	104956	186681.8	17902.5	180172.3	228476.1	295632.8	105478	195471	214894	416451

备注:水仙花产量为万粒,食用药用花卉产量单位为千克,其余均为万株。

三、发展举措

(一)以政策扶持为突破口,明确花卉产业发展目标

历届漳州市委、市政府高度重视花卉苗木产业工作,将其作为漳州市经济发展的新增长点和农业的七大重点支柱产业之一加以扶持。1999年起通过举办每年一届的海峡两岸花博会来推动花卉苗木产业大发展。2002年率先在全省设立市级花卉管理办公室,并于2013年制定实施《漳州市花卉产业规划(2013~2020年)》,确立了做大产业的目标。2012年出台《漳州市人民政府关于扶持花卉苗木产业发展的意见》,在资金、用地、融资、绿色通道、市场营销体系建设等方面提出扶持举措,平和、长泰、华安等县相继也出台一系列扶持花卉苗木产业发展

的政策措施。为更好保护和扶持漳州水仙花产业发展，2014 年又出台《漳州市人民政府关于保护和扶持水仙花产业发展的若干意见》和《漳州水仙花原产地保护区管理办法》。由于各级政府高度重视，相关部门大力扶持，为花卉苗木产业迎来了良好的政策环境和难得的发展机遇。

（二）以品牌建设为抓手，构建花卉标准化和品种保护体系

品牌是先进生产力和竞争力的重要体现，也是产业和企业发展的源泉。鼓励企业大力发展具有知识产权的花卉苗木产品，创建商标品牌，申报国家专利。2008 年、2010 年漳州市"漳州水仙花"和"南靖兰花"分别取得中国驰名商标，成为全国第二个和第三个花卉类驰名商标，截至 2013 年全国花卉类驰名商标 3 个，漳州就占了 2 个；2011 年漳浦"沙西榕树"地理标志商标通过国家工商总局批准；沙西榕树和漳州水仙花还获得"福建名牌产品"称号。为了进一步提升产品质量和品牌效应，漳州市建立健全质量管理体系，逐步走上规范化、标准化花卉苗木生产的轨道。制定了《中国水仙种球生产技术规程与质量等级》《盆栽人参榕生产技术规范及质量等级》等 2 个国家行业标准、漳州水仙花、蝴蝶兰、虎尾兰、墨兰等 4 个省级地方标准，建立花卉出口备案基地 3 万多亩。与此同时，随着各国对原产地物种的重视和保护不断加强，漳州花卉品种保护也刻不容缓，紧锣密鼓地开展了乡土野生花卉资源保护工作，除了通过报刊、电视、网络等宣传媒介，以及参加国内外各种花展等大力宣传漳州花卉品牌，抓好品牌保护外，漳州市加强了兰花、水仙花等当地品种和濒危品种保护体系的建立，通过建立种源保护示范基地，抢救濒危品种。如在南靖县建立兰花种源保护示范基地；在龙海建立抢救水仙花"百叶"濒危品种生产示范区，研发"金三角"等新品种，促进乡土野生花卉资源的有效保护和可持续利用。

（三）以培育龙头为样板，创新花卉推广与产业发展模式

漳州市把发展龙头企业作为加快产业化进程的突破口，认真落实国家、省、市出台的扶持农业产业化发展政策，积极扶持企业发展壮大，推进产业化发展。近年来重点扶持了福建省宏盛园艺股份有限公司和漳浦扬基园艺发展有限公司等两家省级农业产业化龙头企业，漳州东南花都有限公司、百花村万兴园艺有限公司等 8 家省级林业花卉苗木龙头企业，闽荷花卉合作（漳州）有限公司龙海恒隆园艺发展有限公司等 10 家市级农业化花卉苗木龙头企业，成为漳州花卉产业不断发展壮大的样板。2014 年 7 月，福建省宏盛园艺股份有限公司正式在海峡股权交易中心挂牌交易。在培育龙头企业过程中，鼓励和引导龙头企业拓宽视野，采取"走出去"战略，鼓励企业走出国门，考察学习荷兰、意大利、德国、日本等国家花卉生产先进技术和管理经验，及时掌握国际花卉苗木贸易动向，建立外向型

花卉苗木生产基地，其中扶持建设全国生产示范基地 1 个、省级生产示范基地 6 个。同时，通过培育龙头、龙头带基地、基地联农户，创新推行"公司 + 基地 + 农户"的经营模式，推广"订单、合同花卉"，推进了花卉苗木产业规模化、专业化、集约化发展。

（四）以交易市场为平台，完善和延伸花卉市场营销网络

漳州市采取有力措施，多管齐下，积极开拓市场，搭建营销平台，建设全面、稳定的国内外营销网络。在平台建设上，通过建设大市场，促进大流通，带动花卉苗木产业大发展。建设和完善了漳州市花卉交易中心、南靖兰花市场、漳浦榕树集散地、百里花卉走廊等一批花卉苗木专业市场，正在建设占地 4500 亩的海峡（福建漳州）花卉集散中心和占地 5000 亩的漳浦兰花大世界。在营销手段上，漳州采取传统市场与现代营销、有形市场与无形市场相结合的市场营销模式，完善和延伸了花卉市场终端。到国内外近千个大中城市设立营销网点，积极抢占国内外花卉苗木市场。2008 年率先在花卉王国荷兰设立营销网点，2009 年以自主品牌通过荷兰国际拍卖市场进入国际花卉销售终端市场。培育和完善花卉苗木信息市场，先后建立漳州花卉网、海峡花卉网等网站，积极开展花卉市场预测预报和网上花卉苗木交易等活动。南靖县开辟了"网上兰圃"200 多个，产品远销北京、上海、广州等大中城市，年创产值 2 亿多元，取得良好成效。建设完成全省首家花卉 4S 店，并投入运营。与此同时，由海峡生物科技有限公司负责建设 B2B 花卉电子商务网站"漳州味—水仙花乡"已进入一期上线测试阶段，入驻企业 400 多家。

（五）以科技研发为手段，创新提升花卉技术与品质

漳州传统花卉和野生花卉资源丰富，种类很多。要着力抓好传统名花（如兰花、水仙等）的改造创新、花卉新优品种研发、实用技术、产业示范区等科技创新体系建设，不断丰富花卉种质资源，提升花卉生产技术和产品品质，从而推动花卉产业向更高水平发展。一是通过花卉种质资源调查、引种和有目的、有重点、有步骤开展花卉育种，丰富漳州花卉种质资源，前提是有计划建立不同传统名花和特色花卉基因库和品种资源圃，为花卉遗传与育种提供充足的物质基础。二是积极鼓励、引导企业和花农开展花卉新品种的研究和开发，加大国内外新优花卉品种引进力度，通过筛选驯化，培育出适宜漳州市发展的花卉新品种群，努力实现品种国化、用途多元化，不断减少国外进口花卉种株、种球、种子，独树一帜，创立并发展漳州的特有品种群。组建欧中现代农业技术研发中心和漳州市花卉研究所，研究花卉生产关键技术，培训人才，推进科技创新。三是大力推广人参榕、富贵竹、金边虎尾兰等出口花卉病虫害生物防治，推广国兰、蝴蝶兰、水仙花、虎尾兰等花卉先进栽培技术和生产技术标准和切花生产保鲜等新技术；并重视主要花卉品种如水仙花雕刻技术和包装技术的研究开发，把水仙花从原材料销售转变为礼品装（雕刻成品装）销售，价格从1粒几元增加到几十元，提升品种的附加值。四是通过实施漳州水仙花国家级标准化示范区建设，推动漳州水仙花产业标准化、规模化发展；通过摸清漳浦县出口榕树基地病虫害发生的种类，准确掌握输入国关注和被国外检出的病虫害的发生及危害情况，从而推广系统有效的田间虫害防治方案和种苗加工有害生物除害处理工艺，建设高标准的出口榕树生产基地。

（六）以交流合作为媒介，推进产业升级和花卉文化建设

"以花会友，以会为媒"。这是漳州花卉产业发展中一个重要的传统，也是推进花卉产业进一步提升发展的重要"软件"。通过多方位、多形式对外交流合作，不仅能够学习引进国外、境外先进技术、设备、生产管理经验和新品种等，不断推动漳州市花卉苗木产业升级换代；而且能够丰富花卉文化内涵，大大提升花卉产品在国内外的竞争力。一是加强漳台花卉交流与合作。先后成立"海峡两岸农业合作实验区"、"台湾农民创业园"，推进两岸花卉合作与交流向纵深发展。目前已有70多家台资花卉企业落户漳州，总投资近亿美元，年产值2亿多人民币。台湾花卉企业带来了优良的花卉品种、先进的生产技术和设备、现代化的经营管理经验等，为漳州市花卉业苗木产业的升级换代、扩大出口等起到示范推动作用。二是加强漳荷花卉合作。为拓展花卉国际市场，漳州市高度重视同花卉王国荷兰的合作。2006年，漳州市与荷兰花卉拍卖协会和瓦格宁根大学签署了花卉合作交流协议，签约7个合作项目，涵盖了基地建设、品种繁育、窗口建设、物流等项目。2008年设立漳州市政府花卉产业办公室驻荷兰代表处，成功实现与荷兰花卉产业对接，多次开展项目合作和国际花卉储运技术、物流技术等学术交流。2009年与荷兰瓦格宁根市蒂结为友好城市。2014年通过筹办第三届国际百合属研讨会暨项目技术对接会及水仙专场，进一步推动漳州市这一享誉海内外的球根花卉——漳州水仙花的对外交流、合作。三是组织参加境内外花展。1999年以来连续举办十六届"海峡两岸（福建漳州）花卉博览会"，组团赴台举办九届水仙花雕刻艺术展、赴荷兰参加四届国际花卉展，多次组团到香港、澳门举办花展，并积极参加国内外举办的各种花事活动等，如参加八届中国花卉博览会，大力开展产品推介、招商联络等活动。成立花卉进出口协会，及时通报国际花卉市场动态，解决花卉出口瓶颈。10年来漳州市花卉出口增长14倍，漳州盆栽花卉在国际市场占有一席之地，"漳州人参榕"得到世界50多个国家和地区认可。在欧美市场，榕树盆景还被誉为"中国根"。

四、品牌优势

漳州花卉产业的发展得益于各级政府的产业谋划和政策扶持，得益于社会各界的广泛参与。一年一度的海峡两岸（福建漳州）花卉博览会引领着花卉产业发展的方向，水仙花、兰花和榕树"三大花卉产品"是推动漳州花卉产业发展的品牌主力军，而漳州花卉交易中心、海峡花卉集散中心和兰花专业市场"三大花卉市场"更是强大的引擎和助推器，它们是漳州花卉产业浓墨重彩的特色品牌，是漳州花卉一张张亮丽的名片，闻名中外（表5-2）。

表5-2 漳州市花卉产业发展特色品牌

品牌类型		品牌建设情况	品牌推动与辐射情况	品牌效应
海峡两岸（福建漳州）花卉博览会		1999年福建省政府审时度势，在漳州主办了第一届海峡两岸花卉博览会，台湾中华盆花发展协会、台商园艺产业联谊会等纷纷积极参与联办，并组织台湾花卉业者前来参加，开创了两岸花卉直接交流的先河。经过1999~2003年前5届海峡两岸花博会的成功举办，展会规模不断扩大，办会层次不断提高。2004年以来，花卉博览会提升为国台办、农业部、国家林业局、福建省政府共同主办的国家级盛会，又吸引了台湾中华花艺设计协会、台湾兰花产销发展协会、大陆台商精致农业园艺联谊会和台湾省园艺花卉商业同业公会联合会等参与联办。自2009年开始，"海峡花博会"拓展提升为"海峡农博会"，以打造中国南方最大农业展会为目标，突出现代农业主题，涵盖种植养殖、涉农加工、商贸流通、观光旅游、论坛研讨、文化创意等相关产业，办会规模、档次和实效进一步提升	以"花开两岸 合作双赢"为主题的海峡两岸花博会已成功举办了十六届，每年一届的海峡两岸花博会成为闽台农业合作与交流的有效载体，辐射海峡两岸的大型区域性花事与经贸盛会。一年一届的花博会，同时达到推动漳州社会经济各项事业迅速发展，因此亦被誉为"福建花卉第一市"、"东南花都"	位于福建漳州百里花卉走廊黄金地段的漳浦马口，国道324线旁，是历届"花卉博览会"所在地，也是福建漳州国家农业科技园区的核心区，包括花卉博览园、花卉科技园、花卉生产基地及综合服务区与主展厅，总面积7800亩。现有各种花卉苗木2000多种，年培育各种花卉苗木1000多万株，是集花卉生产、销售、展示、出口、旅游观光、农家休闲度假、会议培训、健身娱乐为一体的现代农业大观园，是国家4A级旅游区
三大花卉产品	漳州水仙花	1984年10月27日，漳州市人大常委会第二十四次会议审议通过《关于命名水仙花为漳州市花》的决定；1986年水仙花被评选"我国传统十大名花"之一；1984年10月26日漳州市第八届人大常委会第二十四次会议通过了水仙花为"漳州市市花"的决议；1997年8月28日福建省第八届人民代表大会常务委员会第三十四次会议通过将水仙花确定为"福建省省花"；2000年龙海市被林业部评为"中国水仙花之乡"。2002年漳州水仙花获福建省首批通过"原产地标记"注册，2004年"漳州水仙花"获得国家工商局国家原产地证明商标注册，2005年"漳州水仙花"获福建省著名商标，2008年又获得通过"中国驰名商标"，这是继云南省"斗南花卉"后全国第二个花卉类中国驰名商标。2009年漳州水仙花被评为"福建省名牌产品"	自古以来，水仙花就深得文人雅士的钟爱，人们视之为"岁朝清供"的迎春花，并作为吉祥、纯洁的美好象征，素有"南国花王"之美名。由于漳州水仙花具有花球肥硕、花枝多、花期长、芬芳馥郁四大特点，以及独有的雕刻艺术造型，推进了水仙花与荷兰、中国台湾等地的交流与合作，深受人们的欢迎	近年来，漳州将"漳州水仙花"驰名商标授权给漳州水仙花协会管理并延伸到5个会员企业及400多个个人会员使用后，漳州水仙花的市场知名度更高，品牌效应更好，附加值体现更显著。目前，漳州水仙花总产量占全国的95%以上，近3年年产商品花球3600万~4000多万粒，市场占有率占全国95%以上，年产值超过1亿元

（续）

品牌类型		品牌建设情况	品牌推动与辐射情况	品牌效应
三大花卉产品	南靖兰花	兰花是中国十大传统名花之一，漳州市南靖县是福建省规模最大的兰花集散地之一，全国最大的兰花原生种养散地之一。1997年，"中国兰花"被确认为南靖县县花；1998年10月，南靖被中国特产委员会授予"中国兰花之乡"称号；2008年10月28日，南靖县首件地理标志商标——"南靖兰花"集体商标在国家工商总局商标局注册成功；2010年南靖兰花被国家工商行政管理总局评为"中国驰名商标"	据资料记载，南靖野生兰花有六大类一千多个品种，尤以建兰、墨兰、寒兰、春兰品系最多，是东南亚地区最具特色的墨兰产地。已发现并采集下山的报岁兰、四季兰、秋兰、寒兰、春兰等已选择、培育3500多万株。带动1500多个养兰专业户、300多种植大户，推广种植面积达2326亩	2013年，南靖年产兰花2.76亿株，销售1.68亿株，年销售额8.33亿元，约占省内同类产品的85%。
	榕树盆景	榕树盆景是漳浦花卉产业发展的主力军，以"榕树盆景之乡"沙西镇为中心，近几年种植面积始终保持在1.8万亩左右。漳浦的榕树产业原先是以人参榕盆景为主，现在渐渐发展为人参榕、气根榕、树桩景观榕三种类型同时发展，造型、品种也较先前更多样化，从几十克重的小盆栽到几吨的，几米高的景观榕比比皆是。2000年6月，沙西镇被国家林业局、中国花卉协会命名为"中国榕树盆景之乡"；2009年闽南花卉人参榕被评为"福建名牌产品"	漳浦沙西已经成为福建省最大的榕树集散大市场，各类榕树盆景除了漂洋过海出口到世界各地外，漳浦其他乡镇、龙文区、南安等外地的榕树也不断涌入沙西，占总量的20%左右	2013年漳浦人参榕销售额2.6亿元，销售总量1690万盆，单价同比2012年上升10%左右；其他两类榕树价格和销量基本不变，部分大规格苗木还略有上升，整体上销售额比2012年上升15%。2013年漳浦榕树盆景总产值4.5亿元，出口额为1200万美元
三大花卉市场	漳州市花卉交易中心（百花村花卉市场）	漳州市花卉交易中心是国内最大花卉交易市场之一，规划占地总面积4km²，位于漳州市区南郊的九湖镇，由漳州市百花村花卉开发有限公司建设、管理与运作，主要以批发、零售为主，产品销往全国各地。1999年被农业部认定为"全国花卉定点市场"；2005～2006年认定为漳州市农业产业化市场龙头企业；2007年认定为福建省标准化农产品批发市场。2000年以来，已成功举办了七届"中国百花村花卉节"并成为海峡两岸花卉博览会的分会场。2006年荣获国家商务部认定"双百市场工程"大型农产品批发市场。其市场销售经营已从传统的农家分散交易转变为集中在百花村花卉市场集约营销，沿324国道形成一条2km长的花卉走廊，有800多家省内外及国外各种花木销售摊点、经营部和公司进驻，其经营模式大多是前店后圃，以花木基地、经销、种养技术服务为一体，集基地、销售、展示、引进、推广、观赏、旅游并举的现代市场经营方式	目前，拟投资1亿多元、建设面积2万m²集展示、接待、交易、信息、科技、办公、服务为一体的交易中心综合大楼——主展馆正在建设中，该展馆将进一步提升漳州花卉交易中心的影响力，促进漳州花卉产业的发展。百花村花卉香飘国内外，市场内花卉出口企业更是以百花村市场为载体，将漳州花卉销往东南亚、欧美等国家和地区。在韩国，80%的花农都知道中国有个百花村；韩国市场上，90%的虎尾兰来自百花村	目前花卉从业人员6.8万人，带动农户1.8万户。据不完全统计，漳州市花卉交易中心2010年实现交易额6.2元、2011年实现交易额6.8亿元、2012年实现交易额7.7亿元、2013年实现交易额8.5亿元

（续）

品牌类型		品牌建设情况	品牌推动与辐射情况	品牌效应
三大花卉市场	海峡花卉集散中心	海峡花卉集散中心于 2009 年 3 月获国台办批准立项，2009 年 8 月 6 日由福建漳龙实业有限公司投资建设，项目占地 4500 亩，主要建设集交易、展示、观光、交流、科研、检验检疫、保税仓库、物流配送、信息服务为一体的现代化集散基地。其建设将填补漳州市乃至福建省内无大型花卉苗木集散市场的空白，成为海峡西岸经济区最具辐射力和影响力的高品质、高标准、国际化的花卉物流集散中心和交易平台，进一步促进了漳州花木产业的升级换代。目前已投入资金 2.4 亿元完成一期 2000 亩项目区建设，办公楼、物流中心、餐饮楼等配套服务设施投入使用，集散中心"水仙花乡"花木电子商务平台已上线运行	目前入驻企业 93 家，已投产运营企业 46 家，主要经营的品种有进口罗汉松、进口黑松、本土罗汉松、红花羊蹄甲、樱花、中东海枣、加纳利海枣、红花风铃木、紫薇、桂花、重阳木、香樟等绿化苗木与精品盆景。下一步将加快建设步伐，加大招商力度，把该项目打造成东南沿海最大的苗木市场	2013 年尚处在建设当中的海峡花卉集散中心就实现交易额 2.87 亿元
	南靖县花卉专业市场	南靖县是我国墨兰、建兰主产区之一。20 世纪 90 年代初，南靖县开始兰花产业化生产，成立兰花协会、建设国兰示范场。1999 年、2000 年南靖县分别建设占地 300 亩的兰花园和占地 200 多亩的丰田兰花市场，使之成为南靖兰花产业展示发展成果的载体	吸引了漳州市 60 多个养兰专业大户和台湾、广东等商家进驻市场设立营销窗口，产品销往北京、上海、广东、山东、浙江、湖北、福州以及台湾、香港等省市，还远销韩国、日本等东南亚国家和地区，为南靖兰花产业发展注入新的活力	南靖县年产兰花 6000 多万株，市场年交易额 4.5 亿多元，占全市花卉销售额 20% 以上

第二节　赛江两岸绿竹潮

绿竹是福安的一大特色资源，经过多年发展，福安成为我国目前最大的绿竹生产基地之一。在福安境内 104 国道两侧和赛江沿岸已基本形成一条以绿竹为主的"绿色长廊"。伴随着清澈的江水和优美的环境，我们来到了赛江两岸的绿竹天地里。

一、基本情况

绿竹 [*Dendrocalamopsis oldhami*（Monro）Keng f.] 属禾本科竹亚科绿竹属，是我国南方著名丛生笋用竹种之一。栽培绿竹投资少、成本低、见效快、效益好，与其他竹种一样具有一次造林成功，即可永续利用长期获益的特点。绿竹生长气候要求温暖湿润，在年均气温 18 ~ 21℃，1 月均温≥8℃，极端低温 > -3℃，年降雨量 > 1400 mm，土壤 pH 4.5 ~ 7 的环境条件下生长良好，气温 >15℃开始生长，25℃生长最快，－5℃时片受冻，－9℃以下植株冻死。

绿竹笋形似马蹄，又称"马蹄笋"，为我国南方特有优良的笋、材两用竹种，绿竹是丛生竹中较高产的笋用竹种，其笋期长达 160 多天，盛产于夏秋两季(5～10 月)，笋质脆嫩、鲜甜可口、营养丰富，独具保健功能的绿色食品，是夏季清凉消暑解渴的山珍佳肴，称得上笋中之王，越来越受人们的喜爱。绿竹笋除蔬食外，制干制罐等加工性能俱佳，市场前景十分广阔。

二、建设成就

福安绿竹产业得到历届政府的政策、技术和资金方面的大力扶持，从 2003 年起种植面积从原来的 2.2 万亩，逐年扩大至 2010 年的 5.5 万亩，年产鲜笋 1.6 万 t、竹材 10 万 t，产值 1 亿多元，赛江沿岸和 104 国道两旁形成了"百里绿竹长廊"。

(一)增强了绿竹产业发展的服务功能

近年来，福安市高度重视发展绿竹产业，全力推进竹业富民工程，市财政从政策、资金等方面给予大力扶持，培养了一支具有较为先进生产技术的科技服务队伍，建设了一批绿竹科技园区和绿竹丰产培育标准化示范片，绿竹笋亩产量从以往的 100～200kg 提高到 530～600kg，并延长了笋期 1～2 个月，绿竹笋亩产值增加了 2000～3000 元。

(二)促进了绿竹产业发展的带动作用

加工企业的引入，实现了绿竹产业的良性循环，有效解决了鲜笋市场饱和期的绿笋滞销低价难题。2007 年福安首家致力绿笋加工的宏宇食品有限公司落户白沙村，采用"企业＋基地＋专业合作社＋农户"的产业集约化经营模式，引领竹农科学生产，逐步改变多年来绿竹种植的粗放管理现状，企业由此捧得了省级龙头企业的殊荣。同时，企业联手天津科技大学、省农学院等高校院所专家，成功研发绿笋保鲜技术，年加工生产竹笋 2600t，竹农生产后顾无忧。另外，2007 年福安市竹业协会应势而生，紧跟其后，各乡镇 15 个竹业专业合作社相继成立，集种、销、技术推广等一条龙服务，300 多户竹农"抱团"发展，各领风骚。

(三)提升了绿竹产品在国内外的知名度

近年来，福安在提升绿竹产品知名度不断推陈出新，举措不断。2011 年荣获"中国特色竹乡"，注册"福安绿笋"地理标志商标，努力实现外销的绿竹(笋)品牌、商标管理，开展"森林食品""绿色食品"等质量论证，使福安绿笋的安全食品信誉度得到不断的提高，特别是 2010 年起，每年举办福安绿竹(笋)文化节，不断提升福安绿竹产业的地位和影响力。

三、前景展望

福安种绿竹植点多面广，农户参与热情高。全市 24 个乡镇(街道、经济开发区)中有 21 个乡镇有种植绿竹，共有约 3 万多户林农参与绿竹生产，溪柄镇黄兰村、白沙村，城阳乡占洋村、化蛟村等农民总收入中绿竹的收入约占 50% 以上，绿竹产区的村有 90% 以上农户都有种植绿竹。同时，发展绿竹具有良好的经济、生态、社会效益，不仅在江岸溪边、水库周边、山脚路边、房前屋后能种植，不占用耕地，也能护岸护堤、涵养水源、保护水土、净化空气、美化环境。

(一)经济效益

发展绿竹是农民脱贫致富的"绿色银行"。种植绿竹，第 3a 即可投产，前 3a 的总投资约 600 元/亩。若按丰产培育技术经营，第 4 年可进入丰产期，丰产林平均产笋达 600kg/亩，按平均 5 元/kg 计算，产笋收入达 3000 元/亩。如果采用提前出笋技术，提早上市，那产值更加可观。近年来，福安市绿竹笋市场 10 元/kg 以上的价格维持 1 个月以上，经济效益更加明显；一般绿竹林年产绿竹材 1.5t/亩，产值达 400 元。笋、材两项合计年产值共约 3400 元/亩，扣除经营成本 600 元/亩，收入可达 2800 元/亩。

(二)生态效益

绿竹根基合轴丛生，根系发达，在溪河岸边种植能保持水土，发挥护岸护堤效益，根据赛江绿竹林 固土护岸效益研究结果，种植一株绿竹二年后根系固土面积达 $1.4m^2$，种植 4~5 年成林后形成竹丛，根系防护面积可达 $7~9m^2$，茎叶覆盖面积达 $10 m^2$，以前福安市溪柄镇黄兰桥下的沙坂，原来没有种植绿竹，每次受洪水一冲，岸边就发生崩塌，农田受淹，土地无法利用而荒弃，种绿竹后，形成一道天然的防洪堤，起到拦淤防洪作用，岸边不再发生崩塌现象。绿竹竹秆青翠，竹叶婆娑，形态优美，外观雅致，在园林绿化、四旁绿化中被广泛运用于美化生态环境。

(三)社会效益

绿竹材可用于制浆造纸，是优良的造纸原料，可制纤维板，可用于烧取竹炭，可用于农业生产上的搭架栽培作物，可加工冰棒签。栽植绿竹笋期长，从 5~10 月都有笋挖，冬春季管理竹园，砍竹出售，一年四季都有活干，即增加农民收入，又稳定农村劳动力。

四、乡村发展水平

近年来，福安绿竹产业能得到快速发展和取得良好成效，与农民的踊跃参与、技术引进与转化、政府推动分不开的，尤其是农民的自觉参与成为福安绿竹产业发展的首要因素，只有农民自觉行为得到调动和开发，才是产业发展的涌涌不断的动力和源泉。

为了更好地了解福安绿竹发展的变化情况，2010 年 9 月采取 PRA 调查方式深入黄兰和白沙村与农民互动调查，初步了解福安绿竹产业发展现状与农民参与需求，并以绿竹产业变化最快的白沙村为例，为进一步开展非木质资源开发利用与技术服务提供依据。

(一)白沙村绿竹发展水平

白沙村属于福安市溪柄镇管辖，距离福安市城关公路里程仅 6 km，位于福安市内的 104 国道百里绿竹长廊的东侧，它与对岸的黄兰村是福安富春溪绿竹的起点。2008 年末白沙村户籍人口 910 人，外出人口约一半，参加农村新型合作医疗人数 622 人，地理条件较好，白沙村耕地面积 508 亩，人均只有 0.56 亩。全村绿竹面积 1100 亩左右，且家家户户基本都有种植绿竹，面积从 1~2 亩到 30 亩不等，绿竹产业成为白沙村经济收入的重要渠道之一，一年纯收入达 300 万元左右，绿竹产业收入占全村家庭总收入的 50%，维持了村里人大部分的生计。

本次 PRA 调查主要通过以下途径：①成立 PRA 工作调查小组，并对其进行调查工具的培训与调查要素的沟通调整；②实地调查(实地考察；运用半结构群体和个人访谈等 PRA 工具)，主要采访当地林业部门、企业、村委相关部门人员，获得社区自然和社会经济条件的基本资料；组织和召开村干部和有经验的农民参加，包括不同经营措施的农户(即采取集约经营和粗放经营方式)，以互动的方式重点调查绿竹经营活动的季节性日历、资源利用冲突矩阵因素，调查突出绿竹生产规模、产量以及技术发展的农民亲身经历，针对性、代表性和实用性强；③内业整理：资料处理，找出社区资源管理中存在的问题及原因，并提出观点及相应可行的解决措施。

表 5-3 绿竹经营活动的季节性日历

月份 事件	1	2	3	4	5	6	7	8	9	10	11	12
健康	8.45	8.82	8.91	9.64	9.27	9.64	9.45	9.18	9.09	9.64	9.27	9.64
支出	9.00	7.55	7.45	5.18	4.82	4.64	6.0	5.73	5.45	4.91	6.73	7.00
收入	3.73	3.55	4.00	4.36	7.00	8.55	9.64	9.45	6.73	5.45	3.91	4.18

（续）

月份 事件	1	2	3	4	5	6	7	8	9	10	11	12
绿笋需求	8.91	8.91	7.73	7.73	9.73	9.82	9.82	9.09	8.64	7.36	6.64	7.27
竹材需求	7.73	8.64	7.91	6.55	7.27	6.82	6.55	6.55	7.45	8.00	8.36	8.73
劳力需求	6.27	5.91	7.09	7.36	9.27	9.18	9.36	9.18	7.36	7.55	6.64	6.82
种水稻	1.55	1.64	3.55	5.36	4.82	1.91	1.90	1.18	1.09	4.82	2027	1.36
其他（茶叶水果等）	1.00	1.00	2.73	4.09	2.82	2.82	4.91	5.91	6.09	6.82	6.64	6.36

在绿竹经营活动的季节性日历的农户打分表明（表5-3），农民对健康、绿竹笋与绿竹材需求、科技需求是重要的因素，是影响绿竹生产活动的关键性因素。因为农民认为健康是农民从事其他一切生产的保障，没有了健康，不仅影响绿竹生产和年度绿竹产业的收益，影响家庭收入。同时，绿竹笋是福安传统食品，与他们的生活息息相关，成为餐桌上不可缺少的一道菜肴，特别是在绿竹笋生产期以外的1~4月、10~12月份，他们仍希望绿竹笋能走上他们的餐桌，更为重要的是绿竹笋还是他们经济收入的重要渠道。农户一致感到4~9月份绿竹生产活动对劳力需求最大，出现劳力严重不足的局面。

白沙村是绿竹产业变化最快的一个村，表现为农户对绿竹产业的积极参与，对绿竹高效培育技术的需求与日俱增。绿竹发展规模从原先的400亩发展到现在的1100亩左右，产值也从原先的600元/亩到现在的7000元/亩左右。在这当中，福安市林业科技推广部门发挥出重要的作用，在总结农户已有技术经验的基础上，根据经营类型，重点对施肥方式、竹林结构调整和竹笋采收方式等进行技术设计，制定了绿竹林分结构调整、竹蔸调整和水肥调节等关键技术方案，并进行技术的培训推广与绿竹高效栽培示范基地的辐射，指导白沙村的竹农根据设计方案开展生产活动（表5-4，图5-1）。白沙村在劳力不足的情况下，绿竹产业仍得到质的飞跃。经营措施从粗放经营逐步向集约经营转化，无不体现出转变发展方式对产业发展的推动作用。

表5-4　绿竹标准化丰产培育技术要点

关键技术	技术措施
调整竹丛结构	一般情况每丛应少于6株，调整后的1年生竹与2年竹的比例为2∶1
砍除老竹	立春后进行，宜于惊蛰之前结束，提倡锄头砍竹法，砍竹后一定要让阳光照到竹蔸处
挖老竹蔸	冬季至惊蛰进行为佳，挖除3年以上的老竹蔸，留足长笋空间
扒土晒目	时间以清明谷雨间为宜，晒目一个月，以促提前产笋

（续）

关键技术	技术措施
科学施肥	竹子换叶或竹根露白时，应施足肥料，约株施150g复合肥，此次施肥应占全年施肥量的一半以上
挖笋与培育二水笋	挖笋应讲究方法，适当保留笋目以培育二水笋（以笋出笋）
合理留竹	留养健壮竹，注意留竹的位置，应考虑来年出笋的空间

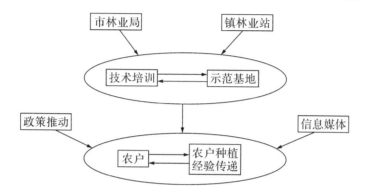

图5-1　绿竹林培育技术传播途径示意图

表5-5　绿竹不同利用方式与不同主体收益以及影响因子冲突矩阵打分

冲突因素 利用方式	企业	村与村之间	村与乡	林农之间	劳力	市场流通	环境之间
食品加工	8.36	3.27	2.55	3.45	3.73	2.55	5.55
绿竹笋	5.45	4.18	3.18	4.00	9.55	4.27	3.64
绿竹材	5.45	3.09	3.18	2.91	8.30	2.27	1.36

在绿竹不同利用方式的冲突打分表明（表5-5），劳力对绿竹利用的影响最大，是最重要的影响因子。这是因为随着城镇化和市场经济的不断推进，白沙村也不可避免的融入市场经济的大潮中，村里许多劳动力转移，走出乡村、走向城镇、走入社会第二、第三产业，实践和活跃市场经济。致使农村劳力越来越缺乏，正在制约绿竹产业的进一步发展。通过调查，目前，白沙村基本都是50岁以上的劳力从事绿竹生产，白沙村户籍人口约167户910人，而在农村从事绿竹生产的劳力大约只有150人，其中50岁以下的只有20人左右，一般一户只有一个劳力。一般一个劳力只能对自家3~5亩绿竹林采取集约经营，超过的面积基本上仍以粗放经营为主，以竹材收入为主。针对这种现象，调查了解到如果在绿竹生产旺季请劳力参与，他们异口同声说劳力工资水平太高，达到150元/天，简单算一笔账，没有人愿意这样做。如在生产实践中绿竹林砍竹地、挖竹苑需要3工日/亩，锄草松土需要1工日/亩，扒晒（扒土）、培土2工日/亩，每年施肥

需要 1 工日/亩，采割笋需要 15 工/亩。而绿竹笋每个生长期间产量 500 ~ 1000kg/亩，收购价平均约 8 元/kg，每亩收入 4000 ~ 8000 元/亩。

白沙村年绿竹笋产量大约 600t，除了农户自用外，大部分由市场自销和企业统一收购。农户存在企业在收购绿竹产品的担心，担心产量过大会影响收购价格，但从调查中了解到，目前，农户对产品的收购上没有表现出太大的冲突，对市场前景持乐观态度。特别是 6 ~ 7 月竹材的收购是卖方市场，造纸等企业对竹材的需求量很大。究其原因，绿竹笋与竹材之间的利用基本是呈反比关系，靠竹材利用的多为粗放经营，其竹笋产量必定少；集约经营的绿竹林，其密度多调整到每丛保留 6 株左右，即 300 ~ 350 株/亩。因此，随着集约经营的逐步推进，竹材的产量将逐步回落，必然导致用材企业的资源紧张。

(二)农户参与水平

在调查中，我们主要应用农户访谈法进行调查。调查内容主要包括家庭基本情况、农户农业生产经验及技术知识和农户农业生产技术需求等。农户访谈能够更好地促进农民和调查人员的交流，能使研究人员了解农民的具体的种植技术知识系统，同时也使农民了解外部人员对他们自身技术的认识看法，获得外部科技知识而融合到自己的实践当中。对白沙村的调查表明，农民开展绿竹培育类型主要包括绿竹笋用林和用材林，更多的是希望发展以笋用林为主，能解决自己日常绿竹笋的食用。同时，还了解到不同经营户对绿竹培育的期望收益不同。按照不同经营水平划分进行分析，经营先进者的平均期望收入为集约经营绿竹应有的收入，约 6000 元/亩以上，而经营相对落后者的期望收入不高，只要求不比劳力工资低就可以了，约 2500 元/亩(表 5-6)。目前，进行集约经营的农户达到 80 ~ 90 户。

表 5-6　白沙村不同经营水平的农户对比分析　　　　　　单位：万元

农　户	规模	经营水平	竹笋收益				竹材收益				备　注
			2007 年	2008 年	2009 年	2010 年	2007 年	2008 年	2009 年	2010 年	
农户 1	6 亩	集约经营	1	1	3	4	0.4	0.4	0.3	0.3	2010 年又改造 7 亩
农户 2	20 亩	粗放经营	0.7	0.9	0.8	0.5	1.6	1.6	2.2	4.4	

笔者分别对进行绿竹集约经营和粗放经营的农户进行半结构调查，分别列举如下：

农户 1(集约经营户)：他是福安市林业部门确认的绿竹科技示范户，主要劳力是夫妻俩。他们能够按照林业科技推广中心技术指导要求，从 2007 年开始从绿竹低产林改造入手，每亩投入改造资金 600 元，对自家的 6 亩绿竹林严格进行了竹丛结构调整、挖老竹蔸、科学施肥等措施，以后每年投入肥料费用达 300

元/亩。经过短短的三、四年时间，使竹林产量增速明显。绿竹笋从 2007 年的 1 万元增加到 2010 年的 4 万元，增加了 4 倍。众所周知，实施集约经营技术是大家最关心的，林业科技推广中心和林业站科技人员经常深入白沙村开展技术培训、发放资料，一心一意地把绿竹标准化丰产培育技术要点毫无保留地传授给他们，受到了他们的欢迎和尊重。这从女主人喜形于色和感谢的话语不难表现出来。尝到甜头的他，2010 年又承包了 7 亩绿竹林开始低产林改造，他非常自豪地说，相信再过二、三年，他就能在现在收益的基础上翻一番，收入要达到 10 万元。

农户 2（粗放经营者）：现有绿竹面积 20 多亩，其经营措施与上一个农户呈鲜明对比，20 多亩绿竹林收益只有 5 万元。从调查中得知，目前主要劳力只有他自身 1 人，劳力不足，顾不过来，主要是砍青收益。由于受到集约经营示范户的影响，也向示范户了解一些技术，对其中的一小部分（3～4 亩）进行施肥等管理。究其原因，主要还是因为劳动力缺乏原因，导致粗放经营，但他对这种收益还是挺满意的，觉得不错，对绿竹产品的市场前景持乐观态度，代表了相当部分人群的观点。

（三）发展建议

1. 调动基层科技人员的积极性，进一步提升绿竹产业的发展水平

通过调查，可以看到科技在绿竹产业发展中发挥着重要作用，基层林业科技人员在提升绿竹高效培育技术方面也有诸多创新举措，如根据实践创造性地推广了绿竹林分调整、绿竹蔸矮化调整等关键性技术，大幅度提高绿竹产量和效益，使农民切切实实得到实惠。但由于林业科技人员待遇差别较大，也严重挫伤了工作的热情和积极性。针对此种现象，建议政府出台相关政策，提高基层林业科技人员的待遇，使他们能继续在服务"三农"一线上永保热情。

2. 加快培育绿竹龙头企业，进一步推动绿竹产业的发展速度

通过调查，了解到 2010 年为止，福安只有一家绿竹笋保鲜加工企业，该企业虽然对稳定绿竹产品起到积极的作用，但规模还是太小，年收购绿竹笋只有 3000 吨左右。为了进一步推动绿竹产业的发展速度，政府应该出台扶持政策，加快培育规模化的龙头企业，实现产、供、销一条龙带动和服务。

3. 突出建设绿竹示范户，进一步引领绿竹资源培育进程

通过调查了解到，绿竹示范户在绿竹资源培育过程中，自然而然成为推广绿竹培育新技术、提升资源综合效益的重要推动力量和示范者，对周边的农民起着比较明显的意见领袖作用。因此，在下一步绿竹产业发展中，要突出示范户建设，让他们在动员和引领绿竹资源培育与产业发展中充分发挥其作用。

第三节 无患子的履梦之路

近年来，无患子在生物柴油、日化产品的开发上受到了人们的广泛关注，尤其是我国台湾地区无患子果实以及洗涤剂、沐浴露等日用产品在欧洲甚为流行。由此不少福建省内林业部门、企业、农民纷纷涉足此领域，使福建省无患子产业不管是在理念宣传上，还是实际发展规模上都与日俱增，开启了无患子资源培育的履梦之旅。本案例的开发利用模式比较多，有果用采集经济林、无患子与其他树种混交形式，还有林木 + 果用经济林 + 鱼塘立体模式，主要以政府 + 企业 + 农民的模式来推动产业的发展。

一、基本情况

（一）无患子生物学特性

无患子（*Sapindus mukorossi* Gaertn.），又名木患子、肥皂树、洗手果、菩提子，属无患子科（Sapindaceae）无患子属，落叶乔木，高 15 ~ 25m。花期 5 ~ 7 月。核果近球形，径 1.5 ~ 2cm，10 ~ 11 月成熟，黄色或橙黄色。种子球形、黑色、光亮、坚硬。实生树 5 ~ 6 年即进入结果期，寿命长，树龄可达 100 ~ 200 年。喜光，稍耐阴，耐寒能力较强。对土壤要求不严，深根性，抗风力强。冠形庞大而美观，粗壮侧枝四周均匀展开。春夏绿荫华丽，秋叶金黄闪光，常作行道树、庭荫树；对二氧化硫抗性较强，具水土保持功能。无患子原产于我国淮河流域以南各地以及中南半岛各地、印度和日本，分布区低、中、高海拔范围均可见。现在，台湾、福建、浙江、江西、广东、广西等地区均有栽培。

（二）无患子利用方向

无患子全身都是宝，集洗涤、药用、水土保持、环保等多用途于一身，无论是作为园林树种或经济林树种均具十分广阔的发展前景。

1. 药用功能

我国传统的药用植物，其根、茎、果、皮、种仁都可以作为中药材，成熟干燥无患子果皮，具有清热祛痰，消积杀虫等作用，用于喉痹肿痛、咳喘、食滞、白带、疳积、疮癣、肿毒。

2. 洗涤、化妆品用途

无患子假种皮（果皮、果肉）中含有大量皂苷成分，汁液 pH5 ~ 7，呈自然酸性，泡沫丰富，手感细腻，去污力强。除具有良好的起泡性和去污能力外，还具有抗菌、杀菌和止痒等生理功效，作为天然活性物质可用于天然洗发香波及各种洁肤护肤化妆品中，也可用来治疗疮癣和肿毒等，被誉为"万用清洁剂"。20世纪40年代之前特别是中部山区，尚处于农业型社会，生活物质匮乏。当地人民就将无患子的果皮揉搓出细致的皂素泡沫，用以洗涤衣物、沐浴等。五十年代后逐渐被化学洗涤剂所取代。崇尚绿色、回归自然是当今世界发展的潮流，随着人们对生态环境的重视和自我保护意识的增强，绿色天然环保产品将越来越受到人们的欢迎，成为市场消费的趋势。

3. 生物农药制剂

无患子皂苷是很好的农药乳化剂，对棉蚜虫、红蜘蛛和甘薯金华虫等均有较好的杀灭效果。

4. 生物柴油

种子球形、黑色、光亮、坚硬，种仁含有丰富优良的植物油脂，含油率高达40%，可用于制备生物柴油和高档润滑油。而且集约经营的无患子果用林盛产期年产可达1200kg/亩，作为生物质能源树种开发应用前景广阔。

5. 宗教功用

主要用于佛教和道教。无患子种子除用于培育苗木外，还可以用来制作念珠。据佛经所载，无患子种子制作的念珠就是菩提子，是念珠中的极品，是最受持用者欢迎的念珠。另外，无患子幼树或树枝还可以制作"打鬼棒"等礼品，历史上曾经作为朝笏(古代官员谨见皇帝时使用)的原材料。

二、基地建设

福建省是无患子树种的天然分布区，非常适合无患子的生长，境内许多县(市区)均有零星分布。早期人工种植无患子主要是四旁绿化和营造以材用为主要目的杉阔混交林，很少进行山地成片造林，至2005年才开始进行以果用为目的规模造林经营，现已有部分幼林进入结果初期。全省推广无患子人工造林较早的主要有德化、泉港、仙游、建宁、长汀、顺昌、延平、建阳等县(市、区)。近年来，随着无患子在日用化工和生物质能源等领域的产业化开发利用、市场需求量的大增与价值的发掘提升，以及我国政府及有关部门对发展生物产业的日趋重视，将无患子列为我国林业生物质能源重点发展的6个油料能源林树种之一，无患子作为生物质能源和生物日用化工的主要原料树种，在我国南方福建、浙江、江西、湖北、四川等地发展十分迅猛，仅福建省近5年来营造无患子人工林总面积就达28万亩以上，为无患子原料林基地建设起到了良好的示范带动作用，特别是建宁县和顺昌县分别制定了"建宁县30万亩无患子原料林基地规划"和"顺昌县15万亩无患子原料林基地建设规划"，在资源培育规模上走在全省的前列，其中：福建源华林业生物科技有限公司在建宁县营造无患子原料林近8万亩，福建三青生态农林发展有限公司在顺昌、泉港、德化、仙游、武平等县市营造无患子原料林达 5 万多亩。在苗木培育上，近 3 年，福建省每年培育无患子苗木达 1000 亩以上，年产 1~3 年生实生苗可达 1200 万株以上，主要分布在泉港区、德化县、武平县、顺昌县和建宁县。

根据培育目标、立地质量、种苗来源、经营水平和技术特征，无患子原料林基地建设宜采用集约果用速生丰产纯林、一般果用纯林、果材兼用混交林、疏林地和生态公益林非木质利用补植套种和非规划林地种植（含四旁植树）等方式进行（表 5-7）。

表 5-7　无患子原料林培育模式设计表　　　　　　单位：年、kg/亩

经营类型名称	立地质量等级	经营目的	初果期	盛果期	产果量指标
集约丰产果用纯林	I～II	果用	3～4 年	7～8 年	1200
一般果用纯林	II～III	果用	3～4 年	7～8 年	800
果材兼用混交林	II～III	果材兼用	8～9 年	15～16 年	600
疏林地和生态林地补植套种	I～III	生态、果用	8～9 年	15～16 年	500
非规划林地种植（含四旁植树）	I～III	绿化、果用	8～9 年	15～16 年	900

可以预见，无患子产业将来很有可能成为我国一个独具特色的产业。总体上各地无患子产业发展尚属起步阶段，但在福建省无患子原料林基地建设上步子迈得太快，使得在资源培育方面普遍存在"使用一般实生苗造林、栽培管理粗放、林木个体间的生长结实差异大、结实迟、产量低、品质差"等突出问题，成为制约无患子原料林高效培育的重要瓶颈，急需优良无性系种苗与嫁接以及原料林集约经营技术方面的支撑。

三、科研成效

在良种选育与高效栽培技术研究上，福建省林业科学研究院基于已有的相关研究基础，面向无患子生物质资源培育与综合利用产业发展对良种及技术的重大需求，承担实施了国家林业局林业公益性行业科研专项"果用无患子良种选育及高效栽培技术研究"（编号：201104100），在无患子优良种质资源收集评价、无性系选育及规模化嫁接繁殖应用及高效栽培技术等方面的研究均取得了创新性成果，填补了我国无患子良种选育与生物质资源培育研究领域的空白。主要技术工作包括：

（1）率先系统开展了我国南方福建、江西等 9 省区无患子主要分布区种质资源调查，初选出无患子优良单株（优树）122 株，建成我国首个无患子种质资源库 60 亩，收集保存各类无患子种质 196 份、2749 分株，创建了较完善的无患子育种群体，奠定良种选育基础。

（2）开展不同地理种源无患子的分子多态性分析，完成了 SRAP-PCR 反应体系优化和引物筛选及无患子分子多态性的 SRAP 分析，初步揭示其分子水平的遗传多样性和遗传变异规律，为深入开展无患子良种选育、遗传改良和种质创新提供科学依据。

（3）在优良单株初选的基础上，通过采集优良单株果实并开展出籽率、出仁率、皂苷含量和含油率等指标的测定分析，揭示初选优树产地和个体间的变异规律；选择出种仁含油率增益在 5% 以上的优树 18 个，果肉皂苷产出率增益在 8% 以上的优树 20 个，选择出种仁含油率增益 >5%、同时皂苷产出率增益 >8% 的优树 9 个。

（4）突破优树无性系嫁接繁殖技术，实现无性系春季规模切接成活率 90% 以上、秋季芽接成活率达 80% 以上，通过无性系测定和区域试验，选育推出早实丰产优质的无性系 5 个，果肉皂苷产出率和种仁含油率增益分别达 21.59% ~ 28.78% 和 5.42% ~14.19%，营建优树无性系采穗圃 55 亩、年产接穗（芽）达 40 万条（个）以上。

（5）开展种植模式（实生与优树无性系苗木应用、密度等）、立地质量、整形修剪（矮化控冠）、人工辅助授粉等试验，早实丰产效应开始显现，完成营建试验示范林 727 亩，推广面积达 5000 多亩，总结提出了"立地控制、密度控制、优良无性系嫁接繁殖应用、配方平衡施肥、促花增雌保果、密植矮化控冠、修枝整形，病虫害防治、合理灌溉"等较成熟配套的无患子原料林种植经营技术。

四、县域发展之路

位于福建省西北部，武夷山脉中段，千里闽江正源头的建宁县，为著名的"中国黄花梨之乡""中国建莲之乡""中国无患子之乡"，也是国家级生态示范区、国家级自然保护区和国家级森林公园、省级油茶发展重点县。历经多年发展，逐步形成了以无患子、黄花梨、油茶、笋竹、猕猴桃等为主导的特色林业产业，至 2014 年，全县无患子原料林基地面积达 7.85 万亩、黄花梨 11 万亩、油茶林 7 万亩、竹林 25 万亩、猕猴桃 0.4 万亩。

（一）建宁无患子产业发展的背景

2008 年年初，建宁县遭受严重持续低温冰冻灾害，全县森林受灾面积达 208 万亩，占林地面积的 98.1%。为了尽快进行林业灾后恢复重建，正确引导林业产业结构调整和林业发展，建宁县委、县政府深谋远虑，把发展林业生物质能源作为林业建设的一项重要内容摆上了议事日程，选择发展集生物能源、洗涤、医药、材用和生态等多功能和多用途于一身，综合利用加工增值潜力大的无患子产业，打造建宁林业新的经济增长点。

（二）建宁无患子产业发展举措

1. 政府支持，推动基地建设

无患子既是生物质能源优良树种之一，也是生物化工的极好原料，有着广阔的发展前景，具有较高的综合经济效益。建宁县是无患子树种的主要天然分布区之一，境内各乡镇均有零星分布的天然无患子。2010年8月，中国经济林协会授予了建宁县"中国无患子之乡"荣誉称号。为加快建宁县无患子产业的发展进程，2008年引进"福建源华林业生物科技有限公司"作为发展生物质能源产业的重点备案企业之一，该公司分别于2009年和2011年被省人民政府列入《福建省新能源产业振兴实施方案》(闽政文〔2009〕434号)和《福建省林业生物质能源发展规划》的重点扶持发展企业名单，并在2010年被财政部列为生物能源和生物化工非粮引导示范基地；2012年公司基地被批准为福建省无患子种植省级农业标准化示范区；2014年，在财政部、国家发改委、国家林业局的支持和帮助下，公司无患子生物质能源产业建设获得法国开发署1000万欧元优惠贷款支持。同年，无患子基地列入建宁县国家级农业综合标准化示范县建设(2014~2016年)总体规划，并分别被科技部、国家林业局列为"国家国际科技合作专项项目—高能效先进生物质原料林可持续经营技术合作研究"研发基地和"国家国家生物质资源综合利用产业化示范基地"。

2. 龙头带动，构建产业链条

以"福建源华林业生物科技有限公司"为龙头，通过"公司+基地+农户"的经营模式，示范带动林农进行无患子原料林基地建设和无患子综合加工利用产业链的拓展。在抓好无患子原料林基地建设和良种培育基地建设的同时，认真抓好无患子加工转化项目的建设，先期进行无患子皂苷提取、无患子洗涤产品等的加工；同时，积极谋划未来，为下一步建设生物柴油、颗粒燃料生产线及无患子在生物医药等领域的开发应用做好建设用地、资金、技术上的准备工作。

3. 科技支撑，加快技术研发

加强与相关科研院校的科技合作，先后与北京林业大学、南京林业大学、福建农林大学、福建省林业科学研究院、三明学院、江南大学等科研院校建立了长期稳定的合作关系，借助高等院校的科研力量，提高无患子产业发展的科技含量；同时，以项目为载体，承担了一批国家、省、市林业和科技等部门的科研攻关项目，为无患子能源原料林规模化、集约化、科学化培育和无患子产业化提供了强有力的科技支撑。

4. 舆论宣传，培育市场潜力

以建宁县获评"中国无患子之乡"为契机，借助互联网、电视、报纸等宣传载体，大力宣传无患子产品和无患子产业；同时，加大了市场前期调研力度，加强营销网络的前期建设，为后期无患子产品迅速推向市场打下良好的基础。

5. 综合开发，探索林下经济

充分合理利用全县 7.85 万亩无患子丰富的林地资源发展林下经济，建立以无患子为主，林下种植、林下养殖和森林景观利用相结合的立体林业经营模式。通过合理利用林地资源，科学发展林下经济，提高林地利用率、产出率，通过发展林下种植、养殖，把单一林业变为综合林业，在相对短的时间内获得效益，避免林业收益慢的问题，调整优化林业产业结构，延伸林业产业链，实现近期得利、长期得果、以短养长、长短协调发展的良性循环；实现企业增效、农民增收、生态良好和促进林产品深加工产业发展的目标。

（三）建宁无患子产业建设取得的成效

1. 种植面积居全国县级之首

2009 年开始，福建源华林业生物科技有限公司在建宁县采用"公司 + 基地 + 农户"的经营模式建立无患子能源林种植基地和进行无患子产业链拓展，截至2014 年，累计完成种植无患子 7.85 万亩，其中无患子种植示范片 5000 亩，种植面积居全国县级之首，分布于全县 9 个乡镇 43 个村。同时，建立无患子优质苗木培育基地 508 亩，培育 2 年生无患子苗木 300 万株、1 年生无患子 700 万株，成为全省最大的无患子苗木繁育、供应基地。

2. 综合加工利用初显成效

与中国生物柴油协作组、源华新能源科技（福建）有限公司开展无患子加工转化生物柴油的研究开发与生产合作，为建设无患子生物柴油加工生产线作前期技术准备。在无患子其他综合利用加工技术方面与江南大学开展合作，共同研究开发无患子皂苷的生产技术以及其他副产物综合利用，开展了无患子皂苷的微生物发酵法及皂苷脱色纯化的研究开发，目前已经完成无患子皂苷高效水提工艺研究，该项目技术已经达到中试水平；完成了无患子皂苷分离制备技术工艺研究，并依托企业建立了皂素产品生产线，为无患子皂苷的分离和高含量脱色无患子皂苷的生产和产业化提供基础。2013 年 10 月，无患子皂苷萃取生产线已成功投产试运行，2014 年 5 月，无患子机制皂、手工皂生产线投产试运行，正在进行无患子天然香皂系列产品的小批量试产及销售。

3. 科技合作成效显著

大力加强无患子基地的规模化、集约化、标准化和科学化管理，无患子培育和种植基地通过了 ISO9001 质量管理体系认证；2012 年，参与制定的《无患子生物质原料林培育技术规程》（DB35/T 1267 – 2012）被批准为福建省无患子能源林培育和种植地方标准；在无患子生物能源、生物化工系列产品开发以及无患子丰产栽培技术、矮化控冠整形修剪技术、病虫害防控体系建设、优质种苗繁育等方面的宽领域技术合作，已取得阶段性成果，目前已拥有无患子皂苷提取、无患子生物柴油、无患子皂苷在各类化妆品和洗涤产品以及生物农药肥料的应用等多项专有技术及专利，为无患子能源原料林的科学、高效培育和生物能源产业化提供了强有力的科技支撑。目前已申请发明专利5项，其中"日化用无患子皂苷的水提制备方法""一种无患子皂苷生产质控分级标准品制备的方法""利用无患子果皮发酵生产生物质能源酒精的方法"已获得专利授权，其他专利已进入实质性审查阶段。

4. 示范带动初具效应

公司无患子生物质能源基地建设充分发挥了当地山区资源优势，带动了当地林业种植和后续加工向产业化、基地化、规模化方向发展，可以预见的未来，将会带动和促进当地日用化工业、能源业、饲料产业、环保工业等相关产业的发展。项目建设以来，通过与当地农民开展合作，有效地增加了农民收入，吸纳了农村剩余劳动力，调整了农村产业结构，促进了地方经济的发展。通过建立"公司＋基地＋农户"的经营机制以及无患子示范基地的示范引导，极大地调动了当地农户参与无患子产业建设的热情。近年来，农户除积极参与种植企业的无患子造林、管护外，已有近200户农户自发种植无患子约2000多亩；福建源华林业生物科技有限公司还通过与农户签订无患子种植、管护承包协议，年均可吸纳农村剩余劳动力1100多人，带动区域内农民增收1000～2000元/人，社会效益明显。同时，无患子深加工产业项目的建设，将带动相关行业的联动发展，为社会提供大量的就业机会，进一步推动区域内社会经济的发展。

五、无患子果用林栽培技术

（一）造林地选择

无患子属于喜光树种，深根性，宜选择海拔800m以下，阳坡、半阳坡、立地质量Ⅲ级以上，排水良好，土层深厚肥沃、疏松湿润的微酸性经壤，坡度≤25°的低山或丘陵地。

（二）林地清理

于9～11月进行全面劈除林地杂灌，伐根高度不超过10cm，全面清理枯枝落叶或在种植行间保留原生植被带。

（三）整地挖穴、施基肥

1. 整地挖穴

于12～翌年1月，按株行距4～5m×4～5m进行水平带状或块状整地，挖明穴、回表土，穴规格为 70cm×70cm×50cm（穴面×穴深×穴底），挖穴时表土与心土分开堆放。回填时表土与心土充分拌匀，回填至高出地 10cm，待稍沉降后栽植。

2. 施基肥

结合整地，用厩肥、堆肥和饼肥等有机肥作基肥，厩肥、堆肥每穴施入 7.5～10kg 或饼肥每穴施入 2.5～3kg，并拌入钙镁磷 0.5～1kg。

（四）苗木选择

选用苗高 100cm 以上、地径 1.5cm 以上的优良无性系嫁接苗。

（五）初植密度

Ⅰ～Ⅱ类地 33～42 株/亩，Ⅲ类地 42～55 株/亩。

（六）栽植

1. 栽植时间

于苗木冬季落叶至春季萌芽前（一般为 12 月至翌年 3 月）土壤湿润时种植。

2. 栽植与定干

栽植前苗根应沾打黄泥浆，每 50kg 黄泥浆加入钙镁磷肥 500g 拌匀，不宜用"过钙"，以防烧根。栽植时，苗根入穴扶正，按根的垂直深度和宽度，把侧根分层舒展开，分层填土压实，表层培松土 10～15cm；栽植深度以苗木原土印以上 15cm 左右为宜，并在根际土壤表面盖一层稻草或杂草等覆盖物，保持土壤温湿度、疏松度，减少滋生杂草；定植后，定干高度 35～50cm。

（七）水土保持

林地修筑前埂后沟或竹节沟，种植带面套种印度豇豆等绿肥植物，种植带间保留原生植被或种植百喜草等水保植物。

（八）抚育与施肥

每年带状或块状除草和扩穴培土抚育 2 次，施肥 3～4 次（落叶后至 3 月中旬萌芽前基肥：沟施有机肥 3～5kg/株、磷肥 0.5～1kg/株；5 月下旬至 6 月上旬保花坐果肥：喷施 0.2%～0.3% 的磷酸二氢钾；7 月份壮果肥：依树龄、树势和结果量沟施复合肥 0.15～0.5kg/株，10 月底至 11 月初养体肥：沟施复合肥 0.25～0.3kg/株）。

（九）整形修剪

1. 幼树修剪

以定干、培养主枝为主，定干高度 35 ~ 50cm，保留 2 ~ 4 个健壮枝为主枝；每年摘心（新梢 20 ~ 30cm 时进行）培养与拉枝、撑枝相结合，培养自然开心形或自然圆头形的丰产树形。

2. 盛果期修剪

在采果后，春梢萌发前，剪除当年的枯枝、下垂枝、病虫枝，疏除密生枝和细弱枝，短截徒长枝，适度"开心"修剪，以中度为主方式修剪结果母枝（剪除1/2）。

3. 衰老树更新修剪

当外围枝出现焦梢干顶时要回缩更新，促发新枝、选留壮枝，培养结果母枝或高接换种。

（十）林业病虫害防治（表 5-8）

表 5-8　无患子主要病虫害及其防治方法

病虫害	防治方法
无患子溃疡病	(1)控制氮肥，增施磷钾肥，雨季及时排水； (2)用80%四0二乳油200倍液涂抹树干或75%百菌清可湿性粉剂300 ~ 400倍液喷洒树干，重点病斑处，连喷两次；喷药前在病斑处皮层用刀片或接桑刀将病斑纵向划几刀，以利药液渗透，提高防效
蜡蝉	(1)80%敌敌畏乳油加10%吡虫啉乳油1000 ~ 1500倍喷施； (2)40%速扑杀乳油加阿维菌素1000倍液喷施； (3)50%杀螟松乳油或者20%杀灭菊酯1000倍喷施
天牛	(1)冬季及时清除虫害枯枝；树干涂白，保护树干，防止成虫产卵（涂白剂：用生石灰10份、硫黄粉1份、食盐0.2份、牛胶（预先热水融化)0.2份、水20 ~ 40份混合调制)。 (2)4 ~ 5月份，发现无患子基部有粪屑堆积，可以用细铅丝从排粪孔沿着隧道刺杀幼虫，或用40%乐果乳油10 ~ 50倍液或80%敌敌畏乳油稀释50倍液灌注蛀孔，并用浸过的药棉球堵塞洞口； (3)成虫羽化季节(5 ~ 6月)人工或使用天牛诱捕器捕杀成虫
桑褐刺蛾	(1)结合冬季修剪，剪除在枝上越冬虫茧；或挖除在土中越冬虫茧。 (2)幼虫发生期可喷施每克孢子含量100亿以上青虫菌500g渗水1000倍液；或90%晶体敌百虫1000 ~ 1500倍液；或青虫菌1斤加90%晶体敌百虫200g渗水1000倍的菌药混合液
尺蠖等蛾类叶面害虫	主要危害嫩叶、嫩梢和坐果期的幼果，应及时喷药防治。 (1)使用氯氰菊酯或90%敌百虫1000 ~ 1500倍液喷杀或用50%溴磷乳剂1500倍液喷杀成虫和卵； (2)成虫羽化期灯光诱杀

（续）

有害生物名称	防治方法
金龟子	幼虫啃食树根，虫口密度大时，受害树出现长势衰退、叶子变黄、落叶、落果，甚至枯死，成虫危害嫩叶、嫩梢和坐果期的幼果。 (1)90%敌百虫晶体稀释800～1000倍液于成虫盛发期的晴天喷雾防治； (2)50%辛硫磷乳油稀释1000～1500倍液灌根； (3)设置灯光诱杀成虫或人工摇动枝叶捕杀成虫； (4)不施未腐熟的有机肥料

（十一）采收

无患子果实10下旬～11月上旬成熟，幼果为青绿色，成熟时逐渐转为晶莹剔透的浅黄，再变成深黄、棕色，干燥时则为深褐色。虽然果肉极为苦涩，但松鼠、飞鼠及猴仍嗜食之。果实采集时，为防止果实掉落地上破裂并造成透明黏液溢出且沾黏砂土而成为次级品，采取在树冠范围内的地面铺遮阴网并使用竹竿敲落采收或剪取果穗采收。由于未经干燥处理的无患子果实皂苷易发生自溶现象，在果实采收后应及时晒干或在室内摊开晾干或由加工企业收购烘干处理。

原料林栽培技术根据林地类型、原料林经营类型、立地条件等进行造林类型，可参考表5-9。

表5-9 无患子原料林基地造林实用技术简表

经营类型	造林型号	立地条件	混交方式	株行距 每苗株数(株)	林地清理方式	整地方式及规格	造林 方法	时间	苗木规格	幼林、成林抚育
集约纯林	1~1	I~II宜林荒山、采伐火烧迹地、低产果园、撂荒耕地		4~5m × 4~5m 30~40株	全面劈草、挖茅根、堆烧或清杂耙带	修筑水平条带或种植平台，块状整地，种植点品字形排列，穴规70cm×70cm×50cm；施厩肥、堆肥和饼肥等有机基肥，每穴约10~15kg，回表土	植苗，深栽达苗木土印上方10~15cm，不窝根	1~3月雨后	优良品种或无性系嫁接苗 D≥1.5cm，H≥100cm	第1~3年，每年5~6月、8~9月全面除草松土，扩穴培土和追肥2次，施复合肥100g/株；第4年起，每年带状或块状除草和扩穴培土，施肥3~4次（落叶后至3月中旬萌芽前基肥：沟施有机肥3~5kg/株，磷肥0.5~1kg/株；5月下旬至6月上旬保花保果果肥：沟施磷酸二氢钾；7月份壮果肥：喷施0.2~0.3%的磷酸二氢钾；10月初至11月底追肥：依树龄、树势和结果量沟施复合肥0.15~0.5kg/株，复合肥0.25~0.3kg/株）。应逐年进行幼树整形修剪，使树体形成多主枝自然圆头形树形
一般纯林	2~1	II~III 同上		3.3~3.6m × 3.3~3.6m 50~60株	同上	块状整地，挖明穴（钙镁磷）施基肥500g/穴 穴规50cm×50cm×35cm	同上	同上	优良品种或无性系嫁接苗 D≥1.5cm，H≥100cm	同上
混交林	3~1	II~III 同上	与杉木等1:3隔行隔株混交	2m × 2m 167株 其中:无患子 4.0cm × 4.0cm 41株	同上	同上	同上	同上	优良种源、家系实生苗 D≥1cm，H≥80cm	无患子幼林抚育同上，8~14年应现林分郁闭的情况，及时开展混交树种的抚育间伐，以确保无患子正常生长结实的营养空间

（续）

经营类型	造林型号	立地条件	混交方式	株行距 每亩株数（株）	林地清理方式	整地方式及规格	造林			
							方法	时间	苗木规格	幼林、成林抚育
林地套种	4~1	I~III 郁闭度≤0.4的疏林地、生态林地	与现有林插花或带状混交	4.5~5.0m × 4.5~5.0m 25~30株	块状或带状平茬除草挖除茅兜	块状整地，注意保护周边原生植被，穴规格60cm×60cm×40cm，施基肥（水源涵养林施有机肥10kg/穴，其它可施钙镁磷500g/穴）	同上	同上	优良种源、家系实生苗，2年生裸根苗 D≥2.5cm，H≥200cm；1年生容器苗，D≥0.8cm，H≥80cm	第1~3年，每年块状除草，扩穴培土2次，时间5~6月，8~9月；3年以后，每年块状状除草，扩穴培土1次，时间5~6月，同时，1~5年生幼林，每年每穴施复合肥100g，6年生以后，每年每穴施复合肥300g。当幼树生长到1m时，应逐年进行幼树整形修剪，使树体形成多主枝自然圆头形树形
四旁植树	5~1	I~III 光照充足，土层深厚，不积水		4.7m × 4.7m 30株	土地清理，平整除净杂草	根据种植地的现着，进行块状整地，或线状整地，穴规格70cm×60cm×50cm 见方；施厩肥，堆肥和饼肥等有机基肥，每穴3~5kg	同上	同上	2~5年生大苗，苗高≥200 cm，地径≥2.5cm。	每年块状除草松土，扩穴1次，1~5年生幼林，时间5~6月。同时，6年生以后，每年每穴施复合肥100g，修剪培育树干通直，绿荫合肥300g。修剪培育的树形稠密的树冠广大，干高一般3~3.5m

2

161

第四节 丹桂飘香正当时

桂花是中国十大名花之一，丹桂[*Osmanthus fragrans*（Thunb.）]）是桂花中的极品，亦称木犀、岩桂、九里香。每年中秋前后，丹桂吐蕊竞馨，黄则流光溢彩，红似云蒸霞蔚，独占三秋压众芳，且香气清幽诱人，花文化浓郁厚重。古有红为状元(丹桂)、黄为榜眼(金桂)、白是探花郎（银桂）之说，可见丹桂的文化与品位。浦城丹桂产品的开发是非木质资源食用、观赏花卉利用的典范，充分展现了它的观赏性、桂花食用功能与文化传统，走在全国前列。

一、基本情况

（一）自然资源

浦城县地理位置特殊，位于福建省最北端，地处闽、浙、赣三省七县(市)交界处，著名的武夷山脉、仙霞岭山脉在境北交接，自古是中原入闽第一关，福建省"北大门"。浦城县气候属北半球中亚热带地区，山川秀丽，植被茂密，雨量充沛，气候宜人。全年平均气温17.4℃，日照时数1893.5h，无霜期333d，降雨量1780.2mm；土壤肥沃，pH值为5.19，全县林木蓄积量981万 m^3 ，森林覆盖率达73.1%，是全国、全省商品粮基地县，又是中国南方林业重点县。全县林业用地面积407.9万亩，现有经济林面积23.839万亩。浦城桂花资源丰富，品种众多。原生桂花品种多达20个，分属于4个品种群，其中四季桂品种群3个，银桂品种群14个，金桂品种群2个，丹桂品种群2个。近年来又引进外地桂花品种34个，为桂花产业发展提供重要的基础。

（二）丹桂生物学特性

丹桂为木犀科木犀属常绿灌木或小乔木，高1.5～8m。树冠圆头形、半圆形、椭圆形。叶对生、革质，花序簇生于叶腋，花期9～10月，果期翌年3～4月。丹桂适应于亚热带气候广大地区。性喜温暖，湿润。最适生长气温是15～28℃，能耐最低气温-13℃。湿度对丹桂生长发育极为重要，要求年平均温度75%～85%，年降水量1000mm左右，特别是幼龄期和成年树开花时需要水分较多，若遇到干旱会影响开花，强日照和荫蔽对其生长不利，一般要求每天6～8h光照。

（三）种植历史

浦城种植丹桂可以追溯到南北朝时期，至今有2200多年历史，在县境内古寺、村宅、群众房前屋后仍存 120 余株千年古桂为佐证。浦城县临江镇水东村杨柳尖自然村的一株丹桂，一树九枝，故名"九龙桂"，其树高 15.6m，胸径 4.6m，冠幅 15.8m，年产鲜花 240 多 kg，属"千年古桂"，称为福建"桂花王"。长期以来，都是村民在门前屋后自发种植，制作自用的桂花茶。乡间丹桂加工一直是浦城的传统技艺，丹桂茶制作技艺被列入福建省非物质文化遗产名录。近年来，全县丹桂种植面积每年以万亩速度递增，现已突破 7 万亩，居全国首位，真正推动了丹桂产业的发展。

二、利用方向

（一）药、食用

据《本草纲目》记载，桂花能"治百病、养精神、和颜色，为诸药先聘通使，久服轻身不老，面生光华，媚好常如童子"。中医认为，桂花性温味辛，且有健胃、化痰、生津、散痰、平肝的作用，能治痰多咳嗽，肠风血痢、牙痛口鼻、食欲不振、经闭腹痛，还可以提取香料和芳香油，是轻工业和食品工业的重要的名贵原料。浦城丹桂属桂花品种中的极品，花色橙红至朱红色，其花味极香，采摘新鲜的桂花可制桂花糕、桂花糖、桂花茶和桂花酒等，产品远销海内外。其实桂花酒很早就已盛行了，也有它的文化内涵。宋代苏轼的《新酿桂酒》诗："烂煮葵羹斟桂醑，风流可惜在蛮树。"这其中的桂醑，就是桂酒。千百年来，善良纯朴的浦城人民以花为媒，以茶馈赠嘉宾已成为传统美德和独特风俗，在群众中有着广泛的应用基础。

（二）观赏价值

桂花是世界上园艺化最早的观赏植物之一，浦城丹桂属桂花品种中的极品，是浦城县县花。其树木质细密，坚韧，树姿优美、冠形如盖、四季葱绿；其花以瓣大、肉厚，花色橙红至朱红色，像丹霞朵朵镶嵌绿叶丛中，香气浓郁，美丽万分，是不可多得的绿化观赏树种。

三、发展举措

绿色生态也是生产力，浦城丹桂产业能够蓬勃兴起，能够做大做强，根本在于抓住了绿色发展的新机遇，走出了一条绿色、低碳、可持续发展的新路径。

（一）优惠的激励政策扶持

浦城是丹桂种质资源的原产地，做大做强丹桂产业是一项长期的事业，要确保产业发展和壮大。浦城县委、县政府制定丹桂产业发展规划，组建专门的领导班子和工作队伍，完善并落实政策扶持发展的激励机制。2003年把丹桂作为名优乡土树种列入全县四大商品林基地建设规划，出台优惠政策，规定凡连片开发种植50亩以上，每亩补助60元，引导农民从单一的粮食生产转向以丹桂为主的多种经营，提高增收水平。同时举办丹桂乡、丹桂村、丹桂户等评选活动，激励了广大机关干部和乡村农户种植丹桂的积极性，掀起了种植丹桂的热潮。从2004年到2013年，短短几年全县以个体经营为主种植面积从568亩发展到19640亩，年均增长173%（表5-10）。而从2008年开始以企业化运作与公有经济的大项目为主的投入上，使丹桂种植产业发展速度快速发展，全县种植面积从2008年的2.5万亩上升到2014年的7.3万亩，增幅达192%，其发展速度之快，令人鼓舞（表5-11）。同时，建成了武夷丹桂园和浦城丹桂园两大基地，仅在浦城绿洲山水体闲旅游景区内种植丹桂就达2万多株，成为景区生态旅游一道靓丽的风景线。目前，丹桂在全县18个乡镇、284个村广泛种植，总量达到1.2亿株，面积占全县桂花种植的80%以上。

表5-10　2004～2013年浦城丹桂个体种植面积变化

发展模式 \ 年限	2004	2005	2006	2007	2008	2009	2010	2011	2012	2013
个人经营 面积（亩）	568	567	2906	3786	1854	4458	9245	14240	19140	19640
个人经营 产量（万kg）	14.2	14.18	72.65	94.65	46.35	111.4	231.1	356.0	478.5	491.0

表5-11　2008～2014年丹桂产业发展变化情况

产品结构变化 \ 产品发展速度 \ 产品价格变化 \ 年限		2008	2009	2010	2011	2012	2013	2014	备注
		2.5	3	4	5	6	7	7.3	（种植面积万亩）
		1	3	3	5	6	8	9	指加工产品种数
最高价	食品加工	28	28	30	35	35	37	38	桂花茶价格
	绿化苗	0.8	0.8	1.2	1.6	2.0	1.3	0.9	苗价指一年生（元）
	花朵利用	10	8	8	7	6	5	5	鲜桂花单价（kg）
最低价	食品加工	26	26	28	33	33	35	36	桂花茶价格
	绿化苗	0.7	0.7	0.9	1.2	1.3	0.7	0.3	一年生苗
	花朵利用	7.5	5	5	4.5	4	3	3	鲜桂花单价（kg）
一般价	食品加工	27	27	29	34	34	36	37	桂花茶价格
	绿化苗	0.7	0.7	1.0	1.0	1.2	0.8	0.5	一年生苗
	花朵利用	8.0	7.0	7.0	6.0	5.0	4.0	4.0	鲜桂花单价

（二）相当规模的企业带动

近年来浦城把丹桂栽培当做一项富民产业来抓，浦城的丹桂产业以经营丹桂全树为主，并进行了丹桂的食品加工，加工产品结构与种类快速发展，种类数从2008年1种发展到2014年的9种，形成了比较完善的丹桂产业链。主要以浦城县木犀园营养食品有限公司、浦城县三叶果品厂、浦城县东亮罐头厂、浦城匡山酒业等龙头企业带动丹桂产业发展，生产出了浦城丹桂系列食品，并分别注册人和、木犀园、三叶商标，促进了丹桂产业的集约化生产经营，带动加工、运输、销售等行业的发展（表5-12）。浦城县木犀园营养食品有限公司开发生产了金橘桂花茶、桂花金橘糕、糖桂花等一系列产品获得全国工业产品生产许可，金橘桂花茶被福建省定为国内首创产品。公司一年需收购加工3万多公斤的桂花才能满足市场需要，产品远销上海、北京等地，年产值达3000多万元。"木樨园""三叶""人和"等品牌营养食品进入沃尔玛并深受欢迎。目前，全县丹桂企业一年加工桂花20多万kg，年出口生产规模2万kg。民间自产自销家庭加工酿制超过10万kg，从事丹桂流通的经纪人达2000多人。另外，在国际市场上，用桂花制成的香精非常畅销，价格昂贵，堪于黄金媲美。目前，浦城县正与福建农林大学、南京林业大学合作研发丹桂食用、药理、美容等价值，提炼丹桂香料、精油、化妆品等高精深的科技产品，提升产品科技含量和附加值，推进丹桂产业产业化经营。

表5-12　浦城丹桂产业重点龙头企业情况表

公司	规模	人员（人）	主要产品	产值（万元）	品牌建设	备注
浦城木犀园营养食品有限公司	占地面积3997m²，厂房建筑面积4300m²，固定资产600万元	70	金橘丹桂（茶）、七珍梅、奈果蜜饯等	3000	木樨园	近年来新投资1200多万建设25亩的新厂区，新车间正在进行试生产
浦城三叶食品有限公司	厂房占地20亩，标准厂房5865m²，自有原料基地1580亩，其中桂花种植基地660亩；固定资产960万元，年生产能力达2000多吨	120	桂花酸枣糕	1000	三叶	连续10年荣获"闽北知名商标"称号
浦城匡山酒业	占地30亩，固定资产1100万元	150	桂花露包酒	1500	桂花白	新增投资600万元再建一条白酒生产线

（三）先进的科学培育推动

丹桂栽培对浦城自然条件和立地条件均具备较强的适应性，随着城市绿化和园林美化的品位进一步提高，培育丹桂优良苗木成为重中之重。近年来，先后邀请了福建农林大学、浙江大学、南京农业大学的专家多次到浦城实地考察指导，通过学习借鉴先进的苗木培育技术，成立浦城丹桂良种繁育中心，在丹桂苗木无性扦插实行选优培优上取得较好突破，实现花期控制和矮化技术，这对于丹桂市场的进一步拓展意义重大；2008 年在福建省重点科技项目《浦城丹桂规范化栽培及营养食品的开发利用》的推动下，引进省内外桂花新品种，建设种质资源基地，建成了规范化的丹桂良种繁育基地 100 亩(其中良种采穗圃 10 亩)。2010 年，南京林业大学向其柏教授在浦城桂花品种调查中，发现并成功登记"浦城丹桂"和"晨露"为世界桂花新品种，获得国际园艺学会授予的木犀属新品种国际登录证书。同时，浦城县以先进、实用的技术为纽带，2004 年成立了浦城县桂花协会，2010 年有会员 68 人，会员引领着全县的丹桂苗木培育和种植。2010 年通过对 20个规模以上种植协会会员的种植与苗木培育调查(表 5-13)，协会会员种植丹桂大树 1400 株，培育丹桂苗木 634 万株。在他们的带动下，浦城县已建立各类丹桂苗木培育基地 30 多个，现有各龄级绿化大苗 13 余万株，年产鲜桂花 50 余万kg，全县 2.5 万丹桂种植农户从中受益。

表 5-13　浦城县桂花协会会员丹桂种植与苗木培育情况调查

序号	地址	大树(株)	中苗(万株)	小苗(万株)	地苗(万株)	山场(亩)
合计		1400	34.63	211.5	388	416
1	富岭镇	700	0.4	70	70	300
2	莲塘西岩			6	6	
3	城西油库		0.6	3	4	30
4	临江水东		0.3	6	40	
5	临江水东	20	1.4	4	5	6
6	临江水东		0.2		5	
7	临江水东		0.03	1	13	
8	一中农场	30	15	40	30	80
9	良种场			28	8	
10	林业苗圃		4	10	8	
11	良种场		2	2	6	
12	良种场			1.5	3	
13	良种场	170		2	5	
14	良种场			4	1	
15	上海石排	250	10	12	140	
16	上海石排	100	0.7	6	15	

（续）

序号	地址	大树（株）	中苗（万株）	小苗（万株）	地苗（万株）	山场（亩）
17	莲塘悦乐	30		4	5	
18	仙阳朴树桥	40		4	6	
19	仙阳仙南	60		3	5	
20	水南北山			5	13	

（四）巨大的市场拓展联动

随着浦城丹桂产业的不断快速发展，产品开发不断推陈出新，产品远销东南亚及我国港、澳、台地区，在国内尤其江、浙、沪等地均以引进浦城丹桂产品为荣。浦城县仙阳茶场窨制的丹桂茶迹远销北京、山西、山东等地，带动了福州、浙江的丹桂食品经销商在浦城投资1000多万元成立福州绿工坊有限公司、浙江百川大自然有限公司，在浦城培育各类丹桂苗木销往全国各地，福州客商在上海闵行区设立浦城丹桂示范窗口，从浦城引种丹桂在上海崇明岛大规模种植。1999年昆明世博会以后，浦城丹桂更成为了沿海开放城市和"长三角"发达地区绿化、美化、香化城市环境的园林树种，北京奥运场馆、上海世博园和广东、深圳、厦门等地都有移栽浦城丹桂树。为进一步做大做强丹桂产业，发展绿色经济，力求走出一条绿色、可持续发展的新路子。2012年年初，浦城县启动建设了一个集桂花苗木繁育区、交易区、休闲观光区、科技研发区等为一体的中华桂花博览园，规划面积达6450亩，拥有千年九龙桂及丹桂、金桂、银桂、四季桂等四大品系40多个品种。

（五）产业化的品牌示范带动

丹桂地理标志产品保护和品牌建设是推进产业商品化经营的重要举措。浦城县采取措施保护丹桂道地资源，加强丹桂古树名木保护，依法实行统一挂牌、统一管育。在此基础上，浦城县重视丹桂产业化的品牌打造与宣传，提高丹桂"活化石"品牌知名度。1989年浦城县确定丹桂为浦城县花，2007年获得"中国丹桂之乡"称号，2010年被国家质检总局批准为国家地理标志产品。2010年10月参加了福建省花协主办的第三届中国福建花王评选暨花卉精品展，浦城丹桂花荣膺福建省"花王"称号；2012年制定了福建省地方行业标准《桂花苗木生产技术规程》，加快丹桂产品质量监测体系建设，实行标准化生产，提高产品市场竞争力。同时，浦城县通过建设多功能"浦城桂花博览园与丹桂产业园"以及举办"丹桂文化艺术节"，大力提升品牌集聚效应，使丹桂成为浦城在全国最具特色的产业，成为浦城最优美的城市名片，进一步打造"武夷山的后花园"。

（六）深厚底蕴的文化弘扬促动

浦城丹桂有深厚的文化底蕴，"梦笔生花""江郎才尽"等千古佳话流传至今。唐朝诗人林藻兄弟赴京赶考途经浦城梨岭关驻足赋诗"曾向岭头题姓字，不拿杨叶不言归，弟兄各折一枝桂，还向岭头联影飞"，后均科举及弟，梨岭改名为折桂岭。现代散文作家沈世豪、文人祝文善、叶志坚均对丹桂情有独钟，创造出《山城水清清》《故里，捧出一盅木犀茶》《油果山记》等以丹桂为主题的作品，将浦城丹桂文化尽情诠释。浦城赣剧团编剧的大型现代赣剧《丹桂情》，突出弘扬丹桂文化，被评为福建省地方优秀剧目到北京汇报演出，受到中央、省、市领导的高度评价。《木犀花开》又获得全省戏剧评比五项大奖。《国土绿化》《中国绿色时报》《福建日报》《闽北日报》等报刊，对浦城丹桂文化都作了专门报道，更大提升了浦城丹桂的知名度和影响力。

四、丹桂栽培技术

（一）选地整地

选择光照充足、土层深厚、富含腐殖质、通透性强、排灌方便的微酸性（pH值为 5.0～6.5）沙性壤土作培植圃地。在移植的上年秋、冬季，先将圃地全垦一次，并按株行距为 1m×1.5m（2 年后待其长粗长高时，每隔一株移走 1 株，使行株距变为 2m×1.5m）、栽植穴为 40cm×40cm×40cm 的规格挖好穴。每穴施入腐熟性平的农家肥（猪粪、牛屎）2～3kg、磷肥 0.5kg 作基肥。将基肥与表面壤土拌匀，填入穴内。肥料经冬雪春雨侵蚀发酵后，易被树苗吸收。

（二）苗木选择

选择播种苗、扦插苗进行栽植。取苗时，尽可能做到多留根、少伤根。取苗后要尽快栽植，需从外地调苗的，要注意保湿，以防苗木脱水。

（三）栽植

在树液尚未流动或刚刚流动时移栽最好，一般在 1 月下旬至 2 月上旬（立春前后）进行。栽前修去一些密枝、徒长和交叉枝。栽植深度比原来稍深 6.7～10cm，打紧、栽直。栽好后要将土压实，浇一次透水，使苗木的根系与土壤密接，在平地四周要开好排水沟。

（四）施肥

每年在 12 月到翌年 2 月施 1 次抽芽肥，6～8 月施 1 次孕花肥，施肥量视树势而定，猪粪：大树 100～150kg；或小树 25～50kg，人粪尿（浓度 1:2）大树 50～100kg；或小树 25～50kg，夏季浅施，深 5～10cm；冬施采用放射状或环形沟施同，沟深 20cm。

（五）松土除草

前 2 年要除草松土 4 次，分别在春（3～4 月）、夏（6～7 月）、秋（9～10 月）、冬（12～翌年 1 月）进行，而后每年在夏、冬两季松土 1 月至翌年 2 次。

（六）整形修剪

桂花萌发力强，有自然形成灌丛的特性。它每年在春、秋季抽梢 2 次，如不及时修剪抹芽，很难培育出高植株，并易形成上部枝条密集、下部枝条稀少的上强下弱现象。修剪时除因树势、枝势生长不好的应短截外，一般以疏枝为主，只对过密的外围枝进行适当疏除，并剪除徒长枝和病虫枝，以改善植株通风透光条件。要及时抹除树干基部发出的萌蘖枝，以免消耗树木内的养分和扰乱树形。整体树形保持 1 年生的枝保留 1～2 个，2 年生枝保留 3～4 个，3 年生枝保留 5～6 个，多余枝条即可剪去。枝条茂密的成年树，结合采花进行匀枝。桂花采收后还要将交叉枝、徒长枝、密枝、病枝和多余的内膛枝去掉，要形成自然馒头形，确保桂花来年增产。

（七）防治病虫

桂花的主要病虫害有蛾类（包括刺蛾、避债蛾）、红蜘蛛和炭疽病等危害。应遵循"预防为主、积极消灭"的原则，做好防治工作，优先选择农业防治、生物防治和物理防治。如选用抗虫抗病品种，培育壮苗、合理调整播种期、控制生长条件等措施。利用自然天敌、病原微生物、人工引进、释放天敌，运用生物源农药也可控制病虫的发生，人工捕杀、糖尿诱杀、灯光诱杀害虫，以及人工清除病叶、病株，也是无公害桂花生产常用方法。合理使用农药是最后的选择。

第五节　璀璨明珠南方红豆杉

回眸明溪南方红豆杉的产业发展历程，走过了不少曲折之路，有过辉煌，有过低潮。从 1992 年开始，明溪县各条战线上的干部职工，凝心聚力，借助生态优势，发展生态经济，不折不扣沿着"技术、品牌、园区、实体"这个发展思路，勇立发展潮头，引领着福建省乃至我国南方红豆杉产业发展的方向，使长期隐居在深山的红豆杉如今走出了大山，成了家喻户晓、老少皆知的珍贵树种，造福千千万万百姓。南方红豆杉资源培育以农田集约经营为主，兼以林下＋南方红豆杉套种模式；组织模式主要以公司 + 基地 + 农户、农户自营、协会等 3 种组织方式。

一、基本情况

南方红豆杉（*Taxus wallichiana var. mairei*），又称美丽红豆杉，属国家一级保护的珍贵树种，主要分布于长江流域、南岭山脉山区及河南、陕西、甘肃、福建、台湾等。在国外，主要分布于印度、缅甸、马来西亚、菲律宾、印度尼西亚等国家，为红豆杉属植物分布最广泛的一种。福建是我国南方红豆杉资源较为丰富且分布集中的地区。

南方红豆杉为常绿乔木或灌木，雌雄异株、异花授粉，为典型的阴性树种。常处于林冠下乔木第二、三层，散生，基本无纯林存在，也极少团块分布。苗喜阴、忌晒，幼树和成树在冠层郁闭度 0.5 ~ 0.6 之间，长势好。由于红豆杉种群竞争力弱、天然更新缓慢和地理分布局限等客观因素，决定了野生红豆杉资源的分散性、有限性及发展的难度，这也正是其珍稀濒危的客观内因。

从红豆杉中提取的紫杉醇乃是当今医学界公认的强活性抗癌药物，用于治疗晚期乳腺癌、肺癌、卵巢癌及头颈部癌、软组织癌和消化道癌，其药效确切，副作用小，1992 年底美国 FDA 正式批准紫杉醇用于临床，目前临床用药日渐扩大。据美国 NCI 预测，全球每年至少需要 1920 ~ 4800kg 紫杉醇（99.5% 纯度）才能满足 20% 癌症患者的需求。然而红豆杉植物体内紫杉醇含量极低（一般为 0.0001% ~ 0.069%），一个剂量（175mg/m^2）的紫杉醇，就需要 6 棵高达 10m、树龄 100 年以上的红豆杉树皮原料。

因红豆杉植物野生资源十分有限且生长非常缓慢，已受到世界各国的严格保护，现主要通过人工栽培来满足对紫杉醇的大量需求。南方红豆杉紫杉醇含量（0.015% ~ 0.021%）虽然低于曼地亚、云南红豆杉等，但因其早期速生，生物积累量高，适宜短周期作业，利用价值高，通过人工栽植 2 ~ 3 年生即可收获。我国红豆杉人工栽培单位已由 1996 年的 21 家发展到 2010 年的 186 家，主要有福建省明溪县已建立南方红豆杉药用林基地 4 万多亩，江苏红豆集团 1997 年以来已人工培植红豆杉 2 万多亩，浙江、湖南、江西等省也都有数千至上万亩的南方红豆杉药用林基地。

二、经营目标

（一）珍贵树种用材林的经营目标

南方红豆杉是乡土珍贵用材树种，木材纹理直、结构细、耐水湿，心材红褐色，边材白色。木材综合强度 147.47MPa、硬度中等偏强，干缩小，耐磨坚实，是现代红木家具和雕刻的优良用材。其木材等级为一级。我国南方省区，可选择中山低山地带，水湿条件好，日照短，土层深厚的山地，建立珍贵树种优质无节良材基地，按照森林经营目标，50~60 年一轮伐，以满足 21 世纪中后期，人们对优质高档用材的需要。

（二）短周期药用原料林的经营目标

南方红豆杉短周期药用原料林是在 3~5 年内为提取抗癌药物紫杉醇提供一定数量的枝条、树叶、树皮、树根等原材料，根据有关测定，3 年生南方红豆杉的枝叶含紫杉醇含量为 0.02% 左右，即提取 1kg 紫杉醇，需要约 5000kg 的南方红豆杉枝叶，而 1kg 紫杉醇，纯度 65%，价格 67 万元，纯度接近 100% 的紫杉醇，国际价格 40 万~60 万美元。因此，南方红豆杉是我国当前开发利用价值最高的树种之一。

（三）观赏、盆景林的经营目标

南方红豆杉树形端直，枝叶浓密，凌冬不凋，青翠宜人，姿态婆娑，为庭园优良观赏树种。南方红豆杉盆景，如用母株扦插，或用母株嫁接，2~3 年生就能结出红色珍珠状果实，在市场上销售价格看好。因此，南方红豆杉可以容器大苗培育庭园观赏树种，也可用扦插苗、嫁接苗制作盆景，以满足人们审美观赏的需要。

三、发展成效

（一）技术支撑了产业发展基础

明溪红豆杉产业萌芽于 1992 年美国正式批准紫杉醇为抗癌新药之际。此后，紫杉醇以其广谱、高效、低毒成为世界主要抗癌药物之一。然而，紫杉醇需从红豆杉树皮中提取，而野生红豆杉是国家一级珍稀濒危保护植物，因此，大力发展人工栽种红豆杉是推进红豆杉产业的有效途径。

1994 年，马尾松育苗造林研究成果斐然的余能健把目光投向国家一级保护树种中国南方红豆杉。经过 5 年努力，明溪县研发出红豆杉育苗、移植、造林等新技术，破解了红豆杉大规模人工培植的世界难题，建立南方红豆杉速生栽培体系。2001 年明溪县林业局成立的明溪县天绿药用植物发展有限公司，以建立红豆杉等珍稀树种种苗繁育基地为目标，依靠明溪南方红豆杉育苗与栽培技术的突破，实现苗木生产集约化、规模化和质量标准化，建成了中国南方最大的以红豆杉为主的珍贵树种种苗繁育基地和绿化苗木基地，年可提供红豆杉扦插苗达 100 万株、红豆杉实生苗达 1000 万株，起到了骨干、示范和辐射的作用。

（二）企业成为产业链延伸的主体

2001 年，明溪红豆杉产业的龙头企业南方制药应运而生，是一家集研发、生产、销售于一体的制药企业。

经过 10 多年的发展，企业在基地建设、产品研发、专利申请与产业提升上硕果累累，引领带动作用明显。公司已建成从红豆杉资源培育到红豆杉枝叶加工、紫杉醇浸膏、紫杉醇粗制品、紫杉醇精品的产业链，成为了海峡西岸生物医药产业化的示范基地。2005 年公司按国家 GAP 标准建成南方红豆杉短周期药用林速生丰产种植基地 25000 亩，定植红豆杉 1500 万株，每年可提供人工种植南方红豆杉鲜枝叶 4000~5000t，成为国内较大的南方红豆杉短周期药用林速生丰产种植基地；2005 年企业还获得了中国发明专利 33 项，授权 5 项；获得了 PCT 国际发明专利 7 项（WO2008074178，WO2008080265，WO2008092306，WO2008092307，WO2008086661，PCT/CN2009/071939），美国专利 3 项，日本专利 1 项，欧盟专利 1 项，印度专利 4 项，韩国专利 3 项，发表 SCI 论文 1 篇；2008 年"醇力康"牌紫杉醇获福建省首批自主创新产品；2014 年 10 月福建南方制药股份有限公司股票在全国中小企业股份转让系统挂牌公开转让，是三明地区在新三板登陆的首家公司。至 2014 年公司原料药和医药中间体涵盖抗肿瘤药 4 大系列（紫杉类、他滨类、替尼类、替康类）50 多个品种，年产紫杉醇类原料药 400kg，约占全国的一半。

（三）品牌战略提升了产业效应

2004 年 12 月，国家林业局授予明溪县"中国红豆杉之乡"称号。从此，只有 12 万人口的闽中山区小县明溪就闻名于全国各地。同日，国家外国专家局《关于命名 2004 年度国家引进国外智力成果示范基地和国家引进国外智力示范单位的通知》命名福建明溪县林业科技推广中心《南方红豆杉繁育技术》为"国家引进外国智力成果示范基地"。2008 年，明溪县委县政府不断壮大发展绿色经济，把明溪红豆杉产业作为明溪生态特色龙头产业，大力宣传"中国红豆杉之乡"品牌效应，同年，明溪红豆杉被评选为三明市"十大人气名片"之一。2010 年，世博会在中国上海举行，其中就有 400 多株红豆杉走进世博会中国馆参与布展。红豆杉进入世博，成为世博会"明溪元素"的一个缩影，并在"同一屋檐下"展厅中与清明上河图一起接受"检阅"，向全世界展示中国企业在生态开发方面的杰出成果。明溪县成为中国红豆杉之乡后，只要说到明溪就联想起红豆杉，人们已经习惯把红豆杉与明溪的名字紧紧联系在一起了，也使长期隐居在深山的红豆杉走出了大山，成了家喻户晓、老少皆知的珍贵树种。

（四）多元发展带动产业进一步提升

作为药用原料利用的红豆杉，随着合成紫杉醇产品的面世以及生物质含量高的品种选育不断取得突破，未来可能依靠提取天然紫杉醇的原料林基地面积就会减少。因此，红豆杉产业必须加速推进"二次发展"，实现全树开发利用。明溪县又把目光瞄准了红豆杉绿化产业与文化产业的领域，打造明溪绿色经济发展的新亮点。

南方红豆杉具有集药用、特种用材、绿色和造林为一体多效益的树种，也是短、中、长相结合的具有较高价值开发的树种。南方红豆杉除了具有极高的药用价值外，其树干通直，树姿优美，种子成熟时呈红色，假种皮鲜艳夺目，也是极好的绿化树种。2012 年明溪建成 1.1 万 m^2 红豆杉科技文化园区，是一个集信息发布、产品订购、交易平台、精品展示、文化创作、休闲观光为一体的综合园区，突出红豆杉主题文化及相关产业，有 21 家苗木企业入驻该县，年销售红豆杉盆景、绿化苗木 500 多万株。同时通过红豆杉文化产业有限公司，整合红豆杉文化资源，最大限度挖掘红豆杉文化潜力，强化红豆杉产业经营和运作，率先组团发展红豆杉用材林、药材林、盆景和绿化苗木三大类别，使红豆杉产业呈现多头并进的发展态势，带动红豆杉种植面积的继续扩大和种植户的不断增加，山坡上、田地里，一片片绿油油的红豆杉林地都是金灿灿的财富，进一步打响红豆杉产业品牌。

从百姓不识红豆杉为何物到现在的"满城尽是红豆杉"，从成功创建红豆杉产业品牌到现在倾力将其"延建"为城市品牌，都源于红豆杉国家一级保护珍贵树种，世界濒临灭绝的天然珍稀物种的特殊"身份"。这是珍贵树种开发利用的独特案例，是一颗珍贵树种利用的璀璨明珠。

纵观明溪县、福建省乃至全国红豆杉种源试验、种子育苗、绿化观赏苗木培育、药用林基地建设、紫杉醇提取产业发展等历程以及未来发展前景，我们仍发现红豆杉在人工栽培与紫杉醇提纯方面共性存在有利与不利的因素。在人工栽培方面的有利因素主要是红豆杉种植基地规模建设稳中有升，使福建省野生的南方红豆杉树种不断在保护中延伸发展，满足后代人对贵重特殊药材和优质高等用材的需要，留给后人一份"植物熊猫"的珍贵遗产。不利因素主要包括：一是不少地方红豆杉种源混杂，来源不清，造成红豆杉树种选择与改良工作不良后果，影响人工栽植药用原料林的紫杉醇含量低与经营效果；二是红豆杉分类经营目标混乱，有的以培育绿化苗木的模式来培育药用林，有的以药用原料林的技术措施来培育用材林或绿化观赏林，甚至忽略在有农药、重金属残留的农田上培育药用原料林，影响产品质量；三是技术与标准指导性不强，科研院校和企业间的合作交流松散，科研技术保密，不少仍是为科研而科研，特别是生产过程的应用研究和标准规范指导、宣贯效果有限，造成资源浪费。在红豆杉提取紫杉醇方面的有利因素有人工合成和半合成产品工艺成熟、成效明显，提取后红豆杉原料剩余物可以再人工合成紫杉醇，使红豆杉原料的利用率大大提高。不利因素是由于紫杉醇人工合成的应用，会造成人工栽培的原料所提取的紫杉醇价格下降，进而冲击红豆杉原料林基地建设，影响人工种植药用原料林的积极性，甚至会有不法分子选择利用经济成本较低的天然红豆杉资源。因此，要严格政策、规范管理，避免珍贵树种资源遭受破坏。

四、南方红豆杉经营技术

各地在发展南方红豆杉产业过程中，其利用途径除了以南方红豆杉为原料进行紫杉醇及其系列生产外，还大力发展南方红豆杉苗木产业和南方红豆杉盆景及绿化景观树种培育（高兆蔚，2006）。

（一）珍贵树种用材林经营技术

1. 造林地选择

以亚热带中、低山立地类型区，海拔高 500～1200m，北向阴坡、沟谷溪旁、日照短、水湿条件好的山地中下坡；土壤酸性、弱酸性的山地红壤、山地黄壤，土层深厚、厚度 1m 以上，立地质量等级 Ⅰ 或 Ⅱ 级；植被类型：地带性常绿阔叶树林残次林地或毛竹林地。

2. 采种、贮藏与育苗

培育珍贵用材的采种宜在中山地带高海拔区域选择树体高大、树干通直的 40～60 年生母树采种。采种季节在 11 月上旬，集中堆放搓揉，混沙磨擦，去掉假种皮和种子表面蜡层，清水洗净。当年种子，分别用乙醇热水和赤霉素 500μL/L 浸泡 24h，诱导水解酶产生，打破种子休眠期，促进即采即播种子萌发。由于各地的南方红豆杉结实有大小年，可用湿沙贮藏，贮藏方法有箱框法和穴藏法等多种，种子湿沙比例 1:3。南方红豆杉苗圃地宜选择在海 600～800m 以上向阴、土层深厚湿润的沙质壤土，排灌方便的田地，经翻整地，畦面平整，平铺一层过筛的红黏土或火烧土，苗床高 25～30cm。种子育苗立春为宜，撒播、条播或点播。点播的株行距 7.8cm×11cm，每公顷点播 37.5 万株，用种量 25～30kg。覆土厚度 2～3mm。3 月中旬至 4 月初种子发芽出土，要及时揭草、松土，搭盖荫棚，透光度 50%～60%，7～9 月高温干旱季节，要增加遮阴度，透光度加强到 40%，左右。当年 11 月初可逐步拆除遮阴棚。采取上述贮藏育苗技术，当年圃地发芽率达 60% 以上，小粒种子圃地发芽率达 95%。

3. 预防苗期病害

一年生苗木，初期易发生猝倒病；夏秋季发生苗期赤枯病。每星期可喷一次较低浓度的波尔多液预防。苗期赤枯病期间，或用 800 倍主多菌灵溶液进行防治。

4. 植树造林

造林季节选择春季 2～3 月份，采用 2 年生苗，苗高 40～60cm，地径 3～5mm，根系发达的壮苗，带土造林。珍贵树种用材在阔叶树林、毛竹林下造林，造林密度 750～900 株/hm²，主伐时保留合理密度 375～495 株/hm²；在阴坡沟谷旁造林，初始密度 1500～1800 株/hm²，主伐时保留合理密度 900～1200 株/hm²。造林地进行块状整地，挖穴回表土，规格 50cm×50cm×30cm。并加强林地抚育管理，适度施用复合肥。5 年生后，开始并定期从树基干向上切除枝条，保留上部枝条占树干总长度 50%，主伐时形成 6～8m 无节良材。

(二)短周期药用原料林的经营技术

建立短周期高产的南方红豆杉药用林基地，首先须选用紫杉醇含量和生物收获量高的优良种源和品种；其次，还必须优化配套栽培技术，如使用优质壮苗或容器苗，选择较好的土壤和立地，适宜的栽植密度，配套的遮阳、施肥、幼林抚育和病虫害防治，以及科学的促萌和采收等。

1. 良种应用

要求采用适宜造林地区气候的优良种质材料(种源、家系、单株等)培育的优质大田苗、容器苗或扦插苗栽植，优良种植材料是南方红豆杉短周期药用林高产栽培的基础。根据我们对南方红豆杉全分布区种源试验结果，不同种源短周期幼林生物收获量和新鲜枝叶含紫杉醇含量差异显著，可选用贵州黎平、都匀，四川峨眉山，云南石屏、安徽黄山、福建拓荣、武夷山等生物收获量和枝叶紫杉醇含量高的优良种源营建南方红豆杉高产药用林基地。

2. 立地条件

在福建省明溪县沙溪乡梓口坊村盘井山场选择不同质量的立地造林以研究立地质量对南方红豆杉幼林生长的影响。该山场海拔 450m，地形切割深度 50～100m，地形较隐蔽，坡向东，坡度 10°～20°植被以槠、栲类为主，并零星分布有泡桐和山芝麻等，树冠透光度 60%～70%。土壤是砂岩风化的山地红壤。Ⅰ类地，A 层厚度 21～30cm，B 层厚度 60～82cm；Ⅱ类地，A 层厚度 10～20cm，B 层厚度 50～60cm；Ⅲ类地，A 层厚度 5～10cm，B 层厚度 50cm 以下。选用高 20cm、地径 0.2cm 的 1 年生裸根苗，选择 3 个质量的立地类型，开展对比试验。

5 年生测定结果表明，在Ⅰ类地生长的南方红豆杉幼树其树高和地径与Ⅱ类地差异不显著，而与Ⅲ类地差异极显著，Ⅱ类地与Ⅲ类地差异也极显著。与Ⅲ类地比较，在Ⅰ类地和Ⅱ类地上的 5 年生南方红豆杉树高分别提高了 30.1% 和

19.1%，地径则分别提高了 69.3% 和 45.9%。5 年生幼树冠幅在 3 种不同质量的立地上差异不显著。南方红豆杉幼树的根系穿透能力较差，在土壤有机质量含量高、疏松透气、肥沃、湿润、排水良好的Ⅰ、Ⅱ类立地上有利于幼树根系的生长和发育。在生产中，须选择Ⅰ、Ⅱ类立地栽植南方红豆杉，实现高产经营。

3. 栽植密度

在农田庇荫条件下设置 30cm×20cm、30cm×30cm 和 30cm×40cm 三种栽植密度，2 年生幼树测定结果表明，随着栽植密度的增大，单株生长和生物收获量明显减小，而在较稀栽植密度下植株树高和地径生长量大，冠幅宽，侧枝数较多，根系发达，全株生物收获量高，地下根系、树皮和枝叶所占比例较高，树干木质部所占比例较小。与 30cm×20cm 栽植密度比较，在 30cm×40cm 栽植条件下 2 年生植的冠幅为 62.2cm，比增 39.9%；侧枝总数 37 条，比增 85.0%；全株鲜重 578.5g，比增 52.2g；根系、树皮和枝叶生物收获量比例为 84.6%，提高了 2.6 个百分点。进一步比较单位面积的鲜生物收获量和收入，确认 30cm×30cm 栽植密度最佳，幼树鲜生物收获量和经济效益最高。

4. 光照条件

（1）农田不同遮阳处理对幼树的生长的影响。利用农田发展南方红豆杉短周期高产药用林，庇荫设施极为重要。通过搭设庇荫网，使遮阳透光率控制在 50% 时，2 年生的树高、地径和冠幅生长量及全株鲜重明显大于 75% 透光率的遮阳处理，两者的全株鲜重相差 40.0%。光全照栽培条件下，因 6～9 月份高温强光强不仅造成日灼死亡率达 50%，而且植株生长和生物收获量很小，树高、地径和冠幅仅分别为 51cm、0.87cm 和 43cm，分别为 50% 透光率遮阳处理的 34.9%、37.2% 和 26.9%，全株鲜重只有 181g，仅为 50% 透光率遮阳处理的 1/7 左右。可见遮阳透光率为全光照的 50% 最有利于南方红豆杉农田设施高产栽培。

（2）不同透光率杉木林冠下南方红豆杉的生长差异。结合杉木人工林不同间伐强度试验研究南方红豆杉在不同透光率的林冠下套栽效果。试验的杉木林位于福建省明溪县沙溪乡际上，海拔 250～360m，坡度 20～30°，坡向为西向，土壤为山地红壤，A 层厚度 5cm，B 层厚度 80cm，通过实施 4 种不同强度的间伐试验，使林冠透光率分别为 30%、50%、55% 和 60%。通过调查表明，在杉木林冠透光率在 55%～60% 时，4 年生南方红豆杉幼树树高和地径生长最快，冠幅最大，与 30% 林冠透光率处理比较，树高比增 20%～30%，地径比增 13%～18%，冠幅比增 18%～28%。南方红豆杉幼树随着林龄的增大，光饱和点也不断增加，因此 30% 林冠透光率处理光照不足而影响幼树的生长发育。

5. 收获和促萌

（1）采收年龄。利用农田庇荫设施密植栽培可实现南方红豆杉药用林的短周期高产经营。经过几年的反复实验，我们认为农田设施栽培的南方红豆杉药用林最佳采收期应为 2 年生，达到了工艺、数量和经济成熟年龄。

（2）采收方法。可分枝叶采收、截干采用和全株采收 3 种。枝叶采收即于每年的 9～12 月采收 2～3 年生幼树 50% 的枝叶。全株采收则可隔株隔行采收全株生物量，并挖取根系。每年按 50% 株数挖取，连续采收 4～5 年。在生产上多采用截干采收，截干收获地上部分生物量，并通过促萌实现多年采收利用。通过试验表明，冬天截干促萌效果明显优于春季截干。冬季截干后树液和养分流失少，截干伤口不易被真菌感染，容易愈合形成新的组织，有利于冬季不定芽的养分积累及不定芽在春季的萌发。同进，不同截干高度的对比试验表明，在幼树离地面高 15cm 左右，采用修枝剪与树干 45° 角斜切截干效果最好。此外，截干采收还应注意截干后的伤口及时涂腊或用塑料薄膜包扎，以利于来年萌芽生长。

因此在控制好良种培育、立地条件、栽植密度和光照条件以及抚育病虫害防治等措施外，适时收获药用资源也是增加收益的有效措施。

（三）观赏、盆景林经营技术

1. 采种、贮藏与育苗方法

基本上与珍贵用材、药用原料林的方法相同。观赏树种的苗木宜选择于药用原料林苗圃地的超级苗、中等苗和珍贵用材林的中等苗。

2. 嫁接培育盆景苗

南方红豆杉嫁接要建立优良无性系采穗圃，通过嫁接来生产盆景。接穗要选择结果累累的雌株，作为优良无性系。嫁接的砧木采用 1 年生苗和 2 年生人工苗。嫁接时，接穗采用 1 年生与 2 年生交界处穗条，长度 5～7cm，采集于优良母树或优良无性系上部主干上。根据盆景生产需要，也可以特殊造型，接穗也可采用中下部侧枝上的穗条，体现其偏冠生长的美感。嫁接方法采用插接法、切接法、芽接法和嫩株顶接法均可，嫁接时期宜选择在春季 3 月份和秋季 10 月份后进行。嫁接需要在遮阴棚透光度 30% 条件下进行。嫁接成活后 2 个月内解除棚带，1 年后剪除砧木上枝条，2 年生嫁接苗移到大盆上。嫁接苗要适当在春秋季进行全光炼苗，成活率在 80% 以上，其中秋季采用皮骨对接法嫁接，成活率最高，可达 95% 以上。

3. 扦插育苗培育盆景

南方红豆杉扦插育苗，一般在 2 月中下旬至 3 月初，选择优良无性系采穗圃优良母树，选择径粗 3～5 mm，长度 10～12cm，并有顶芽的穗条，以 1 号 ABT 生根粉 50μL/L 浓度处理 24h，或 100μL/L 浓度处理 6～8h，然后进行扦插，生根率达 60% 以上．扦插圃地底层可用食用菌生产过的废料，经日晒后使用，中上层用细沙铺盖。扦插苗晴天喷水雾，遮阴度 50%～70%，以保持圃地湿度，半个月后即可产生愈伤组织，2个月后陆续长出细根，当年苗高5~10cm，一般2年生扦插苗可移植于大盆上定植。但扦插苗往往采用穗条于母树侧枝上造成偏冠现象，作为盆景有特殊的美感，如果需要直立盆景，可用无性系上部带顶芽的穗条。由于扦插苗根系不发达，移栽时需要冬季带土移栽，以提高盆景的成活率。但要注意，扦插苗移栽大盆，开花时要辅助雄株的枝条对扦插株进行人工授粉，以保障南方红豆杉盆景正常结果。

第六节　叶翠果红富贵籽

在武平县东留镇的"富贵籽"基地看到：一盆盆的"富贵籽"整整齐齐地排放着，远远望去，"富贵籽"青翠绿叶下挂满串串红果，红透欲滴，鲜艳夺目，如火如荼，它热烈而奔放开放着，它是热情纯真、富贵吉祥的象征。一群群辛勤劳作的花农们脸庞流淌着微笑，精心地编织着丰收的梦想……"武平富贵籽"已成为武平一张闪亮的"名片"，武平曾因林改而闻名，如今，"武平富贵籽"从野生进入千家万户，带动了花卉产业不断发展壮大，实现了经济效益、社会效益、生态效益的"三丰收"，在这些成绩和荣誉背后，无不凝聚着武平县各部门多年来的不懈努力和辛勤付出。武平富贵籽是非木质资源从野生驯化、培育到创新，以及庭院经济与异地保护（基地栽培）利用的典型案例。

一、基本情况

（一）自然资源情况

武平县位于武夷山脉南端的闽西地区，地理气候独特，处于亚热带向热带过渡地带，位于北纬24°48′~25°29′，东经115°49′~116°24′；东接上杭县，西与江西省会昌、寻邬两县相连，南与广东省平远、蕉岭两县毗邻，北连长汀县，东西长54km，南北长75km，是闽、粤、赣三省交界的边界县，是革命老区县，也是福建省重点林区县和全国南方重点林区县之一，是全国集体林权制度改革的策源地。全县土地总面积397.7万亩，森林覆盖率79.7%，居全省、全市乃至全国的前列。武平为低山丘陵地区，平均海拔274m，地势由西北向东南倾斜，沟壑纵横，山脉连绵，最高峰梁山顶，海拔1538m，西北部多高山，东南部多宽广的平地，属亚热带海洋性季风气候，气候温和，雨量充沛，四季分明，夏长冬短，冬无严寒，夏无酷暑，干湿季节分明。年平均气温17~19.6℃，年降雨量为1450~2200mm。

（二）富贵籽生物学特性

富贵籽本名朱砂根（*Ardisia crenata*），又名黄金万两、红凉伞等，其根部木质部为朱红色，故名朱砂根，又因其果色鲜红欲滴，呈现吉祥富贵景象，花农给它取名为富贵籽。富贵籽是紫金牛科常绿小灌木，自然生长于山谷林下或丘陵阴蔽湿润的灌木丛中，广泛分布于福建、江西、浙江、湖南等地。富贵籽能耐短时零下低温，适合生长温度为 10 ~ 35℃，最适温度为 16 ~ 28℃。10℃ 以下时停止生长，0℃ 以下时会冻伤，35℃ 以上时停止生长、易产生病虫害，40℃ 时叶片灼伤，不能忍受 40℃ 以上的高温。在南方全年营养生长有三个高峰期：即抽春梢，4 月中旬叶芽萌动到 5 月底，夏梢自 6 月至 8 月初，秋梢自 8 月中旬至 11 月中旬。

目前，人工栽培的植株有 10 多个品种，分别是亮叶富贵籽、团圆富贵籽、迷你富贵籽、大果富贵籽等，各个品种除了叶片、枝条、茎干的颜色、形状和果实的大小有所不同之外，其他的特征都基本一致，其叶互生，质厚有光泽，三年生株高 0.8 ~ 1.2m，边缘具钝齿，枝梢夏日开花，排列成伞形花序、花冠五裂、带白色、雄蕊五枚，果实球形、黄豆大小、成熟时色泽鲜红、晶亮，环绕于枝头，冠层错落有致，可供观赏。

二、利用方向

（一）观赏价值

富贵籽是花卉市场新宠，一年四季均可观果。人工栽培（三年生）的植株高度约为 1m，叶片互生或丛生于枝梢，呈披针形，长度约为 6 ~ 10cm，宽为 2 ~ 4cm，叶面光滑而质厚，还具有光泽，叶片的边缘为皱波状并且有钝齿，5 月份开花，6 月份开始结果，到 10 月底果实开始逐渐转红，12 月份果实成熟；果实为球形，果径约 6 ~ 8mm，成熟的果实色泽鲜红、晶亮，艳丽夺目，环绕于枝头，冠层错落有致，珠串果实红艳欲滴，环绕于树冠之下，视觉冲击明显，尽显大红大绿，亭亭玉立，象征喜庆吉祥，多作为结婚、开业、乔迁庆贺用的首选花卉。富贵籽果实成熟期适逢元旦、春节、元宵等中国传统节日，挂果期前后能长达半年之久，为传统节日增添无限喜气。

（二）药、食用及工业用

据《本草纲目》记载，"朱砂根生深山中，苗高尺许，叶似冬青，叶背尽赤，夏日长茂，根大如筋，赤色，此与百两金仿佛"。根及全株入药，味苦性凉。有清热降火、消肿解毒、活血去瘀、祛痰止咳等功效。主治扁桃体炎、牙痛、跌打损伤、关节风痛、妇女白带、经痛诸病，为我国民间常用传统药物之一；富贵籽果可食；富贵籽种子可制皂；果可榨油，出油率为 20% ~ 25%，油可供制造肥皂。

三、发展基础

近几年来，花卉市场上出现了一种观果观叶类植物——富贵籽，尤其是在元旦和春节前后，这种挂满串串红果，有红叶或绿叶衬托着的盆栽花卉，进入家庭后给人带来富贵、吉祥、喜庆的感觉，深受百姓的喜爱。回顾近年来武平县富贵籽的发展历程，走的是从无到有、从小到大、从"单打独斗的摸索开发"到"规模经营的产业发展"之路（表5-14）。

（一）产业摸索与构建阶段

青枝绿叶撑起"凉伞"，下遮鲜红圆润的小红豆，寄托着相思与温馨、吉祥与富贵，这就是走俏市场的观果花卉新宠"富贵籽"。20世纪90年代初期，武平县人陈镇仁、钟华荣、李冬生等人在福建省花卉协会、武平县有关部门的支持下，将原野生的朱砂根移植于室内，进行人工驯化及矮化处理，并取得成功，但并没有进行大规模种植。90年代后期，武平县东留镇大联村人罗盛金开始在大棚里进行大面积种植，并摸索出一套初步的培育生产与盆栽"矮化"技术。从此，武平富贵籽生产逐步走上了日益成熟的发展之路。而这一阶段，武平县的富贵籽生产大多是用竹子搭建的低矮花棚，不但生产设施简陋，而且富贵籽的损耗相当严重。另外，由于简易竹棚操作空间狭窄，给农户管理花卉带来极大不便，同时影响花卉苗木产品的质量。在简易竹木棚内种植富贵籽，其合格商品产量最多为1200盆/亩。

（二）产业发展与提升阶段

进入21世纪，由于产业仍处于起点低、植株扩繁慢、设施栽培落后境况，发展规模一直难以实现突破。在各级部门和领导的重视下，花农生产积极性高涨，消费群体不断扩大，武平富贵籽逐步走上了规模化、集约化、组织化的品牌农业发展路子。如今，福建省武平县驯化开发野生富贵籽已有10余年时间，武平富贵籽产业也逐渐走上了发展与提升之路。2009年，武平县成为福建省现代农业（花卉）生产发展资金项目县，至2012年，福建省级财政共下达项目资金580万元，对当地花农改造、新建钢架大棚进行补贴，政府集中扶持建设了成片钢架大棚，连片种植不仅为富贵籽实现产业化发展带来了保障，还方便了花农之间切磋经验和共同进步。标准钢架大棚为花卉生产提供了更加有利的生长环境，花卉抗自然灾害和病虫害的能力大大增强，产量和质量得到了显著提高。在钢架大棚内种植富贵籽，其合格商品产量每亩通常可达到2500~3200盆，大大提升了产品质量。通过项目带动，极大地调动了当地农户参与富贵籽生产的热情，自此以富贵籽为主的武平县特色野生花卉产业得到快速发展，产量和产值连年大幅攀升。据不完全统计，截至2013年：全县富贵籽种植户520多户，示范企业12家，从业人员6300多人，形成了以企业、专业户为龙头，大户联小户，种植、销售、运输、贸易等行业互为联动的生产经营格局。全县富籽种植面积达2536亩、产值1.52亿元、年产商品260万盆(株)，销售额7800万元。

表5-14　2001~2013年武平县主要年份富贵籽产品变化情况表

花卉产品	种植面积(亩)				产量(万株)				产值(万元)			
	2001年	2005年	2010年	2013年	2001年	2005年	2010年	2013年	2001年	2005年	2010年	2013年
富贵籽	60	320	1250	2536	12	43	120	260	160	600	3000	1520

（三）产业发展制约因素

近几年，虽然武平富贵籽种植量逐年上升，但与市场需求相比，总体规模仍然较小。由于花农技术水平普遍较低，专业研究人员匮乏，富贵籽种植技术、品种开发和推广应用以及市场营销方面亟待突破，主要表现为：一是产业发展科技含量不高。花卉栽培基础设施总体比较落后，科技人员十分缺乏，远远满足不了野生花卉生产发展的需求，新品种、新技术的引进、开发、推广和应用滞后，花农技术水平较低，缺乏系统的技术培训。缺乏品种和技术储备，花卉苗木种植品种选择带有普遍的盲目性，缺乏市场前瞻性。野生花卉的栽培技术参差不齐，尚未实现标准化生产。产业发展与现代花卉产业的发展要求不相适应。二是产业发展规模小，组织化程度低。武平野生花卉产业发展基本上处于小而散的家庭式自产自销阶段，大多数花农土地经营规模依然偏小，组织化程度较低。花农与野生花卉示范企业之间联结松散，缺乏专业化分工，难以达到产业化经营的要求。产品销售大多各自为战，多头竞争，营销体系不健全。

四、发展举措

武平县全力打造"全国林改第一县"这一绿色品牌，立足富贵籽产业发展基础，将发展壮大野生观果花卉武平富贵籽作为发展方向和发展重点，全方位打造富贵籽等武平特色野生花卉产业。

（一）政府扶持，促进产业持续发展

为实现'建立大基地、发展大生产、应用大科技、培育大市场、参与大流通、形成大产业'的花卉产业发展方针，推进武平县的花卉产业进程，武平县陆续出台了各种优惠的扶持政策，从引进技术、管理人才、财政信贷、资金扶持、土地使用等方面都给予了优惠，推动了野生花卉产业快速发展壮大。一是安排花卉栽培设施建设补助。2009~2011年对新建标准钢架大棚按每亩1.1万元补助，三年共发放补助资金 580 万元。2013 年县委县政府《关于进一步深化集体林权制度改革的若干意见》(武委发〔2013〕7 号)，再次将花卉产业作为特色产业加以推进升级，规定：从 2013～2015 年，对林农新建连片 30 亩以上花卉苗木种植基地给予 200 元/亩的土地租金补助；对林农新建连片 30 亩以上花卉标准钢架大棚给予至少 6000 元/亩的补助，被新评为省、市龙头企业的，除上级奖励外，分别给予一次性 5 万元、3 万元奖励；花卉苗木规模企业年销售额达 2000 万元以上的，一次性给予 3 万元奖励；二是安排贷款贴息补助。对小额贷款(30 万元以内)给予年息 3 厘的贴息补助；三是限期免费使用商标。允许符合条件的花农免费使用一年的"武平富贵籽"国家地理标志证明商标，着力提高富贵籽的市场竞争力；四是对实力强、栽培管理经验丰富、市场信誉度高的示范企业或种植大户在项目申报时给予优先考虑，促进企业做强做大；五是鼓励支持企业与科研院校开展技术攻关合作。多年来，武平县花卉产业发展坚持以市场为导向，以科技为动力，以效益为中心，瞄准国内外花卉市场，坚持花卉产业化发展方向，促进花卉产业的持续发展。

(二)技术支撑，实施科技兴花战略

武平县十分重视野生花卉资源的开发利用，把花卉产业培育成为农村新经济增长点。武平县相关部门、花企和花农在花卉生产栽培方面，始终坚持不断研究与创新，加大种植技术攻关，制定种植技术和产品的标准化。针对技术水平落后的现状，武平县林业局已开始多方寻求科研合作，以解决优质苗木供应等技术难题。在鼓励支持企业与科研院校开展技术攻关合作的同时，武平县自 2003 年开始与福建农林大学签订了联合攻关的合作协议，取得一定成效，开展了富贵籽实用栽培技术、组培生产技术和病虫害防治技术等多项课题，以推动富贵籽实现规模种植。2010 年和 2011 年"朱砂根(富贵籽)缩顶病白绢病防治技术研究"先后通过福建省林业厅组织的专家验收和龙岩市科技局组织的成果鉴定，研究成果水平国内领先，并在武平县东留镇建立示范推广应用基地 800 多亩，成效明显。目前，武平县林业局正与福建农林大学密切沟通，着手申报国家千种花卉品种创新工程研究项目，对武平县野生富贵籽资源的品种、分类、分布规律和数量进行了详细的调查研究，有目的地研究筛选保留新型品种，以丰富富贵籽种质资源，如挂果抱团、寓意团圆的"团圆"富贵籽，叶片呈深紫色的紫叶富贵籽，观果观叶效果俱佳的矮生富贵籽等。此外，武平县加强对花农技术培训。近 5 年，开展各类花农培训 12 场次，培训花农 2000 余人次，提供技术咨询 48 条，花卉种植科技含量不断提高，推动了武平县花卉产业持续、健康、快速发展。

(三)企业带动，引领花卉发展方向

武平县在发展野生花卉产业过程中注重示范企业的培育，以企业的示范效果，辐射带动当地及周边群众参与花卉生产和销售，取得明显实效。目前，培育了武平县园丁花卉专业合作社、武平县东香花卉有限责任公司、武平县盛金花场、武平县年年红花卉发展有限公司、武平县仙山花木园、武平金树枝珍稀花卉有限公司、武平县万欣农业发展有限公司等一批实力强、栽培管理经验丰富、市场信誉度高的企业，形成了以专业户为龙头、大户联小户的花卉生产经营模式，辐射带动了东留、城厢、平川、中山、大禾、十方、岩前和中堡等周边乡镇的900多名花农积极参与花卉种植，促进花卉产业发展壮大，提高产品竞争力和企业效益（表5-15）。

武平县除了大力扶持龙头企业做强做大外，还采取"公司＋专业合作社＋农户"模式，进一步加大专业合作社的规范化运作，拓宽武平花卉品种，推进花卉种植品种结构调整，培育种植大户；通过专业合作社与协会的运作，架起富贵籽等花卉产业与市场对接的桥梁，让野生花卉走向全国各地，促进农业增效和农民增收。武平县也因此被全国供销合作总社列为"千社千品"富农工程示范点。富贵籽等特色野生花卉的富民能力不断增强，农民收入大幅增加。近年来，随着武平"中国林改第一县"的声名远播，武平富贵籽借此东风，产品旺销省内各地及广州、深圳、北京、天津、上海等城市的花卉市场，供不应求，亩均效益在6万元以上。目前，武平县已有较大型的花卉专业户92户，技术人员108人，从业人员500余人，花卉种植面积达3620亩，其中以富贵籽、虎舌红为主的盆栽650亩，以香樟、竹柏、天竺桂、桂花为主的绿化大苗和观赏苗木2970亩，年培育600万盆（株），各类遮阴棚面积近20hm²。

表5-15　武平县富贵籽产业示范企业情况

示范企业	规模	人员（人）	主要产品	产值（万元）	备注
武平县东香花卉有限责任公司	以公司＋农户形式整合约100户种植富贵籽农户，种植面积达2000亩	1600	富贵籽	7600	
武平县盛金花场	场区面积120亩，已种植面积30亩	20	富贵籽	350	
武平县年年红花卉发展有限公司	场区面积35亩，其中厂房面积5亩，已种植面积30亩。	20	富贵籽	320	
武平仙山花木园	场区面积50亩，其中厂房面积7亩，已种植面积40亩。	30	富贵籽	410	

（四）立足特色，品牌效应逐步显现

武平县富贵籽资源丰富且种植历史悠久，据《武平县志》（1993年版）记载：

清乾隆辛酉年(公元1741年)举人、诗人李梦苡（字非珠，武平县城西厢村人）曾在自家花园种满了富贵籽，经常"独酌自赏"，并有"途经花枝一浮影，伞遮裙芳点点红"的诗句。此是有历史记载的最早的富贵籽人工栽培史。而武平县花卉业起步于20世纪90年代中后期，当时受广东花卉市场的影响和启发，武平县一批具创新精神的花卉爱好者，利用武平县丰富的野生花卉资源，开展引种驯化，成功开发了观叶观果花卉富贵籽和虎舌红。进入21世纪以来，由于各级政府更加重视，有关部门大力支持，武平花卉业立足富贵籽特色品种，根据市场的需求，武平富贵籽培育与产业发展日趋成熟，历经十几年发展，实现了规模种植和产业化经营，市场接受程度高，产值逐年提高。在抓好产品产量和质量的同时，武平县十分注重特色野生花卉产业品牌建设，近几年，品牌建设成绩斐然，走上品牌农业的发展路子，产业发展前景广阔。1998年元月在首届海峡花卉博览会上被评为观果类花卉唯一三等奖，1999年获省森林公园花博会二等奖，2000年获第三届海峡西岸花博会畅销奖；2010年11月第三届福建花王评选暨花卉精品展会上武平富贵籽——"团圆富贵"荣获"中国福建花王"称号；2011年11月"武平富贵籽"正式被国家工商总局商标局核准注册地理标志证明商标；2013年9月福建"武平富贵籽"荣获在江苏常州召开的第八届中国花卉博览会金奖，在海峡两岸（福建·漳州）花卉博览会上也曾多届获金奖。由于"富贵籽"品牌效应日趋明显，获得了较好的经济效益，盆栽观果，身价倍增，全国95%的富贵籽苗木产自武平县。

五、富贵籽栽培技术

(一)选种、储藏和处理

选种是富贵籽种植的关键，通常是要挑选发育正常、颗粒多、大而饱满、颜色鲜红、无病虫害的植株作为母种，将果实直接从植株上采摘下来储藏待第二年播种苗木，采果播种育苗成本低也是扩大生产节约成本的有效途径。

(1)种子采收。应选颗粒大、饱满、果色鲜红、无病虫害、成熟的种子。种子采收时间一般为当年元旦后春节前，此时的果实红透发亮为好。

(2)种子储藏方法。①种子量少的可以将种子装在塑料袋内，放置通风阴凉处储藏。②种子量多的可采用沙藏，将种子和细纱拌在一起，然后装进塑料袋内，存放在暗或弱光、干燥、低温、密封的地方。

(3)种子处理。播种前半个月左右，把储藏的种子去沙后，用清水搓洗掉肉质种皮，再以湿沙拌匀待播种。

(4)种子消毒。用1‰多菌灵及2‰敌敌畏进行杀虫消毒，浸泡种子时间12h。

（二）苗圃地选择及苗床准备

应选择地势平缓、干燥背风、水源光照充足、排灌方便，土壤肥沃、疏松湿润的砂壤土、壤土或稻田。禁止在土豆地、蔬菜地、油菜地建苗圃，以防病虫害侵染。禁止在风口处、山脚下、地下水位较低的地方建圃。对苗圃地使用前应进行消毒处理。

富贵籽生产以大棚基地生产为主，视经济条件可搭建智能温室大棚、连拱钢架大棚、简易竹木棚，目前武平地区以连拱钢架大棚和简易竹木大棚两种为主。

培育富贵籽苗木要作苗床，育苗床地要带状作业，床宽 1.2m，高 20cm 左右，步道宽 30cm 左右。四周开好排水的主沟和围沟，沟宽 50cm，深 50cm。

（三）播种

（1）播种时间选择：采取适时早播为宜。待种子发芽后，2～3 月份当地气温稳定在 18℃时，即可播种。

（2）播种前消毒：播种前应对苗床进行消毒，在种子播种前 5～10d 用生石灰粉或多茵灵对苗床土壤进行消毒，后再畦整平铺一层 5～10cm 的营养土。

（3）播种方法：播种方法有撒播和穴盘点播两种。①撒播。将种子均匀撒播于经过消毒的苗床床面上，以种子不重叠为原则，最好以每粒种子间距 1～2cm 为宜。然后用过筛的细黄心土或细沙覆盖，覆土厚 1～2cm 以不见种子为宜，也不能太厚。后在苗床上铺盖一层干草，以利于水份的锁定，保持苗床的湿润。最后在上面喷透水。②穴盘播种。选用 8cm×10cm 加大杯、10cm×10cm 或 10cm×12cm 容器杯，装上营养土（按椒糠：泥炭土或水库泥或林下腐殖土＝3：2），每穴 1～2 粒种子，点播深度 1cm，现覆营养土厚 1～2cm。

（4）播种后管理每隔 5d 就要对苗床进行一次喷水，喷水时以将苗床均匀的喷洒一遍。播种后 20d 左右，将干草拿掉并停止喷水。约 10d 后，就可以出苗了。

（四）苗木管理技术

根据富贵籽喜欢生活在较为阴凉的环境中，既害怕渍水，又忌干燥暴晒的生长特性，在富贵籽生长的不同时期、不同季节的培育过程中要特别注意掌握光照、温度、湿度、施肥需求，创造最适宜富贵籽生长发育的环境，因此，选择连栋大棚保护地栽培。

（1）光照：在光照特别强的时候要及时地遮盖遮阳网，以减少强光对叶片的伤害，在光照减弱时，及时拉开遮阳网，以适应其半阴半阳的生长习性。小苗阶段遮阳度以 50% 最佳，在此环境下，小叶片光合作用强，叶绿素增多，生长迅速。随着富贵籽的生长发育遮阳度应逐渐加大。开花结果期应控制在 50% 以内遮光率，挂果后应控制在80%以内遮光率。

（2）温度：富贵籽生长的最适温度为16～28℃。低于10℃或高于35℃温度时停止生长，0℃时冻伤，40℃时叶片灼伤，不能忍受40℃以上的高温，因此，在冬季要搭塑料大棚以保温，夏季要遮盖遮阳网降温。

（3）湿度：富贵籽根系为网状细根，性喜温暖湿润，自然生长在土壤表层。因此，土壤湿度一般要保持在30%～40%，空气湿度以65%～75%为宜。

（4）肥水管理：富贵籽产品培育期需3年时间。幼苗期需水份不大，选择在上午8～10点用带喷头的桶进行浇水，将叶面及苗床完全喷洒一遍，每隔5d喷洒一次，保持苗床湿润即可。幼苗期富贵籽生长缓慢，需肥不多，适当追施叶面肥即可苗壮的生长，选用水溶性花肥，按1‰～2‰的比率的调配好溶液后进行喷洒，时间最好选择在上午10点以前下午4点以后，将叶片完全喷洒一遍，每10d追肥一次。

当年苗指从苗床移栽上盆（10cm×10cm的营养杯）管理时间约10个月，一年苗管理相对简单，主要应保持一定的水份（每3～5d应浇水一次），适当施肥（每10～15d施肥一次）促进苗木生长，并做好病虫害防治工作。

两年生富贵籽苗管理，第二年春应进行换盆，即小盆（10cm×10cm）和大盆（14cm×16cm），应追加施肥量，确保苗木有足够的养分，促进生长，盆间距35cm为佳，使植株之间保持一定的距离，促进它们的抽枝发叶。植株挂果的多少取决于侧枝的多少，随着顶芽梢的生长同时抽生侧枝，所以富贵籽生长期一般不作修剪，而更应注重保护侧枝的生长。在这个阶段浇水是一个非常重要的环节，一定要根据季节的不同来确定浇水的时间及水量，春季，气温不高，植株还处于休眠状态，消耗水分也不大，可以每隔3～5d浇水一次，时间选择在上午10时以前，下午4时以后；夏、秋季节，气温较高，叶片水分蒸腾量大，又是生长旺季每隔2～3d，秋末冬季植株生长变的逐渐缓慢，气温下降，叶片水分的蒸腾量减少，植株逐渐进入休眠状态，每隔5～7d浇一次水。同时这一阶段是富贵籽抽生侧枝、孕育果实的时期，要保障植株足够的养分，以确保它孕育出丰润饱满的果实。追肥要遵循薄肥勤施，忌施浓肥的原则，肥料通常仍是选用氮磷钾肥为主，夏秋季节是富贵籽的生长旺季，养料需要的多，应多施肥，浓度3.5‰以内，冬季植株基本处于休眠状态，可以少施肥，保持足够的水分即可。

三年生苗也就是商品苗，这一时期，富贵籽生长迅速，能够生长到1m左右的高度，也是植株孕育大量果实的阶段，这一阶段应适时施肥，增施磷钾肥，需要注意的是施肥的间隔时间，应每隔10d以内施一次薄肥（3.5‰以内）。在浇水方面也跟两年生苗的管理一样，浇水时要另加配叶面肥（花多多肥）比例为1.5‰以确保果繁叶茂。

（5）除草：杂草过多，会干扰它们的生长，还会成为害虫的栖息地，给各类害虫的侵袭创造有利条件，对富贵籽的生长发育形成威胁，因此，要勤锄杂草，为富贵籽生长提供一个清新的环境，以便培养出果繁叶茂的植株。

（6）病虫害防治：富贵籽苗木病虫害发生主要为枯萎和立枯病。发生时间在4～5月份，可用波尔多液，多菌灵、井康霉素、银法利等防治，按一定浓度交替使用，每隔7～10d喷药一次为宜。

（五）造型栽培方法

造型是富贵籽盆景栽培关键性技术，也是提升富贵籽盆景质量的关键措施。

1. 高压成型法

于5月中下旬，在三年生的大盆富贵籽植株中，选取粗壮、无病虫害、成型较好的植株进行挪盆，首先在大棚内的畦面按50cm×50cm的行间距摆放多孔砖2块，将选好的大盆富贵籽植株摆放在多孔砖上，盆内插1根竹竿用于固定花盆，然后将植株主枝用绳子往盆外拉，植株顶端要低于盆弦并给予固定，整形后，主干基部将萌发新枝，可选留2～3条枝条，形成骨架，同时加强母株的水肥管理，待果实成熟后盆景即可成型

2. 大枝短截法

选择观赏价值较差，枝干较高的多年生植株，把枝条离根部5～10cm处剪下，枝条用于扦插繁育，让根部植株重新萌发枝条，选留3～4个枝条，培育1年后换盆，用金属丝进行缚扎，两年后盆景即可成型。

3. 压顶养殖法

5月下旬，在三年生的大盆富贵籽植株中，选取粗壮、无病虫害、成型较好的植株进行挪盆，剪去富贵籽植株的春梢，让其主枝萌发新枝，选留2～3条枝条，如果新枝过高要进行再修剪，形成骨架，同时加强母株的水肥管理，待果实成熟后盆景即可成型。

第七节　人间仙草"铁皮石斛"

铁皮石斛（*Dendrobium officinale* Kimura et Migo）的疗效功用屡见于古籍报端中，被称为"人间仙草""救命仙丹"，足见人们对它的赞誉溢于言表。近年来，铁皮石斛的开发与利用在福建迅猛发展，大有"遍地开花"之势，在不少县（市、区）的林间、大棚以及居家生活均能见到它那如诗如画、美轮美奂的身影，散发着幽幽兰香，令人神往。本例根据铁皮石斛的生物学、生态学特性及对环境的要求，探讨铁皮石斛多种开发利用与栽培技术模式的创新、集成与推广，为进一步发展林下经济植物提供有益的借鉴和参考。

一、基本情况

铁皮石斛是传统名贵中药材，具有生津养胃、滋阴清热、润肺益肾等功效，常用于口干烦渴、热病伤津、病后虚热等多种病症，素有"人间仙草"之称。铁皮石斛具有气生性、附生性、湿生性、阴生性、休眠性、传代性等六大生物学特性。野生的铁皮石斛，对生长环境的要求比较苛刻，一般生长在海拔 100～3000m 之间，常附生于树上或岩石上，喜温暖湿润和半阴环境，不耐寒，生长适温在 18～30℃，生长期以 16～21℃ 最为合适。由于对生长环境要求苛刻，野生铁皮石斛的自然繁殖能力低、生长缓慢，加之长期以来森林生态破坏与资源的过度开采，野生铁皮石斛资源濒临枯竭，导致石斛价格昂贵，在市场上越来越受到青睐。1987 年国务院将其列为国家重点保护植物。近年来，随着铁皮石斛能迅速提高人体的免疫力，调节五脏六腑的平衡、排毒养颜、滋养脾胃、防癌、抗癌、抗动脉硬化、降血压、降血脂和血糖、延缓衰老等的功效被越来越多的人关注，以及随着技术的突破，全国掀起了铁皮石斛种植热潮，摸索出不少种植经验和栽培模式，成为我国中药材发展最快、产销量最大的品种之一，使传统名贵中药进入了现代人的生活，引领着时尚新贵一族新的保健、养生方法。根据中药协会石斛专业委员 2013 年的统计：全国石斛的种植面积 12.6 万亩，其中铁皮石斛面积占 50%，产值超 100 亿元。

二、利用方向

铁皮石斛利用范围很广，主要包括鲜品食用、加工食用、药用、护肤产品、观赏等方面，尤其是应用于健康领域的利用方式得到人们的广泛赞誉（王伟英，2011）。

（一）食用

1. 鲜品食用

铁皮石斛鲜茎食用有几种方法：①即食，洗净去衣入口细嚼吞服，早期在山上劳作者往往在饥饿口渴的时候通过咀嚼铁皮石斛来减少其饥渴感；②鲜汁食用，洗净去衣加纯净水榨汁，连渣饮用，现在众多白领经理级名流选用石斛鲜品榨汁的方式饮用，让养生更及时，更方便；③泡茶，洗净去衣后切薄片，用沸水冲泡，连渣食用；④煎煮、炖汤、入膳，洗净去衣切碎或拍破，加水煎 60min 以上后喝汤，或者和鸡鸭等一起文火炖 60min，连渣食用；⑤浸酒，洗净去衣切碎拍破、单味或其他物料一起浸入高度酒中，3 个月后即可食用。新鲜的铁皮石斛花除了烘干制茶外，还可以当菜用，搭配在食谱中，口感鲜脆可口。

2. 加工食用

由于铁皮石斛的生长条件环境要求较高，具有地域性，大多数食用者不能就地取用鲜品来食用，目前市场上流通的铁皮石斛主要是干品及其加工产品，即第二代产品。主要有：铁皮枫斗、铁皮石斛干粉、铁皮石斛花茶、铁皮石斛茶叶、铁皮石斛胶囊及铁皮石斛功能性饮料等系列产品。日本等东南亚国家、港澳台地区以及沿海发达地区，有用石斛枫斗代茶或作为煲汤料，近年来以铁皮石斛为原料生产的高级保健品更多。

（二）药用

铁皮石斛是一种名贵的中草药，主要含有多糖、生物碱、氨基酸、酚类和许多对人体有益的微量元素。据相关研究表明，铁皮石斛在临床上多用于治疗慢性咽炎、消化系统疾病、眼科疾病、血栓完备塞性疾病、关节炎、癌症的治疗或辅助治疗，特别是近年用于消除癌症放疗、化疗后的副作用和恢复体能，效果十分明显。铁皮石斛在医用上一般加工成为中成药，如石斛颗粒、石斛夜光丸、脉络宁注射液、通塞脉片及养阴口服液等。

（三）护肤产品

天然植物配方的护肤品越来越受到更多人的青睐与推崇，根据铁皮石斛有换体内水分、滋阴补阳、增强新陈代谢、抗衰老的功效，铁皮石斛已经应用在美容护肤上，产品如：保湿睡眠面膜、洗面奶、沐浴露，通过刺激皮肤自身津液的不断分泌，还原肌肤津液的新陈代谢，从而使皮肤达到生生不息的水润状态。

（四）观赏

铁皮石斛是兰科植物，生命力强，多年生，是一种全新的花卉，人工养殖的铁皮石斛每年 5 ~ 6 月份就会开花，香味浓郁，呈淡黄绿色、草黄色或淡黄色，具有很高的欣赏价值和经济价值，盆栽的铁皮石斛也是送礼的上佳选择。近年来铁皮石斛除了作为家庭盆栽观赏外，在参展会、农博会上作为盆栽摆上案头。

三、发展情况

铁皮石斛主要是从 2010 年开始在福建省呈一定面积的种植栽培，产业发展较快，得天独厚的自然资源使福建省成为全国铁皮石斛的主要产地之一。目前，福建省各地均有人工铁皮石斛种植，以漳浦、连城、平和、德化、泰宁、福安、蕉城、建宁、光泽等地是重点发展的县市。对铁皮石斛种植面积、产量产值的统计 2013 年福建省才开始单独统计，原先只是混合在药食用花卉中统计。据不完全统计，2013 年年末，福建省石斛种植面积约 900hm² 其中林下种植铁皮石斛种植面积超过 700hm²，大田设施栽培面积 170 多 hm²（表 5-16）。近年来，福建省不断利用自身所具有的优势，加大对铁皮石斛研究的资金投入，设立专项资金开展课题研究，列入省市现代农业示范园区的有 10 多个基地，资源保育基地 7 个，重点品牌示范企业 20 多家，不少县市正在全力打造铁皮石斛品牌。2013 年"冠豸山铁皮石斛"获国家农业部农产品地理标志登记保护。

全省初步调查表明，福建在发展铁皮石斛产业上呈如下几个特点。

（一）种植点多分散、规模不大。

虽然铁皮石斛种植在全省遍地开花，总体上全省种植与加工还处于起步阶段。种植点多分散且种植规模不大，不少县市栽培小到几亩，大的也不过百把亩；加工也多为鲜条与鲜花初加工利用。

（二）产业投入大，风险高。

高投入贯穿于铁皮石斛产业的全过程，种苗的组织培养工厂化生产不仅是技术，也需要较高的投入（小型组织培养室需要 30 万元以上的一次性设备、设施投入）；林下种植每亩活树附生、仿生栽植几千至几万枞苗木，费用不菲、人工成本也大；农田设施栽培需要投入几十万、甚至上百万资金。这一特点决定了铁皮石斛生产并非普通农户所能独立完成，需要较大型的农业合作组织、骨干龙头企业的直接组织参与。在成品加工领域，更需要现代高科技有效成分的提取工艺与技术，在设备、技术上需要高投入。由于技术性强，加上受各种自然灾害的影响较大，必然存在较高的投入风险。

（三）基础研究少，产业链不完整。

虽然福建省铁皮石斛组培苗培养、人工栽培技术基本成熟，栽培面积呈"井喷式"增长，但与铁皮石斛重点产区云南、浙江相比，福建铁皮石斛产业在铁皮石斛资源存量、品种收集、引种驯化、杂交育种、评价与鉴定等方面的基础性研究工作较少，多为引进的种质资源材料，种质混杂，优异种质少，且所采用的组培苗技术也处在切断培育阶段，还没有进入高技术含量的分子组培技术，全基因组测序工作，绘制铁皮石斛的全基因精细图谱也未见进展。更重要的是福建铁皮石斛还面临的一个重要问题，至今还没有一家从事铁皮石斛深加工的制药企业，还没有真正形成福建铁皮石斛当家品种和品牌的知名度。

由上可见，未来的福建铁皮石斛产业的持续健康发展，亟待在规模、品种和品质上打好基础，实现产业的大幅提升。

表5-16　福建省重点县市发展铁皮石斛产业情况表

设区市	重点县、市	发展规模（亩）			产品产量	示范企业（合作社）	备注
		合计	林下种植面积	设施栽培面积			
全省		13421	10830	2591			
福州	福清市	175	40	135		福清市佳家农业有限公司	
宁德市	蕉城区	850	800	50	种苗1000万株/年	福建绿丰高科农业综合开发有限公司；蕉城区鑫源铁皮石斛种植专业合作	
	福安市	150		150		宁德市山川农业科技有限公司	
泉州市	永春县	500	300	200		泉州景圃生物科技有限公司、永春九重溪铁皮石斛专业合作社	
	德化县	150	150			德化县养生源铁皮石斛专业合作社、德化县云龙铁皮石斛林下种植专业合作社、德化县闽芹林下种植专业合作社	规划种植铁皮石斛面积1500亩
	洛江区	220	120	100		泉州市秉尚石斛科技有限公司、泉州洛江大湖中草药种植农民专业合作社、泉州泉美生物科技有限公司	林下种植主要附于栽培龙眼树上。泉州市秉尚石斛科技有限公司生产的石斛顺利通过辽宁辽环认证中心有机转换产品认证，获得了"有机转换产品认证证书"。
	南安市			50		泉州金霞生物科技有限公司	
龙岩市	连城县	2300	2100	200	鲜条920吨/年	福建连天福生物科技有限公司，龙岩市满园春农业科技有限公司，连城冠红铁皮石斛有限公司。	已建1500m²组培中心，6000m²种质资源库和良种繁育中心；2013年"冠豸山铁皮石斛"获国家农业部农产品地理标志登记保护。

（续）

设区市	重点县、市	合计	发展规模(亩)		产品产量	示范企业(合作社)	备注
			林下种植面积	设施栽培面积			
	武平县	120	70	50		福建欣茂农业发展有限公司	建成标准化大棚1万 m²，已培育铁皮石斛50万丛，新建组培楼1幢
漳州市	平和县	300		300		平和仙草堂石斛有限公司	栽培4.5万~5万株/亩
	漳浦县	3627	3000	627		漳浦扬基生物科技有限公司；福建永耕农业开发有限公司等	扬基生物科技有限公司规划建设470亩集铁皮石斛产、销、研及休闲旅游为一体的休闲观光园区
	南靖县	624	200	424		福建本草春石斛科技有限公司、福建天下金草生物科技有限公司、南靖县永康源石斛专业合作社	林下种植主要附于栽培龙眼、荔枝树上
三明市	泰宁县	4000	3800	200	种苗300万~500万株/年	泰宁县八仙崖生态发展有限公司、泰宁县红石山生态农业科技	建成组培车间5000m²、炼苗大棚100亩；打造"丹崖石斛"品牌，打造"中国铁皮石斛之乡"
	永安	45		45		永安市三益果蔬农民专业合作社	
	沙县	60		60		晟辉(三明)生物科技有限公司	
南平市	光泽县	200	200			光泽县中方润仿野生栽培石斛专业合作社	2000多棵梨树种植了铁皮石斛
	浦城县	200	150	50	2500万株/年	福建众益达药用植物科技有限公司	
	延平区		200			延平区林中宝林下经济合作社	

备注：表中林下种殖面积数据由编者不完全调查所得，设施栽培面积数据主要由省林业厅种苗站提供（2013年），仅供参考。

四、经营与栽培模式

（一）活树附生原生态经营模式

1. 经营模式

以自然生长的树木或人工栽培的果树作为载体，利用树木枝叶遮阴，将植株附生于树干、树枝、树杈上，采取捆绑或缠绕方式仿照铁皮石斛自然生长环境的种植方法。该模式主要遵循物种分布规律、生态与经济兼顾、时空和技术结构的设计原则，利用生物的互利共生、偏利作用、他感作用以及避免竞争等传统的生物学方法，将铁皮石斛附生于树干、树枝上，构建良性循环的共生系统，使生物组分相互协调发展、生长有序、互利互补，最大限度发挥林地综合效益，实现铁皮石斛低碳高效生产与经营方式。

2. 栽培技术

（1）附主选择：这是关键环节之一，选择树冠茂盛、树干粗壮、水分较多、树皮有纵裂沟且不会自然掉皮、易管理的树种为铁皮石斛生长的优良附主，如枫香、木荷、樟树等阔叶树种以及柿树、梨树、龙眼、核桃、黄花梨等果树，不要选择桉树、松树、椿树等树皮光滑或会自然掉皮的树种。试验表明其中枫香附主侧枝两侧与侧枝上部的铁皮石斛 3 年生平均丛茎重、总茎重分别是松树的 3.86 倍、27.57 倍。

（2）环境要求：要求温暖、湿润、通风、透气、透水的环境，选择生态公益林是比较理想的，种植前对林分进行局部清理，伐除林下藤灌木，并对附主树种进行适当疏枝，保证林内上午 10：00 前有直射阳光，其余时间林下透光度达 25% ~50% 。林分密度过大则透光度小，铁皮石斛茎条生长发育差。林分密度过小则阳光强烈，不能遮阳保湿。

（3）种植措施：目前，活树附生栽植铁皮石斛技术和管理成熟度高，指导性强。种植时，通常离地面约 80cm 高度开始种植 2 年生种苗，石斛种苗根部包裹 2 ~3cm 消毒并浸泡过的甘蔗渣或苔藓基质，沿树体自上而下用无纺布或草绳呈螺旋状缠绕种苗，每隔 20 ~30cm 种一层，每层按 3 ~5 株 1 丛、丛距 8cm 左右在树干缠绕栽植，根部固定在树上，露出茎根结合处，同时可以把部分茎条贴树皮捆紧，以利丛生茎发芽抽梢并成为新的植株。

（二）仿生设施经营模式

1. 经营模式

这是当前铁皮石斛最主要的栽培利用方式，利用塑料薄膜大棚或玻璃温室等场所搭设多层栽培床、柱状（木桩、石柱、空心柱状结构装置等）设施，配备灌溉和喷雾等设施，模仿野生环境培育铁皮石斛的一种集约栽培方法。该模式遵循生态经济学原理、生物自然规律栽培植物方法与物种技术结构的设计原则，运用生态工程技术、田间环境工程技术和现代农林业生产栽培技术，模拟野生药用植物群落的自然生态系统及生物、技术结构和功能，模拟植物个体内在的生长发育规律以及植物与外界环境的生态关系，创造较合适的气候条件进行药用植物的保护地栽培与再创造，在林下经济发展上日益受到重视。体现林下经济循环发展的新路子以及资源的合理布局和生产力合理配置，生态的合理保护和社会、经济效益明显提高。

2. 栽培技术

（1）基质选择。栽培基质是仿生设施栽培最重要的物质条件，目前生产中应用主要有树皮、木屑，或树皮、木屑、碎石、有机肥混合物。栽培基质多用2～3 cm粒径松树皮80%＋锯末20%配方，厚度5～8cm。基质使用前需要发酵、消毒，杀死害虫、虫卵及病菌。

（2）时间选择。选择每年的春秋两季直接采用组培苗种植，铁皮石斛春季栽培的最佳时间是每年的4～5月，试管苗移栽成活率较高且生长时间较长；秋季栽培是9～10月，此时期移栽特别要做好抗寒防冻工作。如有条件应该炼苗，生长速度快。

（三）林下原生态经营模式

1. 经营模式

在石斛种植的适宜区，以自然生长的森林环境作为载体，在林下地面或林下搭架及设施悬挂种植，利用林木枝叶适当遮阴效果，形成有利于铁皮石斛生长环境的种植方法。该模式主要遵循物种分布规律与时空和技术结构的设计原则，利用林下的原生态环境与空间布局，尽可能考虑增加系统的生态多样性和物种多样性以及系统内组分多样性，创造一个合理而有效的生态位结构，使林分结构、物种分布在时、空位置上各得其所，做到铁皮石斛天然林分内的能流、物流畅通无阻、减少运转过程中的损失，实现林下种植铁皮石斛的复合生态经营，不断提高外来灾害的抵御能力和天然铁皮石斛的产量和质量。

2. 栽培技术

在适宜铁皮石斛生长的林地作为种植基地，种植时要考虑良好的保水性与通风透气性，以及规模化生产的原料易得与操作方便；要注意采用3个月以上的驯化苗种植，具有较高的肥效利用率与更强的抗逆能力；种植时间最好为4～7月，种植时从树两则自上而下，用塑料薄膜条呈螺旋状缠绕种苗根部并固定在树体上，种苗每丛间隔15～25cm，根据树的大小放入石斛苗20～50株（丛），最下面种苗距离地面50cm左右。栽培环境与活树附生原生态栽培模式要求基本一致，栽培基质、栽培方法、肥水管理、病虫害防治、采收等与设施栽培模式类似。

（四）盆栽（柱状）模式

1. 经营模式

铁皮石斛不仅具有药用价值，更具有较高观赏价值，属于"四大洋兰"—石斛兰的一种。利用不同尺寸规格的柱状花架与花盆为载体，在人工设施环境、室内或者自然生长的森林环境栽培的一种种植方法。该模式主要遵循林下经济生态与经济、综合技术的设计原则，这是充分发挥铁皮石斛的观赏用途的特性，延伸林下经济植物铁皮石斛多功能多用途的利用方向，发挥林下经济植物最大的经济效益。

2. 栽培技术

根据需要，选择不同尺寸规格的花盆与立式栽培柱，培育不同观赏形式的石斛药花两用产品（如艺术盆景、柱状花架），除培育较大型的立式的植物景观外，尽可能培养阳台花卉、室内花卉等。其栽培基质、栽培方法、肥水管理、病虫害防治等与设施栽培模式类似。

（五）病虫害防治

铁皮石斛主要有白绢病、炭疽病、黑斑病、褐锈病、菌核病（又名烂根、烂茎病）等病害以及介壳虫、蚜虫、蚂蚁、蛞蝓等虫害，其防治重点采取场地预处理、清理杂物、严格棚内外隔离等综合防治策略。研究出的立体栽培设施确保透风而湿润的生长环境，降低病虫害危害。确实需要施用农药时，要选择仿生农药或生物农药，如苦参素、杀虫素、尼效灵（10% 烟碱乳油）、Bt 乳剂等，防止铁皮石斛药材和环境的农药污染。

五、经营模式展望

运用生物生态系统原理推动林下经济发展，是我国林下经济产业健康发展、发挥林地综合效益的有效手段。在铁皮石斛资源相对缺乏、生态环境亟须改善的今天，推广铁皮石斛活树附生原生态栽培、仿生设施栽培、林下原生态栽培、盆栽等多种模式，以及拓展铁皮石斛资源利用方式，符合中央林下经济发展精神，对于转变林业经济发展方式，合理利用林地资源和林荫空间，实现以短养长、长短结合的良性循环，提高林业利用率和综合效益以及保护生态环境，具有广阔的推广应用前景。

铁皮石斛产业越来越受到各地的欢迎，除了它具有多功能多用途的产品开发利用外，铁皮石斛具有明显的"三次"产业集群的特点。种植是铁皮石斛产业的基础，也是产业发展的源头，成品加工是产业发展的核心，营销确保了产业的持续发展。从铁皮石斛重点产区云南和浙江来看，产业的发展得益于栽培"一产"、加工"二产"与营销"三产"的有机结合，产业链的各环节联动。

福建未来铁皮石斛产业发展首先应遵循野生资源保护利用，加强品种挖掘、引进和筛选工作，选择野生的优良品种再进行组培育苗，保持野生品种的特性，防止品种退化。其次要树立原生态绿色发展新思路，规范化栽培及推广，大力实施 GAP 种植，在产品的生产和质量上通过建立种植技术标准、规范管理，提高铁皮石斛种植业水平。继续进行铁皮石斛优质高产种植技术的研究及应用，加快推进铁皮石斛产前、产中、产后质量标准的制定及检测技术攻关工作，加强铁皮石斛原料药材的人工栽培、药品或保健品的成品加工以及产品市场营销全过程监管，保证产品质量，确保药材的药效和保健作用。第三是拓宽发展思路，在铁皮石斛种植达到一定规模时，要规范引导，尤其要引进相关的制药企业，将铁皮石斛产品进行深度开发，将中药材转化为高附加值的中药产品，避免因资源发展过大过多，出现"少了是个宝，多了是根草"的不利局面，影响福建铁皮石斛产业健康有序的发展。铁皮石斛深度开发的基本思路遵循"三三战略"。即产品开发的"初加工、深加工、精加工"三个阶段，每个阶段发展 3 个主打品种。初加工产品主要是铁皮石斛药材鲜品、铁皮枫斗、铁皮寸金；深加工主要产品是铁皮石斛超微饮片、软胶囊（保健食品）、复方冲剂（保健食品）；精加工主要产品是功能成分开发新药、有效部位开发新药、有效成分开发新药。主要开发提高免疫力、抗氧化、抗衰老的保健食品，治疗慢性胃病、糖尿病及其并发症、抗肿瘤和放化疗的调理康复药品。第四是通过企业的运作，市场的推动，在做大做强铁皮石斛产业的同时，依靠公平有序竞争，推出过得硬的品牌，政府支持品牌，媒体宣传品牌，创造出一个福建铁皮石斛知名品牌。

第八节　淡然优雅的草珊瑚

初看草珊瑚在高耸、笔直的杉木、马尾松林冠下显得那么淡然、那么优雅，一点也不引人注目，一点也不喧宾夺主。可是福建三明市三元区却看到它多种多样的活性成分和多种用途，看到它时刻为民造福的炽红之心，不愧草珊瑚"药中上品"、"林下珍宝"之誉称。三元区紧紧围绕建设海峡西岸天然植物药业基地目标，研究摸索林下套种草珊瑚的产、学、研发展模式，以"林下＋草珊瑚，政府＋企业（采育场）＋农户"方式推动林下套种，使三元区草珊瑚产业建设初显成效。

一、基本情况

(一)三元区自然资源

三明市三元区位于福建省武夷山脉与戴云山脉之间的汇水区,是福建省重点林区之一,也是全国南方林区综合改革试验区,自然资源丰富,森林面积 94.4 万亩,森林覆盖率达 81.7%,林木总蓄积量 550.8 万 m^3,毛竹林 30 万亩,立竹量 3000 多万根,拥有药用植物 226 科 1671 种,素有"绿色宝库"之称。三元区属典型中亚热带季风气候,气候温和,雨量充沛,土层深厚,土壤肥沃。物种资源丰富,林木生长旺盛。是草珊瑚生长的理想区域,也是野生草珊瑚分布最广的中心区域。各地年平均气温 14~19.4℃,≥10℃ 的活动积温 3900~6200℃,年太阳辐射在 100~120×10^3cal*/cm^2,全年无霜期 275~343d。年均日照时数 1786h,年均雾日 50d,年均降水量 1500~1900mm,大部集中在春夏季,年均蒸发量大于降水量,冬春季降水量大于蒸发量,年均相对湿度 79%,有利于植物的生长。全区土壤有机质含量普遍较高,暗红壤、黄红壤、水化红壤、黄壤、红壤、酸性紫色土等肥力较高,水湿条件好,适宜各类树种。

(二)草珊瑚生物学特性

草珊瑚(*Sarcandra glabra* Thunb.)又名九节茶、九节兰、接骨木、接骨金粟兰、九珍竹、野靛青、山野靛等多种,为金粟兰科草珊瑚属植物,多年生常绿草本或亚灌木,植株高 50~150cm。花期 4~6 月,果期 11~12 月。种子球形,种皮乳白,千粒重一般 18.5g。分布广泛,资源丰富,再生力强,可人工种植,可持续发展性强。分布于江西、浙江、安徽、福建、台湾、湖南、湖北、广东、广西、四川、贵州、云南等省区。

(三)草珊瑚生态学特性

野生草珊瑚常生长于海拔 400~1500m 的山坡、沟谷、溪谷等天然常绿阔叶林下阴湿处,适宜温暖湿润气候,喜阴凉环境,忌强光直射和高温干燥。喜腐殖质层深厚疏松肥沃微酸性的砂壤土,忌贫瘠板结易积水的黏重土壤。三明野生草珊瑚常以小型植株出现为主,呈现一定的成群、成簇、成块或成斑块分布,幼苗及大型植株数量较少,而幼苗则更为匮乏,表现出其间歇性的种群结构,在很大程度上限制了其种群数量的补充。由于野生草珊瑚资源自然更新较差,导致种群结构衰退,造成资源数量有限,远远满足不了草珊瑚市场需要。

$*$　1cal = 4185 卡。

二、发展方向与模式

(一)利用方向

1. 药用

草珊瑚是一种具有广谱抗菌作用的中草药，其药用成分多样，药理作用广泛，不良反应小，纯天然医药用品，是一种值得深入开发利用的中草药再生资源。有研究表明，草珊瑚中已分离出的黄酮(苷)、香豆素、内酯、挥发油等化合物30余种，具有多种药理作用和临床用途。全草入药，味辛、苦，性平，有抗菌消炎、抗病毒、清热解毒、祛风除湿、活血止痛、通经接骨、免疫等功效，用于治疗多种炎症性疾病、风湿关节痛、疮疡肿毒、跌打损伤、骨折等。近年用于治疗胰腺癌、胃癌、直肠癌、肝癌、食道癌等有较显著效果。三元区草珊瑚药用成分含量高。据厦门中药厂检测报告表明，示范基地所产的草珊瑚有效成分异嗪皮啶含量在0.05%以上，是药典标准的2.5倍以上。

2. 日常用品

三元草珊瑚叶片香味浓郁，以它为原料用于保健品(口香糖、袋泡茶、茶饮料等)，制成的草珊瑚茶用开水冲泡之后，清香四溢，风味独特，经过几十次的冲泡，色彩原味不退。还可用作化妆品和药物牙膏。

3. 观赏

草珊瑚属植物形态秀丽、四季馨香，具有极高的观赏价值。春夏时节，绿意盎然、花香不断的草珊瑚，给人以赏心悦目的自然美感；秋冬之际，草珊瑚红果满树、吉祥富贵；果期10月~翌年1月，郁郁葱葱的枝梢上挂满了一串串红果，让人耳目一新，最宜装点热烈、喜庆的氛围，也可制作清雅小巧的盆栽，长期置于厅堂、书房、卧室，更有益于人们的身心健康。草珊瑚极强的耐阴性以及四季常绿、叶面蜡质光泽度好、株型紧凑等良好的观叶性，是建设城市生态复合型绿地的良好材料，可用于园林、庭院的绿化点缀。

(二)发展模式

三元区发展林下经济主要是以林下种植草珊瑚为主，归类于林经复合经营类型组的林药模式，建成全国最大的人工草珊瑚种植基地。三元区自2006年开始在杉木林、马尾松林、阔叶林及公益林下套种药物植物草珊瑚，走出了一条闽中山区小流域林药复合生态工程模式，建立了天然阔叶林—草珊瑚、杉木—草珊瑚、马尾松—草珊瑚等3种复合种植模式。各种模式的植物间在水平、垂直结构和时间分配上合理配置，立体组合，集约经营，充分利用水土资源和光热资源，发挥植物群落的生态经济总体效益。

三、发展举措与成效

（一）技术支撑，产业发展水平得提升

这是提升草珊瑚开发与利用水平和质量的重要途径。从 2006 年起，三元区依托三明学院和复旦大学合作的学术优势和技术优势，开展了一套科学完善的草珊瑚引种驯化、良种繁育、种植技术的研究与推广，建立草珊瑚种质资源圃 300 亩，收集省内外种质资源 55 个，建立苗木培育基地 300 亩，年培育苗木 1000 多万株，为草珊瑚产业发展提供了有力的技术支撑和种苗基础。组织编写了《三元区人工种植草珊瑚技术指导手册》，对草珊瑚苗木培育、林下套种和采收管理等环节的操作步骤、技术要领作了详细的说明，为种植户提供科学的技术指导。

（二）组织保证，基地建设基础扎实

三元区政府非常重视草珊瑚产业的发展，将其确定为三元区传统特色产业之一，在政策上、经济上制定了一系列的扶持措施。从 2008 ~ 2010 年 3 年内，对种植草珊瑚的单位或个人每亩补助 100 元，区政府每年都将草珊瑚的种植任务统筹安排给辖区 5 家采育场，以政府推动草珊瑚资源培育。据资料统计，近几年三元区依靠中央财政林业科技推广示范资金、生态林下非木质利用补偿基金、国家农业标准化示范区建设等项目，累计投入资金达 2000 多万元推动五家国有采育场和城东林场共种植草珊瑚 19000 多亩，建立 GAP 栽培示范基地 2000 亩，GAP 认证试验基地 1200 多亩，辐射推广种植面积 23400 亩，是国内最大的草珊瑚人工种植基地。基地建设基础扎实，前景看好。

（三）企业带动，资源利用预期效益高

这是推动草珊瑚基地建设与产业快速发展的关键。2008 年三元区与厦门中药厂有限公司签订了"草珊瑚 GAP 种植研究与产业化"技术开发（合作）合同基地生产的草珊瑚作为原料优先供应给厦门中药厂，并于 2008 年 11 月引进区外资金成立了三明市元吉草珊瑚生物科技有限公司，2009 年组织五家国有采育场和城东林场联合出资成立了绿都生物科技有限公司，2010 年由永辉食品与上海健鹰食品科技研究所合作开发的草珊瑚饮料已进入试生产阶段，颇受好评。目前，在绿都生物、华健生物、元吉草珊瑚、和厦门中药厂有限公司的示范带动下，草珊瑚利用延伸了产业链，开发了草珊瑚保健茶、草珊瑚饮料和草珊瑚提取浸膏，可年产草珊瑚茶 30t，草珊瑚浸膏 50t，受到欢迎。以厦门中药厂为主渠道销售草珊瑚干品原料制成的新癀片，是厦门中药厂独家生产的国家保密产品。年销售额超

亿元，并保持 20% 左右的速度增长。2011 年，全区年产草珊瑚干品共 2100 多吨，总产值 1200 多万元，种植草珊瑚林农从草珊瑚采收方面获得的年平均收入达 6000 元，占林农人均纯收入比例的 75%。

（四）品牌建设，扩大产业发展影响力

三元区草珊瑚种植历史悠久，清代就作为药材流通，清道光年间《永安县续志》卷九"物产志·货属"曰："十八寨九节茶，其茎枝节节升高，犹竹子节节升高，其效优良，流行四方"。2006 年以来，三元区选择了在三元区有悠久种植与流通传统及有较高药用价值的草珊瑚作为林下经济发展的路子，经过积极探索实践和不懈努力，取得了良好成效。2009 年 7 月三元区被国家林业局授予"中国草珊瑚之乡"称号，成为国内唯一获此殊荣的地区；2009 年 9 月三元区被确定为福建省五个生物医药产业发展试点县之一；2009 年 11 月中国中药协会种植养殖专业委员会认定三明市林下种植草珊瑚基地为"中国优质道地药材示范基地"；2010 年草珊瑚基地被国家质监总局授予国家级农业标准化示范区；2012 年 12 月三元草珊瑚通过国家质监总局地理标志保护产品认证，成为三元区的"地标"和著名品牌。这些举措和成绩大大提高了三元草珊瑚品牌知名度和影响力。

四、林下草珊瑚复合经营

（一）复合经营概述

以福建省三明市三元区吉口采育场林木下种植草珊瑚为例，以点带面，阐述林下草珊瑚复合经营系统。采育场地处中亚热带季风气候区，山地资源十分丰富，森林覆盖率达 90% 以上，雨量充沛，气候适宜，是理想的草珊瑚生长繁殖地方。三明日报杨开长、苏贵丁（2009）阐述 2005 年三明学院对三元区吉口采育场林下植物普查结果：药用植物草珊瑚生长数量最为繁多，4 万亩生态公益林里有 1 万多个野生草珊瑚群落，实属罕见。吉口采育场发展天然药物草珊瑚产业思路由此酝酿而生，成为三元区林下草珊瑚种植与产业发展的发端，也成为福建山区林改过程中集体林下主推的林药模式。

草珊瑚是一种林下植被，喜阴凉环境，吉口采育场有着丰富的自然资源与良好的生境环境。在林下套种草珊瑚复合生态系统，是根据二者的生长发育特点，以适宜的栽植密度，采用相应的栽培管理措施构成的人工复合生态系统，目前它主要有几种类型，分别是在现有杉木林、马尾松林、马尾松＋阔叶树混交林与杉木＋马尾松＋阔叶树混交林下种植草珊瑚复合经营模式，推行"采育场＋药企＋林农"组织经营方式，有目的地将多年生木本植物与药用植物草珊瑚在同一土地经营单位上，采取时空排列法或短期相间的经营方式，走一条兼顾生态效益和经济效益的种植模式与山区特色产业发展之路，提高农民保护自然生态的积极性，使林药在不同的组合之间存在着生态学、社会学与经济学一体化的相互作用。针对三元区几种林下草珊瑚复合模式，不少研究提出了科学的栽培措施和生境因子影响。王生华(2013)系统研究杉木纯林的坡向郁闭度等生境因子对人工栽培草珊瑚生长形态的影响，结果表明杉木纯林的坡向和郁闭度对4年生草珊瑚生长和药材质量影响显著，东坡的高度和冠幅最大，北坡的地径分枝数全株重量枝叶重量和根系重量均最大，郁闭度0.7最适宜草珊瑚生长，其全株干重和枝叶干重是最小值的2.60倍和2.82倍。景艳丽(2013)在吉口采育场几种种植模式下的调查研究表明：在生产实践中，套种前必须要控制一些因素的选择，林分类型：以纯林为主，尤其以杉木纯林为主；郁闭度以中郁闭度(0.6~0.8)为宜；立地质越肥沃越好，土壤以红壤、厚土壤为主，坡向尽量选择半阴坡、阴坡，坡位尽量选择下坡位。在郁闭度适宜的林下种植，草珊瑚长势好。草珊瑚收获物是地上部分，只要草珊瑚产量高效益好，林农就能自觉地保护上层林木，就有利于促进生态公益林的保护，从而更好地发挥它的生态功能。

（二）生态系统循环结构

以杉木林下套种草珊瑚为例，构图说明林药复合生态系统循环模式(刘晓鹰，1992)(图5-2)。

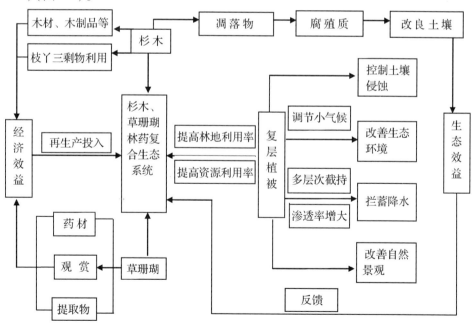

图5-2　杉木林下种植草珊瑚生态复合系统循环模式

（三）效益分析

1. 生态环境效益

通过系统的合理结构，对光、热、水等能量的再分配，既满足喜湿、半阴性植物草珊瑚的生长发育要求，又促进上层林木生长，形成协调的系统结构。实践证明，林下种植草珊瑚一定程度上促进森林生态系统良性循环，产生一定的生态效益。在提高林地资源利用效率的同时，提高了林下生态系统中能量循环和转化利用效率。据测算，发展林下经济的森林生态系统，其生物量是对照系统的 4.24 倍，光能利用率比对照系统提高 12.09%（于小飞，张东升，2011）。

由于林下种植草珊瑚使林农在林地的劳作时间延长，对林地松土、浇灌甚至病虫害防治都会更加及时。对草珊瑚种植的管理，相当于对杉木林与生态公益林进行垦复细作，以耕代抚，抑制杂草生长，可改良土壤理化性状，增加肥力，提高林地生产力和综合效益，提高了林分的质量，促进森林高效生长。林下种植草珊瑚在空间上形成多层次立体结构，减少了病虫害，有效地改善了生态环境，从而构建稳定的森林生态系统。在时间上由于草珊瑚收获茬口的有效衔接，草珊瑚采割后又能萌发再长，循环往复且周期短，能够更有效地提高光能、土地资源利用和劳动利用率等，其可观的经济效益促进了林农营林护林的积极性，对自然生态起到了直接的保护作用。

2. 社会经济效益

（1）社会效益。国有林业采育场是典型的计划经济模式的企业，它是林业社会经济结构中的一个相对独立的、具有一定稳定性的机构。多年来，林业采育场多数处于资源数量质量不高、经济效益低下与亏损状态，有不少采育场已改制成为国有林场。在吉口采育场开展草珊瑚药材基地建设，鼓励广大林业职工进行生态公益林下综合开发，为生态公益林的可持续发展提供出路，破解了生态公益林养护难的问题。同时调整了林业产业结构，促进林区富余劳动力向第二、三产业转移，增加林业工人收入。另外，在天然林和人工林下种植草珊瑚，不与农林争地，除了能缓解社会对草珊瑚药材原料的需求矛盾，有利于林地物种的多样化和异地保护，达到绿色栽培的目的，并且草珊瑚株形美观，待鲜红色果实挂满枝头时，尽显森林景观效果，增添雅趣，有利于促进林下景观休闲事业的发展，又可增加林地收益，有利于生态林保护，是个值得推广的模式。

（2）经济效益。2005 年以来，三明学院课题组长期在吉口采育场开展科研攻关，取得显著的成效。通过草珊瑚遗传改良，以生物量和有药成分为主评选出的优良材料，并以此作为繁殖材料进行生产推广，为三元区草珊瑚产业发展打下了良好的物质基础。

据统计，林下套种草珊瑚第 3 年后每 2 年每亩可采收草珊瑚干品 150kg，按照市场收购价格 12 元/kg, 亩产值可达 1800 元, 扣去成本, 林农每年可获纯收益 600 元左右, 远远高于生态公益林补助的效益, 是当前生态公益林补助资金 17 元的 35 倍, 取得了较好成效。而且林下草珊瑚一年种, 多年收, 可持续利用。

(四) 现状与问题

1. 草珊瑚发展现状

据调查, 现全国草珊瑚年产量大概 2 万 t, 随着草珊瑚各种用途不断被挖掘, 预计 5 年内, 草珊瑚原料的年需求量可达到 3 万 t 以上, 其原料存在较大的市场缺口, 人工种植的必要性不断凸显, 人工种植草珊瑚市场前景广阔。

为了将草珊瑚产业做大做强, 吉口采育场与相关科研院校三明学院、福建中医药大学紧密合作, 推进了草珊瑚科研的不断深入和栽培模式的不断创新, 并得到各部门、企业的重视和支持。据资料统计, 收集了福建、浙江、江西等省的草珊瑚种质资源 55 个, 在福建三明吉口元吉天然约用植物良种繁育中心等地营建种质资源库进行保存, 累计建立苗木培育基地 260 亩, 年培育苗木 1000 多万株, 在林下套种草珊瑚 4500 多亩, 其中 GAP 示范推广基地 700 多亩, 人工种植草珊瑚面积居全区首位, 并以此为载体使三元区获得全国唯一的"中国草珊瑚之乡"称号的地区。

2. 草珊瑚发展瓶颈

(1) 草珊瑚优良苗木繁育不足。苗木繁育要求有时间过程, 优良种苗供需矛盾等问题在不同程度上影响了草珊瑚产业的发展。

(2) 草珊瑚综合研究较少, 深度技术指导性不足。目前, 多数的研究只是对林下草珊瑚的种植郁闭度、坡位、坡向以及栽培技术方面研究, 对草珊瑚的种苗、生产资料(肥料、农药)的专业化、生产成本的影响度研究极少, 使林农对生产的效益可比性缺乏认识, 特别是草珊瑚种植对林下生态系统的影响的研究较少, 缺乏数据的支撑和科学的指导。

(3) 资源利用单一, 产品附加值不高。草珊瑚种植是一种高耗劳力的工作, 程序繁杂, 成本较高。目前, 对草珊瑚的利用较单一, 靠的还是原料收购与初级加工产品, 比较效益低下, 不利于产业持续发展。虽然有元吉草珊瑚生物、华健生物两家草珊瑚加工企业, 已开发出草珊瑚保健茶、草珊瑚保健饮料和草珊瑚提取浸膏, 但多为初级加工产品, 多数还停留在试产阶段, 附加值不高, 对草珊瑚药物提取(纯化)和药物制剂深度开发未见实质性进展。

(4) 草珊瑚生产集约化经营程度低。吉口采育场草珊瑚种植基地的建设取得了一定的成效, 但由于地形地貌特征、林分结构等因素, 导致其草珊糊生产分布零散, 基地规模小, 水、电、路等基础设施不配套, 管理难度大, 致使草珊瑚生产的集约化经营程度低, 抗风险能力低, 阻碍了草珊瑚产业的发展。

五、可持续发展思路

要推进三元区林下草珊瑚种植与产业的可持续发展，资源是基础，技术是支撑，市场是保障。

（一）推行草珊瑚 GAP 认证

草珊瑚在我国民间药用的历史源远流长，是一个重要的中药材品种，在医药、保健品、日用品等领域应用广泛。因此，实行草珊瑚基地的规范化生产将促进草珊瑚生产的科学化和规模化，这将满足人民用药安全需要，同时也将创造较大的经济、社会和生态效益。随着世界经济一体化进程的加快，我国的中药材必然要走向国际市场参与竞争，只有使草珊瑚生产有法可依、实现规范化、标准化的管理，才能使草珊瑚的生产质量达到"可控、均一、稳定、优质"，提高出口产品的国际信誉和档次，才能使中医药事业更加健康地向前发展，才能促进草珊瑚药材生产的现代化和国际化。

（二）推进基地建设规模化

规模化是标准化生产、确立市场地位、延伸产业链、建设品牌等方面的必然要求，没有一定规模，不可能形成良好的生产竞争力。应当把培育壮大产业龙头作为推进草珊瑚进一步发展的突破口，通过龙头企业带动及合作组织等形式扩大区域特色产品生产能力，同时提升产品产量和质量，推动草珊瑚产业的组织化和规模化发展。注重规模效应，按照"一县一业"的发展思路，建设一批连片的规模较大的林下草珊瑚种植示范基地。

（三）开展草珊瑚深度开发

依托荆东生物医药集中区重点建设，筑巢引凤，加快推进生物医药产业跨越式发展，鼓励企业参与草珊瑚原料基地建设，推动以"公司＋基地＋农户"为主要的经营模式化的产业化经营。同时，进一步延伸草珊瑚产业链，与加工企业继续探讨后续合作事宜，开发草珊瑚茶、饮料系列保健产品，开展草珊瑚药材的深度研究开发工作，建成草珊瑚药材深加工项目，利用各种先进的提取、分离技术提取草珊瑚植株叶、根、基中的有效成分，如异嗪皮啶、琥珀酸、延胡索酸、总黄酮、有机酸、挥发油等，以形成较大农林业种植——提取（纯化）——药物制剂的比较完整的产业规模，进而促进草珊瑚产业的可持续发展。

（四）注重草珊瑚品牌与文化建设

加强草珊瑚为主的道地药材地理标志保护或商标保护工作，创建三元区中药材名牌产品，形成三元独具特色的药业产业，为三元区特色中药材进入国内外市场搭建平台。而这一过程，草珊瑚文化产业建设是有效的抓手，草珊瑚文化产业融入了科学研究、信息咨询服务、产品展销、旅游等。如建设草珊瑚专业网站、注册域名，制作草珊瑚主题歌曲、动漫等，不仅延伸产业链，增加产业的附加值，而且反过来为草珊瑚种植业、工业、商业以及品牌提供有效服务，营造良好的宣传氛围，持续扩大"中国草珊瑚之乡"品牌效应。

六、草珊瑚高效栽培技术

科学高效的技术是确保草珊瑚种植成败与效益高低决定性因素。因此，总结归纳草珊瑚系列实用技术是非常重要和迫切的。

（一）繁殖技术

1. 播种繁殖

在每年的果实成熟期 11～12 月，待果实完全变红后，于 12 月上旬至下旬采收。可以随采随播。种子播前，应先去掉果皮，可以加快出芽，并大大提高发芽率，播种基质宜用干净的河沙。冬季采收的种子，可用细湿砂拌种（种子：湿砂 =1：2），在室内干燥通风处堆藏，至翌年 2～3 月，取出种子，用温水浸种 24h，再滤干播种。在整好的沙床上，按行距 15～20cm、深 3cm～4cm 的播种沟，将种子均匀播于沟内，用河砂覆盖，以不见种子为度。畦面搭荫棚，加强水分管理，及时浇水，保持基质合适的湿度。在春季日最高气温达到 25～30℃前 1 个月左右下种，播种后约 20～30d 出苗。育苗期间，要经常松土除草，适时追肥。如果苗期管理精细，当年 11～12 月即可高达 20～30cm，可上盆或出圃定植。注意种子不可存放至第二年再播，隔年存放的种子几乎不发芽。

2. 扦插繁殖

一年四季均可进行，以早春或秋冬较适宜，夏季扦插的成活率低。采取 1～2a 生植株地上部分离地面 10cm 处枝条割下作为扦插材料。剪成二节，下部切口在节下留斜口，离节 1.5cm 左右。扦插基质采用红壤 + 草木灰（4：1）。直插于基质上，扦插深度为插穗长的 1/3 至 1/2，行距为 5cm，株距 4cm。草珊瑚的生根类型为综合型，其中以愈伤组织生根为主，兼有皮部生根，插后一般要 45～60d 才可生根成活；顶部和中部枝条均可生根，中部枝条的生根率更高，而且以不带叶子的处理更好；NAA 用 100mg/L 溶液处理 15～20min，对草珊瑚的扦插生根有促进作用，明显加快生根，春季 3 月扦插生根时间只要 23d，对顶部枝条的生根率作用明显，成活率可达 100%，但对中部枝条的效应不明显。成活后，应注意松土除草，适时追施氮肥，促进幼苗生长。

3. 分株繁殖

在早春或晚秋进行。先将植株地上部分离地面 10cm 处割下入药或作为扦插材料，然后挖起根蔸，按茎秆分割成带根系的小株，按株行距20cm×30cm直接栽植。栽植后需连续浇水，保持土壤湿润。成活后注意除草、施肥。此法简便，成活率高，植株生长快，繁殖系数低。

（二）林下套种

1. 种植地准备

选取常绿阔叶林、杉木林或毛竹林下遮阴率较高，全天光照时间低于3h的林地种植为宜；或郁闭度应为0.6～0.9之间。郁闭度太低会影响成活率，或给植株造成日光灼伤。

对种植地块进行全锄也可耙带种植，带宽不超过1m。按10cm×10cm株行距挖约20cm×20cm×15cm的穴，约800～1000个/亩，因草珊瑚属浅根系植物，也可选用一锄法种植。林下套种草珊瑚可采用种子直播或实生苗套种2种方式。

2. 苗木准备

春季2～4月，选取出圃的扦插苗或实生苗，用细竹片轻轻插入植株根部缓慢撬起苗木，每50～100株捆成小把。在种植林地旁挖坑，加入黄土和水拌成浓泥浆，然后加入适量钙镁磷拌匀。把种植苗根部浸入泥浆中1～2min，让泥浆均匀挂在苗木根部。

3. 种植

将挂好泥浆的苗木上山种植，种植时注意盖好土后稍稍上提苗木然后压紧打实。苗木种植完毕及时进行修剪，把一些受损的枝条及时去除。

林下套种草珊瑚的管理较为简单，一般一年除草2～3次，不用施肥。或结合除草在夏秋季追肥2次，一般选在下雨之前用手指捏取少量复合肥撒在苗木根部。同时夏秋两季对种植地进行锄草管理。

（三）采收管理

1. 采收技术

采收采取逐年采收及2年一次采收2种方法。

（1）年采收方式。选择在11～12月的晴天采收，截干部位视主干不定芽分布情况在幼树离地面高5～10cm左右。截干两端面用枝剪按45°斜切，防止病菌侵入。侧枝全株采割。截干后及时追肥。

（2）2年采一次采收方式。选择在11～12月的晴天采收，截干部位视主干不定芽分布情况，在幼树离地面高5～10cm左右。截干两端面用枝剪按45°斜切，防止病菌侵入。侧枝保留1～3枝。截干后及时追肥。

2. 采收管理

（1）采收时间。根据有关成分动态积累研究结果表明。一年中第四季度草珊瑚药材中的异秦皮啶，挥发油，干物质含量均较高，所以草珊瑚的最佳采收季节应为冬季，一年生草珊瑚的异秦皮啶含量已达到质量要求（≥0.02%），但偏低，2年生草珊瑚药材的异秦皮啶，挥发油，干物质含量均较高，所以草珊瑚的采收年限定为种植两年以上更好。

（2）采收方法。选择晴天采收，割取地上茎叶，注意割大留小，将刚萌发较嫩的枝条留下继续生长，而较老、较长、成熟的茎枝，在距茎基部10~20cm处割下，以便再萌发新枝。

（3）加工。产地加工收割后的草珊瑚，应拣除杂草、污物，剔除腐烂变质部分，晾晒至干，待叶片回软时再捆扎成把。并打包压成件，即为出售商品。也可就地加工提取草珊瑚浸膏出售给制药厂作生产中成药的原料。

第九节 竹林仙子飞入百姓家

食用菌是优良的食品，又是大宗出口的产品，有很高的经济价值。在食用菌众多的产品中，多为共生菌和寄生菌，如竹荪、香菇、黑木耳、灵芝、美味牛肝菌、泥菇等，尤其是红菇，必须借助木本植物（特别是阔叶林）的残体或活植物体，才能正常生长发育和繁殖。发展食用菌离不开森林及其一定的森林生态环境。

以上说的是早期食用菌利用中与上层林木以环境间的密切关系，但在林下培育食用菌产量较低。因此，现在人们在发展食用菌产业时，都把目光转向大田集约经营，实现产量倍增，造福千家万户。对于竹荪来说也是如此。竹荪原是一种野生于林中的香簟，处于野生状态，娇贵难长。如今与其他食用菌一样飞入寻常百姓家。本节以顺昌大历镇竹荪产业的发展为例，为进一步发展食用菌产业提供有益的借鉴（高允旺，2010）。本案例主要是一个农民自主经营模式和协会＋农户带动发展模式。

一、基本情况

竹荪是当今世界最为名贵的食药两用真菌之一，素有"竹林仙子""真菌皇后"之称。竹荪是顺昌县原产野生菌品种，也是在全国人工栽培最早、区域规模最大、栽培技术水平最高的县。据测定，竹荪干品含粗蛋白19.4%、纯蛋白13.4%、粗脂肪2.8%、碳水化合物38.1%、粗纤维8.4%、灰分9.2%，还含有16种氨基酸，其中8种人体必需的氨基酸占氨基酸总量的1/3左右。长期食用能获得人体所需要的多种营养，增强人体免疫能力。同时对治疗高血压、降低胆固醇，减少腹壁脂肪的积累等有良好的效果，具有抑制和清除癌细胞的功能，被医学界列入防癌、减肥的特效药之一。在国际市场上有"软黄金"和"超级保健食品"之称。

二、发展成效

(一)协会发挥了领头羊作用

顺昌县竹荪产业主要由顺昌县科协牵头,在大历镇经管站、食用菌协会的发展基础上,2004 年成立了由科技特派员、种植、流通大户等组建而成的顺昌竹荪协会。顺昌县共有 11 个乡镇和一个街道办事处,目前仅在顺昌县大历镇成立顺昌县竹荪协会,引领着全县竹荪发展。

在协会的带动下,从 2004 年到现在近 7 年时间竹荪种植面积大约从 3000 亩增长到 10000 亩,亩产湿重 1500kg,折合干重 100kg。顺昌竹荪的价格从 2004~2010 年总体上呈上涨趋势。同时,也呈上涨趋势 2004~2007 年竹荪价格一般为40~60 元,2008 年以后价格逐渐攀升,最高价从 110 元到现在的近 200 元。经济效益较高,吸引了农民自发的种植,竹林面积较大的乡镇多有村民种植。顺昌竹荪菌种场是随着竹荪种植面积的增减而波动,多年来基本在 6~10 个之间波动,2010 年注册了 10 个菌种场,他们之间依靠的是市场的自发调节。大历竹荪专业合作社 2010 年拥有成员 325 人,基地面积 680 亩,辐射全县种植面积 8000多亩,竹荪种植已成为当地农民增收的一大特色产业。

(二)新技术新品种让产量翻番

2001 年开始,顺昌县科技人员创办竹荪研究所,开展了一系列的竹荪栽培试验。摸索出了一套利用竹丝替代木屑为原料,不断创新栽培技术,选择 100 多户农户经历试验、示范和推广种植的路程,从一开始试验的"建堆发酵",逐步到"一增大"至现在"三增大",技术逐渐成熟,推广辐射面积也得到了提升。经过探索实践,技术不断完善,同时筛选出了适宜当地种植的 D89、D1 竹荪新品种。新技术、新品种让竹荪产量翻了一番,从平均亩产 40 多 kg 干品提高到平均亩产 100kg,高的可达 140kg,并且可以提前 15 天左右上市。2009 年 3 月,南平市科技局组织省、市食用菌专家组评审,确定顺昌县竹荪栽培技术已经达到国内先进水平,成功地解决竹荪产量低的难题,极大地提高了周边农户种植竹荪的积极性。

(三)竹屑做原料生态得保护

顺昌县是"中国毛竹之乡"之一,拥有毛竹 60 余万亩,竹制品加工企业 81家。竹荪培育用竹屑等下脚料替代木屑作为主栽培原料,一举多得。如果没有研究出替代原料,每亩竹荪需要 12m^3 的栽培原料,即使木屑只占 50% 的比例,一年也要消耗木材 6m³。这是一个绿色循环经济的发展态势。原先企业要花钱请人清理的废弃物有了"用武之地"，企业收益增加了，竹荪种植也有了丰富的培养原料，全县一年可利用废料 4 万 t，竹木加工产业能增加附加值近 350 万元。他们在多年的实践中，由于看到竹荪良好的经济效益和发展前景，顺昌竹荪主要是靠村民自发种植，95%以上的竹荪在大田集约经营。目前培育竹荪的原料已逐步实现多元化，有木屑、竹丝、谷壳等等。

（四）种植技术辐射省内外

2005 年年初，顺昌县大历竹荪专业合作社挂牌成立，并在该镇的圩日开设"产销超市"。"产销超市"既有专家坐诊授课，也有种植能手、流通大户现身说法，分享经验。几年来，"产销超市"共接待咨询 2000 多人次，举办技术培训 65 期，发放实用技术资料 7000 多份，为菇农开出科技、信息"处方"3000 多份。辐射到周边市县，省外不少菇农也纷纷前来取经。顺昌县大干镇慈悲村一户菇农依靠大历竹荪专业合作社编写的《竹荪"三增加、建堆发酵"栽培技术》手册，2008 年按照技术试着种植，没想到非常成功，第一次种植竹荪，3 亩产出干品 390 多千克，纯收入 3 万元。邻居们看到他赚到钱，纷纷跟着种，2009 年全村有 50 多户种植竹荪，达 120 多亩。

（五）品牌带来好效益

自从成立了顺昌县竹荪协会后，2007 年合作社注册"大历竹荪"商标，采取多种营销手段，使顺昌竹荪的品牌效益和价格优势以及市场份额均保护良好的态势。与全国供销、农业、八闽农网联网，并聘请 30 名信息员，在 15 个城市建立了直销窗口，特别与超市对接，扩大了产品销量，组建 15 位流通大户，参与营销，建立食用菌一条街，通过展销会、推介会、央视七套、报刊等媒体广告宣传，开展"协会连万家"活动对接现代流通市场，促进"竹林仙子"、"真菌皇后"竹荪进入快速发展阶段。顺昌县成为全国最大的竹荪生产基地和示范县，竹荪产量占全国的 20%。

2008 年 5 月，顺昌县被中国食用菌协会授予"中国竹荪之乡"称号。2009 年顺昌竹荪获国家农业部地理标志登记，注册"大历竹荪"商标；2009 年 10 月获国家农业部地理标志登记。2009 年，顺昌县竹荪干品收购价为平均 130 元/kg，最高达到 190 元/kg，远高于往年，品牌效益明显。

三、竹荪栽培技术

（一）选地整地

选择竹林地进行栽培，郁闭度以 0.7～0.9 为宜，要求地势平坦、腐殖质层较厚、有机质含量较高、疏松肥沃的壤土或轻壤土种植。选好种植地后进行林地清理，伐除部分杂灌杂草，水平条带状堆积，整畦做床。

（二）品种选择

选择长裙竹荪栽植。

（三）制作菌种

1. 母种制作

（1）培养基配方：马铃薯250g + 丁维葡萄糖20g + 琼脂23g + 鲜松针150g + 水1000L；pH值5.5~6。

（2）培养基制作：同一般斜面培养基制作方法。

（3）母种分离：采用菌蕾组织分离、孢子分离及基内菌够分离3种方法，以7~8成成熟的菌蕾组织分离较好。

（4）母种培养：竹荪母种分离后应立即放入恒温箱或室中，保持全黑暗，温度21~25℃培养，当纯菌丝长满斜面时择优转管，每支母种通常可转8~12支管，培养25~32d，菌丝即可长满斜面。

2. 原种制作

（1）培养基配方：阔杂木36kg + 麦麸6.5kg + 米糠6.0kg + 红糖0.75kg + 鲜松针5.0kg + 石膏0.5kg，pH值5.5~6。

（2）制作培养基：先将杂木屑、麦麸、米糠、石膏粉混合拌匀，把红糖加适量水溶解与鲜松针液混合后倒入混合料中搅拌均，当基料含水量保持在60%左右时就可装瓶，并经高温、高压灭菌1h，冷却后接种。

（3）接种与培养：接种应在无菌条件下操作，少损伤种块菌丝，雌种不宜太老，以母种菌丝长满斜面就接种原种。接种后立即置于黑暗的恒温室里，保持温度21~25℃培养，菌丝长满瓶时，在棉瓶外面包上防水纸保存待用。

3. 栽培种制作

（1）培养基配方：阔杂木屑20kg + 碎竹屑15kg + 麦麸6.5kg + 米糠6.0kg + 红糖0.75kg + 石膏0.5kg + 大豆（磨浆）1.25kg，pH值5.5~6。

（2）培养基制作：把碎竹屑用红糖水煮或浸至含水量55%左右，把杂木屑、麦麸、米糠、石膏粉拌匀，再将碎竹屑倒入料中拌匀，再与豆浆、糖水混合倒入料中，继续搅拌至含水量60%后装瓶，装瓶后经高温、高压灭菌1h。

（3）接种与培养：在无菌操作条件下接种，每瓶原种30~40瓶栽培种，培养方法同原种。

（四）培育方法

目前竹荪培育方法有纯菌种压块栽培、填料栽培和竹林地栽培3种。

1. 纯菌种压块栽培

（1）栽培工艺流程：挖种压块—菌丝愈合—排块覆土—栽培竹理—采收加工。

（2）培育方法：压块与菌丝愈合：2月下旬至4月上旬，将适宜的纯菌种挖出压成30cm²的栽培块，每块12～13瓶菌种，覆膜使菌丝愈合，菌丝愈合期间保持室温15～25℃，在黑暗条件下培养。菌丝愈合后就可覆土栽培。选择多云或阴天细整场地，顺坡作宽1m、长度不限的栽培畦。畦底留10cm厚松土把栽培块顺坡排列于畦内，覆盖松土8～10cm，表面撒一层竹叶，四周开好排水沟。

2. 填料培育

把干竹锯成70cm左右长，劈成片。播种前细整场地作畦，畦底留10cm厚松土，铺一层竹片，撒一层竹叶，播上菌种，用量9～18/m²瓶菌种，覆土8～10cm，再撒一层竹叶。播种后，3个月左右即能形成菌蕾。

3. 竹山培育

（1）选择山场：选择毛竹林或竹木混交林郁闭度0.7～0.9，稍阴暗潮湿；竹鞭、竹根、竹蔸丰富，土壤肥沃疏松，有机质含量高，pH值4.5～8.5；坡度平缓，有水源而不积水的中、下坡；无白蚁为佳、人畜活动少、管理方便的竹山作为栽竹荪的山场。

（2）利用旧竹蔸就地接菌法。在选好的竹林内选择砍伐2年生的旧竹蔸，在其上坡位置挖15cm×15cm、深20～25cm的栽栽植，穴底填腐竹碎片、叶等，播一层竹荪栽植种，再填一层切碎竹根、碎块、叶10cm厚，再播一层菌种，再覆土5cm，轻轻踩实。若土壤干燥，可适当浇水，上盖枝叶遮阳挡雨，保温保湿，一瓶栽培种可栽培20～30穴。

（3）整畦栽培法。适用于平坦的竹林地栽培，播前平憨场地，除草根、石块、翻土15～30cm，顺坡整畦宽50～70m，长度不限。先在畦底撒茶子饼100g/m²，或用0.1%锌硫磷水溶液拌湿木屑，防地下害虫，然后铺一层5cm厚切碎竹块、竹根、叶等基质，播一层菌种，如此播2～3层后，覆土5cm，再覆盖一层竹叶，并适当浇淋水，一般播2瓶/m²接种栽培种。

（五）栽培管理

1. 菌丝阶段的管理

菌丝生长的合适温度为21～25℃，土壤含水量20%～25%。3～4月上旬栽培的，因气温低和雨水多，以保温保湿为主，雨季则应及时疏沟排水。

2. 菌蕾阶段管理

菌蕾生长发育的最佳温度为22～26℃，湿度在75%～90%为宜。随着菌蕾的渐渐长大，相对湿度也应逐渐增加至95%。

3. 开伞阶段的管理

菌蕾开伞阶段要求温度为22～25℃，以±壤潮湿而不积水为度，空气相对湿度保持94%以上，竹林地栽培的也可适当淋水保湿。

4. 越冬管理

竹荪菌丝体是多年生的，能在地下越冬。

(六)病虫害防治

1. 病害防治

主要病害有青霉、绿色木霉、亚木霉、多孢小霉、根霉、毛霉、曲霉、墨汁鬼伞、长根鬼伞等。

(1)选择向阳避风、荫蔽度70%~80%，排水良好，含沙量约50%，偏酸性的土壤场地栽培。

(2)杜绝病虫来源：清除场内杂草和污物，严格挑选纯菌种，选择新鲜无霉变的栽培料等。

(3)药物防治：病害杂菌用多菌灵500~800倍液进行局部喷雾防治。

2. 虫害防治

主要虫害有白蚁、线虫(蘑菇菌丝线虫)、长粉螨、菇疣跳虫、蛞蝓、蝼蛄、铜绿丽金龟、蜗牛等。虫害白蚁用灭蚁灵，螨类、跳虫等用0.5%敌敌畏药液喷治。菌蕾生长后期及子实体生长阶段，慎用农药，以免残毒影响健康。

(七)采收、加工及贮藏

1. 采收

菌蕾破壳开伞至成熟为2.5~7h，一般12~48h即倒地死亡。因此，当竹荪开伞待菌裙下延伸至菌托、孢子胶质将开始自溶时(子实体成熟)即可采收。采摘时用手指握住菌托，将子实体轻轻扭动拔起，小心地放进篮子，切勿损坏菌裙，影响商品质量。

2. 加工

竹荪子实体采回后，随即除去菌盖和菌托，不使黑褐色的孢子胶质液污染柄、裙。然后，将洁白的竹荪子实体一只一只地插到晒架的竹签上进行日晒或烘烤。商品要求完整、洁白、干燥。竹荪可进行深加工系列产品开发，目前已开发出竹荪酒、饮料、罐头、面条等食品，同时还进行多糖口服液、天然防腐剂、化妆品之类的产品。

第十节　"添金加银"金银花

金银花是国家确定的名贵中药材之一，素有"药铺小神仙"的雅号。近年来金银花大受市场追捧，行情火热，使福建省各地种植金银花的热情与日俱增，风生水起，很多县(市、区)也都在积极地推行"企业＋基地＋农户"和"协会＋基地＋农户"的经营模式，出台发展金银花产业的补助政策。2007年开始闽清县大力调整农业种植结构，在全县广植"最贵重"的花——金银花。按照"高产、优质、高效、生态、安全"的要求，在坡耕地(非规划林地)种植金银花，发展金银花特色产业。

一、基本情况

(一)自然社会资源

闽清县为福建省福州市下辖的一个县，位于福建省东部，福州市西北部，闽江下游，距省城福州50km。东邻闽侯县，西毗尤溪县，南接永泰县，北与古田县交界。该县各乡村经济发展不平衡，在福州属于经济相对落后的地区，农民缺乏增加收入的平台和能力，创收手段落后。特别是占大面积的坡耕地所处海拔都比较高，土地瘠薄、干旱，而且陡峭，而对于农民依赖的农田种植水稻等农作物花工大，费用高，效益低，现在已基本荒废。金银花适应性、抗逆性强，在盐碱地、沙土地、瘠薄地等都能种植，而且收益期长，能达到25年以上。而闽清大面积的坡耕地为金银花种植提供了良好的发展载体。因此，闽清县委、县政府高度重视这个问题。从产业结构转型、发展农村经济、增加农民收入的角度出发，2007年开展招商引资和党建带动项目，引进闽清金色阳光农科推广有限公司在洋坊村的坡耕地、抛荒地、地边路旁、乡村房前屋后等非规划林地种植金银花，从此拉开了闽清县全县范围内大面积的种植金银花，成为闽清县各级政府和相关部门重点扶持的农林业推广项目，发展迅速。

(二)利用方向

金银花(*Lonicera japonica* Thunb.)又名忍冬花、双花，为忍冬科忍冬属半常绿灌木，其茎、叶、藤都有极高的药用价值，尤为花蕾最佳，具有延年益寿、广谱抗菌、抗癌、清热解毒、凉血止痢之功效，广泛应用于饮料、啤酒、医疗等行业，如，"忍冬花牙膏""银黄口服液""脉络宁注射液""银麦啤酒"等，特别是对预防和治疗甲型H1N1流感具有重要作用。

1. 药用

金银花药用历史悠久，早在3000年前，我们祖先就开始用它防治疾病，《名医别录》把它列为上品。传统经验及近代药理实验和临床应用都证明金银花对于多种致病菌有较强的抗菌作用和较好的治疗效果。金银花作为一种常用的中药，同时又是无毒植物，国内医药界用量大，用途广泛；国外要的是质量符合标准的，具有明确化学成分的，是经过提取和高科技含量的产品。绿原酸是保证金银花药材质量的主要有效成分和指标成分。

2. 保健品

金银花中除含有绿原酸和异绿原酸外，还含有丰富的氨基酸和可溶性糖，有很好的保健作用。随着国际市场的开放和种植的规范化，金银花及其保健制品的需求量很可能增加。市场上常见的用金银花为原料生产的保健产品有：忍冬酒、银花茶、忍冬可乐、金银花汽水、银花糖果和银仙牙膏等。用金银花制成的金银露（饮料），清凉爽口，是夏季清热解暑的好饮料；以它为主要原料的银仙牙膏，防治口腔疾病也有较好效果。这些产品除供应国内外，优质品还远销国外。

3. 化妆品

从金银花干花蕾和鲜花中提取的 2 种精油中，分别鉴定出 27 个和 30 个化合物，主要为单萜和倍单萜类化合物。这些化合物占 2 种精油含量的 60% ~ 80%。其主要成分有芳樟醇、香叶醇、香树烯、苯甲酸甲酯丁午酚、金合欢醇等。2 种精油化学组成基本一致，仅主要成分的含量有所差异。芳樟醇、香叶醇、丁香醇香气浓郁，还可作高级原料。

4. 园林绿化

金银花在园林绿化中的应用也具有广阔的市场前景。金银花适应性强，生长迅速，牵藤挂蔓，可铺展数十米。金银花凌冬不凋，冬叶微红；春夏时节，开花不绝，特别红色金银花品种，先红后白再黄，红黄白相映，色香具备，花叶兼美，花香叶翠，根系发达，萌蘖能力强，桩根相衬，典雅大方，是制作盆景的上等佳材。实践证明，金银花可用于垂直绿化、盆栽、园艺造型等 3 种观赏表现形式，金银花是较好的美化、绿化、香化的植物。

5. 饲料、生物农药等

金银花内含有丰富的氨基酸、葡萄糖和维生素、微量元素，是一种良好的饲料营养成分。金银花主要药效成分绿原酸等有抗菌消炎的作用，对兔、鸡等牲畜有防病治病的功效。金银花作为饲料添加剂，具有广阔的前途。此外，还可以用金银花中的有效成分来生产植物农药，既可保护环境，又可杀虫抗病。

二、主要措施

在项目引进和实施过程中，当地政府、相关部门和公司采取多种有效措施，形成一定的社会影响，引领和带动农民种植金银花，主要表现为以下方面。

（一）政策推动

金银花项目是三溪乡 2007 年招商引资和党建带动项目基地，也是闽清县卫生局药材发展基地。在其示范带动和引领辐射下，得到了县委县政府的重视和支持，将其列为闽清县农业重点推广项目，要把金银花产业作为闽清县一个重要的绿色产业来抓。2009 年闽清县政府专门制定下发《大力发展金银花生产工作实施意见的通知》(梅政综〔2009〕166 号)，对在 2009 年 1 月 1 日至 2010 年 12 月 31 日种植金银花的农户，给予 100 元/亩的补助费；同时成立以政府副县长为组长，农业局、林业局等部门和乡镇负责人为成员的发展金银花工作领导小组和办事机构，有力促进金银花种植水平，推动全县农业和农村经济发展。通过调研，闽清县通过号召乡镇干部、村两委干部以及农村六大员带头种植一定面积的金银花基地，以起示范带头作用。至 2010 年 7 月闽清的雄江、塔庄、下祝、橘林、上莲、梅溪、金沙、省璜、东桥等 14 个乡镇(占全县 16 个乡镇的 87.5%)，在非规划林地和宜林地推广种植金银花 9312 亩。发展速度令人刮目相看，从 2007 年的 225 亩扩大到 2010 年的近万亩，见表 5-17。

表 5-17　闽清县金银花种植规模

种植乡镇	种植村	种植面积（亩）	种植时间 2010 年 2 月之前	种植主体	2010 年 2～7 月种植面积（亩）
三溪	洋坊	680	2007 年、2008 年	企业种植	253
		320	2009 年 2 月		
	前光	10	2009 年 12 月	个私经营	
省璜	佳垅	50 亩	2010 年 1 月	个私经营	329
	下坂	50	2010 年 1 月	个私经营	
塔庄	上汾	180	2009 年 12 月	个私经营	602(其中坪街 402)
	塔庄	100	2009 年 1 月	个私经营	
	坪洋	30	2009 年 12 月	个私经营	
白中	继新	350	2010 年 1 月	个私经营	466(继新 166)
坂东	贝兰	150	2009 年 10 月	个私经营	120
金沙	重坑	200	2009 年 5 月	个私经营	1053(广峰 480、巫岭 431、鹤垱 142)
雄江	梅洋	600	2010 年 1 月	专业合作社	429
		25	2010 年 1 月	个私经营	
	梅山	25	2009 年 1 月	个私经营	
	梅雄	60	2009 年 3 月	农场	
东桥	刘山	80	2009 年 11 月	个私经营	379
桔林	宝湖	90	2009 年 12 月	个私经营	452
下祝	堡顶	80	2009 年 5 月	个私经营	353(洋边等)
	后岭	60	2009 年 12 月	个私经营	
	渡塘	60	2009 年 12 月	个私经营	

（续）

种植乡镇	种植村	种植面积（亩）	种植时间 2010 年 2 月之前	种植主体	2010 年 2 ~ 7 月种植面积（亩）
上莲	田溪	15	2009 年 12 月	个私经营	
	新村	60	2009 年 12 月	个私经营	
	林中	40	2009 年 12 月	个私经营	
	下丰	90	2010 年 1 月	个私经营	
	石漏	25	2010 年 1 月	个私经营	
梅溪	石郑	68	2009 年 1 月	个私经营	393（石郑、马洋等）
云龙	竹柄			企业 + 个私	749
池园					236
合计		3498			5814

调查时间：2010 年 9 月；数据来源：闽清县农业局对全县 2009 年与 2010 年种植面积的验收数字。

（二）企业带动

2010 年闽清县金银花种植与加工龙头企业主要有闽清金色阳光农科推广有限公司、闽清雄峰金银花专业合作社和福州市金银花生产发展有限公司 3 家，通过龙头企业采取多种模式、多种经营措施带动全县金银花种植规模的逐步扩大。企业带动形式主要有 2 种：①公司 + 基地（租赁土地） + 农户的模式，以闽清县金色阳光农科推广有限公司为主的运作方式，公司将基地划片承包给农民种植，鼓励农民员工参与生产、管理，同时也鼓励村民自己承包土地种植金银花，公司与农户签订订单合同，公司负责提供苗木、免费传授栽培技术，且所产金银花全部由公司按最低保护价（干花 100 元/kg）收购，农户和企业实现了互利双赢。由此带动农户种植金银花的积极性高。②公司 + 农户模式，以闽清雄峰金银花专业合作社和福州市金银花生产发展有限公司为主，种植规模均在 2000 亩左右。特别是闽清雄峰金银花专业合作社通过农户以土地、劳务、资金入股方式入社入股的方式，已吸收社员近 100 人，并带动了雄江镇 100 多户农民种植金银花。通过龙头企业的带动，全县大约已有 500 个户农户参与了金银花的种植，面积从 3 ~ 5亩至几百亩不等，占全县种植面积的 74.8 %。

（三）科技支撑

企业要发展，科技是支撑。该公司充分利用校地合作机制，依托福建农林大学、福建省农科院等高校科研平台，嫁接高校科研为金银花产业发展提供科技支持。还先后与福建农林大学植物生物工程研究所、福建省农业科学院农业生态研究所合作《闽清金银花规范化种植（GAP）关键技术研究与示范》的研究工作；

2010 年与福建省中医院研究促进会共同将 2007 年引进种植的金银花样品送到福建省药品检验所检测，据检测报告（编号：20101321），在洋坊基地种植的金银花绿原酸（$C_{16}H_{18}O_9$）含量达到 2.3%，远远高于中国药典 2005 年版一部 1.5% 的标准；木犀草苷（$C_{21}H_{20}O_{11}$）达到 0.10%，不低于中国药典 2005 年版一部 0.10% 的标准。为金银花的进一步选优提供了第一手科研数据。

（四）宣传引导

在金银花引进与实施过程中，闽清县各级政府及相关部门通过宣传发动，举办金银花关键栽培技术培训班，印发实用技术资料，为金银花种植户提供全方位的技术服务，保证金银花栽培、经营管理的质量和水平。同时，闽清县通过多种媒体广泛宣传，不断提高金银花种植的知名度和影响力。2009 年 2 月，三溪乡在《福建日报》刊登了《种植金银花，致富新途径》，报道三溪乡为福建省引进的首个金银花种植项目，并取得成功，开辟了带动当地群众致富的新途径。2009 年 10 月在福建省委重要内参《八闽快讯》上刊登了"金银"——闽清县洋坊村实施党建带动项目，靠金银花兴林富民的专题报道；《福州日报》也从"转方式，调结构；抓机遇，促发展"的角度报道了闽清县大力扶持发展金银花特色产业——种上"金"花"银"花，农民心里乐开花。这些宣传与报道为扩大闽清县发展金银花的社会影响、推动金银花产业发展起到了积极作用。

三、乡村发展特点

三溪乡洋坊村金银花示范基地距离县城 40km，海拔在 550m 左右，气候温和，无污染。2007 年在洋坊村注册成立福建省闽清金色阳光农科推广有限公司，依托良好的生境条件，引进河南、山东等金银花优良药用品种种植。

（一）建立示范基地

2007 年 4 月在洋坊村的抛荒地、地边路旁、乡村房前屋后等非规划林地种植建立示范基地 225 亩，2008 年增加种植面积 450 亩。基地采取土地流转租赁政策，整合年久荒废的坡耕地资源，优化布局，具有较好的经济、生态和社会效益。

（二）推行集约经营

从表 5-18 可以看出，集约经营与粗放经营对金银花的生长量影响是非常明显的，集约经营的前期投入虽然比粗放经营的投入每亩高了 300 元，但生长量远远高于粗放经营，预期收益将提前 1～2 年。因此，在金银花实施过程中，要因地制宜推广高效栽培与集约经营技术，这是有效提升金银花种植产量与效益的关键所在，但从投资情况来看，一家一户的农民要想规模种植恐怕是行不通的，需要依托龙头企业带动、协会合作、股东联营等组织形态推进金银花的规模化种植和集约经营。

表5-18   不同经营水平的种植基地对比分析

种植基地	规模	种植时间	海拔高	经营水平	经营措施(m)	投入情况(元)	生长情况
种植基地1	480亩	2010年6月	320	集约经营	全园除草，已施肥4次，每株次约施5g复合肥	600	高60~70cm 幅50~60cm 基本已定型呈自然开心形
种植基地2	649亩	2010年6月	550~700	粗放经营	局部除草，只施肥1次，每株约施5g复合肥	300	高10~30cm 幅10~30cm 多未成形

（三）重视花蕾采收

金银花花蕾与花朵的市场价格相差比较大，花蕾的价格是花朵的一倍以上。因此，花蕾的采收是提高收益的最有效的途径。重点解决好三个方面的关键问题：一是劳动力保证。金银花种植产业，特别是采花是劳动密集型的环节，加之金银花采花季节比较长，需要大量的劳力。要根据金银花花蕾转化为花朵之间的时差(大约要5~7d)，做好劳动力之间的合理配置，尽量提高花蕾的采收比例；二是做好金银花不同海拔种植基地的配置。金银花生长与开花受海拔影响比较大，据三溪乡三溪村(海拔大约80m)和三溪乡洋坊村(海拔大约550m)种植金银花情况来看，开花时间相差一个星期，这样也能缓解劳动力不足的矛盾；三是在同一个地区选择几种不同开花时间的金银花品种的搭配，能有效地避免大面积金银花同时采收而出现的劳力紧张状态。

（四）效益分析良好

通过对2007年洋坊村种植的25亩高效栽培基地的调查与收益分析，2010年前金银花市场紧缺，市场价格逐年提高(2008年干花价格达到100元/kg、2009年达到120元/kg、2010年达到180元/kg)，具有较好的经济、社会与生态效益。而且金银花经脱水干燥后易储藏，对丰产不丰收的经济果树现象能有一定的缓冲和遏制作用。

（1）经济效益。当年开花，两年就有收入，2010年进入盛产，年亩产干花70kg以上，年收益1万多元/亩，经济效益显著(表5-19、表5-20)。

（2）社会效益。金银花种植每年每亩大约需要10个工，每个工按60元计，可以为农民增加600元的收入，具有良好的社会效益。

（3）生态效益。金银花四季常青，一旦进入开花季节花色飘香，景色宜人

（花期从 4～9 月，盛花季为 5～7 月）。而且种植金银花能防风固沙、保持水土、绿化环境。

表5-19　2007～2009 年金银花种植成本分析表　　　　　　单位：元/亩

| 年份 | 种苗费用 | 年工资 | | 剪枝 | 肥料 | 农药 | 租金 | 管理费 | 其他费用 | 合计 |
		除草3～4次	深翻、拉沟							
2007	900	225	135		50	10	100	50	30	1500
2008		225	150	90	50	10	100	50	30	705
2009		180	170	120	50	20	100	80	50	770
合计	900	630	455	210	150	40	300	180	110	2975
备注	每亩种植 300 株 3 年生苗木，在坡耕地上集约经营 25 亩。									

表5-20　2009～2010 年金银花种植收益分析表

| 年份 | 收益情况 | | | 采收成本 | | | 利润（元/亩） |
	干花产量（kg）	价格（元/kg）	合计（元/亩）	采花工资	烘干成本	合计（元/亩）	
2009	40	120	4800	1400	200	1600	3200
2010	70	180	12600	2450	700	3150	9450
备注	花是平均价格，采花按鲜花每克平均 3.5 元、平均 5 kg 鲜花烘 1 kg 干花						

四、可持续发展思路

如今，随着金银花种植规模的不断扩大，估计最高峰时期福建省金银花面积可达到 15 万亩以上，涉及全省 9 个地市，重点发展的县市也在不断递增，如罗源、周宁、寿宁、武平、将乐、明溪、大田、宁化、清流、尤溪、永春、永定、诏安等等，金银花种植风生水起。目前，受种植规模以及国内市场的影响，市场行情从 2010 年的 180 元/kg 一直回落至 2013 年的 100 元左右，但是这几年的人工成本却在不断地上升，每个工日要达到 120～150 元，增加了不少成本，明显挤压着利润空间，使不少金银花基地比较吃力地维持运行，金银花这个忍冬进入了"忍冬""蛰伏"时期。

因此，面对此形势，创新观念，转变模式，拓宽金银花利用途径，延伸产业链，尤显迫切。

（一）突破传统、单一利用向综合、多元利用转变

众所周知，金银花是国家确定的名贵中药材，素有"药铺小神仙"的雅号，

具有延年益寿、广谱抗菌、抗癌、清热解毒、凉血止痢之功效，广泛应用于饮料、啤酒、医疗等行业。如今，许多仍停留在它的药用价值上，利用范围单一、窄小，限制了它的发展空间。殊不知，金银花除了药用之外，开发方向还是很宽的，亦是良好的景观型植物，集垂直绿化、公路绿化、庭院绿化和盆景观赏于一体。充分利用现有基地以及家庭院落空间培育冠型优美的绿化彩化金银花苗木与盆景生产，创造独具特色的金银花庭院经济。

(二)突破单一种植模式向立体种养模式转变

为提高金银花品质，降低金银花种植成本，补充一些金银花基地所需大量的有机肥源问题，创新推广"花＋鸡＋肥"立体、循环种养模式，既满足了金银花所震的部分肥分，避免金银花病虫害，种出了生态、环保药用金银花。同时，基地内养殖的土鸡又能吃些金银花药材底层叶子、地上杂草和虫子，养出了绿色、鲜嫩美味的土鸡，可以说达到循环利用，以短养长，延长产业链的效果。国家林业局在《全国林下经济规划纲要(2013～2020年)》和《全国优势特色经济林发展布局规划(2013～2020年)》中，将林药金银花和林下种养等模式作为发展的重点进行科学布局，在基础良好省份予以重点支持与推广。

(三)突破花蕾原料利用向精深加工转变

目前金银花的加工多为简单的烘干保存后销往市场，靠的还是卖资源。必须要对金银花产品进行了深度开发，走金银花"种植——加工——精深加工"的路子，实现由粗加工向精深加工转变，重点是开展金银花绿原酸、木犀草苷等保健物质的提取与开发，抢占市场先机。同时，加强金银花品牌建设，做好药用植物GAP种植基地建设与金银花产品的品牌的注册工作，不断开拓市场，不断推进金银花产业的多次增值，提升金银花的增值空间。

五、金银花栽培技术

(一)繁殖技术

1. 种子繁殖

8～10月间从生长健壮、无病虫害的植株或枝条上采收充分成熟的果实，采后将果实搓洗，用水漂去果皮和果肉，阴干后去杂，将所得纯净种子在0～5℃温度下层积贮藏至翌年3～4月播种。苗床播种时以$100g/m^2$为宜。

2. 扦插繁殖

扦插可在春、夏、秋季进行，雨季扦插成活率最高。扦插时，取1年生健壮枝条(或花后枝)作插穗，每根插穗上要留有2～3对芽(或叶)，去掉下部叶片，也可用萘乙酸（NAA）作为生根剂 100mg/kg 浸泡插穗后扦插于苗床即可。插后要注意经常喷水，插后 2～3 周即可生根。春插苗当年秋季可移栽，夏秋苗可于翌年春季移栽。

3. 压条繁殖

6～10 月间，用富含养分的湿泥垫底，取当年生花后枝条，用肥泥压上 2～3 节，上面盖些草以保湿，2～3 个月后可在节处生出不定根，然后将枝条在不定根的节眼后 1cm 处截断，让其与母株分离而独立生长，后另行栽植。

（二）选地整地

选择海拔 1000m 以下尚未郁闭的经济林的边坡或山地、农地、荒地、田埂均可种植。要求金银花除了在耕地上可种植外，但为了获得优质、高产，应、地势平坦、腐殖质层含量较高、疏松肥沃的壤土或轻壤土，切忌选择贫瘠易板结的土壤种植。选地后在经济林的边坡上进行林地清理，伐除部分杂灌杂草，水平条带状堆积。按行距 100cm 开挖深 10～15cm，宽 15～20cm 的水平种植沟。

（三）种植技术

在水平种植沟施入少量钙镁磷肥，按株距 20cm 放入种苗，要求根系舒展，芽眼朝上，覆土盖草。

（四）管理技术

1. 药用型管理技术

（1）除草、松土、施肥。定植后，要在每年的生长季节及时地进行中耕和除草、施肥。在早春或晚秋将腐熟厩肥和过磷酸钙等配合施用。施肥时间可采用环状施肥法：即在植株四周开环状沟，施入肥料后覆土填平。另外可在花前见有花芽分化时，叶面辅助喷施磷酸二氢钾等。

（2）排灌水。有条件的地方，早春或花期若遇干旱应适当灌溉，雨季雨水过多时则应及时排水，以防落花或幼蕾破裂。

（3）整形修剪。金银花自然更新能力强，分枝较多，整形修剪有利于培育粗壮的主干和主枝，使其枝条成丛直立，通风透光良好，有利于提高产量和增强抗病性。整形是在定植后当植株长至 30cm 左右时，剪去顶梢，解除顶端优势，促使侧芽萌发成枝。在抽生的侧芽中，选取 4～5 个粗壮枝作为主枝，其余的剪去。以后将主枝上长出的一级侧枝保留 6～7 对芽，剪去顶部；再从一级侧枝上长出的二级侧枝中保留 6～7 对芽，剪去顶部。经过上述逐级整形后，可使金银花植株直立，分枝有层次，通风透光好。如作为观赏盆景培育，要经过反复多次修剪和造型，形成独特株形。

（4）越冬管理。在冬季寒冷地区栽植时，入冬土壤封冻前结合松土向根际培土，以防根系受到冻害。

2. 景观型培育技术

景观型金银花培育的关键是培育树形金银花，树形金银花主根深，根系发达，3 年生主干茎粗可达 3.5cm，四至五年可长成株高 1.5 ~ 1.7m 左右的"红花树"。

（1）盆景培育。①直接扦插用一年生苗培育。第一次摘心在高 20 ~ 30cm 时进行，以后反复摘心，促发分枝，保证形状紧凑，加快基部加粗，秋后可直接装盆，翌年可开花。②利用金银花老桩，多头嫁接，培育观赏、经济性较高的盆景。其方法是：把选好的金银花老桩于秋后装入盆中，剪除多余枝蔓，于第 2 年春萌前(3 月中下旬)劈接或靠接(砧、穗各削 1.5 cm 左右长斜面，韧皮部对接)；利用半木质化嫩枝，也可于生长季节靠接或插皮接，此时应遮阴，叶面喷雾保湿，成活在 95% 以上，15 d 左右可愈合。

（2）道路、庭院、广场金银花的培育。高秆金银花枝蔓下垂，绿期、花期特长，花繁叶茂，是园林上难得的上等绿化树种。培育方法是：高杆砧木的培育。利用金银木种子于春季混细沙播种，待小苗 3 ~ 4 片真叶时移栽，株行距 40cm × 20cm，以后可隔行移栽，培育大苗。金银木为灌木类，种子小，干性弱，培育过程中应注意以下几点：①育苗应拱棚集中育苗，然后移栽。②其分蘖、萌芽力极强，及时抹除多余分蘖及萌芽。③前 2 年有条件最好绑辅支撑杆，以利干性生长。④加大肥水管理，以利快速生长成形。

（五）病虫害防治

1. 褐斑病

7 ~ 8 月发病，危害叶片；发病后，叶片上病斑呈圆形或受叶脉所限呈多角形，黄褐色，潮湿时叶背有灰色霉状物。防治方法：及时清除病枝、病叶，加强栽培管理，增施有机肥料，以增强抗病力。

2. 蚜虫和咖啡虎天牛

防治蚜虫可用 40% 乐果乳油 1000 ~ 1500 倍液预防和喷杀。防治咖啡虎天牛可采取烧掉枯枝落叶，以清除其虫卵生长环境。

（六）采收、加工及贮藏

1. 采收

采收期必须在花蕾开放之前，当花蕾前端膨大呈现绿白色时为最佳采收期。过早采收，花蕾青色、嫩小、产量低；过迟采收花蕾开放，产量质量下降。采收要在晴天上午 9:00 ~ 12:00 进行，否则花蕾易变成红黑色。

2. 加工

加工方法有烘干、晒干2种，以烘干为好。

(1)烘干：采回来的花当天就要在烘房中烘烤。初温30~35℃，2h后温度达40℃左右，鲜花排出水分，经5~10h后室内温度应保持在45~50℃，10h后提高到55℃，这样经12~20h即可烘干。烘干时间不宜太长，不超过20h为好。

(2)晒干：采摘小花放在席上或盘内，厚度3~4cm为宜，晒时切勿翻动，否则容易变黑，以当日晒干为好，若当日不能晒干，上面要盖上薄膜，防止露水打湿和产品变黑；暴晒2~3d后，用手捏有声说明已干。

3. 贮藏

金银花贮藏时用塑料袋包装扎紧，置于通风干燥处，防止受潮、霉变、虫蛀即可。

第十一节　崭露头角的虎杖

"小荷才露尖尖角"，这是对虎杖发展现状最真实的写照。2003年开始的宁化虎杖开发利用研究与资源培育为宁化虎杖产业发展打下良好的基础，实现虎杖资源人工培育从无到有发展，从科研到产业化不断推进的转变和发展中。本案例以政府引导，企业带动，农户实施政府 + 企业(国有林场) + 农户的组织形式，采用林药间作或田间栽培的发展模式进行推广，取得了一定的成效。

一、基本情况

(一)自然资源情况

位于福建省西北部的宁化县，地处东经160°22′~117°41′、北纬25°28′~26°41′。东邻明溪、清流县，南接长汀县，西靠江西省石城、广昌县，北连建宁县。土地总面积2389km²。海拔高度多在300~800m，年平均温度15~18.1℃，年平均降水量1700~1900mm，属中亚热带季风气候区域，气候温暖、雨量充沛、水热条件优越，非常适合虎杖的生长。境内工业企业少，环境优宜，污染少，非常适合绿色产业的发展。

(二)虎杖生物学特性

虎杖(*Polygonum cuspidatum* Sieb. et Zucc)为蓼科多年生宿根性的草本或者亚灌木植物，一般高达1m以上；又名酸筒杆、花斑竹、大虫杖、苦杖、斑根、斑杖、紫金龙等。主根粗壮，可长达，根状茎横卧地下；茎直立，丛生，圆柱形，中空；单叶互生，阔卵形至近圆形；柔荑花序，花期 8 月中旬至 9 月中旬，果期 9 月下旬至 10 月上旬。

(三)利用方向

1. 药用

虎杖作为传统的中药材，既是一味较常用的中药，又是一种多民族使用的民族药，其药用部分为植物根茎和根（叶也入药），虎杖根茎富含虎杖甙、白藜芦醇、大黄素、大黄酚、大黄酸等，传统上将虎杖制成中药各种剂型进行临床应用，其提取物现已广泛用于医药、保健品、化妆品等多种行业，具有明显的抗癌、抑癌、抗氧化、抗衰老、抗炎症和降血脂等功效，国际市场需求空间很大，是一个很大发展前景的药用植物。

2. 食用

在虎杖生长地区，当地人民常将其去皮后直接生食，具有清凉解暑解毒的作用。另外，虎杖嫩叶、嫩茎可以作为蔬菜食用或做汤，食用虎杖菜只需洗净后剥皮、切段拍碎，再用开水烫一下，然后加糖、精盐、味精、麻油或辣油等调料凉拌即可食用。虎杖根可做冷饮料——"冷饮子"，置凉水中镇凉，可作为清凉解暑的凉茶。课题组还以木质化虎杖为原料，开发一种具有较高保健价值、风味独特的虎杖饮料，产品属国内首创，其制备方法已得到国家知识产权局专利授权。

二、技术途径

随着科学技术的进步和人类文明程度的提高以及国内外市场对森林绿色食品需求的升温，出现了森林药材和食品开发利用的热潮。近些年来，虎杖资源在部分地区遭受到了前所未有的过度开发，蕴藏量和生长量都急剧下降，已无法满足国内外药材市场的需要。因此，对虎杖的资源状况的调查与资源的可持续利用、开展虎杖人工栽植方法及其经营效益研究是一个不容忽视的工作。

一个产业的发展离不开科技的支撑。从 2003 年起宁化县林业科技推广中心着手进行虎杖的调查摸底和种源收集、物候观察以及虎杖资源栽培技术培训试验。从虎杖的生物学生态学特性、种源选育及保存技术、苗木繁育技术、规范化栽培技术以及开发利用技术等五个方面全面开展了对虎杖多学科、多角度、多层次系列配套科学试验研究，总结林下、田间和设施等一套综合系统的虎杖人工繁育、栽培关键技术，为南方林药复合经营和森林非木质资源利用提供了技术参考。

（一）林下套种

林下套种主要以杉木林冠下虎杖不同栽培方式的试验为例，为广大地区和广大林农提供栽培模式上的参考。根据林地状况进行全面、带状或块状清理，挖明穴，规格 40cm×30cm×30cm。研究采取不同清理方式、郁闭度、坡位和坡向随机与正交试验设计比较，提出了虎杖在林冠下郁闭度 0～0.9 之间均能生长，而以 0.3～0.5 郁闭度较适宜高、径和生物量生长；虎杖的高、径生长量及生物量从高到低依次为下坡＞中坡＞上坡；阴坡的高、径生长量及生物量均大于阳坡；采伐剩余物的不同清理方式从高到低依次为 1m×1m 水平带等高堆积＞全面清理＞不清理；下坡＋0.5 郁闭度＋隔 1m 等高线堆积清理组合对虎杖的高生长、干物质量影响最高。

（二）田间栽培

春季翻耕晒土后进行细致整地做畦，畦宽 1～1.2m。提倡合理密植，尽量选用Ⅰ、Ⅱ级种根以 40cm×40cm 的初植密度亩产量最高；生长期管理追肥猪粪、复合肥为佳，是提高虎杖产量的有效措施。从节约成本费用的角度分析，选择雨前复合肥全园撒施，特别在干旱、半干旱农田，既节约成本，又可收到较好的效果。

虎杖速生期短，生长迅速，5 月上旬过后即停止高径生长，如无人为干预，茎叶产量不再增加，并逐渐木质化、老化，降低利用价值。因此，采取采割技术就显得尤为重要，一方面能够大幅度提高产量；另一方面考虑保持茎叶的翠嫩，可以用于森林野菜的开发利用。在自然条件下，2 年生虎杖一年可连续采割 4 次，产量达 2233.6kg，比对照一年只采割一次增产 1216.2kg，是未采割 2.2 倍。这是嫩茎叶食用和加工的有效措施。

（三）产品开发

本项目坚持以科研作为产业发展基础的观念，在资源培育的基础上，还应用干品、木质化虎杖进行抗氧化活力研究、采用果胶酶酶解技术与膜过滤技术以及虎杖饮料最佳工艺配方相结合的方法制成风味优良、营养保健价值高的虎杖饮料产品，实现对虎杖的工业化应用的技术储备，为虎杖的副加工开辟一条新的途径。

三、发展成效

"小荷才露尖尖角，早有蜻蜓立上头。"通过几年的努力，宁化虎杖资源培育和品牌建设成绩斐然。2008 年"虎杖栽培研究及其产业化开发"通过福建省科技厅评审，成果居国内同类研究领先水平，同时首创的《虎杖饮料制备》发明专利通过国家知识产权局的授权；2009 年制定发布了福建省地方标准《虎杖栽培技术规程（DB35/T 956—2009）》，填补该领域空白，引领南方各地虎杖规范化栽培；2009 年 11 月宁化虎杖通过中国中药协会中药材种植养殖专业委员会审定为三明市的"道地中药材"，被列为三明市重点扶持的生物医药特色产业；2010 年 5 月中国经济林协会授予宁化县全国唯一"中国虎杖之乡"称号，成为宁化县委县政府重点产业化推广项目，推进了虎杖产业发展进程。

宁化野生虎杖资源极为丰富，民间利用历史悠久。宁化县委县政府及部门高度重视虎杖产业的发展，专门成立了"虎杖产业发展领导小组"，出台了《宁化县发展虎杖产业的工作意见》《宁化县林业局关于落实申报虎杖示范基地建设任务的通知》等一系列优惠、扶持政策，科学制定了发展规划，在资金、技术力量等方面鼓励和扶持农户种植虎杖，对于种植规模达 100 亩以上的农户每亩补助 100 元，这些政策措施对鼓励农户种植虎杖提供了组织、政策保障，有效地提高了广大农户种植虎杖的积极性。

截至 2010 年，利用虎杖系统育苗和栽培关键技术，在宁化县国有林场建立了 100 亩的虎杖优质种苗繁育基地和林药复合经营示范林中试基地 111.3hm^2、在翠江镇城南乡建立了田间高效栽培示范基地 46hm^2、在城郊乡茶湖江村农地建了虎杖田间高效栽培示范基地 6.7hm^2，在南方各地起到了积极的示范带动和辐射作用。由于尚未实现虎杖产品（白黎芦醇、饮料和森林食品）的产业化运作，在林农参与资源培育的联动上仍进展不快，基地建设规模不大。总的来说，本项目为实现生态保护、特色林业发展和林农增收和谐统一探索了新路子，为山区非木质资源利用开发树立了样板。因此，需要政府部门加大招商引资步伐，依靠产业的发展带动虎杖资源的培育，进而带动农民的脱贫致富，为山区资源利用开发树立样板。

四、发展冲突分析

据研究统计，虎杖市场收购价 3500 元/t，1t 能提取 50% 的白藜芦醇 18kg，每千克市场价 550 元；1t 提取 98% 的白藜芦醇 6kg，每千克市场价 1950 元，可见虎杖加工具有较好的效益。但根据虎杖根茎生产与虎杖茎叶（嫩叶）加工利用过程中碰到的实际问题，经 PRA 调查与分析，归纳出九个方面的冲突和矛盾，并针对这些冲突提出切实可行的解决方案，为虎杖进一步开发利用提供经验和方法（表 5-21）。

表5-21　虎杖开发利用的冲突分析及解决方案

冲突类型	冲突内容	解决方案
1. 虎杖种植与烟草种植的冲突(矛盾)	这是宁化发展虎杖药材种植的主要矛盾冲突。宁化是全国有名的烟草种植大县，有20多年种植历史，烟草是宁化农民的主要经济来源和宁化财政收入的重要来源。虎杖种植对于农户来说是新生事物，他们对技术把握不准，对种植虎杖的前景和经济效益认识不足；其次宁化农民种植烟草已有相当的技术水平，单位面积直接收益达2000~3000元/(亩·年)，并且是每年收益一次，而种植虎杖收获期一般是2~3年收获一次，相比之下，目前单位面积的直接收益较低，农民较容易接受这种一年收获一次的短平快项目	一要科学种植虎杖，有效提高单位面积产量；二要积极组织虎杖药材的收购，实行产销对路；三招商引资，吸引外商到本地投资办厂，药材直接在本地收购，让农户吃上"定心丸"；四是不争烟草种植所需要的开阔平坦、光照充足、灌溉条件好的基本农田，重点在山垄田、水湿地、半干旱农地种植，或在山坡地、林地与林木套种虎杖，具有较大的发展空间
2. 毛竹林套种虎杖与竹笋采挖的冲突(矛盾)	宁化毛竹林面积有60多万亩，虎杖作为副业在毛竹林下套种具有较大的发展空间。但两者有一个共同的特点，都以收获地下部分(虎杖根茎、竹笋)为其主要方式之一，竹笋每年收获一次，而虎杖根茎一般是2~3年收获一次；主要是采挖冬笋时，不可避免地会把虎杖根茎挖出，如果虎杖根茎又未到收获期，这样就会给虎杖根茎生长带来一定的破坏。另外，在虎杖生长季节采伐毛竹，也会压坏虎杖茎叶	一是套种虎杖的毛竹林不挖冬笋，或在虎杖根茎收获时采挖一次冬笋，如果有必要采挖冬笋的毛竹林，必须及时把被采挖出的虎杖根茎植回原处，盖上松土，保证翌年萌发生长。二是避免在虎杖生长季节采伐毛竹，要求在虎杖枯萎后的秋冬季节采伐毛竹为妥
3. 产量增加及病虫防治与不合理使用化肥农药之间的冲突(矛盾)	农户为了增加单位面积产量，现已习惯使用大量的化肥来增产，使用高毒来防治病虫；在产量增产的同时，也使土壤地力不断衰退，并给土壤和环境造成污染	种植中药材要大力推广使用生物有机肥和农家肥、套种绿肥，以培肥地力，增强生产后劲；防治病虫推广使用生物综合防治，在病虫大量发生或较难以控制时，掌握适宜条件，选用高效、广谱、低毒、低残留的农药进行有效防治
4. 劳动力短缺与大量边远土地抛荒的冲突(矛盾)	宁化为典型的山区县，改革开放后，大量青壮劳力涌向城市，现在全县农村的青壮劳力60%以上在外打工，而且基本上是夫妻双双外出，还有一部分在家的也不务农，从事物流、经商等，占15%左右，真正在家务农的只有25%左右的青壮劳动力和一些老人。加之现在的化肥、农药等生产资料年年涨价，种植成本不断增加，而农产品的价格涨幅却远不及化肥、农药等生产资料，致使农民的种植效益难提高；这种反差，严重挫伤了农民的种粮食、药材等经济作物的积极性，并因此造成大量边远土地抛荒	一是国家要加大对化肥、农药等生产资料价格的调控力度，降低生产成本；二是逐步调整农业产业结构，引导农民种植经济效益较高的药材等经济作物

227

（续）

冲突类型	冲突内容	解决方案
5. 野生资源日益锐减与农户种植积极性的冲突（矛盾）	近年来，国内许多厂家大量收购虎杖药材，提取白藜芦醇，造成野生资源日益锐减，供需矛盾突出；但收购价格一直低迷，农户种植虎杖的积极性不高	主要扩大虎杖的利用途径，如进行虎杖饮料的开发，虎杖蔬菜（嫩茎叶）等方面的开发，以期获得较高的经济效益
6. 销售问题与农户种植积极性的冲突（矛盾）	多数农民深知市场经济时代，产品销售及价格是受市场调节的。几年来，总是担心自己种的虎杖到收时卖不出去，或是价格大跌等，在一定程度上影响了农户种植虎杖的积极性	在当地收购，既节约成本，农户现收现卖，兑现快，自然积极性提高。即使价格有所波动，也不会太多地打击他们的积极性
7. 科学种植与传统生产之间的冲突（矛盾）	由于科学技术的普及力度不够，多年来，农民习惯了那种技术含量低的传统生产经营模式，认为虎杖在当地非常普遍，易种易管，并没意识到要提高虎杖单产，光靠传统的生产经验是远远不够的。有些农民在种植管理过程中依然我行我素，不按技术规程规范化生产，致使产量低、质量差	政府及部门要加大发展虎杖产业的宣传力度，推广应用已制定的省地方标准"虎杖栽培技术规程"培训一批有技术的农民技术员，引导他们科学种植和管理虎杖，达到优质、高产、稳产
8. 药材保存与质量问题的冲突（矛盾）	虎杖药材（根茎）采收后，如不及时收购加工，在野外晾晒时间长，其主要的药用成分（白藜芦醇）容易散失，而在阴雨天又容易霉变，影响药材质量；因此，药材保存与药材质量是药材采收后销售前一个不容忽视的问题。	要在当地加工，实行虎杖根茎药材的鲜品加工
9. 根茎药材与产品加工的冲突（矛盾）	虽然宁化虎杖项目的品牌效应，引起了重庆科瑞南海制药有限责任公司、桂林惠通生物科技有限公司、泉州市聚芳生物科技有限公司、福建三明华建生物工程有限公司等国内生物医药企业的高度重视，并来人来函求购宁化的虎杖药材；但迄今为止，尚未有一家企业确定来宁化建立虎杖白藜芦醇等内含物生产线，致使该项产业目前"裹足不前"	通过政府搭建平台，争取部分国内医药企业与宁化当地企业进行合作，以公司＋基地＋农户的模式建立虎杖 GAP 基地，组织虎杖药材的收购与销售，进行虎杖产品的深度开发，拓展产业链

五、虎杖栽培技术

（一）栽培地选择

林地选择地下水位较低、阴坡中下部、林分郁闭度 0.3~0.5、要求土层深厚、质地疏松、肥沃的缓坡地；农地选择水资源丰富、土层深厚、质地疏松、肥沃的山垄田和耕地或菜园地等。

（二）整地

1. 农地整地

于每年的秋冬季节进行整地，如果农地为常年积水农田或洼地，先开沟排水，等积水排干后，结合机械整地每亩施入鸡粪、鸭粪、牛粪、猪粪、废菌棒等腐熟有机肥；再用拖拉机犁地2遍，人工整畦，畦面宽100cm、高30cm、沟宽30～40cm。

2. 林地整地

一年四季均可栽植，但以春季最为适宜。新造林地初植密度以株行距40cm×50cm或40cm×40cm，亩植2000～2500株为宜；林地初植密度以株行距0.5m×1.0m或1.0m×1.0m，亩植1600～2600株为宜。栽植前对种根进行分级，栽植要做到苗正、根舒，芽朝上、不打紧，填表层松土，覆土3～5cm，使整个穴面高出地面5～10cm。

（三）种苗准备

在虎杖优良种质资源圃内挖取种苗，截成长约10～20cm，带2～3个芽，当天挖苗当天种植，当天未种植的种根及时埋入湿沙或松土中贮藏备用。

（四）栽植

1. 栽植时间

虎杖栽植时间选择在春季。

2. 栽植技术

在一畦苗床上栽2行，按株行距40cm×50cm开沟种植，亩植2000株左右；同时施种肥，覆土3～5cm；做到苗正、根舒、芽朝上。

（五）管理

1. 出土期管理

此期从3月中旬至翌年3月下旬，约15d。主要管理措施是：及时除草和揭开地面覆盖物（杂草等），以增加光照，促进出苗整齐及生长。除草后立即施肥，施肥方法以复合肥兑水灌根，浓度以0.5％为宜，水源缺乏的地方可土壤表层撒施覆土，让自然降雨淋溶到根部吸收利用，撒施用量掌握每亩20kg左右为宜。出苗期一般没病虫害。

2. 速生期管理

虎杖出苗后，立即进入速生期，此期从3月下旬至4月中旬，持续20天左右，此期的主要管理措施：一是及时除草、松土，做到除早、除小、除了；二是及时追施复合肥，灌根浓度掌握在 0.5% 左右，或于雨前、下雨时全面撒施，用量为每亩 20kg。此期正值雨季，降雨较多，应及时排涝。

3. 生长后期管理

此期为 4 月下旬，持续 10d 左右，此期因为气温升高快，降雨量多，高温高湿的气候条件，使金龟子、蚜虫等食叶害虫迅速繁殖，要做好防虫工作。主要管理措施是除草、施肥、排涝，虎杖虽然喜湿润的土壤，但积水过多，也影响虎杖根系的生长。

4. 越冬管理

虎杖 10 月中旬开始枯萎落叶，进入冬眠。此期从 10 月中旬至翌年 3 月上旬，历时 4 个多月，此期应加强越冬管理，做好杂草覆盖，保温保湿，促进地下茎根蓄积养分，提早萌芽，延长生长期，提高产量。

（六）病虫害防治

1. 主要虫害及防治

虫害发生期从 5 月上旬至落叶前，主要虫害有金龟子、叶甲、蛾类、蚜虫、蛀干害虫等。防治方法：①人工捕杀或黑光灯诱捕，人工捕杀在成虫取食时，利用金龟子、叶甲假死性，振落到地上立即捕杀踩死，黑光灯诱捕主要是利用金龟子叶甲的趋光性集中诱杀，效果达 90% 以上。②化学防治：用氯化乐果 2000 倍液喷雾杀死金龟子、叶甲、蛾类、蚜虫、蛀干害虫等，防治效果达 90% 以上，或施放"林丹"烟剂，用药量 22.5～37.5kg/hm^2，防治效果达 80% 以上。

2. 主要病害及防治

虎杖病害很少，经观察，只发现虎杖叶片发生锈病，面积较小。防治方法：①药剂防治：用甲基托希津 800～1000 倍液喷雾 2～3 次，防治率可达 80% 以上，②栽培措施：主要是加强水肥管理，保持合理密度，通风透光。

（七）根茎（药材）采收

每隔 2～3 年采挖一次根茎，秋冬季节落叶枯萎后采挖。做好根茎处理（晒干）、贮藏、销售。

第十二节　金线莲生态种植之路

生长在人迹罕至处于原始生态的深山老林内的金线莲，是特殊的大自然循环气候与阳光雨露的巧妙结合而生成的野生山珍极品，价值非凡。近年来，邵武市借助生态优势，大力发展林下经济，通过典型示范，形成以"公司＋林场＋农户"为主的发展经营格局，积极引导鼓励林农利用林下资源种植发展以金线莲为主的生态复合种植业，既保护生态，又促进农民增收，实现了生态保护和林下经济的良性发展，实现"不砍树也致富"。

一、基本情况

（一）自然社会资源

邵武市位于武夷山南麓、富屯溪畔，是我国南方集体林区重点林业县（市）之一。全市现有林业用地面积350.4万亩，占土地总面积的82.2%；有林地面积325.6万亩，其中生态公益林面积88.9万亩、竹林面积55万亩，活立木总蓄积量1506万 m^3，立竹量7062万株，森林覆盖率为76.4%，全年平均日照2000h，年平均活动积温为6500℃，年平均降水1600mm，相对湿75%～85%。近年来，邵武市在林业科技与非木质资源利用方面成绩斐然。2009年国家林业局确定邵武市为第一批国家级林业科技示范县。此外，邵武市与柘荣、泰宁并称为福建省三大中药材强县，在福建省科技厅的支持下，2013年度立项建设邵武省级农业科技园区，推动中药材传统农业向现代中药农业的跨越，2013年12月被科技部列为第一批国家级科技特派员创业基地，为林下金线莲复合经营提供强有力科技支撑和经验基础。

（二）金线莲生物生态学特性

金线莲（*Anoectochilus roburghii*）为兰科开唇植物、花叶兰属、多年生珍稀中草药。金线莲常生长在人迹较为罕见，群落结构完整，海拔700～1200m的山涧、沟谷两侧的亚热带常绿阔叶林、针阔混交林或竹林下的枯枝落叶层上或阴湿石头间的腐质土上。金线莲生长地以红壤土为主，偶见黄壤或紫色土。红壤有机质8%以上，腐殖质层厚度为4～8cm。壳斗科、樟科、山茶科、木兰科等科属的植物常是金线莲生境中群落的建群种、优势种或亚优势种。金线莲在我国的分布主要在亚热带地区，即福建、广东、江西、浙江、广西、云南、贵州、四川以及西藏南部等省份，其中以闽、浙、赣为主产地。印度、尼泊尔、日本、斯里兰卡等国家亦有分布。

（三）金线莲功能与用途

金线莲药用价值高，富含大量的氨基酸及抗衰老活性微量元素，具清热凉血、除湿解毒、平衡阴阳、扶正固本、阴阳互补、生津养颜、调和气血、五脏、养寿延年的功用；主治肺热咳嗽、肺结核咯血、尿血、小儿惊风、破伤风、肾炎水肿、风湿痹痛、跌打损伤、毒蛇咬伤、支气管炎、膀胱炎、糖尿病、血尿、急慢性肝炎、风湿性关节炎肿瘤等疑难病症，也兼除青春痘。通过对金线莲的化学成分和药理作用的研究表明，金线莲中含有的生物碱、氨基酸、糖类、皂苷、甾体、类黄酮、微量元素等化学成分可能对人体起到药理作用。几千年来为民间常用草药，素有"药王""南草""神药""鸟人参"等美誉，是健康养生极品。台湾民间称之为"中药之王"，已列入台湾 29 种需要保护的稀有植物之一。1990 年，金线莲也被福建省人民政府列入"福建省重点保护野生药材物种"。

二、种植模式及特点

（一）林下复合经营状况

近年来，邵武市林下经济发展迅速，模式多样。全市林下养鸡、养鸭 1.1 万只；森林景观利用 1.6 万亩，其中森林公园 1 处、森林人家 38 户，自然保护区生态休闲旅游 1 处；在采集加工上有桂花茶、竹笋、酸枣糕、苦楮粿、苦菜、红菇、梨菇等休闲野生食品；林下种植 2.81 万亩，重点开展了金线莲、铁皮石斛、三叶青、野鸭椿、砂仁、草珊瑚、白芍等林药模式，套种南方红豆杉、桂花等林苗模式，以种植发展福建金线莲作为重点发展方向。

邵武市林下种植模式主要属于林经复合经营类型组的林药模式，以林为主，因地制宜地发展林药金线莲、三叶青、铁皮石斛、野鸭椿等药用植物，从而形成复合经营系统，以提高林地利用的综合效益。下面重点介绍林药金线莲多种经营模式。

人工栽培金线莲主要分为三个阶段，第一阶段在组培室里面的苗木生长期，资料表明，由于抗生素代谢、外源激素及半衰期等原因，组培的金线莲幼苗不能直接成为上市的成品。因此，第二阶段就是"炼苗"，主要是通过仿生的条件，让组培苗能适应自然环境，提高其成活率。第三阶段就是"移栽自然环境"，在自然环境种植不少于 6 个月，否则，金线莲不但不能起到相应的药效功能及保健等功能，反而成为"毒药"。目前，福建省对"移栽自然环境"这一环节主要有大棚高产栽培、简易大棚栽培、林下栽植 3 种种植模式（陈满玉，2012）。

（二）大棚高产栽培

这是目前普遍采取的异地保护种植方法，可控温、控湿、通风。采用人工温湿控大棚遮阳网设施，大棚利用 4 层铁架承载栽培塑料框，中间留足管理通道，土地平面面积利用率 75% 以上。主要特点是产量高，规模效益明显。

（三）简易大棚栽培

这种栽培方法适用于"一家一户"普通农民发展方式，依据金线莲适生环境，选择在无工业污染、有天然洁净水源、方便喷灌且靠山边阴面处建立生产基地。

该种栽培方法简单，成本低、易推广。用毛竹搭棚，宽约 6m、长约 25m、高约 4m，棚顶及四周需覆盖用遮阳网，以起到遮阳、防虫、防鸟食等作用。同时为提高复种指数，棚内可分 3 层立体种植，每层高约 1.2～1.5m、宽约 2m，每层顶端均架设喷灌设施。为形成有利于金线莲生长的生态环境，棚的四周种植绿化苗木。

（四）林下栽植

利用天然林下环境条件，根据金线莲的生长要求，选择在交通便利、有林有水的山沟、缓坡，以保证阴凉，有水灌溉，四周用钢丝网围成，管理中须清除林下小杂灌，并在上方搭建拦网，防止枯枝落叶和鸟类的破坏。在树间拉遮阳网透光度要控制在 30% 左右，适宜的光照强度以 3000～4000lux 为宜，即"三分阳七分阴"为度。属于原生态种植范畴，药材品质高。林下种植模式主要包括：①杉木林下仿野生套种模式；②松树林下仿野生套种模式；③阔叶林下仿野生套种模式；④中药材瓜蒌棚架下仿野生套种模式，形成药药种植模式。

参考陈满玉（2012）3 种种植模式效益对比，结合邵武市金线莲发展情况，林下栽培的土地利用率约为 15%～20%，而大棚栽培和简易大棚栽培的土地利用率为 75% 左右，由表 5-22 可以看出，大棚栽培、简易大棚栽培模式收益高，但其设施成本的投入也远高于林下栽培，而林下栽培由于投入成本较少，适宜林农一家一户充分开发林地进行种植，特别是林权制度改革、林地分权到户的情况下，采取"公司＋农户"的经营模式，每亩林地种植金线莲半年左右，就有 1.2 万～1.5 万元收入，大大地增加了林农的收入。

表 5-22　金线莲三种种植模式效益对比　　　　单位：万元/亩

种植模式	成本		产值	收益
	人工成本	设施成本		
大棚栽培	1.7	35	60	8～10
简易大棚栽培	2	15	42	5～6
林下栽培	0.8	3.2	5.5	1.2～1.5

三、发展举措与成效

邵武市林下金线莲的发展的是从邵武市二都国有林场开始的，其模式的成功应用，为邵武市及全省推广提供了技术路线和成功模式。近年来，邵武市在金线莲发展过程中走绿色增长之路，坚持质量优先，培育以金线莲为主的名贵中药材林下种植绿色产业和生物医药产业，措施有力，成效明显。

（一）制定发展政策，加大扶持力度

2011 年福建省把金线莲列入"福建省种业创新与产业化工程项目"，安排省级财政专项资金 1500 万元，用于扶持金线莲种业工程的基地建设、种苗繁育、技术集成、培训和推广；从 2013 年起连续 3 年，省财政每年安排 3000 万元对林下经济项目予以补助。邵武市紧跟省里扶持政策，专门成立了林下经济发展工作领导小组，率先出台了《关于加快林下经济发展的实施意见》，制定加快林下经济发展的优惠政策和措施，每年安排专项资金 50 万元，采取贷款贴息、以奖代补等办法，引导社会和民间资金向以种植金线莲为主的林下经济聚集。

（二）建立林下基地，树立典型示范

为引导鼓励林农利用林下资源发展以金线莲为主的种植业，邵武市大力推广"公司 + 基地 + 农户"的产业发展模式，多渠道多形式建立种植示范基地，以典型示范促进农民增收。2013 年二都国有林场开始直接在天然阔叶林下的土壤中大面积轮作种植，效果好。林下种植金线莲 500 多万株，以点带面，推进了邵武市林下金线莲的快速发展。2013 年以来引进上海客商投资 3000 万元，在林下规模化种植以金线莲等珍稀中药材面积 1000 多亩；同时，以中福生物科技、瑶理药业、邵禾生物科技公司等企业为龙头，在邵武市乡镇村建立示范基地，带动林农利用林下资源种植金线莲等名贵中药材。

（三）引进龙头企业，延伸产业链

2010 年年底，引进福建中福生物科技有限公司重点发展邵武市金线莲生物科技项目，2011 年 6 月建成金线莲组培车间 4000m²，实现组培苗智能化、工厂化和规模化生产，年产组培金线莲达 6000 万株。2012 年邵武市二都国有林场和中福种业邵武基地的合作，成为了二都林场金线莲发展的重要机遇期。在此基础上，邵武市又引进了瑶理药业和国泰沙利公司向金线莲保健食品和功能饮料开发加工延伸。

（四）推行品牌特色，提升产业效益

邵武市林下种植的金线莲追求品质的野生化。在原始生态阔叶林中不做任何的整地耕作，不施任何的农药及化肥，保持金线莲野外原生态训化环境，使邵武市林下种植的金线莲野生品质闻名于全国各地。邵武市林下种植金线莲是福建省林下经济发展的一个成功案例，取得了很好的收益，成了大树下的"聚宝盆"。中央 7 套"绿色专栏"、《福建日报》第一版为邵武市种植的金线莲做专题报到。目前，邵武市正组织申报"邵武金线莲"地理商标、"邵武金线莲道地药材"产地

标志。

四、林下金线莲复合经营

（一）复合经营概述

邵武市二都国有林场建于1958年，在南平市森工企业中处于龙头企业的位置，在全省林业企业中具有较强的影响力。该场位于邵武市北部，距市区20km，经营区总面积10.6万亩，有林地面积9万余亩，森林覆盖率达91.8%。林场经营区里有大面积保存完好的生态阔叶林，达到26000亩，具有十分丰富且适宜金线莲生长的人工林或次生林湿润、遮阴林地环境，野生金线莲分布多，且林下土壤疏松、肥沃、湿度、光线适中，为人工种植金线莲提供了自然资源基础。

近年来，许多名贵中药材人工种植技术得到突破，如金线莲、铁皮石斛、三叶青、竹荪等，大多采取设施大棚规模发展，伴随产量的提高，品质也大幅度下降，农残超标等一系列问题相继出现，违背珍贵中药材强身健体、治病救人的传统，甚至成为有害的"毒草"。

基于此，二都国有林场从实际出发，把握全国、全省高度重视林下经济发展的机遇，依托林场天然阔叶林下多次开展专题调查，通过在采育场实地调查和走访，明确了野生金线莲的分布范围和生态环境，并根据金线莲生长特性及对生态环境条件的要求，在其原生或相类似的环境中，开展了金线莲仿野生种植试验，人为或自然增加种群数量，使其资源量达到能为人们采集利用，保持群落平衡的一种药材生产方式。通过几年的研究试验，效果明显，金线莲成活率达到98%，干重提高约30%，单株重量亦提高了35%左右。同时，探索在林中搭建拦网，防止枯枝落叶和鸟类的破坏，取得了适合在天然阔叶林下生长发展的金线莲等林药的典型环境与高效栽培模式的突破，因地制宜地发展原生态林下金线莲，从而形成复合经营系统，实现以短养长，长短结合，最终提高林地利用的综合效益。

原生态种植金线莲是当前得到认可的一种新兴的中药材生态产业模式，二都国有林场充分利用森林中良好的金线莲野生生长环境，在原始生态阔叶林中选取较平缓的坡地，不做任何的整地耕地，保持完好的地表腐殖质层，不施任何的农药及化肥，使得金线莲的野训环境保持最原生的状态，完全追求品质的野生化。经检测，仿野生金线莲其内含的牛磺酸、氨基酸组成、多糖成分及抗衰老活性微量元素的含量不亚于野生品质，能够为社会提供近乎无污染、药效好的绿色药材，可在金线莲资源可持续利用中发挥重要作用，有着很好的发展前景。

（二）生态复合经营结构

以阔叶林下种植金线莲为例，构图说明林药生态复合经营模式（图5-3）。

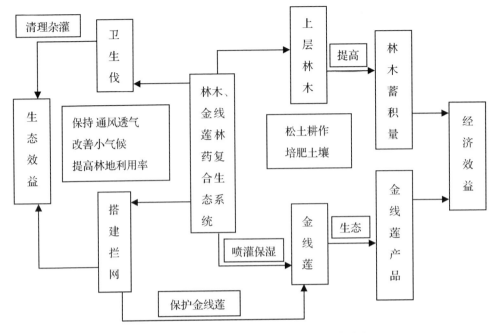

图 5-3　阔叶林下种植金线莲生态复合经营模式

(三) 效益分析

1. 生态环境效益

林下人工复合套种金线莲是以生态学原理为基础，遵循种养技术、经济规律建立起来的一种多种群、多层次、多序列、多功能、多效益、低投入、高产出的持续稳定的复合生产系统，具有整体效应的生产链系统。在种植过程中，通过清理林下小杂灌、林中上方搭建拦网等营林措施，主要是为了增加林内光照，供金线莲生长所需要的光能，林内光照是林外光照的 20% ~ 30% 就可满足金线莲生长对光能的需求，并且防止枯枝落叶和鸟类的破坏。同时，在林下金线莲清除林下小杂灌、施有机肥、抚育、喷雾保湿等经营措施，能够促进森林内通风透气，改善林内小气候，减少森林病虫害，有效地促进林木的高效生长。研究结果表明，林下种植金线莲改善了森林资源结构、提高了土壤肥力、增加了林木生长量，改善了林业增长方式。因此，建议林区应大力发展这种林、药等复合生态系统，以便增加社会物质财富的同时，又发挥森林的防护作用及其他效能，从而发挥土地生产潜力和林地资源利用率，保持生态平衡，造福人类。

2. 社会经济效益

(1) 社会效益。林木是长周期植物，在十年甚至几十年间不能收益，从而影响农民造林、护林的积极性。而林药复合经营可补偿这一不足，使农民在相对较短时期内有收益，在二都国有林场开展金线莲原生态种植基地建设，鼓励广大林业职工进行生态公益林下综合开发，有利于金线莲药材的多样化和群落平衡，是个值得推荐的模式。同时调整了林业产业结构，促进林区富余劳动力向第二、三产业转移，增加林业工人收入。如2013年林场员工105人每人入股1万元，占总股本30%～40%（其余为国有股份），每股分成2000～3000元，目前已收益20%～25%。更为重要的是在天然林和人工林下原生态种植金线莲，达到有机栽培的目的，能缓解社会对品质高药效好的金线莲药材原料的需求矛盾，真正让传统珍贵药材继续享誉国内外，推进中医药产业健康有序发展。

（2）经济效益。目前二都国有林场主要以阔叶林为主套种金线莲，根据现有的生产水平来看，1亩可种植金线莲5万株，在金线莲苗木、林地清理、种植、管理、设施设备、采收等方面需投入4万元/亩，投入成本较高（表5-23）。目前市场上金线莲的产品有鲜品、干品和加工泡制茶三种类型，其中以干品为主，金线莲鲜品每500g 600元，干品售价高达每500g 8000～10000元，价格昂贵，属于一种贵族消费。林下套种金线莲亩产鲜品产量达50kg，产值可达到5.5万～6万元，平均效益达到15000元/亩。

表5-23　阔叶林下种植金线莲投入构成

模式	金线莲苗木		林地清理	种植	设施设备	管护费	采收	鲜品	
	株数	单价（元）	（元/亩）	（元/亩）	（元/亩）	（元/亩）	（元/亩）	产量（kg/亩）	单价（元）
阔叶树+金线莲复合模式	50000	0.5	3200	2000	4000	3000	2800	50	1100

（四）现状与问题

1. 发展现状

为使金线莲这个珍稀药材资源优势转化经济优势，2012年邵武市二都国有林场和中福种业邵武基地的合作，成为了二都林场金线莲发展的重要机遇期，同时，与福建中医药大学等有关与高校、科研院所开展协作，经过两年多时间的反复试验，不断摸索，2012年，在生态阔叶林林下进行金线莲野化种植技术研究取得了关键性突破，制定了林下人工栽培金线莲技术规程及产品标准，为大面积推广林下人工种植金线莲提供了科学依据。

二都国有林场林下种植金线莲从2012年的10多万株发展到2014年500多万株，面积达500亩。在种植过程中，2013年开始直接在天然阔叶林下（8阔1杉1马）的土壤中大面积轮作种植，脱离了其他地区的林下棚栽模式，直接把金线莲种在林地里，不需要任何施肥，也不需要农药，只有水喷雾，不但节约了成本，而且保持原生态绿色天然。2013 年 12 月，邵武二都国有林场获得由中国绿色农业联盟、国际生态农业合作发展促进会、中国茶叶发展研究院联合颁发的"中国金线莲产业原生态十佳示范园区"称号；2014 年 6 月，24.6hm^2、年产量 1.5t 的金线莲种植基地获有机转换认证证书；2014 年 8 月，二都国有林场建成集产品展示区和品茗区的原生态金线莲体验馆，更加实效地宣传和推介原生态金线莲。

2. 存在问题

在二都国有林场原生态金线莲种植管理与生产经营过程中，主要存在以下几个问题。

(1)种植规模较小。由于原生态金线莲种植需要一些特定、典型的林地环境，且受山区林地地形地貌特征、树种结构和林分结构的影响，形不成较大规模的种植林地，多呈分散块状分布。

(2)种植与管理难度较大。由于林下种植金线莲需要阴湿环境，管理比较费心，需要布设滴灌喷雾设施；同时，为防止枯枝落叶和鸟类的破坏，需清理林下小杂灌，并在上方搭建拦网。因种植规模偏小，难免加大种植与管理的难度。

(3)原始采集造成资源破坏严重。由于金线莲市场需求日益增大，价格昂贵，引发了新一轮的掠夺性采挖。同时，由于金线莲对生态环境要求高，一些如鼠、鸟、蛇等动物也喜食之，加上近年来自然环境的不断恶化，而且金线莲野外种子发芽率很低，导致野生金线莲越来越少，加强野生资源保护和扩大种植规模迫在眉睫。

(4)研究与开发的深度不够。目前的研究投入不足，科技力量分散、科研平台之间协作不紧密，作为一类特色中药材资源，许多研究只是低水平的重复，多数只是组培与设施栽培技术，缺乏研究生态因子与抚育的产地药材种群的关系，包括生态因子与种群适应性、种群结构及组成、种群品质的关系，以及光、温、水和土壤因子对产地药材的生态作用及产地药材对它们的适应等系统性研究成果，不足以支撑资源产业化开发。

(5)资源利用单一，附加值不高。目前金线莲利用的方式主要是鲜品、干品和加工泡制茶 3 种类型，属于原料利用和初加工阶段，产业链延伸不够，附加值不高。

五、可持续发展建议

近几年，金线莲产业发展更是突飞猛进，尤其以福建市场最为火热。单以福建省计算，进行金线莲生产和加工的公司就有 30 多家。尽管生产企业和生产规模连年增加，但是金线莲仍供不应求，这导致了金线莲的价格也逐年走高。随着社会经济的发展、人民生活水平的不断提高，人们会更加注重日常的身体保健，不断追求更为健康的食品，金线莲种植及其产品加工将会形成一个重要的市场，并以此延伸以金线莲为原材料的相关药品精深加工产业链，发展前景非常广阔。

（一）严格保护现有的资源

虽然兰科植物生境多样，但金线莲的生态域极窄小，对生境依赖性高。目前，野生金线莲物种个体数量已急剧减少，接近濒危状态。因此，严格保护现有金线莲的资源具有极其重要意义。

加强生境保护是金线莲保护的关键。为此，我们要加强对金线莲种质资源的保护研究。尽快建立金线莲种质资源基因库，收集金线莲种类、产地、药效等相关数据，优选、优育珍稀金线莲品种，防止退化和种质流失，维护金线莲种质资源的多样性和丰富度。在重点保护品种生存的自然环境和地区建立金线莲专属保护小区，对自然保护小区外的地区，根据资源的再生能力，制定妥善的保护政策，采取有效措施，进行有计划地科学采集。同时不断加强保护区建设，扩大保护面积，为保护金线莲提供保障。

（二）大力发展原生态有机栽培种植

目前在金线莲组织培养及人工栽培方面，已开展了一些工作，积累了不少经验。人工种植，可以满足市场需求，减少野生资源的压力，是解决目前金线莲原材料价格显著过高和品质不稳定的有效途径。另外，金线莲主要用于保健、药用及食材，安全健康是关键，必须要严格执行药品与食品的相关标准，推行有机生产。但是金线莲对环境要求高，规模化设施栽培病虫害较多，为提高移栽过程中的成活率或提高产量，就会使用一定量的化学农药。如何既不使用化学农药，又能控制病虫害，是目前急需解决的关键技术难题。因此，加强生态因子与产地药材种群、环境相关的研究是有效手段，大力发展有机栽培、原生态种植是必由途径。

（三）规范市场行为，保障产业健康发展

由于金线莲产品持续价位走高，不少不法商人为了获取高额利润，会想方设法制假造假，或将未移栽的金线莲瓶苗拿去出售，影响人民身体健康，损坏金线莲产业声誉。因此，一要加强金线莲品牌营销与保护，规范其使用授权和范围，严格执行金线莲产业的相关标准，保证品牌的公信力。二要加强规范市场行为的宣传，引导商家创意营销，严格禁止损害种植农户利益、暴利销售以及不合格产品上市销售等损害金线莲产业形象和品牌形象的短视行为。三要加强检查执法，通过经常性的执法，打击不法商家的不良商业行为，确保产业健康有序发展。

（四）推进金线莲产业链的延伸开发

根据实验分析，金线莲含有氨基酸、含糖类、皂甙、生物碱、有机酸、甾体、黄酮、微量元素等成分，但这些功能成分需在一定浓度和剂量下才能表现出最佳的生理活性。而目前市场上金线莲多为初级产品，对于这些功能的提炼，精深加工产品少。关键要引导企业开展金线莲的自主性研发，实现研发促开发、开发促产业、产业创市场、市场建品牌的良性发展格局。除将金线莲作为高级食品材料和健康食品利用外，重点是开展金线莲茶包、饮料和化妆品以及金线莲保健品或药用的深度开发应用，延伸以金线莲为原材料的相关药食品精深加工产业链。

六、金线莲林下栽培技术

（一）选地整地

根据金线莲的生长要求，选择海拔350m以上，有山涧、小溪的山坡阔叶林进行套种，郁闭度以0.4~0.6为宜，以保证阴凉空气湿度。要求地势平坦、腐殖质层较厚、有机质含量较高、疏松肥沃、中性或微酸性的壤土或轻壤土种植。选好种植地后进行林地清理，伐除部分杂灌杂草，水平条带状堆积，整畦或按行距30cm开挖深10~15cm、宽15~20cm的水平种植沟。

（二）种苗选择

选择组培苗进行栽培。

（三）栽植技术

在整好的畦面或种植沟内先施少量钙镁磷肥，再按株行距5cm×5cm放入种苗，盖细土，栽后地表盖碎草或树叶保温保湿。

（四）管理技术

（1）施肥。半月施肥1次，使用农家液态肥或沼气液，稀释至1000倍液。

（2）注意调节改善林内通风透光条件，降低环境湿度，提高金线莲生长质量。

（3）越冬管理。金线莲对温度的适应性较强，在林下可在0~5℃的低温下越冬。

（五）病虫害防治

因金线莲为珍贵药材，所以本栽培技术在病虫害防治上采取"预防为主，积极除去病株"的方针，采取各种无污染措施从源头上防止病虫害发生，对发生病虫害的植株及时隔离，以实现无公害生产。

（六）采收、加工及贮藏

采收适期的确定与栽培时间的长短有密切关系，必须在出瓶栽培 6 个月以上采收较适宜；当金线兰株高长到 8~10cm 以上，叶 5 片以上，鲜重达 1g/株以上即可收获。全草晒干或烘干密封贮藏。由于野外原生态种植虫、鼠、鸟等危害大，金线莲损失率高、产量低，但价格昂贵，市场对原生态种植的金线莲需求量越来越高。

第十三节　森林非木质资源利用案例综合评价

一、综合评价概述

非木质资源的评价是在调查研究的基础上，对调查的非木质资源的各项指标进行综合分析与评价，并为进一步制定非木质资源开发利用总体规划提供理论和技术依据。

对非木质资源利用潜力的综合评价是一个非常复杂的问题。一般有经验判断法、极限条件法、定量评价法。一般对生态、社会效能的计量采用等效益替代法，经济效能采用直接计量法。对森林资源的综合效能的计量和评价，用一个和的计量模式来表示的。森林的实际价值在于一林多能的综合效益，但这种效益毕竟是多种效益的总和。

森林经济效益评价属于直接评价范畴，目前方法比较多，李会芳（2005）做了非常好的归纳，主要有比较方式评价方法（市场价法）、成本方式评价方法（成本法、费用价法）、收益方式评价方法（期望价法、收益还原法）、成本收益折中方法评价（拟合法、格拉泽法等）、收益现值法、重置成本法、现行市价法和清算价格等。尽管叫法不同，但理论上都是根据林木、林地资产的补偿价格和收益；森林生态效益评价主要是从森林涵养水源效益、森林水土保持效益、森林防护效益、森林固持二氧化碳效益、森林净化大气效益、森林游憩效益、森林野生生物保护效益等 7 个方面的研究进行的，国内外对森林生态效益的研究还处于起步阶段，还在探索其理论上的正确性和实践的可行性；森林社会效益评价方法可分为效果评价法和消耗评价法两类。森林社会效益评价在当今理论界也处于探索阶段，各学派坚持的经济基础有所不同，而目前较公认的有劳动价值论、稀缺价值论、边际效用论和最佳效能论"四种观点"。

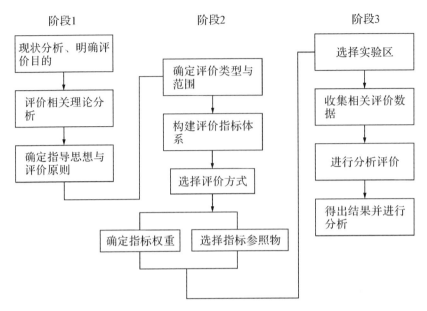

图 5-4　非木质资源利用评价路线图（李会芳，2005）

目前，用于综合评价的方法很多，有研究者按不同的标准来进行划分：①按方法的难易，可分为传统综合评价法和现代综合评价法。传统综合评价的方法包括：综合指数、功效系统法、综合评分法等；现代综合评价的方法包括：层次分析法主成分分析法、模糊评价法、灰色评价法等。②按方法产生的时间顺序，可分为常规多指标综合评价方法、模糊综合评价方法和多元统计综合评价方法 3种。这 3 种方法的综合评价基本思路虽为一致，但对一些环节的处理又各不相同，从而形成了各种具体方法。

综合评价的路线主要为：在阶段 1 主要作一些理论的准备；阶段 2 主要是详细分析森林资源的特点，对所研究的对象作类型、范围、界限的评定，进行归类或分级 ，构建相应的指标体系，并选择评价方法；阶段 3 是选择实验区，通过广泛而详细的实地调查、搜集资料和各种信息，据此进行具体的分析评价，最后得出结果。

二、层次分析方法

层次分析法则是最近几年较常用的方法。下面结合非木质资源利用过程中的实际情况，重点介绍层次分析法的应用。

应用层次分析——模糊评判方法进行评价。层次分析法（Analytie Hierarehy Process，简称 AHP 法），又称多层次权重分析决策方法。首先将复杂的问题层次化。根据问题和要达到的目标，将问题分解为不同的组成因素，并根据因素间的相互关联以及隶属关系将因素按不同层次聚集组合，形成一个多层次的分析结构模型。然后应用两两比较的方法，从定性到定量地确定决策方案之间的相对重要性(定性)，并评估其评价指标值大小(定量)，从而获得决策满意的结果。运用层次分析方法，解决系统的复杂性问题的过程，一般有四个基本步骤。这种方法将定性和定量结合，具有较高的逻辑性、系统性、简洁性和实用性，是针对大系统、多层次、多目标决策问题的有效决策方法。

（一）评价指标的确定

本节以邵武市非木质资源利用——林下种植金线莲综合利用为例，运用层次分析法进行综合评价，将多目标决策分为3个层次：总目标层、准则层和评价指标层。

第一层：总目标层。这是层次分析的最高层，表现解决问题的预期目标，或理想的决策结果。本研究的目标即邵武市林下种植金线莲综合效益评价值，根据此值高低，衡量该模式建设的好坏。

第二层：评价准则层，又称条件层。它是中间层级，是对上层目标的具体化和系统效能的度量，对下层是用以评价各项备选方案的优劣。本研究的准则层有三个方面影响因子。即指标组合类别，包括经济效益、社会效益和生态效益。

第三层：评价指标层，又名最底层，是实现问题的目标方案、途径和方法等。选择的指标应建立在科学的基础上，具有充分的代表性、可比性及适用性，经过参考了有关文献(苏亨荣，2014)和因地制宜的筛选评定工作，在3个准则下选择了有关可以反映非木质资源利用经营的经济效益、社会效益和生态效益的指标18个(V1-18)(表5-24)。

表5-24 非木质利用经营的效益评价指标体系结构图

总目标 O	评价准则 P	评价指标 V	编码
非木质利用经营的综合效益评价 O	经济效益 P1	单位面积年产值	V1
		单位面积利润	V2
		投资回收期	V3
		投入产出比	V4
		占家庭年收入的比重	V5
		对村级经济的贡献率	V6

(续)

总目标 O	评价准则 P	评价指标 V	编码
非木质利用经营的综合效益评价 O	社会效益 P2	促进就业	V7
		市场需求程度	V8
		被相关机构的认证情况	V9
		宣传教育	V10
		促进农村基础设施建设	V11
		促进社会稳定	V12
	生态效益 P3	物种多样性影响	V13
		对原生境破坏程度	V14
		造成水土流失(侵蚀)程度	V15
		环境污染	V16
		生态安全影响	V17
		自然景观结构影响	V18

(二) 指标赋值

指标反映非木质利用经营活动产生的影响的定量化,采用百分制分级专家赋值法。

1. 单位年产值

指项目投入后,单位面积输出各类产品的现值总和[元/(hm² · 年)](表 5-25)。

表 5-25 单位面积年产值评分表 单位:元/(hm² · 年)

单位年产值	说明	评分
很低	单位面积年产值 <4500	0 ~ 10
较低	4500≤单位面积年产值 <9000	11 ~ 30
中等	9000≤单位面积年产值 <15000	31 ~ 60
较高	15000≤单位面积年产值 <60000	61 ~ 80
极高	单位面积年产值≥60000	81 ~ 100

2. 单位纯收益

指项目投入后,单位面积产值减去所消耗的成本得到的净现值(元/ hm² · 年)(表 5-26)。

表 5-26 单位面积利润评分表 单位:元/(hm² · 年)

单位纯收益	说明	评分
很低	单位年产值 <1500	0 ~ 10
较低	1500≤单位面积利润 <4500	11 ~ 30

（续）

单位纯收益	说明	评分
中等	4500≤单位面积利润<9000	31~60
较高	9000≤单位面积利润<30000	61~80
极高	单位面积利润≥30000	81~100

3. 投资回收期

指项目投入后,单工程投资用纯收益偿还所需的时间(年)(表5-27)。

表5-27　投资回收期评分表　　　　　　　单位:年

单位纯收益	说明	评分
很慢	7<投资回收期	0~10
较慢	5<投资回收期≤7	11~30
中等	3<投资回收期≤5	31~60
较快	1<投资回收期≤3	61~80
极快	≤1	81~100

4. 投入产出比

指项目投入资金与产出资金之比,即项目投入 1 个单位资金能产出多少单位资金(表5-28)。

表5-28　投入产出比评分表

年投入产出比	说明	评分
基本无收益	投入产出比<1	0~10
收益较少	1≤投入产出比<2	11~30
收益中等	2≤投入产出比<4	31~60
收益较高	4≤投入产出比<6	61~80
收益很高	投入产出比≥6	81~100

5. 占家庭年收入的比重

指非木质利用经营的收入在家庭年收入中的比例,比例越高,分值越高(表5-29)。

表5-29　占家庭年收入的比重评分表

对家庭年收入的影响	说明	评分
基本无影响	占家庭年收入<10%	0~10
影响较少	10%≤占家庭年收入<20%	11~30
影响中等	20%≤占家庭年收入<40%	31~60

(续)

对家庭年收入的影响	说明	评分
影响较大	40%≤占家庭年收入<60%	61~80
影响非常大	占家庭年收入≥60%	81~100

6. 对村级经济的贡献程度

指非木质利用经营的收入对村级经济的影响及经济贡献程度(表5-30)。

表5-30　对村级经济的贡献程度评分表

对村级或社区经济的贡献程度	说明	评分
基本无影响	V6<5%	0~10
贡献较少	5%≤V6<10%	11~30
贡献中等	10%≤V6<15%	31~60
影响较大	15%≤V6<20%	61~80
影响非常大	V6≥20%	81~100

注:V6为对村级经济的贡献程度。

7. 促进就业

指非木质利用经营对增加就业机会的贡献程度(表5-31)。

表5-31　增加就业评分表

增加就业情况	说明	评分
基本无变化	增加就业机会<3人	0~10
贡献较少	增加就业3~10人	11~30
贡献中等	增加就业10~20人	31~60
贡献较大	增加就业20~30人	61~80
贡献非常大	增加就业>30人	81~100

注:这里就业机会包括临时雇工。

8. 市场需求程度

指非木质利用经营适应市场需求的情况(表5-32)。

表5-32　市场需求程度评分表

市场需求程度	说明	评分
饱和或无需求	供大于求,价格无优势	0~10
接近饱和,需求较少	价格没有明显优势	11~30
有一定的市场需求	市场有潜力	31~60
市场需求较大	供不应求,价格很好	61~80
市场奇缺,发展空间巨大	市场前景非常好,价格优势明显	81~100

9. 被相关机构的认证情况

指非木质利用经营模式被有关权威机构认证,主要包括成立合作社、公司、注册商标、协会认证、龙头企业、省优等(表5-33)。

表5-33 被相关机构认证情况评分表

被相关机构认证情况	说明	评分
无	没有被任何机构认证	0～10
注册商标	注册商标	11～30
协会认证	县级协会的认证	31～60
市级认证	市级政府的认可	61～80
省级以上认证	省级以上政府的认可	81～100

10. 宣传教育状况

指非木质利用经营发挥宣传教育方面的作用,主要建了宣传牌、宣传栏、观光栈道、实习基地、宣教中心等设施;有学生参观、领导参观、新闻媒体报道等(表5-34)。

表5-34 宣传教育状况评分表

宣传教育功能	说明	评分
基本没有	几乎没有任何宣教设施	0～10
较小影响	宣传牌	11～30
中等影响	宣教设施完善	31～60
较大影响	宣教设施完善、领导参观、学生参观、实习基地	61～80
非常大的影响	新闻媒体报道	81～100

11. 促进基础设施建设

指非木质利用经营在农村或项目区基础设施建设中所作的贡献(表5-35)。

表5-35 促进基础设施建设评分表

对完善基础设施的贡献程度	说明	评分
基本没有	没有变化	0～10
贡献较少	道路等设施修缮	11～30
贡献中等	道路拓宽、引水工程改扩建	31～60
贡献较大	路灯、桥梁、水电、活动中心等新建	61～80
贡献非常大	新修硬化道路等有较大民生工程引入	81～100

12. 促进社会稳定

指非木质利用经营对促进农村社会稳定的贡献(表5-36)。

表 5-36　促进社会稳定评分表

对维持农村社会稳定的影响	说明	评分
基本无影响	没有变化	0 ~ 10
较小影响	治安略有改观	11 ~ 30
中等影响	邻里纠纷较少	31 ~ 60
较大影响	邻里纠纷少、治安案件少	61 ~ 80
非常大的影响	邻里和谐、无社会治安案件	81 ~ 100

13. 物种多样性影响

指非木质利用经营活动对物种多样性影响的情况。本研究采用物种多样性指数来量化物种多样性，用简单的数值表示群落内种类多样性的程度，用来判断群落或生态系统的稳定性指标。主要有丰富度指数、辛普森多样性指数、香农多样性指数等（表 5-37）。

表 5-37　物种多样性影响评分表

物种多样性影响程度	说明	评分
严重影响	物种多样性指数降低≥50%	0 ~ 10
较大影响	物种多样性指数降低 30% ~ 50%	11 ~ 30
中度影响	物种多样性指数降低 20% ~ 30%	31 ~ 60
较小影响	物种多样性指数降低 10% ~ 20%	61 ~ 80
基本无影响	物种多样性指数降低 <10%	81 ~ 100

14. 对原生境破坏程度

指非木质利用经营活动对其依托的森林生态系统的破坏的情况，包括土壤、地表上的生物的扰动（表 5-38）。

表 5-38　原生境破坏评分表

对原生境破坏程度	说明	评分
严重影响	多次除草、土壤扰动面积≥30%	0 ~ 10
较大影响	除草、土壤扰动面积 20% ~ 30%	11 ~ 30
中度影响	土壤扰动面积 10% ~ 20%	31 ~ 60
较小影响	土壤扰动面积 5% ~ 10%	61 ~ 80
基本无影响	几乎无土壤扰动 <5%	81 ~ 100

15. 造成水土流失（侵蚀）的程度

指非木质利用经营活动造成水土流失（侵蚀）的程度。水土流失是指在水力、重力、风力等外营力作用下，水土资源和土地生产力的破坏和损失，包括土地表层侵蚀和水土损失，亦称水土损失（表 5-39）。

表5-39　造成水土流失(侵蚀)的程度评分表

水土流失(侵蚀)程度	说明:按平均流失厚度(mm/年)	评分
极强烈	≥5.9	0~10
强烈	3.7~5.9	11~30
中度	1.9~3.7	31~60
轻度	0.37~1.9	61~80
微度	<0.37	81~100

16. 环境污染程度

非木质利用经营活动造成环境污染的情况,主要指经营过程中是否施用肥料、农药,是否有"三废"排放,是否形成面源污染(表5-40)。

表5-40　环境污染程度评分表

环境污染程度	说明	评分
严重影响	多次施用化肥、农药,有"三废"排放	0~10
较大影响	施用化肥	11~30
中度影响	施用农家有机肥	31~60
较小影响	施用草木灰	61~80
基本无影响	无施肥,也无"三废"排放	81~100

17. 生态安全的影响

非木质利用经营活动对生态安全的影响,主要指经营活动中是否引入外来物种入侵、病虫害、火灾风险等对生物种群的潜在的风险(表5-41)。

表5-41　生态安全影响评分表

生态安全的影响	说明	评分
严重影响	外来物种入侵、病虫害严重、火灾发生概率高	0~10
较大影响	病虫害发生、外来物种可能入侵、火灾发生概率较高	11~30
中度影响	可能发生病虫害,火灾可能发生	31~60
较少影响	病虫害发生概率低、火灾隐患小	61~80
基本无影响	几乎没有影响	81~100

18. 自然景观结构影响

非木质利用经营活动对原有自然景观结构的影响,主要指景观的破碎化,由于自然或人文因素的干扰所导致的景观由简单趋向于复杂的过程,即景观由单一、均质和连续的整体趋向于复杂、异质和不连续的斑块镶嵌体(表5-42)。

表 5-42　对自然景观结构影响评分表

自然景观结构的影响程度	说明	评分
严重影响	干扰大、景观割裂、斑块破碎化	0～10
较大影响	干扰较大、景观结构有一定的破碎化	11～30
中度影响	存在一定程度的干扰，景观结构有变化	31～60
较少影响	干扰小，对原有景观略有影响	61～80
基本无影响	保持原有景观，几乎没有影响	81～100

(三)综合评价及定级

以上这些因素的权重值运用层次分析法，评定各层次上各因子的相对重要性，逐层设置出各因子的权重值。同时运用模糊数学的有关知识，通过极差标准化，对选取的 18 个评价指标的原始值进行无量纲化处理，得到原始数据的隶属函数值。最后将权重值与所对应的隶属函数值相乘，最终求得综合评价值，根据非木质利用经营的综合效益评价表来定级别（表 5-43）。

综合效益指数计算：

$$M = \sum (P_i \cdot T_i)$$

$$P_i = \sum (V_j \cdot K_j)$$

式中：P 为一级指标，T 为一级权重，V 为二级指标，K 为二级指数权重。

表 5-43　非木质资源利用经营的综合效益评价定级表

级别	差	较差	合格	良	优
综合效益指数(M)	0～29	30～59	60～69	70～79	80～100

(四)层次分析法权重值确定

两两比较法确定元素间的思维数量化。层次分析法在对指标间的相对重要程度进行检测时，引入了九分位相对重要的标度方法，这样就能使得决策者判断思维从定性向定量化转变（表 5-44）。

表 5-44　评价指标重要程度标度表

极其重要	很重要	重要	略重要	同等重要	略不重要	不重要	很不重要	极其不重要
9	7	5	3	1	1/3	1/5	1/7	1/9

备注：取 8、6、2、1/2、1/4、1/6、1/8 为中间值

根据建立的评价指标体系，判断矩阵和权重组计算结果列于下表中（表 5-45至表 5-48）。

表 5-45　O-P 判断矩阵

O	P1	P2	P3	权重
P1	1	3/2	4/3	0.41
P2	2/3	1	3/4	0.26
P3	3/4	4/3	1	0.33
	$\lambda = 3.0032$	CI = 0.0016	CR = 0.0028 < 0.1	

表 5-46　P1-V 判断矩阵

P1	V1	V2	V3	V4	V5	V6	权重
V1	1	2/3	1	1/2	3	5	0.19
V2	3/2	1	3/2	1	3	5	0.25
V3	1	2/3	1	2/3	2	4	0.18
V4	2	1	3/2	1	3	3	0.25
V5	1/3	1/3	1/2	1/3	1	3/2	0.08
V6	1/5	1/5	1/4	1/3	2/3	1	0.05
	$\lambda = 6.1036$	CI = 0.0207		CR = 0.0167 < 0.1			

表 5-47　P2-V 判断矩阵

P2	V7	V8	V9	V10	V11	V12	权重
V7	1	1	2	3	3	5	0.29
V8	1	1	2	3	3	5	0.29
V9	1/2	1/2	1	2	2	3	0.17
V10	1/3	1/3	1/2	1	1	2	0.10
V11	1/3	1/3	1/2	1	1	2	0.10
V12	1/5	1/5	1/3	1/2	1/2	1	0.05
	$\lambda = 6.0194$	CI = 0.0387		CR = 0.0031 < 0.1			

表 5-48　P3-V 判断矩阵

P3	V13	V14	V15	V16	V17	V18	权重
V13	1	2	3	4	4	7	0.38
V14	1/2	1	2	3	3	5	0.24
V15	1/3	1/2	1	2	1	4	0.14
V16	1/4	1/3	1/2	1	1	3	0.10
V17	1/4	1/3	1	1	1	3	0.10
V18	1/7	1/5	1/4	1/3	1/3	1	0.04
	$\lambda = 6.0990$	CI = 0.0198		CR = 0.0160 < 0.1			

经过层次分析法逐层计算之后，得到指标权重表，如表5-49所示。

表5-49　指标权重表

评价准则层 A	权重	评价指标层	权重
经济效益 P1	0.41	单位面积年产值 V1	0.08
		单位面积利润 V2	0.10
		投资回收期 V3	0.07
		投入产出比 V4	0.10
		占家庭年收入的比重 V5	0.03
		对村级或社区经济的贡献率 V6	0.02
社会效益 P2	0.26	促进就业 V7	0.08
		市场需求程度 V8	0.08
		被相关机构的认证情况 V9	0.04
		宣传教育状况 V10	0.03
		促进基础设施建设 V11	0.03
		促进社会和谐稳定 V12	0.01
生态效益 P3	0.33	物种多样性影响 V13	0.13
		对原生境破坏程度 V14	0.08
		造成水土流失(侵蚀)程度 V15	0.05
		环境污染程度 V16	0.03
		生态安全影响 V17	0.03
		自然景观结构影响 V18	0.01

三、综合效益指数

根据指标赋值标准，对邵武市开展的非木质利用经营模式——林下金线莲模式进行各个指标赋值，如表5-50所示。

表5-50　非木质利用经营综合效益评分表

评价准则层	评价指标层	评价值	权重	计算值
经济效益 P1	单位面积年产值 V1	92	0.08	7.36
	单位面积利润 V2	90	0.10	9.00
	投资回收期 V3	85	0.07	5.95
	投入产出比 V4	88	0.10	8.80
	占家庭年收入的比重 V5	62	0.03	1.86
	对村级经济的贡献率 V6	53	0.02	1.06

（续）

评价准则层	评价指标层	评价值	权重	计算值
社会效益 P2	促进就业 V7	90	0.08	7.20
	市场需求程度 V8	85	0.08	6.80
	被相关机构的认证情况 V9	90	0.04	3.60
	宣传教育状况 V10	85	0.03	2.55
	促进基础设施建设 V11	50	0.03	1.50
	促进社会和谐稳定 V12	55	0.01	0.55
生态效益 P3	物种多样性影响 V13	75	0.13	9.75
	对原生境破坏程度 V14	85	0.08	6.80
	造成水土流失（侵蚀）程度 V15	80	0.05	4.00
	环境污染程度 V16	80	0.03	2.40
	生态安全影响 V17	85	0.03	2.55
	自然景观结构影响 V18	86	0.01	0.86
综合效益值 M			82.59	

通过综合效益分析，初步认为：在经济效益方面，市场对金线莲的需求十分旺盛。目前，市场上的鲜品价格 800～1500 元/kg，干品高达 8000～20000 元/kg。邵武市目前金线莲规模 300hm²，从业人员达 500 人，年产量 45t，产值 800 万元；社会效益方面，林下套种金线莲，可以解决生态公益林养护、林业产业结构调整、林区大量闲散劳动力问题，促进林区百姓增收，对维持林区社会和谐稳定发展有重要作用；生态效益方面，金线莲定植时选择适宜的块状林地，范围较小，定植过程中，不对林地进行清理，多样性指数降幅小于 10%，影响程度极小；金线莲定植为浅植，对森林土壤的扰动程度变幅小于 5%，影响极小；对林地的破坏极小，水土流失程度为微度；未施用化肥和农药，环境污染极小；涉及生态安全的影响程度为最低，对自然景观结构的影响程度极小。

由上表可知，邵武市林下金线莲的模式综合效益值为 82.59，按评价等级划分为"优"，值得在资源条件相似的广大林区推广应用。

四、调查与评价小结

通过以上十多个非木质林产品利用的典型案例调查与综合效益评价，其目的是提供一些科学实用、有参考价值的调查、评价方法与利用模式，引导各地合理的开发非木质资源，实现非木质资源的可持续发展。在案例调查中，我们不难发现，各地在发展非木质资源利用过程中，所采取措施和方法大同小异，有比较一致的发展策略，基本都经历了非木质资源发展理念促动、政府部门组织发动、龙头企业市场带动、技术提升和品牌建设推动以及林农参与联动这样的一个过程，这是一个产业从起步到发展壮大所必须经历的过程，也是至关重要的。上述案例从中我们也可看出，就森林内的一物种一植株物而言，我们以往关注的是它的木质部分的直接利用，即木材，现如今案例反映的一个物种或品种植物的多功能多用途开发、全株利用实践以及多种利用模式兼容，正展示了一个个从小到大的非木质资源利用产业，它是一个大有可为的新兴产业，是国家的需要，社会的共识，对人类的经济贡献和福利则是无可限量的。案例展示了发展林下经济的多种发展理念和模式，产业链充分延伸，体现了林苗、林花、林茶、林药、林下休闲模式以及森林文化品牌的多方位林业特色经济业态，体现了"机制活""产业优""生态美""百姓富"的生态与民生共赢。但每个案例所反映的内容与调查方法有不同的侧重点，有重点反映参与式方法、季节性日历分析、模式冲突分析、生态复合经营、组织机构分析、综合效益评价等内容。因此，通过应用 PRA 调查方法及所设计的三个层面调查提纲，认为未来非木质林产品发展可以从三个层次来推动。

在政府层面，我们从以上几个案例当中不难发现，一个区域特色产业发展的初期与政府引导、政策扶持是分不开的。因此，要从县域经济的整体出发做好产业发展规划，防止过度生产造成市场饱和。首先是从"公司＋农户""公司＋基地＋农户"、"公司＋合作组织＋农户"等不同组织模式以及不同的非木质资源经营模式中，根据科学实用的综合评价方法与具体对象选择适当的发展模式，引导各地在不减少单位林地生态效益的前提下，开展非木质资源开发利用经营活动，以增加该单位林地经济效益，这其中引入政府参与可以实现帕累托最优效果。因为当产业发展过程中由于一种产品价格上下波动时，政府可以给相关的利益受损者一定的补贴，如果是公司的利益受损，政府可以给予减免税负等优惠，如果是农户受损，政府可以给予一定的物质补偿等；政府还可通过政策、技术等掌握当地适合发展模式的空间、技术尺度，不搞"一刀切"，不搞"形式主义"。在此基础上，引入并壮大龙头企业是推动产业化的关键，推进基地建设规模化和集约化是产业化发展的基础。具体措施上，除了财政投入的输血式扶助外，还可通过政策优惠、项目接洽、科研合作、品牌建设等措施提高企业自身的造血功能和市场知名度，尤其是加强技术改造、拓展加工能力、研发高附加值产品，实现以龙头企业为主体，通过市场化运作，努力营造企业带大户、大户带小户，千家万户共同参与的发展局面。

在社区层面，应借助《中华人民共和国农民专业合作社法》实施的时机，在当地积极倡导和发展中药材、无患子、绿竹以及林菌、林禽、林花等专业合作组织或协会建设，提高药农、果农、花农的组织化程度，增强农村合作经济组织的综合服务能力，提高农民与企业、与市场对话的话语权，使农民形成与市场、企业对接的利益整体。通过合作组织对农户个体经营从选种、栽培到标准化操作实行监管和指导，为打造特色品牌及"一县一品"提供产品质量和数量保障。

在农民层面上，通过对林农发展非木质资源利用的经验、技术等困难指标以及扶持政策需求等相关指标排序调查表明：林农对缺资金、缺技术、缺劳力排在发展困难指标前3位，对资金补助、金融支持、技术指导排在扶持政策指标前3位。因此，对其进行能力建设和资金金融支持是最为紧迫和重要的任务。首先是政府出台对农民资源培育的收购价保护与补贴政策，以防备资源培育过程中出现资源无人收购或收购价低的问题，免除农民进行非木质资源培育的担心，保持积极性；第二，为农民提供技术培训和信息服务，加强其科学文化素质的提高，促使传统型农民向现代经营者转变，或者把科技人员组织到非木质林产品生产的各个具体项目中；第三，根据国家林业局、科学技术部《关于开展林业科技特派员科技创业行动的意见》及有关政策规定，结合林业实际，扎实推进林业科技特派员深入基层、企业、乡村开展挂点服务，发挥其引导林农、林业生产经营者应用先进技术，提高兴林致富与带动能力。

第六章

森林非木质资源利用的 SWOT 分析

第一节　SWOT 分析理论与方法

一、SWOT 分析理论

SWOT 分析法(也称态势分析法、道斯矩阵),它是由美国哈佛大学商学院的企业战略决策教授安德鲁斯(K. Andrens)在 1965 年提出来的,是一种能够较客观而准确地分析和研究一个单位、行业显示情况的方法。在现在的战略规划报告里,SWOT 分析应该算是一个众所周知的工具,是战略发展常用的分析方法之一,经常被用于行业、企业战略制定、竞争对手分析等场合。主要目的在于对行业、企业的综合情况进行客观公正的评价,以识别各种优势、劣势、机会和威胁因素,有利于开拓思路,正确地制定行业、企业战略。

SWOT 四个字母代表 strength、weakness、opportunity、threat。意思分别为:S. 强项、优势,W. 弱项、劣势,O. 机会、机遇,T. 威胁、对手。从整体上看 SWOT 可以分为两部分:第一部分为 SW ,主要用来分析内部条件。着眼于项目的自身实力及其竞争对手的比较;第二部分是 OT,主要用来分析外部条件。强调外部环境的变化及对项目可能的影响,如政治、经济、社会文化及技术产业新进入的威胁,替代产品的威胁等。

SWOT 分析的战略逻辑是:未来行动要使机遇与优势匹配,避免威胁,克服劣势。分析具有清晰、简明、具体的特性,成为竞争与经营战略决策中常用的工具。使用 SWOT 分析法可以找出对自己有利、值得发扬的东西，分析总结并组合提升符合自身发展的核心竞争力，进而保障企业和项目发展的战略重点；还可以找出对自身不利的，应尽可能避免的潜在障碍、威胁和危险。同时还可将问题按轻重缓急分类，明确当前发展形势，制定实施项目的战略重点、时序和一般步骤。运用系统分析的思想，把各种因素相互匹配起来加以分析，从中得出一系列相应的结论，而结论通常带有一定的决策性，有利于领导者和管理者做出较正确的决策和规划。

SWOT 分析由于具有清晰、简明、具体的特性，被广泛应用于管理学的各个领域，它的最大优点就是能抓住最能影响战略的几个核心因素进行分析研究，即把行业、企业内外环境所形成的优势（strength）、劣势（weakness）、机会（opportunity）和威胁（threats）四个方面的情况结合起来进行分析，以寻找制定适合行业、企业实际情况的经营战略和策略的方法。SWOT 分析还可以作为选择和制订战略的一种方法，因为它提供了 4 种战略，即 SO 战略、WO 战略、ST 战略和 WT 战略，如图 6-1 所示。

	内部优势（S） 1. …… 2. …… 3. ……	内部劣势（W） 1. …… 2. …… 3. ……
外部机会（O） 1. …… 2. …… 3. ……	SO 战略 依靠内部优势 利用外部机会	WO 战略 利用外部机会 克服内部劣势
外部威胁（T） 1. …… 2. …… 3. ……	ST 战略 依靠内部优势 回避外部威胁	WT 战略 减少内部劣势 回避外部威胁

图 6-1　SWOT 战略矩阵图

优势—机会战略组合（SO）：属于增长性战略，就是依靠内部优势去抓住外部机会的战略。如一个资源雄厚（内部优势）的企业发现某一国际市场未饱和（外在机会），那么它就应该采取 SO 战略去开拓这一国际市场。

劣势—机会战略组合（WO）：属于扭转型战略，就是利用外部机会来改进内部弱点的策略。如一个面对资源培育以及苗木需求增长的企业（外在机会），却十分缺乏资源栽培与苗木培育的技术专家（内在劣势），那么就应该采用 WO 战略培养或聘用技术专家，或购入已有的苗木培育基地，或合作培育苗木，满足市场需要。

优势—威胁战略组合（ST）：属于多种经营战略，就是利用行业的优势，去避免或减轻外部威胁的打击。如一个行业的销售渠道(内在优势)很多,但是由于各种限制又不允许它经营其他商品(外在威胁),那么就应该采取 ST 战略,走集约型、多样化的道路。

劣势一威胁战略组合(WT):属于防御型战略,就是克服内部弱点和避免外部威胁的战略。如一个产品质量差(内在劣势),供应渠道不可靠(外在威胁)的行业应该采取 WT 战略,强化企业管理,提高产品质量,稳定供应渠道,或走联合、合并之路以谋生存和发展。

因此,SWOT 分析方法实际上是将对行业、企业内外部条件各方面内容进行综合和概括,进而分析组织的优劣势、面临的机会和威胁的一种方法。其基本点就是行业战略的制定必须使其内部能力(强处和弱点)与外部环境(机遇和威胁)相适应,以获取经营的成功。优劣势分析主要是着眼于企业自身的实力及其与竞争对手的比较,而机会和威胁分析将注意力放在外部环境的变化及对企业的可能影响上。在分析时,应把所有的内部因素(即优劣势)集中在一起,然后用外部的力量来对这些因素进行评估。

二、SWOT 分析方法

SWOT 是一种分析方法,用来确定一个行业、企业本身的竞争优势(strength)、竞争劣势(weakness)、机会(opportunity)和威胁(threat),从而将行业、企业发展的战略与行业内部资源、外部环境有机结合,并运用层次分析法进行分析。因此,清楚地确定森林非木质资源利用优势和缺陷,了解非木质资源利用所面临的机会和挑战,对于制定非木质资源利用未来的发展战略有着至关重要的意义。进行 SWOT 分析时,其基本步骤包括以下几个方面的内容。

(一)分析环境因素

运用各种调查研究方法,分析出组织所处的各种环境因素,即外部环境因素和内部能力因素。

内部因素主要集中在优劣势分析上,它主要着眼于行业、企业自身的实力及其与竞争对手的比较,包括优势因素和弱点因素,它们是组织在其发展中自身存在的积极和消极因素,属主动因素,一般归类为相对微观的如管理的、经营的、人力资源的等不同范畴;而外部因素主要集中在机会和威胁分析上,它将注意力放在外部环境的变化及对企业的可能影响上,包括机会因素和威胁因素,它们是外部环境对组织的发展直接有影响的有利和不利因素,属于客观因素,一般归属为相对宏观的如经济的、政治的、社会的等不同范畴。这些因素构建成 SWOT 分析法的基础。

优势,是组织机构的内部因素,具体包括:有利的竞争态势;充足的财政来源；良好的企业形象；技术力量；规模经济等。

劣势，也是组织机构的内部因素，具体包括：缺少关键技术；研究开发落后；资金短缺；经营不善；竞争力差等。

机会，是组织机构的外部因素，具体包括：新市场；新需求；外国市场壁垒解除；竞争对手失误等。

威胁，也是组织机构的外部因素，具体包括：新的竞争对手；市场紧缩；行业政策变化；经济衰退；突发事件等。

SWOT 方法的优点在于考虑问题全面，是一种系统思维，而且可以把对问题的"诊断"和"开处方"紧密结合在一起，条理清楚，便于检验。在调查分析这些因素时，不仅仅考虑历史与现状，而且更要站在未来的发展角度来衡量。

（二）构建 SWOT 矩阵

将调查得出的各种因素根据轻重缓急或影响程度等排序方式，构造 SWOT 矩阵。在此过程中，将那些对组织发展有直接的、重要的、大量的、迫切的、久远的影响因素优先排列出来，而将那些间接的、次要的、少许的、不急的、短暂的影响因素排列在后面。

在此过程中，可以按照通用矩阵或类似的方式打分评价，即把识别出的所有优势分成两组，分的时候以两个原则为基础：它们是与行业、企业中潜在的机会有关，还是与潜在的威胁有关。用同样的办法把所有的劣势分成两组，一组与机会有关，另一组与威胁有关。同时，将结果在 SWOT 分析图上定位，或者用 SWOT 分析表，将刚才的优势和劣势按机会和威胁分别填入表格。

（三）制定行动计划

在完成环境因素分析和 SWOT 矩阵的构造后，便可以制定出相应的行动计划。制定计划的基本思路是：发挥优势因素，克服弱点因素，利用机会因素，化解威胁因素；考虑过去，立足当前，着眼未来。运用系统分析的综合分析方法，将排列与考虑的各种环境因素相互匹配起来加以组合，得出可选择对策。这些对策包括：

最小与最小对策（WT 对策），即考虑弱点因素和威胁因素，目的是努力使这些因素都趋于最小；

最小与最大对策（WO 对策），着重考虑弱点因素机会因素，目的是努力使弱点趋于最小，使机会趋于最大；

最小与最大对策（ST 对策），即着重考虑优势因素和威胁因素，目的是努力使优势因素趋于最大，是威胁因素趋于最小；

最大与最大对策（SO 对策），即着重考虑优势因素和机会因素，目的在于努力使这两种因素都趋于最大。

第二节　福建森林非木质资源利用 SWOT 分析

一、优势与劣势

（一）优势（Strength）

福建地处东南沿海，属亚热带海洋性季风气候，地跨中、南亚热带，自然条件优越，气候温和，雨量充沛，非常适宜林木的生长，森林资源丰富，多达5000种以上。其中蕴藏着大量野生经济资源，其中不少种类具有两种以上的用途。借鉴国内研究成果以及多年对福建森林非木质资源（除森林景观外）种类、分布等作初步研究，其资源优势主要表现为"三多"，就发展森林非木质资源利用而言，福建省的资源与发展基础显然是相当好的。

1. 资源种类多

（1）药用植物类。20世纪80年代福建省中药资源普查统计表明，福建省共有药用资源445科、2468种，其中植物药245科、2024种，动物药200科、415种，矿物药19种。福建省资源总量占全国中药资源的19.2%，既是中药资源比较集中的地区之一，也是我国中药材重点产区之一。目前，福建主要中药材达800多种，其中，属福建省道地名产药材有30种，大宗药材82种，珍稀名贵药材27种。如使君子科的使君子（*Quisqualis indica*）、马鞭草科的蔓荆子（*Vitex trifolia*）、木兰科的厚朴（*Magnloia officinalis*）、藜科的土荆芥（*Chenopodium ambrosio Ddes*）、唇形科的紫苏（*Perilla frutescens*）、姜科的砂仁（*Amomum villosum* L）、石竹科的太子参（*Pseudostellaria heterophylla*）、卫予科的雷公藤（*Tripterygium wilfordii rloor. F*）等。

（2）食用菌类。福建食用菌资源比较丰富，分布遍及全省，是森林非木质资源比较多的一类，约220种，约占全国的1/3，与全国一样，食用菌的开发利用，经历了漫长的野生栽培—半野生半人工栽培—人工栽培。如口蘑科的香菇（*Cortinellus shiitake*）、银耳科的银耳（*Tremella fuciformis*）、红菇科的红菇（*Russula Dsa*）、鬼笔科的长裙竹荪（*Dictyophora indusiata*）、多孔菌科的茯苓（*Poria cocos*）等。菌类中不少是名贵的山珍如多孔菌科的灵芝（*Ganoderma lucidum*），是森林非木质资源的重要组成部分。

（3）森林果实类。食用部位主要为植物的果实、种子、果荚等。全省现有亚热带、热带和温带果树46科、86属、182种和变种、2000多个品种品系。如芸香科的金柑（Fortunella hindsii）、猕猴桃科的猕猴桃（*Actinidia chinensis*）、红豆杉科的香榧（*Torreya grandis*）、蝶形花科的木豆（*Cajanus cajan*）、壳斗科的苦槠（*Castanopsis sclerophylla*）、壳斗科的野生锥栗（*Castanea henryi*）、木通科的木通（*Akebia quinata*）、蔷薇科的山莓（Rubus. corchorifolius）等。栗被称为"干果之王"；金柑具有多种药用功能，已在尤溪大面积种植。

（4）森林野菜类。福建野菜资源有 79 科 236 种，随着农村经济的迅速发展，山区野菜资源的开发利用水平有了很大提高，已由原来的农民自采自食阶段转向农民采集、工厂收购加工、产品批量销售阶段。森林野菜加工已逐步成为食品加工业中的新兴产业，根据森林野菜的主要食用部分和器官，人们通常将它们分为茎菜类、叶菜类、根菜类和花菜类（表 6-1）。

表 6-1　不同类型森林野菜

野菜类型	食用部位	资源情况	主要品种	备　注
茎菜类	嫩茎、嫩枝和根茎	约 82 种，其中食用竹类资源 34 种，占全部种类的 34.8%	食用竹笋、紫萁科的紫萁（*Osmunda japonica*）、凤尾蕨科的蕨菜（*Pteridium aquilinum*）、菊科的酸模（*Rumex acetosa*）、蓼科的虎杖（*Polygonum cuspidatum*）、菊科的蒌蒿（*Artemisia selengensis*）等	蕨菜在日本被称为"山菜之王"，同时和竹笋是福建等地传统的食用野菜品种
叶菜类	嫩叶和幼芽	约 110 种，占 46.6%	楝科的香椿（*Toona sinensis*）、败酱科的败酱（*Patrinia villosa*）、五加科的楤木（*Aralia chinensis*）、马齿苋科的马齿苋（*Portulaca oleracea*）、三白草科的蕺菜（*Houttuynia cordata*）、菊科的苦菜（*Sonchus oleraceus*）等	香椿是清香脆嫩的家常小菜，在宁德地区广有分布。苦菜、荠菜在闽西北山区备受欢迎。
根菜类	根、块根、根茎、鳞茎等	约 31 种，占 13.1%	蓼科的何首乌（*Polygonum multiflorum*）、野百合（*Lilium brownii*）、茄科的枸杞（*Lycium chinense*）等	
花菜类	花、花序、花苞等	约 13 种，占 5.5%。	忍冬科的金银花（*Lonicera japonica*）、木兰科的玉兰（*Magnolia denudata*）、豆科的刺槐（*Robinia pseudoacacia* Linn.）、蝶形花科的紫藤（*Wisteria sinensis*）、锦葵科的木槿（*Hibiscus syriacus* Linn.）、茜草科的栀子（*Gardenia jasminoides Ellis*）等	栀子花在福鼎发展很快，有较大种植面积

（5）森林竹类。福建省地处我国东南沿海，气候条件适宜竹类的生长，加之地形多变，竹类植物在全省各地均有分布。福建已鉴定的竹类约有 19 属近 200 种（包括变种、变型），分别占我国竹子属、种的 39.8%、40%。除毛竹以外的经济竹种达 15 属 123 种，其中丛生竹 4 属 29 种、散生竹 11 属 94 种。有笋用竹种约 34 种，如绿竹（*Dendrocalamopsis oldhami*）、材用竹种约 40 种，如车筒竹（*Bambusa sinospinosa*）、药用竹种约 2 种，如青皮竹（*Bambusa textilis*）、观赏竹种

约 24 种，如黄金间碧玉竹（*Bambusa vulgaris* 'Vittata'）、水土保持竹种约 8 种，如藤枝竹（*Bambusa lenta*）、叶用竹种约 4 种，如箬竹（*Indocalamus tessellatus*）、珍稀竹种约 3 种，如短穗竹（*Brachystachyum densiflorum*），为国家三类保护植物。发展竹业具有投资省、见效快等特点，竹材及其竹、笋加工产品用途广泛。福建已成片开发种植有毛竹、麻竹（*Dendroalamus latiflorus*）、绿竹、苦竹（*Pleioblastus amarus*）、石竹（*Phyllostachys makinoi*）、黄甜竹（*Acidosasa edulis*）、茶秆竹（*Pseudosasa amabilis.*）、糙花少穗竹（*Oligostachyum scabriflorum*）等。主要经济竹种超过 50 种的有龙岩、南平、三明和宁德，以龙岩 72 种居全省之首。

（6）森林花卉类。福建花卉资源共有 101 科 381 属 1600 种，其中野生的有 72 科 232 种，主要有山茶科的茶花（*Camellia japonica*）、兰科的建兰（*Cymbidium ensifolium*）、杜鹃科的福建杜鹃（*Rhododendron fokienense*）等，目前福建花卉已形成兰花、茶花、杜鹃、鲜切花等专业生产基地。同时花卉利用除观赏外，正逐步进入观赏与食用、观赏与药用相结合的开发道路，提高花卉消费水平。如茄科的人参果（*Solanum muricatum*）等。

2. 利用功能多

（1）营养价值。具有风味独特，色泽翠绿，鲜嫩爽口，营养丰富，含蛋白质、脂肪、糖类、维生素、多种氨基酸和多种矿质元素。如森林野菜营养价值普遍高于或远远高于大白菜、萝卜等常规蔬菜，是亟待开发的宝贵膳食资源。如十字花科的荠菜（*Capsella bursa-pastoris*）蛋白质含量是大白菜的 4.3 倍，蕨菜的总糖含量是萝卜的 1.6 倍，山芹的维生素是包心菜的 5.5 倍，菊科的蒲公英（*Taraxacum mongolicum*）胡萝卜素含量是大白菜的 73.5 倍。如金柑果实连皮可鲜食，亦可制作蜜饯。其果除含糖、酸、维生素 C 外，还富含维生素 P。

（2）食疗作用。大部分森林非木质资源具有药用功能。厚朴用以健胃、利尿；茯苓具有镇静、利尿、去痒、去湿等作用；荆芥是发汗、解热、治感冒头痛的良药；杜仲科的杜仲（*Eucommia ulmoides*）有补肝肾、强筋骨之功能；荠菜具有和脾利水、止血、明目功能；五加科的树参（*Dendropanax dentiger*）民间常用于治疗风湿性关节炎、跌打损伤、偏头痛等；败酱具有清热解毒、消痈排脓功能；戴菜可治扁桃体炎、尿路感染；菊科的马兰（*Kalimeris indica*）全草入药，具有凉血止痢、解毒消痈之功能，用于湿热泻痢、火毒痈疖等。金柑具有软化血管，治疗高血压的功能；果胶可降低血液中的胆醇，防止动脉硬化；还具有理气、化痰、防止感冒、调节生理功能紊乱之功效。

（3）生态作用。森林非木质资源的限制性开发利用，具有收益稳、持续时间长、覆盖面广的特性，可以增加林农的收入，缓解生态公益林的保护压力，从而使生态公益林得以休养生息，促进森林覆盖率，丰富森林景观，维护森林生物多样性。同时，森林非木质资源的生态复合经营，除发挥非木质资源的经济优势外，还可以提高森林的生态功能，促进森林的可持续发展。

（4）景观作用。森林有着丰富多彩的自然景观和人文景观资源，包括高大的乔木、低矮的灌木和林下多姿多彩的草本植物，还有与森林交相辉映的文物古迹；山体有奇峰异石、湖泊瀑布、奇花异草、云海雾凇，有其独特的总体形态和空间形势美，美在其雄伟、奇异、险峻、秀丽、幽静、空旷等；森林还有许多观花、观果、观叶等非木质资源，它们通过花、果、叶的颜色以及季相变化在森林绽放异彩，或单独吐芳，或成簇竞放，或在一片绿色当中星星点缀，有红有黄有紫，呈现出森林炫丽的景色，美轮美奂，构成一幅幅美丽的森林景观。

3. 利用方式多

野生经济植物种类繁多，蕴存量丰富，其利用方式多种，其中不少种类具有2种以上的用途（表6-2）。

表6-2　森林非木质资源主要利用方式

利用方式	种类数量	利用部位	主要品种	备注
利用纤维类	388 种	纤维多存在乔灌木的树皮或草本植物的茎叶	榆科的山油麻（*Trema dielsiana*）、大戟科的白背叶（*Mallotus apelta*）、冬青科的冬青（*Ilex chinensis*）、胡桃科的黄杞（*Engelhardtia roxburghiana*）等	
利用油脂类	333 种	多存在果实和种子	漆树科的黄连木（*Pistacia chinensis*），山矾科的黄牛奶树（*Symplocos laurina*），大戟科的野油桐（*Vernicia fordii*），山乌桕（*Sapium discolor*），野茉莉科的野茉莉（*Styrax faberi*），樟科的山胡椒（*Lindera glauca*），番荔枝科的瓜馥木（*Fissistigma oldhamii*）等	近年来国家从安全的战略高度对油茶和无患子等生物油料植物的发展给予了高度重视
利用芳香类	126 种	多存在植物叶片	樟科的芳香樟（*Cinnamomum camphora*）、乌药（*Lindera strychnifoia*）、香叶树（*Lindera communis*），芸香科的吴茱萸（*Euodia rutaecarpa*），天南星科的石菖蒲（*Acorus calamus*）等	芳香樟在武平有万亩种植基地，在厦门建立较大规模的有芳香樟油提炼企业
利用淀粉及酿酒类	315 种		葡萄科的山葡萄（*Vitis amurensis*），杜英科的薯豆（*Elaeocarpus japonicus*）、蔷薇科的金樱子（*Rosa laevigata*）、石斑木（*Rhaphiolepis indica*），野牡丹科的地稔（*Melastoma dodecandrum*）等	已被利用的种类有 30 种

（续）

利用方式	种类数量	利用部位	主要品种	备注
利用单宁类	220 种		漆树科的五倍子（*Rhus chinensis*）、山茶科的黄瑞木（*Adinandra millettii*）、胡桃科的化香（*Platycarya strobilacea*）、桑科的构树（*Broussonetia papyrifera*）等	已被利用的种类不足 20 种

除了以上资源"三多"优势外，福建省还有区位、气候、生态保护、土地资源等方面的优势，这几个方面的优势，在前面章节里有做比较详细的叙述，本节只做简单的分析。

4. 区位、生态与林地优势

福建省地处亚热带，气候温和（年平均气温 19.7℃），雨量充沛（年降水量 1504.2mm），光照充足，土壤肥沃，十分适合林木生长，自然气候条件得天独厚，林分综合生长率达 8.66%，明显高于全国林分林木平均生长率 4.47%。这种条件非常适宜发展非木质资源，且区位优势明显与独特，是林业对台合作交流的前沿平台，是大陆唯一与台湾省隔海相望的省会，南、北面分别与长三角、珠三角等中国最重要的经济圈相连，西面直通中国内陆经济腹地。

国家林业局公布的第八次全国森林资源清查结果，福建省森林面积 801.27 万 hm²，森林覆盖率 65.95%，继续保持全国第一。森林每公顷蓄积量 100.20m³，生态功能等级达到中等以上的面积占 95%。据专家评估全省森林生态效益的价值超过 7000 亿元（不包括沿海防护林）；全省森林每年吸收的二氧化碳相当于全省二氧化碳排放总量的57.8%。全省生态环境质量评比连续多年居全国前列，是全国生态环境、空气质量均为优的省份。良好的林地生态环境与生态保护方面的优势，构建了完整的生物链，实现了对生物多样性的保护，有利于形成特有的林下产业的循环经济发展模式和对外界干扰具有较强调节功能。

与此同时，福建省林地面积 926.8 万 hm²，除去自然保护区，国家、省级生态林，重点生态区位林地，高海拔坡度陡交通不便利等禁止发展和不利发展林下经济的林地，适合林下经济开发的林地面积可达到 400 万 hm²。目前全省林下经济发展仅涉及集体林地 160 多万 hm²，全省还有 240 万 hm² 左右林地有待发展。因此，发展林下经济可以充分利用现有林地资源优势，使有限的林地资源得到了效能扩展，实现了林地资源的综合利用。

（二）劣势（Weakness）

福建丰富的森林非木质资源，为非木质资源开发利用提供坚实的物质基础。多年受传统林学经营理论的影响，只注重木材的开发利用，在森林非木质资源的利用中，主要存在以下一些问题。

1. 开发种类少且单一

就福建省数千种的非木质资源种类而言，已利用的种类和数量尚少，进行商品化生产更是屈指可数，多数种类被埋没在深山老林中，鲜为人知。有些地方利用的种类，也是低端单一产品，以卖资源为主。且主要集中在少部分敞开收购的种类，如蕨菜、竹笋、野生食用菌等，大多数的森林资源尚未开发利用或利用率极低，资源浪费严重；同时，森林蔬菜的利用方式也较为单调，多为山野人家自采自食，或充当饲料，或自生自灭。在交通方便的地区，往往以鲜菜的形式就近销售，或在家庭作坊中按传统作法腌制、干制成罐装或袋装食品销售，品种十分单调。

2. 经营分散，生产水平低

开发非木质森林资源是一种综合利用型产业，只有具有一定的规模才会得到较大的收益。而目前的福建省林地分散，山地分块经营，单个经营主体的规模较小，资源的综合利用程度低，难以推进非木质资源的产业化发展水平，如难以产生规模效益、促进产业技术升级、创出知名品牌等。目前，"集团公司—公司—农户"是非本质森林资源产业较好的发展模式，而这类加工企业福建省很少，特别是林业产业龙头企业不多，企业总体规模偏小，生产分散，非木质林业资源的加工水平低，很多品种没有相应的产品加工企业，未形成有效的产成品。因此，对森林非木质资源精深加工产品和高档产品如健康保健品、化妆品、天然色素、香料、果胶、甜味剂等产品的开发有待进一步深入。

3. 经营粗放，资源利用与保护不协调

粗放经营现象存在非木质资源利用的各个环节，在生产经营上只取不予，采取掠夺性经营。如茶科的油茶等许多经济林处于半荒境地。加之资源归属不清，又缺乏野生资源的保护技术及合理的保护制度和政策法规，尽管各级政府多次强调保护资源，但在群众性的采集过程中，尤其是一些已开发利用并前景看好的品种在经济利益的驱使下，加之长期以来"野生无主，谁采谁有"的劣习在部分林农头脑中根深蒂固，以及法制观念、保护意识的淡薄，资源破坏时有发生，随意乱采乱挖、超量采挖现象仍较为普遍，对部分野生植物资源造成了严重破坏。这种掠夺式的利用方式，是造成种群衰落、资源枯竭以致物种灭绝、破坏森林生态系统多样性等不良后果。

4. 观念落后，山区人才资源严重缺乏

很多非木质资源分布在偏远的山区，在这些地区，人口相对较少，可利用的资源较多，仅靠大量的木材和毛竹就可以解决温饱问题。而这些地区多年来"以木为主"循规蹈矩的行为模式，严重束缚了林农对此类资源开发的积极性。而且一些模糊的政府观念也影响了非木质森林资源的生态利用。如很多政府人员僵硬地认为生态公益林就是要保护起来，一点也不能利用。实际上，保护生态公益林是为了确保这部分森林的生态功能不被破坏，只要在确保这个目标的前提下是可以利用的，如发展生态旅游，森林疗养，适当地收集一些经济价值高的树叶（如银杏叶），开发一些药材、野菜等（苏时鹏等，2002）。由于以上这些观念的存在，自然而然地影响了林业工作人员的知识、观念的更新滞后，造成山区人力资源严重缺乏，满足不了新的生产方式的需要，致使不能很好为林农提供信息、技术、销售等产前产中产后服务。

二、机会与威胁

（一）机会（Opportunity）

1. 世人崇尚自然，打开非木质资源利用的广阔空间

我国经济已处于总体上相对过剩而结构性供给不足的阶段，市场消费需求是区域经济发展的重要导向。21世纪将步入一个绿色时代，随着消费者绿色意识的增强，人们更加注重自我保健，回归自然、追求健康将成为消费的主流，购买绿色产品已成为一种时尚和必然选择。绿色食品生产的关键是原料生长环境和生产加工过程的无污染。现在，全国范围内水体污染严重，耕地也受到化肥、农药等的重大污染，绿色食品生产的空间越来越稀缺，绿色食品的价格越来越高。山地资源不具有流动性，受到污染的可能性小，森林等山地生态系统又具有巨大的环境保护和自净能力，使此类产品可以在较长时间内保持较大的优势。由此我们就能说明为山区绿色食品的生产、绿色产业的开发提供雄厚的资源和良好的生态条件的森林非木质资源，如茶叶、水果、笋竹、食用菌、花卉、药用植物等大宗绿色产品有较大发展潜力，名、特、优、稀的各种土特产品前景看好。早在1999年全球绿色消费总量已达3000亿美元，未来20年，国际绿色贸易将以12%~15%的速度增长。绿色产品因其具有较高的绿色价值而倍受消费者青睐，其售价一般要比普通商品高20%~50%，有些甚至高达200%，如此大的价格差额会带来超额利润。因此，对非木质资源的开发利用无论在国内还是国际市场的发展前景都十分看好。

近年来，对其开发利用正在全国范围内兴起，有些地区已成为调整林业产业结构、增加农民收入、发展山区经济的一项新兴产业。例如，山地丰富的森林非木质资源可提供娱乐与生态旅游等休闲价值，丰富的森林景观吸引了千千万万都市人。据调查，84%的加拿大人每年都参加共计800万美元的自然休闲娱乐；在美国，每年大约有100万的成年人和儿童加入了非破坏自然的娱乐，在这过程中花费约40亿美元。当一个游玩景点设立后，就必然要有相应的餐饮服务、住宿服务、交通服务、通讯服务等与之相配套，即所谓的吃、住、行、游、购、玩，而这些服务行业可提供的就业潜力十分巨大。可见，森林非木质资源利用经营周

期短，投资收益快，回报率高，深受林农喜爱。因此，把握机遇，科学开发森林非木质资源，是加快山区经济发展、增加农民收入的一条重要途径。

2. 海西经济区建设，促进闽台项目和技术的高效合作

根据中央的战略部署和福建与台湾一衣带水、缘源流长的区位特点，2009年 5 月 4 日中央通过《关于支持福建省加快建设海峡西岸经济区的若干意见》，进一步发挥福建省比较优势，赋予先行先试的政策，海峡西岸经济区正式晋身国家级试验区，将成为中国又一经济增长点。为海西建设迎来可以预期的新一轮跃升期"，这是一个千载难逢的机遇。伴随着"海峡西岸经济区"建设战略的实施，森林非木质资源这个具有明显符合闽台合作发展特点的产业，正为各级政府所重视，许多地方已制定了非木质资源业（尤其是生物医药、花卉等）发展的一系列优惠政策，明确给予非木质资源利用企业在税收、土地使用、技术与人才引进等方面的各种优惠，这些政策举措为闽台林业科技资源与林业合作打下良好的基础，也积极推动了福建省非木质资源产业的发展。

（1）林业科技合作顺利实施。福建与台湾均为森林资源比较丰富、植物种类十分繁多、生物多样性保护完整的地区，加上相似的自然条件，有利于两地不同物种的互相引进，实现生物种质资源的优势互补。福建省虽然资源丰富，目前仍处在原材料的初级加工阶段，急需技术和资金上的突破；台湾省林业科技比较先进，林木、花卉、果蔬、茶叶等种质资源的研究和中草药等生物开发利用经验丰富、技术成熟，香精香料和食品加工业也比较发达。通过林业科技合作交流，主动接受台湾林业的科技辐射，在林木种苗繁育、动植物保护、生物资源利用及林业信息交流、科技人员培训等进行合作，开展林业新技术、新品种的引进、消化和创新，进一步推动林业科技进步，加快林业现代化进程。近年来，国家林业局同意成立的海峡西岸（三明）林业合作试验区、福建省搭建的"6·18"科技成果对接交易会以及海峡两岸（福建漳州）花卉博览会等平台，为闽台林业技术的合作和交流日趋频繁提供载体。到 2014 年为止，福建省成功举办了 10 届林博会、16届花博会和 3 届海峡两岸生物多样性与森林保护文化研讨会，闽台交流合作不断深化。

（2）闽台花卉交流日益频繁。闽台花卉交流与合作起步早，改革开放以来更是日益频繁，内容不断丰富，范围不断拓展，技术不断加深。特别是近几年来，福建省每年一届海峡两岸（福建漳州）花卉博览会，有力地促进了闽台花卉的交流与合作，取得了巨大的成功。据调查，福建省现有台资花卉企业 100 多家，主要分布在漳州、厦门、泉州、福州等市，年销售额达 10 多亿元，约占福建省花卉销售总额的 1/3，成为福建省花卉业的一支生力军。福建省不断从台湾或通过台湾引进世界各地花卉优良品种及其配套技术，极大地丰富了福建省花卉栽培品种，提高了花卉栽培技艺。福建省花卉栽培品种从上世纪 90 年代初的 3500 多

种，增加到现在的 7600 多种。新增的 4100 多种绝大部分从台湾或通过台湾引进。2011 年，福建省花卉协会与台湾园艺花卉商业公会联合会签署了合作协议书，掀开了闽台花卉业界民间组织合作的新篇章，将助推花卉产业发展。

3. 借鉴成功经验，推进非木质资源利用的快速发展

福建省对非木质资源利用历史悠久，积累了许多成功的经验。改革开放后，非木质资源利用工作重新受到重视，积极拓展多种经营，立体开发林副特产、绿色食品、森林药材、天然香料、色素等资源，并利用丰富的自然景观和观赏动植物资源，发展森林旅游业，把非木质资源开发成为出口创汇的大宗拳头产品。特别是近年来，非木质资源利用取得了长足的发展，初步形成了比较完整的非木质资源产业体系，不仅促进了当地经济的发展，也推动了各地林业产业结构调整，加快农民增收奔小康的步伐。如竹子全身都是宝，除对"一竹三笋"资源利用外，对其精深加工、产业链延长开发利用上取得了许多成功经验，造就了众多规模与效益俱佳的龙头企业，成为了成千上万农民脱贫致富奔小康的重要依托产业。竹子开发品种多，产业链长，竹产品还广泛应用于农业、医疗制药、保健品、建材等领域，有竹质人造板、竹地板、竹炭、活性炭、竹汁保健品的开发利用，在国内外都有广阔市场。2013 福建省竹业产值完成 359.6 亿元，比 2012 年增加11.3%。这些成功典型正成为森林非木质资源开发利用的样板，推动非木质资源利用的快速发展。

4. 良好发展机遇，营造非木质资源宽松活力的发展环境

(1)生态文明建设带来了良好的发展环境。党的十八大报告提出：建设生态文明，是关系人民福祉、关乎民族未来的长远大计。2014 年，随着《国务院关于支持福建省深入实施生态省战略加快生态文明先行示范区建设的若干意见》的出台，使福建成为党的十八大以来全国第一个生态文明示范区，这是党中央、国务院对福建实施生态省战略的充分肯定和创建全国生态文明先行示范区的殷切期望，为福建省生态文明建设提供了新的重大机遇。生态文明建设战略特别强调了在保护良好的生态环境的前提下，最大可能地发展生态生产力，将生态优势转化为现实的经济社会发展优势。生态开发森林非木质资源正是这一战略思想的集中体现，是绿色低碳发展道路，必然会享受到一定的优惠政策：如财政税收优惠政策、加强公共基础设施建设、完善专业市场体系和提供科技支持等。这将为此类产业的发展提供一个良好的政策环境，进而促使其快速发展，如在竹业减税后，竹业面积大幅度增加，笋竹产业有了迅猛发展。

(2)生物医药产业引领非木质资源利用热潮。21 世纪被称为"生物技术时代"，生物医药产业则被视为新世纪的明星产业。近 20 年来，以基因工程、细胞工程、酶工程、发酵工程、生物提取技术为代表的现代生物技术发展迅猛，日益影响和改变着人们的生产和生活方式。目前，人类 60% 以上的生物技术成果集

中应用于医药工业，用以开发特色新药或对传统医药进行改良，由此引起了医药工业的重大变革，使生物医药产业成为当今世界最活跃、进展最快的产业之一，我国及福建省均明确将生物医药产业作为全国、全省战略性产业加以重点培育，制定了生物医药产业发展行动计划，为福建省生物医药基地建设提供了难得的机遇。预计到 2020 年，生物医药占全球药品的比重将超过 1/3，生物质能源占世界能源消费的比重将达 5% 左右，生物基材料将替代 10% ~ 20% 的化学材料。继信息产业之后，生物产业将逐渐成为未来全球经济社会发展的又一重要推动力，将为人类社会发展提供新资源、新手段、新途径，引发医药、农业、能源、材料等领域新的产业革命。福建三明市、永春县的生物医药产业走在全省乃至全国的前列，成为引领其他森林非木质资源产业的高速发展的龙头，具有极为乐观的发展前景和广阔的发展空间。

（3）林下经济带动森林生态建设与产业发展共赢。林下经济发展，是绿色发展理念重要组成部分；它是林业可持续发展战略，全面提升森林质量和效益的重要手段。同时也是指对于特定的森林资源，在时间、空间谋划，提高林地生产力和非木质资源利用效益，在保护森林生态环境和不采伐木材的前提下，在森林的下木层，采用林下发展种植业、养殖业、非木质产品加工业和森林景观休闲业的形式，构建了各种林农牧副的复合经营模式，促进林下经济，向着集约化、规范化、标准化和非木产品产业化方向发展，长中短期收益有机结合的方法，以达到山区社区经济组织和林农个人增加经济收入的目的。当前，林下经济的发展已经得到中央和地方各级政府部门的高度重视，《关于大力推进林下经济发展的意见》等政策的批准实施，为发展林下经济提供了政策保障。同时，发展林下经济，培育林下产业，不仅在管理、经营转变了无机生产方式，符合人们安全消费环境的需求。而且构建了复合森林生态系统，保护了林地生物多样性，实现了林地资源的综合利用，促进林业可持续经营。2013 福建省林下经济产值完成 218.8 亿元，比 2012 年增加 253%，增幅之大，令人欢欣鼓舞。

5. 合作经济组织成为推动林农非木质资源利用的自愿需求与强大引擎

随着林改的深入，林农获得了自主经营的决策权和收益权，对发展林业的热情空前高涨，他们迫切发展一些效益好、周期短的项目，渴望能尽快脱贫致富、增加收入。而非木质资源利用具有收益稳、持续时间长、覆盖面广等优势，正符合林农对其发展的自愿需求，极大推动了非木质资源利用产业的发展。

2007 年 7 月实施的《中华人民共和国农民专业合作社法》、2009 年出台的《国家林业局关于促进农民林业专业合作社发展的指导意见》（林改发〔2009〕190 号），2009 年 12 月福建省委、省政府出台的《关于持续深化林改，建设海西现代林业的意见》（闽委〔2009〕44 号），福建各地也相继出台了农民专业合作社政策和经费扶持。在此形势下，各地农民专业合作社如雨后春笋般成立，成为了推动林农非木质资源利用的自愿需求与强大引擎。至 2013 年福建省建立起新型的股份合作林场和家庭林场与农民专业合作社、林业合作经济组织达 1728 个，涉及农户39.8 万户，经营面积 638 万亩，有效促进了林业规模经营、集约经营。合作社除了在生产环节的技术、信息开展服务外，还积极开展市场营销和生产资料采购经营服务，社员在联合中得到实惠，合作社在服务中增加了吸引力，使广大林农在参加合作社上成为踊跃的、自愿的需求。如：漳平永福的花卉专业合作社建立花卉生产资料经营服务部，为社员统一采购花肥、农药、薄膜等生产物质，也联合在外销售大户为社员销售花卉产品；武平县富贵籽 2010 年产量将达 100 万株，是 2008 年产量的近 5 倍，单枪匹马的花农担心销售问题，因合作社因势利导，统一调拨销售社员的花卉产品，避免了社员相互杀价，提高了市场占有率；还有2007 年成立的邵武市南武夷中药材种植专业合作社地，由于管理规范，2008 年合作社药材种植面积就超过 400hm^2，带动周边县市中药材种植 1600 hm^2，社员由最初的 110 人增加到 300 多人。2013 年，合作社在林下种植模范茯苓、杜仲、厚朴等中药材面积 1133 hm^2，带动农户 1100 多户，成为了示范辐射的引擎。

（二）威胁（Threat）

1. 林业资源利用存在冲突

林业资源利用中冲突是其所有者或使用者，在占有、使用、处理和收益涵盖森林、林木、林地和包括非林动、植物在内的一切涉林资源的过程中，产生的争执和冲突。随着现代人们对林业资源利用需求的不断增大及"掠夺性"资源开发，管理与利用的矛盾冲突也就日趋明显，威胁森林非木质资源开发与利用。

（1）林业投入和经济收益之间的冲突。林业投入是林业经济增长的重要因素，是森林非木质资源利用的关键要素之一。只有保证足够的林业投入，才能保障和促进社会、经济、资源、环境的可持续发展。林业投入内涵丰富、要求全面，不仅包括传统的资金、物资和劳动投入，还包括林业体制（政策、法规、管理）、科技（教育、科技、信息）和监督（监督、管制、奖惩）等方面的投入。以往对森林非木质资源的利用多属粗放性经营，基本是不投入或投入很少，主要是进行掠夺式的资源开发利用，浪费极大。随着生态建设不断推进，可持续经营尤显重要，必须推进粗放性的资源利用转变为集约性规模经营。除了要进行资源保护和森林抚育外，还要求更大的林业投入，而其收益除了少数经济林外，更多地体现在生态效益和社会效益方面。这也造成了林业可持续发展后，林业投入和经济收益之间的冲突。

（2）政府职能与当前形势之间的冲突。由于林业本身具有周期性长的特点，与其它部门相比，林业部门仍带有不少的计划经济色彩，在林业产业和保护等政策的出台，缺乏与社会、与林农的沟通，林业部门很多时候都代替群众做主，造成林农缺乏产业发展思路和积极性，久之必然无助于林业的发展。同时，在当前森林非木质资源利用蓬勃发展时期，尤其是林下经济正得到政府和林农的推崇，发展迅速，许多市县犯了"红眼病"，出现了产业发展"趋同现象"，没有认真地调查分析，"一窝蜂"地盲目跟风，大面积种植经济林、中药材，使产品同质化严重。无疑，这些经济林、中药材几乎同时进入盛产期，必然出现市场上常见的"增产不增收"，严重时甚至出现市场价格"跳水"。那时的市场谁来保证？投入——包括政府的和农民的投入——得不到收益谁又来负责呢？这些例子在全国各地有很多典型，很多县里大力推广经济果树、中药材栽植，由于市场疲软，价格一路下跌，许多售不出去的果子烂在地里、路边，许多农民不得不砍掉长势喜人的果树，连片种植中药材的大棚荒废。另外，农民非木质资源培育与产业发展还存在比较难以协调的矛盾，这是非常现实的问题。即农民担心所培育的原料无处卖或收购低，故培育资源的积极性不高，造成企业生产没有原料，效益低下，最终形成恶性循环，使企业面临无法生存的困境。

(3)群众与森林的紧密关系与在经营活动中的参与性之间的冲突。福建素有"八山一水一分田"之称，数以千万计的山区农民必须依靠山林生活，对林业依赖性强，特别是一些年龄偏大、缺乏务工技能的农民，更是依靠林业增加收入、养家糊口。但在调查中我们发现，农民的参与性远远不够，如规章的制定、采伐计划的设计、资源的培育与产品的销售、新树种的选择等等，群众的参与性很难体现。特别是当前林权制度改革后，很大一部分林农分到了生态公益林，而这些公益林不能采伐被利用，很多只是得到国家每公顷不到 300 元的补助，与商品林收益相比，其比较效益相当低，影响了林农保护生态公益林的积极性。林农反映强烈，要求提高补偿标准的呼声很高。部分群众不愿将自己的林分划分生态公益林，甚至有不少群众要求将公益林调整为商品林，保护与利用矛盾突出。因此，进行森林非木质资源利用已显得迫切，利用套种提高土地利用率，在不破坏林木的基础上，可以尽快得到收益，以短养长，一举两得。

2. 社会化服务体系不健全

就很多地方而言，较好的森林资源意味着不好的经济和恶劣的交通。"深山老林"隐含的社会背景常常是贫困与闭塞。在林区多是妇女在森林中从事收集薪柴、饲料、果实、除草抚育等活动，所以应将妇女作为林木抚育、管护方面的培训与服务主体，但在有些地方，事实恰恰相反，为数不多的培训其对象绝大多数是男户主们。同时，林改后林业宏观环境发生了变化，林业服务对象已从原先的基层、乡村转变为千家万户的林农，传统的林业服务体系已不能满足非木质资源利用的需求，主要体现在科技、政策、病虫害检疫和防治、资源保护与控制、林产品购销等产前产中产后服务不能满足农民的需求。应结合政府机构改革，转变乡镇政府职能，更好地为林农提供信息、技术、销售等产前产中产后服务。同时加强科技人员的培训，更新知识，提高技能，增强服务意识，切实为"三农"服务。

3. 缺乏市场开拓和前景预测，生产盲目性较大

非木质森林资源的大发展是以一定市场体系为前提的，但目前，市场组织化程度低，还未形成规模发展优势。多数地方的林下经济面积小，品种单一，没有达到集约生产和规模经营，还未形成规模经济优势；此外，由于缺乏行业协会引导，市场组织化程度低，产前、产中、产后服务不配套，龙头企业带动有限。现在人们逐渐认识到野生非木质资源的营养功能，但却不知道要到哪儿去买，林农也不知道哪种资源好卖，卖给谁、到哪儿去交易等关键问题却不很清楚，收集这些信息需要花费大量的人力及时间成本。对单个的林农来说，这个成本往往要大于他从此类交易所获得的收益，理性的林农没有积极性去做这些。如生态旅游中的"吃农家饭""过农家生活"等项目在国外很受欢迎，发展得很快，而在福建省却没有很好地发展起来，主要是因为没有形成此类交易的市场体系，没有成形的市场是阻碍此类产业发展的关键因素。加之信息相对闭塞，经营盲目性较大，已开发的产品中存在着结构性不合理现象，如水果中低品质的柑橘类充塞市场，价格低廉，而高品质的水果生产相对不足。同时，随着福建省非木质资源开发速度较快，存在对未来生产、市场走势没有科学预测，盲目开发，造成产销不对路，加之各省非木质资源开发的兴起，许多产品纷纷抢滩目前并不宽阔的市场，销售渠道不畅，产品难销成了制约当前非木质资源产业发展的一大难题，给产业开发造成很大威胁。

4. 公益林建设和保护延迟非木质资源向纵深发展

主要包括两个方面：一是良好生境的生态公益林下分布大量野生非木质资源，是人们对其利用的重要资源保证。但国家对生态公益林实行严格的保护政策，对种植林下作物的技术要点进行指导，对非木质利用行为进行规范，制约非木质资源利用向纵深发展。福建省商品林的蓬勃发展，除了市场的需求巨大和政府的各种优惠外。最主要的还是因为投资造林能给投资者带来丰厚的回报。民间投资主要是营造速生林，选用桉树、相思等。一般 5 年可采伐，据测算，在 5 年内单位面积投入大约是 7500 元/hm^2。单位面积投资年均利润可达 4500 元/（hm^2·a）至 7500 元/（hm^2·a）；如果种植杉木人工林平均成本大约 3562.5 元/hm^2 左右，马尾松为 1800 元/hm^2 左右，杉木单位销售利润 117.03 元/m^3，马尾松为 88 元/m^3。何况现在的杉木和马尾松市场价格已远远超过上述所列举的效益。而国家对生态公益林效益补偿标准不到 300 元/（hm^2·a），比较效益低下，为了提高生态公益林的整体效益，推进生态公益林保护，要转变发展方式，避开生态脆弱地区，切实推广生态公益林林下套种以及择伐等利用措施。二是现行的野生动物保护法规和制度对野生动物驯养繁殖产业限制较多，申报经营许可证程序过

繁，经营调运手续繁杂、关卡过多，阻碍了该林下经济模式的发展。调研中还发现，林下养殖需要的林地面积较大，特别是以公司形式来创办集生态旅游、观赏、药用、餐饮为一体的野生动物驯养繁殖产业，需占用较大面积的林地，而现在林权改革后，林地分到了农户，农户缺乏林权流转和参股的观念，很多农户不愿意把林地流转到公司，这给集生态旅游和野生动物驯养繁殖于一体的企业增添了"巧妇难为无米之炊"的困难，阻碍了林下养殖模式的发展。

5. 产业发展信息相对不足，规模扩大存在明显瓶颈

森林非木质资源的开发利用产业，尤其是生物医药产业是高投入、高风险行业，市场和技术信息对企业极端重要。目前，福建生物医药产业发展对内对外信息通达性不足，获取外部信息的渠道少、能力弱，信息收集和发布活动缺乏针对性和有效性，致使外界对相关信息了解不充分。近年来，福建省在生物医药企业数量逐年增加，但在产业规模扩大方面，存在企业运营效率不理想、产能闲置情况严重，以及生物医药产业发展上下游产业的配套能力、技术(尤其是技术集成)能力、市场拓展能力和人力资源方面的不足，已经构成了福建省生物医药产业发展最为重要的约束瓶颈，对已有企业市场能力的提升产生重大影响。

6. 现有技术及科研储备不足以支撑产业发展

在市场经济中，商品只有转换为适当的产品形式，才能实现较大的价值增值，才具有较大的国际市场竞争能力。而目前技术多集中在资源培育的层面上，近年来虽然对一些非木质资源的营养药用成分、组织培养、繁殖与栽培等研究取得了一定进展，但非木质资源仍存在综合利用和深度开发水平较低，对非木质资源的多样性与复杂性认识不完全，对其育种、人工驯化栽培与管理、采收、贮运、包装、保鲜及系列加工尚未开展深入系统地试验研究，使许多已开发的森林非木质生物资源尚处在粗加工、半成品阶段，亟待往精加工、深层次、延长产业链方面进行开发，以提高附加值。同时，目前从事非木质资源研发的人员缺乏，研究经费不足，对于森林中非木质野生生物资源，特别是那些濒危状态的野生资源，缺乏调查评估，许多地方对森林可开发的非木质野生资源的家底不了解或不很了解(包括种类和其数量)，严重影响对这些生物资源的开发和保护，造成许多宝贵的资源无法得以开发利用，使林药、花卉、森林食品、油料、果实等许多野生生物资源尚处在零星利用状态，产品多自产自销，没有形成规模较大的优势主导产业。如我国的中药材资源丰富，中药也深受国际欢迎，但世界中药市场主要被日本、韩国等占领，我国只占 5% 左右的出口市场份额，且以原料出口为主。这主要是因为我国中药加工水平低，不能开发出高纯度、方便服用、药效较高的中药产品。另外，森林非木质生物资源的科技力量薄弱，森林非木质生物资源科技成果并未全面推动普及推广和转化应用，森林非木质生物资源的科技导向、扶持和支撑能力不强，科技贡献率有限，使林下经济生产技术传播范围

有限。

三、AHP 层次分析

(一)构建层次分析模型

将福建森林非木质资源利用战略作为 AHP 模型的整体目标，将优势、劣质、机遇和挑战作为决策目标，将 SWOT 分析中各个具体的影响因素作为方案层，建立福建森林非木质资源利用的层次分析模型，其中将优势 S 中的各个因素分别表示为指标 $S1$、$S2$、$S3$、$S4$，将劣势 W 中的各个因素分别表示为指标 $W1$、$W2$、$W3$、$W4$，将机遇 O 中的各个因素分别表示为指标 $O1$、$O2$、$O3$、$O4$、$O5$，将挑战 T 中的各个因素分别表示为指标 $T1$、$T2$、$T3$、$T4$、$T5$、$T6$(图 6-2)。

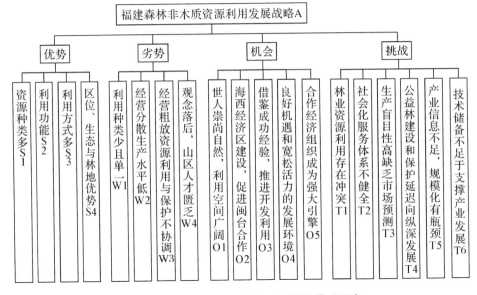

图 6-2　福建森林非木质资源利用发展战略因素

(二)构建判断矩阵

采用层次分析法中的 1～9 标度法进行标度，结合专家打分法，获得相应的判断矩阵，具体为：福建森林非木质资源利用战略比较矩阵 A，优势比较矩阵 S，劣质比较矩阵 W，机遇比较矩阵 O，挑战比较矩阵 T(图 6-3)。

(三)层次单排序及一致性检验

判断矩阵 A、S、W、O、T 所对应的最大特征值的特征向量，此特征向量归一化后就是同一层次各因素相对重要性的排序，根据图 1 所列出的各个判断矩阵计算出他们的最大特征值 $\lambda_{\max}$ 及对应的特征向量(表6-1)。由表 1 可知，这五个判断矩阵的 *CR* 都小于 0.1，均通过一次性检验。

$$A = \begin{bmatrix} 1 & 5 & 2 & 4 \\ 1/5 & 1 & 1/3 & 1 \\ 1/2 & 3 & 1 & 3 \\ 1/4 & 1 & 1/3 & 1 \end{bmatrix} \qquad S = \begin{bmatrix} 1 & 2/3 & 1 & 1/3 \\ 3/2 & 1 & 1/2 & 1/2 \\ 1 & 2 & 1 & 1/3 \\ 3 & 2 & 3 & 1 \end{bmatrix}$$

$$W = \begin{bmatrix} 1 & 2/3 & 1 & 2/3 \\ 3/2 & 1 & 2 & 1 \\ 1 & 1/2 & 1 & 2/3 \\ 3/2 & 1 & 3/2 & 1 \end{bmatrix} \qquad O = \begin{bmatrix} 1 & 1 & 2/3 & 1 & 3/4 \\ 1 & 1 & 2/3 & 1 & 2/3 \\ 3/2 & 3/2 & 1 & 2/3 & 1 \\ 1 & 1 & 3/2 & 1 & 1/2 \\ 4/3 & 3/2 & 1 & 2 & 1 \end{bmatrix}$$

$$T = \begin{bmatrix} 1 & 1/3 & 1/2 & 3/2 & 1/2 & 1/4 \\ 3 & 1 & 2 & 3 & 2 & 1/2 \\ 2 & 1/2 & 1 & 2 & 1 & 2 \\ 2/3 & 1/3 & 1/2 & 1 & 1/3 & 1/5 \\ 2 & 1/2 & 1 & 3 & 1 & 1/2 \\ 4 & 2 & 1/2 & 5 & 2 & 1 \end{bmatrix}$$

图6-3　福建省森林非木质资源利用发展战略判断矩阵

(四)层次总排序及一致性检验

利用同一层次中所有层次单排序的结果以及上一层次所有因素的权重来计算相对目标层的所有因素的权重值，并进行一致性检验(表6-3)，反映了各组群内部因素对战略的重要性，总排序随机一致性比率 *CR* 为：

$$CR = \frac{\sum_{j=1}^{n} CI_j \times a_j}{\sum_{j=1}^{n} RI_j \times a_j} = \frac{0.0612 \times 0.4514 + 0.0066 \times 0.1256 + 0.0284 \times 0.2916 + 0.075 \times 0.1314}{0.89 \times 0.4514 + 0.89 \times 0.1256 + 1.12 \times 0.2916 + 1.26 \times 0.1314}$$

$$= 0.0463 < 0.1$$

一致性比率 *CR* 通过了一致性检验，其结果可以反映各组因素对福建省森林非木质资源利用战略选择的强度。

表6-3　层次单排序及一致性检验

矩阵	$\lambda_{\max}$	CI	RI	CR	归一化特征向量
A	4.0895	0.0298	0.89	0.0335	$(0.4514, 0.1256, 0.2916, 0.1314)^T$
S	4.1836	0.0612	0.89	0.0688	$(0.1735, 0.1926, 0.2161, 0.4178)^T$
W	4.0198	0.0066	0.89	0.0074	$(0.2087, 0.3057, 0.1970, 0.2887)^T$
O	5.1137	0.0284	1.12	0.0254	$(0.1717, 0.1678, 0.2139, 0.1863, 0.2603)^T$
T	6.3752	0.075	1.26	0.0596	$(0.0825, 0.2381, 0.1853, 0.0649, 0.1573, 0.2719)^T$

表6-4　层次总排序

因素	S	W	O	T
因素1	0.0783	0.0262	0.0501	0.0108
因素2	0.0869	0.0384	0.0489	0.0313
因素3	0.0976	0.0247	0.0624	0.0243
因素4	0.1886	0.0363	0.0543	0.0085
因素5			0.0759	0.0207
因素6				0.0357

（五）福建森林非木质资源利用发展的 SWOT 四边形战略选择

SWOT 战略组成可以表示为 SWOT 矩阵（表6-5），从表6-4不难看出，各组中权值最大的分别为 $S4$（生态与林地优势）= 0.1886，$W2$（经营分散生产水平低）= 0.0384，$O5$（合作经济组织成为强大引擎）= 0.0759，$T6$（技术储备不足于支撑产业发展）= 0.0357。

根据图6-4，分别计算各象限的三角形面积：

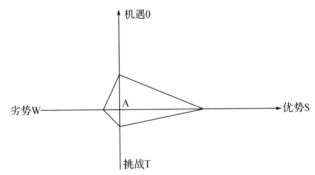

图 6-4　福建省森林非木质资源利用发展的 SWOT 战略选择

$S\triangle SAO = 1/2 \times 0.1886 \times 0.0759 = 0.0072$

$S\triangle WAO = 1/2 \times 0.0384 \times 0.0759 = 0.0015$

$S\triangle WAT = 1/2 \times 0.0384 \times 0.0357 = 0.0007$

$S\triangle SAT = 1/2 \times 0.1886 \times 0.0357 = 0.0034$

表 6-5　SWOT 矩阵

	优势（S）	劣势（W）
机会（O）	SO 战略（增长型战略）依靠内部优势，利用外部机会	WO 战略（扭转型战略）利用外部机会，克服内部弱点
挑战（T）	ST 战略（多元化战略）利用内部优势，回避外部威胁	WT 战略（防御型战略）减少内部弱点，回避外部威胁

以上四个三角形的面积大小排序为：S △SAO ＞ S △SAT ＞ S △WAO ＞ S △WAT，所以福建省森林非木质资源利用发展的战略选择顺序为：SO 战略、ST 战略、WO 战略和 WT 战略(图 6-4)。

四、发展策略选择

纵观 SWOT 体系中制定战略的过程，它与一个单位、区域性组织、行业甚至国家制定对外战略的过程具有一定的相似性，即基于对其内部资源与能力和外部环境面临的机遇与挑战的客观分析。因此，SWOT 分析法对于森林非木质资源利用的战略制定有客观的借鉴与指导意义。

对福建省发展森林非木质资源产业经济的优势和劣势、机遇和挑战进行分析和解剖，可以对目前福建森林非木质资源发展与政策有了更深入的了解和把握。

在社会、经济、科技迅速发展的今天，森林非木质资源利用与发展面临的决策环境错综复杂。从全球看，开发非木质林产品，既有它的有利条件，又有它的限制因素。尽管各国两者的情况各异，但开发非木质林产品的有利条件大于限制因素，前景广阔，这是各国共同的特点。关键在于能发挥自己的长处去抓住机会，避开威胁，从而取得成功。通过以上 SWOT 分析，我们可以得出如下结论(表 6-6)：从内部条件来看，福建省优势非常明显，而劣势如科技和企业与生产规模都能在非木质资源产业发展中采取相应的策略就可以改善的，采取改善投资环境，引进非木质资源大公司和通过改造、兼并等手段发展规模企业以及引进先进生产技术等；从外部环境来看，则机遇和威胁并存，可以从非木质资源产品核心竞争力入手，深挖内潜，打造产品品牌，再以品牌带动整个产业的发展；并且加强区域间合作避免替代性竞争和资金不足等问题，形成互补性合作，达到资源整合、形成规模效应和互惠互利合作的目的。因此，为了促进福建省森林非木质资源产业的健康发展，应该在现有的优势的基础上充分利用外部机遇，采取有效措施减少外部威胁。并根据非木质资源产业发展的趋势以及需要所取的效益，重点要树立三个方面的观念。

表 6-6　福建省森林非木质资源利用的 SWOT 分析矩阵

内部 / 外部	内部优势（S） 1. 资源种类多； 2. 利用功能多； 3. 利用方式多； 4. 区位、生态与林地优势	内部劣势（W） 1. 利用种类少且单一； 2. 经营分散，生产水平低； 3. 经营粗放，资源利用与保护不协调； 4. 观念落后，山区人才资源严重缺乏
外部机会（O） 1. 世人崇尚自然，打开非木质资源利用的广阔空间 2. 海西经济区建设，促进闽台项目和技术的高效合作 3. 借鉴成功经验，推进非木质资源利用的快速发展 4. 良好发展机遇，营造非木质资源宽松活力的发展环境 5. 合作经济组织成为推动林农非木质资源利用的自愿需求与强大引擎	SO 战略 1. 大力进行非木质资源开发利用，做好产品市场细分工作，发挥区位优势和资源优势，开拓国内外市场。 2. 有计划、有步骤地加大技术、品牌以及政策的扶持力度，推进非木质资源产业发展。 3. 搞好非木质资源的调查与评价，并加大管理力度。 4. 加大与差异化的非木质合作经济组织的扶持力度	WO 战略 1. 科学规划区域非木质资源开发产业，在全省形成合理的布局，初步形成分工合作的区域特色产业。 2. 积极争取国家政策和资金支持，同时，广辟财源，多方争取集资和民间投资，克服经营生产水平低、粗放等"瓶颈"问题。 3. 加强山区人才的培养、培训，并大力引进高技术人才，与时俱进，为非木质资源开发与利用提供人才和技术支撑。
外部威胁（T） 1. 林业资源利用存在冲突 2. 社会化服务体系不健全 3. 缺乏市场开拓和前景预测，生产盲目性较大 4. 公益林建设延迟非木质资源向纵深发展 5. 产业发展信息相对不足，规模扩大存在明显瓶颈 6. 现有技术及科研储备不足支撑产业发展	ST 战略 1. 大力落实政策力度，深化非木质资源利用的配套改革，并完善信息、技术等服务体系。 2. 促进非木质资源培育的集约化、基地化，实现产业的规模化经营。 3. 依托丰富的资源与生态优势，突破重点非木质资源利用的技术攻关	WT 战略 1. 重点做好非木质资源产业市场的预测和开拓工作，实现企业与林农的有效结合。 2. 树立非木质资源的生态利用观念，拓展非木质资源的利用种类

（一）树立非木质资源集约经营的观念

集约化的林业生产是世界林业产业的一个重要发展方向。而森林非木质资源在开发利用的初期基本都是在林下采集与种植开始的，林下种植虽然具有原生态的考量，但多是劳动密集型的开发，普遍存在产量低效益差的问题，投入同样的劳力、资本，可是产出却远比不过大田集约种植，比较效益悬殊。如，永安市在坡耕地(柑橘果园改造)和农田种植互叶百千层，其产量和效益明显存在差异。2010 年 5 月在坡耕地种植互叶百千层 400 亩，施肥充足但缺乏水分，至 9 月份高生长只有 70cm 左右，而在洛溪农田种植互叶百千层 80 亩，水肥条件良好，2009年 5 月种植，当年 10 月离地 60～70cm 采割，保留一些老枝，收获生物量 3t/亩左右，经管理(亩施 50g 尿素以及其他技术措施)后，到 2010 年 9 月，其高生长已达 2 m、径粗达 5cm 左右，估算生物量又将获得 3~5t/亩；还有食用菌竹荪的栽培原先是在毛竹林下环境才能培育，可是存在产量低、效益差，随着科技的进步，竹荪栽培也从林下种植走向农田集约经营。以上数据和案例说明非木质资源的粗放型开发利用显然已不能适应目前的发展需要。

因此，必须依托本地的资源优势，通过区域化布局、专业化生产、社会化分工、集约化经营，发展优势林产品和特色林产品。具体来说，就是要大力扶持林业产业龙头企业，走集约化、规模化的发展道路，提高市场竞争能力；用政府配置资源的手段，以经济利益为纽带，在利益共享、风险共担、自愿结合的前提下，实现企业间的联合与合作，实现龙头企业与基地间的结合，组建"产—加—销一条龙，贸—工—农一体化"的产业集团，通过龙头企业连接市场、带动基地、深化加工，形成林业产业优势，发展林业产业经济，确保福建非木质资源产业又好又快发展。

(二)树立非木质资源生态利用的观念

2014 年 11 月，习近平总书记来福建考察时强调，要努力建设机制活、产业优、百姓富、生态美的新福建。"百姓富、生态美"是我们的奋斗目标，"机制活、产业优"是实现"百姓富、生态美"的有效手段。原有的以"卖木头"为主的林业生产与经营方式已经成为历史，在转变林业发展方式的理念不断深入人心的今天，我们一定要走一条符合现代人返璞归真、绿色消费需求的路子，加快转变林业生产方式。福建有着广袤的山林适宜大力发展经果林、种苗花卉、森林食品、木本药材、野生动植物驯养繁育等种养业和生态旅游服务业等非木质资源开发利用产业。这是兼顾生态与民生的"绿色经济"，是重要的抓手。因此，我们引导和带领林区群众，树立非木质资源生态文明利用观念，创造宽松活力的发展环境，释放内在潜力，推动福建非木质资源科学发展，跨越发展。全面提升优化林产加工业，积极培育无污染生态旅游等服务业，重点发展非木质资源精深加工和生物质能源林为主的高新技术林产业，拓展森林的经济功能。同时，鼓励和引导林区群众把山地当耕地来种植、把非木质资源当庄稼来管理，以弥补农田资源的有限性，切实把广阔的林下非木质资源培育作为林地综合效益的有益补充，也作为非木质资源产业链延伸的重要资源保证，最终实现林业生产效益的全面提高和可持续发展战略。

(三)树立非木质林产品认证的观念

近年非木质资源发展势头强劲，大批依托森林可持续经营的优质林产品陆续进入消费市场，广大林产品生产经营企业和林农迫切需要森林认证，以市场认可的形式，向消费者传递绿色林产品信息，使立足于可持续经营基础上的优质绿色森林产品，能够在市场上获得更多更广泛的关注，为森林产品更好地参与市场竞争打下坚实基础。2010 年，国家林业局下发了《关于加快推进森林认证工作的指导意见》，明确界定了我国森林认证的具体范围，其中包括非木质林产品。2014 年正式启动林下经济认证试点工作。5 月份国家林业局发文大力推进林下经济（非木质林产品）认证试点；8 月份国家林业局第 12 号公告，发布了包括"中国森林认证——非木质林产品"在内的 12 项森林认证行业标准，由此我国非木质林产品认证进入了实质性推进阶段。2014 年年初国家林业局在黑龙江迎春、柴河林业局等单位开展了非木质林产品认证试点，开启了我国非木质林产品认证标准测试、认证标志使用、认证林产品市场推介工作，也必将推动全国性的非木质林产品认证成为林业发展的又一趋势，作为福建省应当充分利用这一机遇，强化树立非木质林产品认证的观念，促进非木质资源利用企业的健康发展。

第七章

森林非木质资源开发与利用战略体系

森林非木质资源开发与利用坚持以"生态文明建设、科学发展观统领经济社会发展全局，在科学发展上下功夫"的要求，思考福建森林非木质资源科学发展问题，谋划福建森林非木质资源科学发展战略，逐步成为全省各地区、部门和单位的自觉意识和行动。实践需要理论。因此，根据福建森林非木质资源利用的SWOT分析所提出的发展策略，我们以认识论的视角了解和把握科学发展战略的概念、方针和特征，以系统论的视角分析和把握科学发展战略的决策体系，以方法论的视角研究和把握科学发展战略的对策或策略，提出科学利用内涵、战略目标、战略重点与布局、实现途径和措施以及科学利用的支撑体系，为推动福建省森林非木质资源"科学发展、和谐发展、率先发展"提供科学利用的实践依据。

第一节　森林非木质资源科学利用战略

一、科学利用内涵

目前，对森林非木质资源的利用尚无森林非木质资源科学利用观的提法。在这里综合科学发展观、生态经济学、循环经济和可持续发展理论，参考学界相关的研究与概念，提出森林非木质资源科学利用观的内涵(温远光，2009)。森林非木质资源科学利用观内涵简单的说，就是在社会经济、科学技术和自然生态的大系统内，坚持以人为本，按照科学规划、合理布局、转变经济增长方式和可持续发展的原则，重点发展以林下种植、林下养殖、相关产品采集加工和森林景观利用等为主要内容的林下经济，增加农民收入、巩固集体林权制度改革和生态建设成果、加快林业产业结构调整步伐，推动科学经营、合理利用、社会广泛参与、全面协调、可持续的森林非木质资源利用的观点，就是关于森林非木质资源利用的根本观点和根本看法，是关于森林非木质资源利用问题的世界观和方法论。主要包括以下几个方面。

（一）坚持科学利用，是非木质资源利用观的第一要务

科学发展观的第一要义是强调发展。是中央对我国改革开放和现代化建设实践经验作出的科学总结和准确概括，是正确处理经济社会发展的基本原则，是我们必须长期坚持的工作指导思想。我们要把人与自然的协调以及子孙后代的发展都作为发展观的问题来考虑。

对林业而言，林业是陆地生态系统的主体，是实现经济社会全面、协调、可持续发展的基础。在全面建设小康社会、建设绿色海峡西岸，推进整个社会走上生产发展、生活富裕、生态良好的文明发展之路中，对林业的需求，正由过去单一的木材需求，逐步发展为提供永续利用的林产品、保护和改善生态系统、保护生物多样性、发展森林旅游等多样化需求。

福建省是全国重点集体林区，林业承担着建设绿色家园和发展绿色产业的双重任务。省委、省政府高瞻远瞩，在加快建设海峡西岸经济区的进程中，在贯彻落实《中共中央 国务院关于加快林业发展决定》实践中对福建省林业作出了科学的定位："在海峡西岸经济社会可持续发展战略中，要赋予林业以重要地位；在海峡西岸生态建设中，赋予林业以首要地位；在海峡西岸经济建设中，要赋予林业以基础地位。"紧紧把握住了这"双重任务"和"三个地位"，也就找准了福建省林业在建设海峡西岸经济区的位置。全国首个生态文明先行示范区落户福建，不仅在于福建得天独厚的良好自然生态系统，更因为福建在生态文明建设方面取得的一系列宝贵成就和经验。森林覆盖率长年冠居全国的省份、全国首批生态省建设试点省份之一、全国率先实行集体林权制度改革的省份、全国较早探索流域生态补偿的省份……一连串的荣誉擦亮了"生态福建"的金字招牌，"清新福建"已成为福建最具影响力的新名片。这一事实充分说明，福建省林业已经进入了发展好时期，可以说是新的春天来临；显示了林业在推进生态文明与海峡西岸经济区建设中承担更重的责任，而森林非木质资源利用是林业现代化建设的重要推动和辅助力量，将在生态文明与海峡西岸经济区中建设中作出更多的贡献，这是广大务林人光荣而艰巨的历史使命。

（二）坚持以人为本，是非木质资源利用观的核心内容

科学发展观的核心是以人为本。社会主义生产的根本目的在于满足广大人民

群众的要求。在森林非木质资源产业的发展过程中，坚持以人为本，就是始终要把提高效益，增加林农收入摆到核心位置，不断提高森林非木质资源产业的经济效益和从业者的收入。在参与开发方面，要积极鼓励"公众参与"，森林非木质资源开发公众参与是森林可持续经营的必然要求。公众参与是指不同的政府部门、不同的利益团体和个人参与森林的经营和相关的其他活动等，其核心是参与决策活动。公众参与的基本的措施是从技术、经济乃至法律法规等方面建立市场的运行机制以加强公众在实施森林可持续经营过程中的参与。在产品的定位上，要紧密跟踪全社会生态需求的变化动态，满足人民群众对森林非木质资源产品的需求。在资源利用方面，要把林业人力资源作为林业建设的第一资源。缩小林业职工与其他行业职工工资水平的差距，稳定现有林业从业人员队伍。要充分发挥福建省农村劳动力资源的优势，以能力建设为核心，全面提高林业人力资源素质与能力，通过教育、培训，提高广大从业者的业务素质，促进森林非木质资源产业的发展。这是林业现代化得以实现的关键所在，也是社会主义新农村建设的客观需要。

（三）促进全面、协调、可持续发展，是非木质资源利用观的重要目的

森林非木质资源利用观论及的森林非木质资源利用涉及人类社会系统和自然系统，它的全面、协调、可持续发展是森林非木质资源利用观的重要目的。为了确保有限自然资源能够满足经济可持续高速发展的要求，要紧紧结合全省推进集体林区林业现代化建设的实际，必须执行"保护资源，节约和合理利用资源"、"开发利用与保护增值并重"的方针和"谁开发谁保护、谁破坏谁恢复、谁利用谁补偿"的政策，依靠科技进步挖掘资源潜力，充分运用市场机制和经济手段有效配置资源，坚持走提高资源利用效率和资源节约型经济发展的道路，坚持以重点地区开发利用为突破口，把森林非木质资源利用与转变经济增长方式紧密结合起来，处理好长远与当前、全局与局部、群体与个体、共性与个性的关系，促进生态效益、经济效益与社会效益的协调统一。为此，福建省林业坚持树立全心全意、诚心诚意为人民谋利益的理念，不断深化林业经济体制改革，把林业建设与发展地方经济、增加农民收入紧密结合起来，制定、调整了鼓励、调动全社会办林业积极性的若干政策。明确林业经营主体，落实经营权，变"要我造林"为"我要造林"，真正做到"耕者有其山，务者有其林"，真正做到"谁造林谁所有，谁投入谁受益，谁经营谁得利"，为林业发展提供源源不断的动力。在全国上下切实转变发展方式的大形势下，福建省把建设绿色海峡西岸作为建设海峡西岸经济区的一项重要举措，依据建设绿色海峡西岸的指导思想和方针，准确把握其目标和任务，立足改革创新，把加快林业发展作为树立和落实科学发展观的切入点，用统筹协调的思想、以大项目带动林业大发展的思想，对福建省林业生产力发展

进行重新布局，提出了《福建"十二五"林业发展规划》，重点从"生态建设、资源培育、产业发展"三个层面带动"五大生态工程、十大资源基地、五大产业集群"建设[十大资源基地即速生丰产用材林基地、短周期工业原料林基地、丰产竹林基地、珍贵树种基地、大径材基地、种苗和花卉基地、名特优经济林（茶果）基地、森林食品基地、森林药材基地、生物质原料基地，其中非木质资源基地建设占据半壁江山]，实现绿色产业、绿色经济、绿色环境的全面和可持续发展。2011年全国林下经济现场会与2012年《国务院关于加快林下经济发展的意见》后，福建省把林下经济发展作为农村经济新的增长点来抓，制定了林下经济发展规划，出台了扶持政策，进一步加快发展步伐，确保农民不砍树也能致富，实现生态受保护、农民得实惠的发展目标，充分彰显了林下经济在我国经济发展中的地位。

（四）实行统筹兼顾，是非木质资源利用观的根本要求

在强调发展的基础上，科学发展观的根本要求是坚持统筹兼顾。虽然福建省林业已经进入一个良性、关键的转轨时期，林业在建设海峡西岸经济区中的地位和作用得到共识。但是林业仍面临着许多新的机遇和挑战，存在森林资源质量低，林业改革没有到位，产业发展未充分发挥，且发展不平衡。这些问题能够影响福建省林业现代化建设的全局，必须引起高度重视，并采取有力措施认真加以解决。同时，现阶段福建省林业发展还存在着一些动荡因素。如福建省面积近300万 hm^2，占现有森林面积的30.7%的生态公益林。这些森林将不能采伐或限制采伐，使所有者在经济上必然受到较大的损失。随着时间的推移，必然不利于公益林的长期保护和发展，也难以实现森林可持续经营。如何既做到生态公益林的保护，又能增加林农收入、发展农村经济，另外，如林权制度、林政管理制度、国有场圃以及林业企业等一些林业深层次的改革后是否出现影响林区稳定的问题，我们要如何管理和服务，这些都成为福建林业工作亟待解决的课题。所以，落实科学发展观的一个重要问题就是要分析各方面的问题和矛盾，找到协调、平衡各方面利益关系的正确政策。

发展和统筹兼顾的出发点和归宿是要实现、维护和发展最大多数人民的根本利益。发展林业事业同样如此，林业是一项与广大人民群众的根本利益密切相关的事业，坚持"以人为本"、"兴林为民"的理念，是树立和落实科学的发展观的本质要求，是林业事业得以长足发展的根本所在。

1. 要统筹区域发展，发挥地区比较优势

在市场经济已逐步完善的今天，没有特色，没有品牌，就难以实现森林非木质资源产业的可持续发展。充分发挥地区比较优势，一方面是要统筹区域发展，正确选择错位竞争的路径，大力发展具有地方特色的产品，实行差别化的产品定

位策略，扬长避短，在充分发挥地区比较优势的同时谋求竞争优势，还要运用非均衡发展规律，促进优势产业和地区率先发展；另一方面要因地制宜，进一步巩固地方传统特色森林非木质资源产品的优势地位，并通过更新品种和技术，加快产品升级，保持品牌活力，通过制定标准、规范管理，维护品牌形象。

2. 要统筹产业结构的优化，努力实现从数量规模型的粗放增长向质量效益型的精细增长转变

福建省森林非木质资源产业的规模总量已位居全国前列，但增长方式仍旧停留在规模扩展的粗放增长阶段，森林非木质资源生产面积连年翻番，可是生产效益却连年滑坡。与国际先进水平相比，我们在产业结构、生产效率、产品质量和综合效益等方面，还存在较大差距。因此，今后福建省森林非木质资源工作的重点，就是要抓好结构调整，通过控制发展规模、制定行业标准、加快产品升级、加强质量管理等措施，使速度与效益、规模与结构的关系更加协调，力争使产品质量和效益明显提高，顺利完成福建省森林非木质资源产业从数量规模型向质量效益型的转换。

3. 要统筹科研投入，改革科研体制，提高森林非木质资源产业的科技创新能力

一是要不断加大对森林非木质资源产业的科研投入，切实加强技术创新和人才培养，重视高新技术在森林非木质资源培育与加工中的应用。

二是要不断探索科研体制改革，对森林非木质资源科研单位实行分类指导的原则，鼓励高校、研究院所从事森林非木质资源基础理论的研究，鼓励具备研发实力的大型龙头企业自主从事新产品、新技术的研发工作，并从财政、税收和信贷方面给予支持，在专项资金、贴息贷款安排等方面予以重点倾斜，力争在开发森林非木质资源模式和核心技术方面取得新的突破。

二、方针原则

（一）方针

21世纪人们将更加注重自我保健，回归自然、追求健康将成为消费的主流。开发无污染、纯天然的森林非木质资源，必然会受到人们的青睐和喜爱，同时是调整农业产业结构、发展山区经济的一项新兴产业。但开发森林非木质资源并不是全面、破坏式的开发，应树立限制性利用观念，以维持森林的生态功能，促进森林非木质资源的可持续发展。森林非木质资源开发利用需处理好八大关系。

1. 生态优先和产业发展的关系

生态建设与产业发展是林业建设的两个重要方向。一个完整、健全的林业，必须经济、社会和生态效益兼顾，生态和产业协调。福建省确定的林业生态与产

业并举发展的思路，同《关于加快林业发展决定》提出的坚持生态效益优先的基本方针和"三生态"指导思想是高度一致的。在加快建设绿色海峡西岸进程中，要树立全面、协调、可持续的科学发展观，既要坚持生态优先，也要坚持生态建设与产业发展一起抓，两者不可偏废，不可顾此失彼，做到既要"金山银山"，也要"绿水青山"。

2. 科学认识与科学发展的关系

森林非木质资源的开发是山区经济的一个新的增长点，将成为林区农民脱贫致富的重要产业。当前对资源的调查是科学认识福建省发展非木质资源产业非常关键的基础性工作。首先要组织科研院校对森林非木质资源的数量、分布、质量等问题进行详细调查，摸清资源情况，建立森林非木质资源信息系统，为森林非木质的开发和保护提供科学依据，避免资源的浪费，尽量做到综合开发，物尽其用，变资源优势为经济优势。其次，在保护资源和生态环境的基础上，对非木质资源的利用制订出科学、有序、合理的发展政策和永续发展的方案；开展森林非木质资源生态、引种驯化、杂交育种、基因技术、采摘技术、人工栽培以及加工利用技术等方面的研究，特别是对具有食味佳、营养丰富、产量高、需求量大、经济效益显著而天然野生不足的非木质资源种类的强化栽培已成为产业发展急需的技术；开展加工工艺、贮藏保鲜、食用方法和综合开发利用等方面的研究，使产品上规模，上档次，增效益。为此，可加强产学研相结合，形成"发现、选育、推广"的科技产业链，提高整个行业的科技水平。

3. 资源保护与开发利用的关系

森林的保护和利用是林业的两大任务。实现二者之间科学合理的结合，是必须下大力气研究和解决的问题。福建省具有生物多样性的优势，富集的野生动植物资源，既是发展特色林业的优势所在，同时也是福建省生态建设和保护重点、难点。开发森林非木质资源是以保护生态为前提的，是将生态优势转化为经济优势。目前开发的主体大多数是分散的农户，他们都以经济效益为首要追求目标。随着开发利用研究和市场需求的不断深入和增加，资源的减少和相对不集中仍是不容忽视的问题，尤其是一些已开发利用并前景看好的品种，人们在经济利益的驱使下，可能会出现过度开发，破坏森林生态系统的多样性等不良后果。因此，要加强监测和合理引导，科学分类经营，完善补偿机制。制定有关森林非木质资源开发和森林生长环境保护的条例，解决好利用与保护之间的关系，推进森林非木质资源的合理开发和利用。

4. 创新发展与林区稳定的关系

创新是一个民族的灵魂。创新是发展的动力，稳定是发展的前提。目前福建省林业主要是深化林权制度综合创新和林政制度创新、国有林场经营体制、生态公益林限制性利用等六项单项创新改革。随着这些创新改革的深入，会不会出现

"一管就死，一放就乱"的局面，会不会出现严重的资源破坏、乱砍滥伐现象，进而破坏长期维护社会经济发展的生态环境和多年来福建省一直保持全国领先的森林覆盖率等等。解决这些面临的困难和问题，根本上是要创新林业经营机制，探索有效管理模式。要以产权制度创新改革为核心，步步为营，平稳推进。逐步突破限额采伐制度，采取分类经营进行宏观调控，管严生态林，放活商品林。对商品林、森林非木质资源逐步实现经营者自主利用，引导各种生产要素向林业领域聚集，增强林业发展的活力，以此带动绿色产业发展，加快地方经济发展和林区林农收入的增加，从根本上改善人民生活，保持林区的稳定。

5. 环境保护与可持续经营的关系

虽然森林非木质资源效益的最大化是其利用的主要目标，但不是唯一目标。如果过分强调利益的最大化，势必忽视地力和生态环境的保护，结果会加剧水土流失和地力衰退，森林非木质资源利用的长期生产力难以维持，其比较优势也将不复存在。因此，在森林非木质资源利用过程中，也应按照生态保护与生态平衡的要求进行，在生产经营全过程须建立和执行一系列生态标准和可持续经营技术标准和规范。严控栽培地的环境条件，特别是森林野菜、中草药、食用菌种植应选择无农残和无重金属污染的土壤和周边无粉尘、二氧化硫等大气污染的环境，实行无污染化种植和生产。并实施 ISO9000 和 ISO14000 质量、环境管理体系认证，应对加入 WTO 后各国普遍采取的"绿色技术壁垒"保护政策问题，切实提高森林非木质资源产品的市场竞争能力，实现可持续经营。

6. 市场培育与经济效益的关系

森林非木质资源利用市场培育与经济效益的关系是辩证统一的关系。市场培育是实现经济效益的基础性工作，而经济效益的实现进一步推动了市场的培育与发展。开发森林非木质资源必须以市场为前提，要搞清楚市场定位和可能的份额，避免盲目发展，提倡产销对路，供求相符，进而推进森林非木质资源产品的流通和销售，实现资源转化为经济效益。而市场的培育需要多形式多渠道，在乡镇企业产业密集区和重要产品主产区、主销区发展和建立充满活力、高起点的大中型批发市场，在国内建设若干具有地方特色的产品市场体系，发挥辐射作用；运用物流、连锁经营、电子商务等新型商业业态，把营销产品伸向全国、全世界，以市场带动和促进非木质资源生产发展和结构升级。同时，建立与国际林业产品市场和林业要素市场相衔接的林业产品供求和市场价格变动的信息系统。及时准确地传递与发布信息，以便作出正确的市场判断，推进森林非木质资源利用效益的实现。

7. 林农利益与企业利益的关系

在森林非木质资源利用进程中，企业向林农租地开发利用非木质资源十分普遍。伴随着土地增值、国家农业政策调整及林业税费大幅度降低，森林非木质资源利用投资风险趋减，林产品价格上涨，林农与租地企业利益冲突加剧，各种摩擦和纠纷频发，严重影响森林非木质资源的开发利用。因此，在森林非木质资源利用中，处理好这两者的关系非常重要。广大林农要提高出租林地农户的比较效益，不能期望通过租地企业的让利来增加农民的收入，但也不能损害农民的长期利益来满足企业的需要。低成本租地模式损害了农户的长远利益，产业林地纠纷的隐患，其问题的实质是利益分配不公。应该通过创新合作机制和模式，让农户参与森林非木质资源的开发和管理，加强与农户的沟通和理解，减少摩擦；通过地方政府和农民合作组织协调规范租地企业和农民工的劳动合同，分担林地工人安全和医疗措施等社区责任，提高林农的比较效益，更好地解决林农和企业双边利益的分配问题，实现协调发展（温远光，2009）。

8. 规模效益与市场竞争的关系

森林非木质资源开发利用是一项新兴产业，应以产业化发展为目标。一是加强龙头企业建设，追求森林非木质资源产业的规模效益与竞争能力的统一；二是突出地方特色，避免产业趋同发展，实现专业化经营，形成区域性主导产业和拳头产品。在林业产业化经营模式中，"公司 + 基地 + 农户"是比较好的发展模式。第一能够发挥其资金、技术、管理等优势，建立资源栽培基地，形成多条产业链和延长产业链，使小规模林业生产者获得规模效益；第二能避免市场价格的无序竞争，进而寻找更好的分销渠道；第三能够树立产品品牌，显示出与竞争产品的差异，增强产业的竞争能力。

（二）原则

1. 坚持和谐发展，强化生态优先

生产与生态是一个综合体，好的生态促进生产的发展，健康的社会生产促进生态的保护。只有发展与生态相协调，经济才可能持续发展，牺牲生态发展生产是短期行为，不可能持续。从发挥生态森林产品的丰富、可再生、绿色无污染的优势出发，将森林的生态效益放在首位。尽量采用生态经济树种，发展多功能、复合型林业，充分发挥森林的经济和社会功能，从木材利用转向多资源利用，从单纯森林资源利用转向森林、景观和环境资源综合利用，实现生态建设和产业发展的良性互动和协调发展，全面满足人们对森林的多种需求。

2. 坚持政府主导，强化公众参与

森林非木质资源利用是新兴产业，市场机制与市场体系不够健全，具有正的外部性以及建设周期长、市场培育期长、风险高等特点。因此，政府有必要通过产业政策的规范作用和扶持培育来引导森林非木质资源新兴产业发展；实施有利于森林非木质资源产业发展的投资政策来扩大和改善投资、融资机制；加强能源、交通和信息等基础产业建设，改善基础设施，保证生产正常运行。同时，在确定政府引导林业发展的前提下，必须加强全社会，尤其是广大农民参与林业的程度，营造全社会办林业的良好氛围。鼓励和引导社会资本向林业流动，大力发展非公有制林业，建立参与式的林业管理体制，真正调动广大农民群众参加森林非木质资源利用、开展社会主义新农村建设的积极性，确保现代林业的顺利实现。

3. 坚持科教兴林，强化资源培育

科学技术是第一生产力。发展森林非木质资源产业必须最大限度地增加其科技含量和发展潜力，因为科学技术水平是产品的产量、质量及实现升级换代的决定性因素；科学技术的推广运用还有利于节约能源，降低成本，保护环境，并且有助于提高生产管理水平，延长森林非木质资源产业的生命周期。只有源源不断地将新的科学技术注入森林非木质资源产业，才能使其适应市场变化，不断向深度和广度发展，达到投资成本利润最大化。因此，按照建立创新型国家的总体要求，结合福建林业的实际，不断吸收、引进和消化应用国内外高新技术成果，通过科技创新有效解决制约福建森林非木质资源发展的技术"瓶颈"，提高森林非木质资源的经营管理护水平和资源利用水平，同时，采用新技术新工艺改造传统产业，培育新兴产业，大力发展循环经济，增强福建林业发展的潜力和后劲，以科技进步支撑现代林业建设。

4. 坚持以人为本，强化功能高效

森林非木质资源利用时充分体现以人为本观念，实现生态良好、保持人与自然的和谐。既要引导人们遵循森林非木质资源利用的共性，又要最大限度地满足人们对森林非木质资源个性化的需求，进行科学配置，以促进农民增收和农村经济结构调整，推动林区社会经济全面、协调和可持续发展。在森林非木质资源培育与加工产业发展中，应将森林非木质资源产业的培育、加工、环保、防灾、科技、审美、教育等多种功能综合设计，合理布局，形成有机联系的整体。各种森林非木质资源应根据单一或综合的功能满足群众生产、生活等多种需要。如，森林景观满足人们的审美、休憩、教育等功能；森林食品、生物医药则服务于人们日常的饮食、药用等需求；生物农业、生物能源等则提供一些肥料、油料等产品，方便群众的生活生产。切实维护林农和林权所有者的合法权益，从根本上为人民谋求最大利益，为人类谋取长远利益。

5. 坚持有所不为，突出发展重点

"大而全"、"小而全"，观望、攀比，这是我国区域经济中常见的一种小生产习气，是区域间产业结构雷同、生产效率低下、重复发展、恶性竞争的根源。市场竞争最根本的是资源市场和产品市场的竞争，一个地区不可能所有产业都同样具有竞争优势，因此在支柱产业的选择中必须坚持有所不为，突出重点的原则，选择一、二个具有确定优势的产业作为突破口，形成"支柱"；再围绕"支柱"培养一批重点产业，形成支柱产业群，支撑整个区域经济协调健康发展。

6. 坚持因地制宜，突出地方特色

森林非木质资源分布，社会经济发展水平、文化意识形态、传统习俗以及民族宗教信仰等客观因素和既成现实，形成不同区域经济发展的优势与劣势。根据比较优势准则，当然首选有利于充分利用本地特有的自然资源、区位优势，并能适应本地区生产力发展水平的特色产业作为支柱。但是，区位优势和特色形成应当建立于较大的比较范围，才具有较高的优势水准和竞争力；还须进一步区分绝对优势和相对优势。绝对优势是基于一个较大范围内以独有资源所形成的、不可比、不可替代的优势；相对优势是在一定范围内、在同类产业和产品中占据主导地位。具有绝对优势和相对优势的产业都能形成特色，都具有较强的市场竞争力和发展空间，关键在于确实把握特色、发挥优势。在森林非木质资源利用过程中，要把森林非木质资源融入当前林业发展的整体进行研究、统一布局，按照森林非木质资源群体性与个体性的生产与发展规律，培育特色资源和打造特色产业，最大限度地发挥森林非木质资源在福建省生态环境和经济发展中的作用。

7. 坚持规模带动，实现高效经济

规模经济带来规模效应，这是经济发展的一条定律：一是企业规模大更有利于适应社会化大生产和专业化分工，更有利于现代化的生产管理和技术开发；二是较大规模的企业由于各种生产要素相对集中，从而有条件较先使用先进设备和技术，及时根据市场变化而更新产品、提高品质，提高市场占有率；三是规模较大的企业有较强的科技研发能力、资本积累能力和自我发展能力。规模越大，其产学研结合得越好，并内部机制健全，则掌握和利用各种信息的能力就越大，自我发展能力相对越强，因而越具带动效应，就能不断提高提高森林非木质资源的利用效率，使有限的资源最大限度地发挥效益。这是利用经济杠杆和市场机制配置资源机制的可持续利用表现形式。

8. 坚持远近结合，实现持续发展

森林非木质资源利用是一项建设期长而又复杂的培育与产业、生态与发展的系统工程，必须立足于长远，高标准、高起点地进行规划。自然资源是经过长时期的自然选择和自我调整形成的，而社会的需求是加速构建起森林非木质资源利用新兴产业体系。因此在利用时，必须根据森林非木质资源利用定位和发展潜力，合理地确定森林非木质资源利用的长远目标，并根据福建林业现实需要与可能，以及财政能力来确定近期实施目标，使长期目标与近期目标相结合。同时必须考虑森林非木质资源利用所带来的生态承载能力，科学规划森林非木质资源产业的结构和布局，构建解决自然资源的恶性消耗，自然资源的利益分配不均，自然资源本身的有限性和稀缺性问题的利益自我平衡机制，保证从粗放型、掠夺型的传统外延扩张生产方式，向集约型、高效型的现代内涵挖潜生产方式转变，提高森林非木质资源资源利用率和利用效率，实现社会可持续发展的战略要求。

三、战略目标

森林非木质资源利用的战略目标是：贯彻落实中共中央"十八大"生态文明建设精神以及科学发展观，实施"1345"战略，即坚持一个方向（现代林业发展方向）、围绕建设三大体系（完备的生态体系、发达的产业体系和生态文化体系）的目标，转变经营观念，创新发展思路，在保护生态环境的前提下，以市场为导向，立足福建省区位优势和区域特色，科学合理利用森林资源，着力加强科技服务、政策扶持和监督管理，促进森林非木质资源利用向集约化、规模化、标准化和产业化发展，实现四个结合（现实性与前瞻性相结合、政府引导与企业自主发展相结合、帮扶现有企业与招商引资相结合、和谐发展与可持续发展相结合），加速福建林业五个转变（由数量型向效益型、粗放型向集约型、产品型向商品型、木材产品向生态产品以及传统型向现代型转变）。努力建成一批规模大、效益好、带动力强的森林非木质资源利用示范基地，重点扶持一批龙头企业和农民林业专业合作社，逐步形成"一县一业，一村一品"的发展格局，增强农民持续增收能力。在全省建成资源丰富、布局合理、功能完备、优质高效、管理先进、内涵丰富的森林非木质资源产业体系，不断提升林业经济实力、提高林业管理水平、繁荣森林文化氛围，基本满足福建建设山川秀美、人与自然和谐、经济社会可持续发展的需求，实现"生态美"与"百姓富"绿色增长，推动社会主义新农村建设。

四、战略重点

（一）总体战略

1. 坚持森林非木质资源利用观，大力推进原料种植基地建设，发展森林非木质资源培育业

非木质资源规模化的基地建设是非木质资源产业发展的基础。福建森林资源培育业的组成因素很多，包括速生丰产林、工业原料林、珍贵树种人工林和各种天然森林等。森林非木质资源种类繁多、功能多样，而且区域特色明显，建立和完善森林非木质资源种植基地建设，是福建森林资源培育业的重要组成部分，是福建森林资源培育的重点，也是福建发展森林非木质资源产业的重要基础和可持续发展的重要保证。必须做好科学规划、合理布局、协调发展。只有森林非木质资源培育业实现了可持续经营，森林非木质资源加工业才可能实现可持续发展。森林非木质资源培育要以良好的森林生态环境为前提，采用国际标准和国内外先进标准，按照特定的生产标准建立高标准、高起点的 GAP 生产基地和高附加值的生产基地。因此，采用各种行之有效的培育措施建设和发展森林非木质资源培

育业，是森林非木质资源科学利用的首要战略重点。

2. 构筑具有市场竞争力的森林非木质资源产供销一体化企业集团和高效生态林业产业体系，做大做强森林非木质资源加工业

非木质资源的加工业是非木质资源实现综合效益的重要因素，是非木质资源开发利用的目的。实践表明，只有将资源优势转化为经济优势，产业才可能做大做强。发展生态高效的非木质产业是林业现代化的一项战略任务，按照统筹城乡经济发展、建设社会主义新农村的要求，福建非木质产业发展必须继续走在中国的前列。应建立和完善促进高效生态产业发展的政策，提高森林非木质资源新兴产业规模化水平、增强非木质资源新兴产业核心竞争力，实现产业结构升级。出台包括推动林产品市场体系和营销网络建立、促进林产品实施名牌战略、鼓励林业专业合作经济组织发展、鼓励森林非木质资源利用新兴产业发展等方面的政策。通过招商引资、上市融资、林业风险基金、项目带动等方面扶持现有企业，形成一批森林非木质资源利用龙头企业，形成森林非木质资源从生产、销售、服务到原料供应基地在内的系列产业群，促进高效生态产业发展，实现林业产业可持续发展。实现森林非木质资源培育业与加工利用业同步协调发展。

3. 依靠科技提高森林非木质资源培育和加工的质量和效率，大力发展森林非木质资源科技产业

现代林业是在传统林业基础上的跨越与创新，是林业发展到目前阶段的必然选择，是今后一个时期林业工作的方向和主题，世界发达国家都在全力建设现代林业。发展现代林业，科技是带动，是关键，是支撑。当前，世界林业科技的发展步伐正在加快，林业新科技革命方兴未艾，以"3S"技术为代表的信息化技术和以转基因工程技术为核心的林业生物技术，正在对林木育种、森林培育、灾害控制、资源利用等方面产生巨大的影响。这些林业新科技革命的兴起，为我们推动传统林业向现代林业转变创造了良好的条件和难得的机遇。我们必须抢抓新科技革命的机遇，在具有一定基础和优势、事关林业长远发展的森林非木质资源培育和加工尽快取得重大突破，形成较强的技术开发产品创新能力，特别要在天然植物药物开发、药用及实验动物应用开发、森林食品与特种经济动植物开发、生物医药、生物农业、森林休闲、林业生物质能源、生物制造、健康产品等领域开发转化一批拥有自主知识产权的重大科技成果和专利技术，延伸产业链，大幅度提高森林非木质资源培育和森林非木质资源加工的质量和效率，满足社会的多样化需求，引领、支撑和打造具有福建特色的创新型森林非木质资源科技产业，推动海峡西岸现代林业快速健康发展。

（二）具体领域

发展非木质资源利用产业，重点是充分的发挥林区的资源优势，因地制宜，

广开门路，尽可能多地转移就业人员。在产业发展具体领域上，要积极支持名特优新经济林、森林旅游、森林食品、木本药材和香料、花卉盆景、林区服务业、野生动物驯养繁殖等方面的开发。根据我国林业产业发展的总体构想与政策要点，提出我国现代林业发展中林产品生产和贸易重点和优先领域，对于促进林业产业规范、有序、持续健康发展具有重要指导意义。本书结合福建省林业产业现状，以此为鉴提出福建省森林非木质资源产品的具体发展领域。

1. 森林非木质种质资源保护领域

加强森林非木质种质资源保护地、保护区建设，非木质种质资源采集、保存、鉴定、开发和利用；非木质基因资源保护；非木质良种选育和良种基地建设。同时，通过对非木质资源新品种的引进和选育，苗木快繁技术和生物技术的应用，达到非木质资源保护的目的。

2. 花卉和种苗产业

合理利用野生花卉种质资源，选育具有自主知识产权与市场竞争力的新品种，加强基地规模建设与生产加强标准化体系建设和信息网络建设，提高品质和生产力水平。重点发展鲜切花、高档盆花、食药用花卉、化工花卉及观赏植物和高标准绿化种苗。

3. 名特优新经济林基地建设

以木本粮油（如锥栗、板栗、油茶等）、干果为重点，以调整鲜果品种结构和提高产品质量为主攻方向，推进经济林发展由数量型向质量效益型、品牌型、外向型转变。重视和鼓励科研机构、高校与企业参与野生经济林（灌木）树种的保护，并在保护的基础上进行品种选育、改良和开发利用。

4. 经济林果品产业

包括经济林果品储运、保鲜、分选、包装、精深加工和综合利用技术及现代物流配送产业。鼓励采用现代技术手段，促进干鲜果品、木本油料、调料、香料、药材等资源的开发。

5. 森林药材基地建设

以市场需求为导向，发展生物制药、生物农药等市场需求看好的新型种类，充分发挥福建省林特产品众多的优势，科学制定森林药材基地发展规划和生产建设标准，推行中药材生产管理规范（GAP），重点发展厚朴、杜仲、银杏、红豆杉、三尖杉、肉桂等木本药材、太子参、雷公藤、黄栀子、砂仁、草珊瑚、一见喜、七叶一枝花、铁皮石斛、金线莲、八角茴香等药用植物的森林药材基地。

6. 森林食品基地建设

充分发挥福建省林特产品众多的优势，科学制定绿色无公害森林食品基地发展规划和生产建设标准，强化绿色无公害森林食品质量体系认证。闽西北和闽东南地区，重点发展苦竹、石竹、肿节少穗竹、方竹、刚竹等野生中小径竹竹笋、森林野菜、食用菌、食用花卉、香椿等绿色无公害森林食品基地。

7. 竹子为主的林产品精深加工领域

通过对有机竹笋栽培和加工，竹木定向培育和竹木重组材料及竹木纤维、竹炭新产品、新型竹地板、装饰板开发等技术，全面提升福建省竹产业，提高竹系列产品的市场竞争力。

8. 林业生物质能源林定向培育与产业化

大力培育和开发我国优良乡土能源树种，积极引种国外优良能源树种，建设速生高产和高热值、高含油的能源林示范基地，积极发展生物柴油，生物质致密成型燃料、生物质发电和供热、燃料乙醇等生物质能源产品的开发利用技术，引导、扶持一批林业生物质能源开发利用企业，提高生物质能源的产业化水平。

9. 生物制药技术开发和产业化

保护野生药材资源，鼓励发展人工种植药材基地。加强植物活性提取物及植物源新药的开发，促进紫杉醇、白藜芦醇、青蒿素、喜树碱、印楝素、石斛碱、银杏黄酮和银杏内酯、茶树油、绿原酸等特色资源加工产品的规模化生产。

10. 林产化工产品精深加工

在巩固松香、松节油等传统主导出口产品的同时，大力发展活性炭、松香、松节油和以松香为原料的香料产品、药品、五倍子单宁酸、紫胶等其他林化产品的精深加工产品。

11. 林业综合开发

综合利用和开发山区优势资源，发展特色种植业、养殖业和加工业，促进低效林改造和山区特色产业化。同时，加大对次小薪材、"三剩物"的综合利用和废旧木质材料、一次性木制品的回收利用，大力推进林业循环经济产业的发展。如"三剩物"——发展食用菌产业——生物肥料的良性循环经济。

12. 野生动植物驯养、繁育利用领域

在严格保护珍稀濒危野生动植物资源和严格执行有关法规、国际公约的前提下，鼓励野生动植物基因资源保护，种源繁育和基地建设，通过对野生动植物的驯养、子代繁育等开发利用研究，促进由利用野生资源为主向以利用人工资源为主转变，引导、扶持一批野生动植物繁育利用示范产业和产业群。在这个过程中，最关键的是要建立规范的驯养繁殖（培植）及利用管理制度和严格的市场管理制度，对经济利用度大的物种，推行资源论证、拍卖和限额利用制度。

13. 森林生态旅游业

在不破坏生态功能的前提下，依法推进以森林公园、湿地公园和自然保护区、狩猎场为主的生态旅游产业发展。加强风景林营造和更新改造，提升景观质量和生态文化内涵，打造特色生态旅游品牌。充分利用当地的自然、人文、社会、经济等条件，发展与壮大第三产业。

14. 森林碳汇

大力研究与推广森林碳汇补偿机制，为提升森林综合效益再探一条可持续发展的路子。

五、总体布局

森林非木质资源开发利用是一项以兼顾生态效益与经济效益为主的新兴产业，是增强林业实力的"希望工程"。紧紧围绕生态文明建设的中心任务，立足省情，依据自然生态条件适宜、产业发展基础良好、发展效益优异进行总体布局，实现优化农业产业结构、增加农民收入的目标，全面提升福建省品牌化经营、产业化发展的非木质资源开发利用水平。

（一）经济林建设

在经济林建设上，要以国内外市场需求为导向，发挥技术与资源优势，积极保护和大力开发优势特色经济林树种，如木本粮油、木本药材、干鲜果品及名特优经济林品种，建立丰产种植基地，发展优质、高产、高效经济林产业，实行贸、工、林一体化，发展果品、茶叶、木本粮油木本药材等经济林特色产品的精深加工，带动区域经济发展，实现多种经济林产品的合理布局，增强市场竞争能力。

（1）福建地处中亚热带和南亚热带的结合部，气候类型多样，分为南亚热带、中亚热带和中亚热带山地气候区，名特优经济果树产业重点考虑福建的农业气候区来布局（表7-1）。

表7-1　福建名名特优经济果树区域布局一览表

农业气候区	县（市、区）	主要发展品种
南亚热带气候区	包括厦门、同安、漳州、长泰、龙海、漳浦、东山、诏安、南靖、平和、华安、云霄、泉州、南安、安溪、惠安、永春、莆田、仙游、福州、平潭、闽侯、长乐、福清、金门等25个县（市）	福州以南的福厦公路两侧重点发展龙眼；从漳州至诏安公路沿线发展荔枝，重点建设龙海、诏安、云霄、漳浦4个基地县；在九龙江下游的平和、南靖、华安、龙海以及芗城发展香蕉；在平和、华安、云霄、仙游建立发展柚子基地；在莆田、云霄、福清等建立枇杷基地；在云霄、莆田、仙游、福清建立甜橙和橄榄基地；在闽侯发展橄榄、芙蓉李为主，长乐重点建立贡品青山龙眼基地。
中亚热带气候区	包括三明市（除建宁、泰宁外）、南平市、龙岩市、及永泰、闽清、罗源、连江、宁德、古田、福安、福鼎、霞浦等36个县（市），另外建宁、泰宁、屏南、周宁、寿宁、柘荣等6个县属于中亚热带山地气候区。	南平建瓯、顺昌、延平建立甜橙、杨梅基地，邵武、政和发展早熟梨，浦城、建阳、武夷山发展奈李、橘柚，光泽发展黄花梨等；三明永安市、大田发展脐橙、早熟温州蜜柑、柿、李、桃等，沙县、梅列发展沙阳柑橘、水柿、花奈，从三元至宁化发展早熟梨、桃、李、杨梅等品种，三明建宁、泰宁重点建立黄花梨、猕猴桃基地；龙岩的新罗、上杭、永定建立特早熟温州蜜柑、脐橙、柿子基地，连城、漳平、长汀发展李子、杨梅基地。宁德福安、古田、福安、福鼎、霞浦发展脐橙、柿子、蜜柚、油奈等品种，在闽东的内海湾、低海拔地区建立晚熟龙眼、荔枝基地；福州高山区闽清、永泰发展橄榄、芙蓉李为主。

（2）福建主要木本粮油品种如板栗、锥栗、油茶、油桐重点在山区发展。建瓯、建阳、政和、寿宁、周宁等海拔较高山区是锥栗的主产区，重点建设锥栗优质丰产示范基地；在上杭、长汀、永泰、德化、建阳、沙县、闽清、寿宁等县（市）布局发展板栗丰产基地；油茶是福建省重点支持发展的木本油料树种，在福建广为种植，根据《福建省油茶产业发展规划(2009～2020年)》，将油茶发展布局为四个区，即：闽北、西沿武夷山脉油茶产业发展区、闽中戴云山油茶产业发展区、闽南博平岭油茶产业发展区和闽东鹫峰山油茶产业发展区(表7-2)。

表7-2　福建油茶产业发展布局一览表

发展区域	重点县(市、区)	重点推广的品种	重点企业
闽北、西沿武夷山脉油茶产业发展区	包括武夷山市、浦城县、光泽县、邵武市、泰宁县、建宁县、宁化县、清流县、顺昌县、将乐县、明溪县、建阳市	选用闽43、闽48、闽60、龙眼茶、杂优品系、闽优家系、其他闽系列无性系；南平也可推广引种成功的湘林系列、长林系列油茶良种；三明也可推广引种成功的岑溪软枝油茶系列油茶良种；龙岩也可推广岑溪软枝油茶系列、赣油系列油茶良种	本产业带已有顺昌天福、浦城龙凌、建宁莲蓉、建瓯川源、清流九利、清流永得里等一批较知名的加工企业；重点建设油茶原料生产、茶油加工和副产品综合利用基地
闽中戴云山油茶产业发展区	包括大田县、永安市、尤溪县、沙县和明溪县、建瓯市	选用闽43、闽48、闽60、龙眼茶、杂优品系、闽优家系、其他闽系列无性系以及长林系列油茶良种	现有较大规模的加工企业只有尤溪沈郎1家；重点建设油茶科研中心和茶油高级精炼工艺及高级天然护肤化妆品、茶皂素等精深加工基地
闽南博平岭油茶产业发展区	包括安溪县、永春县、南安市、华安县、平和县、南靖县、诏安县、长泰县和漳平市	选用闽43、闽48、闽60、龙眼茶、杂优品系、闽优家系、其他闽系列无性系以及岑溪软枝油茶系列油茶良种	现有加工企业规模较小，尚无优势的龙头企业；重点建设油茶精炼油、化妆品用油、注射用油等精深加工基地和贸易中心
闽东鹫峰山油茶产业发展区	包括蕉城区、福安市、福鼎市、寿宁县、柘荣县、周宁县、霞浦县、古田县、屏南县、罗源县、松溪县和政和县	选用闽43、闽48、闽60、龙眼茶、杂优品系、闽优家系、其他闽系列无性系以及长林系列油茶良种	现有福安乾龙、柘荣三本等油茶加工企业；重点开发精炼油、医药用油、化妆品用油等产品的特色小包装油系列及茶皂素、茶籽黄酮、有机生物肥料及食用菌培养基等高端产品

（3）茶产业主要以安溪铁观音、金观音等高香型为主的闽南乌龙茶区，以武夷岩茶为主的闽北乌龙茶区，以宁德为主的闽东红茶、绿茶区，以及闽西北的多类茶区为重点发展区域(表7-3)。

表 7-3　福建发展茶叶重点区域、品种

发展区域	重点县（市、区）	重点推广品种
闽南乌龙茶区	包括安溪县、永春县、南安市、华安县、平和县、南靖县、诏安县、长泰县和漳平市	地方特色明显的铁观音、白芽奇兰、黄旦、佛手等品种，适当引进、推广黄观音、丹桂等优新良种
闽北乌龙茶区	包括武夷山市、建甄市、建阳市和邵武市	重点推广水仙品种，引进推广黄观音、丹桂等优新良种
闽东绿（花）茶区	包括蕉城区、福安市、福鼎市、寿宁县、拓荣县、周宁县、霞浦县、古田县、屏南县、罗源县、松溪县和政和县	重点推广福鼎大毫茶、福鼎大白茶、福安大白茶、元宵茶等优良品种，适当引时黄观音、丹桂等制优率高的绿茶、乌龙茶兼制品种比例
多茶类区	包括大田县、永安市、尤溪县、沙县和明溪县	合理搭配绿茶和乌龙茶品种。在以乌龙茶为主的产区，应着重推广铁观音、台茶等品种；在以绿茶为主的产区，应着重推广福鼎大毫茶、福鼎大白茶、元宵茶等品种

（二）生物产业建设

在生物产业建设上，以三明、泉州永春、宁德柘荣为中心，辐射龙岩。依托三明国家林业生物产业基地、泉州永春生物产业园区、宁德柘荣药城，发展生物医药、生物质能源和健康食品等产业，重点培育一批特色突出的林业生物产品、企业和示范基地，开发一批技术含量高、市场容量大、具有自主知识产权的新品种，形成一批拳头产品和骨干企业，尽快形成林业生物产业的核心竞争力。

生物医药产业重点考虑木本中药材和药用经济植物的种植基地建设与布局，福建木本药材重点发展厚朴、杜仲、肉桂为主，药用植物种类多，发展需将中药材的适生性、有种植传统区域以及综合效益等作为重点考虑因素，以发展地道药材为目标，推动生物医药产业快速发展（黄瑞平，2012）（表 7-4）。

表 7-4　福建发展中药材重点区域、品种

地区	各县（市、区）主要发展品种
闽东地区	柘荣县发展太子参、白术为主；福安市发展太子参、金线莲为主；宁德市蕉城区发展金银花、旱半夏、山药为主；福鼎市发展黄栀子为主；寿宁县发展茯苓、金银花为主；屏南县发展茯苓、白术为主
闽南地区	南靖县发展巴戟天、金线莲为主；华安县发展南玉桂、杜仲、金线莲为主；漳浦县发展铁皮石斛、穿心莲、玫瑰茄为主；长泰县发展春砂仁、玫瑰茄为主；云霄县发展山药为主；龙海市发展泽泻为主。南安市发展八角茴香、薏苡仁为主；泉州市洛江区发展短葶山麦冬为主；永春县发展金线莲、菊花为主；德化发展金线莲为主。厦门市以设施栽培为主，重点发展铁皮石斛、金线莲等品种
闽西地区	武平县发展凉粉草、金线莲为主；永定县发展巴戟天、九节茶、胡蔓藤为主；连城县发展铁皮石斛、百合为主；长汀发展半夏为主；上杭发展射干、杜仲、乌梅、罗汉果为主

(续)

地区	各县(市、区)主要发展品种
闽北地区	明溪发展南方红豆杉、厚朴、金线莲等为主；泰宁发展雷公藤、草珊瑚、三叶青等为主；永安发展金线莲、黄精等为主；建宁发展厚朴、莲子等为主；大田发展葛根、茯苓等为主；宁化发展厚朴、七叶一枝花、虎杖、葛根等为主；尤溪发展茯苓、厚朴等为主；沙县发展厚朴、穿山龙、铁皮石斛等为主；将乐发展金银花等为主；清流发展以野鸭椿、厚朴、金线莲为主；三明梅列以发展黄精为主；三元发展厚朴、草珊瑚为主；建瓯和建阳发展厚朴、泽泻、白术、鱼腥草为主；浦城发展薏苡仁、铁皮石斛、厚朴为主；邵武和松溪以发展茯苓、瓜蒌、金线莲为主；武夷山、光泽发展铁皮石斛、厚朴、瓜蒌等为主；政和发展白术、草珊瑚等为主
闽中地区	福清市发展短葶山麦冬、铁皮石斛、金线莲、川芎等为主；闽侯县发展绿衣枳实、金线莲、玉竹为主；连江发展佛手、枳实为主；闽清、永泰发展金银花、绿衣枳实、瓜蒌等为主；罗源发展铁皮石斛等为主；长乐发展佛手、川芎等为主；平潭发展葛根及设施栽培品种等为主；莆田产区发展麦冬、青黛(马蓝)、菊花为主；仙游县发展薏苡、青黛(马蓝)为主等

生物质能源产业重点考虑生物质能源林基地建设与产业发展布局，主要在建宁、顺昌、武平、周宁、德化、明溪、沙县、仙游、建阳、建瓯、长汀与福清等县(市)发展无患子种植与产业基地，重点在建阳、明溪、将乐、浦城、永安、建阳、建瓯、周宁、闽清、清流、霞浦等县(市)发展油桐、乌桕、黄连木等生物质能源林栽培基地，重点在泉州等闽南地区发展麻疯树等原料林培育与产业发展基地。

(三)花卉产业发展

在花卉产业发展上，必须向集约化、规模化、产业化和国际化发展。一是保护和合理开发利用野生花卉资源，做好新品种选育和引进工作，开发出各地区最适宜生长、最名贵、最有经济效益的花卉品种；二是引导花卉生产经营，实现由粗放型向集约型、由低档向高档、由小作坊式生产向规模化方向发展。

福建省花卉分布相对较为集中，传统花区应立足优势，扩大规模，新区发展注重集中成片，主要发展一批各具特色的花卉产区，使得花卉产区逐步区域化和集群化。根据《福建省花卉产业发展规划(2011～2020年)》，将全省花卉产业分成三大集群九个产区，即南部地区花卉产业集群、中东部沿海地区花卉产业集群和西北部山区花卉产业集群(表7-5)。

(四)竹产业建设

在竹产业建设上，发挥福建省竹类资源丰富、生长周期短的优势，在有条件的地方适当扩大竹林栽培，进一步增加竹林资源，特别要重视低产林改造，提高竹林经营水平，提高单位面积立竹量；同时要摆脱小型、分散、粗放经营、效益低下的局面，推进竹产业集团化，提高福建省竹产业的规模效益，促进小企业与大市场、小区域与大经济的对接；大力培育多竹种，积极发展笋竹两用林，实现竹产业规模经营和深度加工，提高竹林培育和竹产业经济效益。大力扶持以竹山道路、竹林喷灌、竹林配方施肥为主要内容的丰产竹林基地建设。南平、三明、龙岩重点发展毛竹丰产林及苦竹、橄榄竹、茶秆竹等一些小径竹基地；漳州、泉州、福州、宁德发展毛竹丰产林基地的同时，加强麻竹、绿竹、甜竹、雷竹等中小径竹丰产基地。笋竹加工产业重点依托建瓯中国笋竹城，辐射延平绿色工业园、南平市武夷国家级生物产业基地和政和中国竹具工艺城等，以闽北丰富的笋竹资源为原料，发展笋竹特色加工产业。

表7-5　福建省花卉产业发展总体布局

区域集群	重点县(市、区)	主要发展品种
南部地区花卉产业集群	包括漳州花卉产业区和厦门花卉产业区。漳州产业区重点布局在龙海市、漳浦县、南靖县、长泰县和龙文区；厦门产业区重点布局海沧区、集美区、同安区和翔安区	漳州产业区重点发展水仙花、中国兰花(建兰、墨兰)、榕树盆景等传统特色花卉，蝴蝶兰、杂交兰、红掌、一品红等时尚盆花，金线莲、铁皮石斛等食药用花卉，棕榈科海藻类植物，马拉巴栗、幌伞枫、金钱树等室内阴生观叶植物，仙人球、虎皮兰等多肉多浆植物，秋枫、桃花心木、风铃木、火焰木、青皮木棉等热带亚热带绿化苗木；厦门产业区重点发展菊花、鹤望兰等鲜切花，蝴蝶兰、杂属兰等花卉种苗，天南星科等观叶小盆栽，凤凰木、三角梅、黄花槐、大花紫薇以及棕榈科海枣类、蒲葵类等绿化苗木，薄荷、柠檬香茅、洋甘菊等香草植物，铁皮石斛、芳香樟等食用、药用与工业用途花卉苗木
中东部沿海地区花卉产业集群	包括泉州花卉产业区、莆田花卉产业区、福州花卉产业区和宁德花卉产业区。泉州产业区重点在晋江市、南安市、永春县、德化县和洛江区；莆田产业区重点布局在仙游县、城厢区、涵江区和秀屿区；福州产业区重点布局在福清市、闽侯县、连江县、晋安区和马尾；宁德产业区包括蕉城区、福安市、福鼎市、霞浦县、周宁县和屏南县	泉州产业区重点发展花卉组培苗，天南星科、凤梨科、龙舌兰科等盆栽花卉，桑科榕属、使君子科榄仁类以及黄花槐、台湾栾树、山茶、木棉、盆架木、洋紫荆等绿化苗木，榕树类、松柏类树木盆景，金线莲、铁皮石斛等食药用花卉，以及水生花卉、水培花卉等的生产与加工；莆田产业区重点发展黑松、建茶、木麻黄等树木盆景与榕树类、樟树类、桂花类等乡土绿化苗木；福州产业区重点发展异叶南洋杉、小叶榕等树木盆景，蝴蝶兰、中国兰花(建兰、墨兰)、一品红等时尚盆花，文心兰、菊花等鲜切花，榕树类、桂花类、松柏类、观赏竹类以及杜果、白兰、洋蹄甲等绿化苗木，茉莉花、白兰花等工业用途花卉的生产与加工；宁德产业区重点发展高山杜鹃、彩色马蹄莲等冷凉型盆花，百合、彩色马蹄莲等种球，香石竹、唐菖蒲、满天星等温带切花，以及樟树类、桂花类、山茶类、木兰类等乡土绿化苗木
西北部山区花卉产业集群	包括龙岩花卉产业区、三明花卉产业区和南平花卉产业区。龙岩产业区重点布局在漳平市、连城县、武平县和新罗区；三明产业区重点布局在三元区、永安市、清流县、明溪县、沙县、将乐县和大田县；南平产业区重点布局在延平区、武夷山市、邵武市、顺昌县、浦城县和政和县	龙岩产业区重点发展杜鹃花、中国兰花(建兰、寒兰)、蝴蝶兰、君子兰、富贵籽等时尚盆花，桂花类、樱花类、罗汉松类、山茶类等乡土树种，非洲菊、唐菖蒲、百合、玫瑰等鲜切花，金线莲、铁皮石斛、木槿等食药用花卉的生产与加工；三明产业区重点发展现代月季、非洲菊等鲜切花，中国兰花(建兰)、红豆杉等盆栽花卉，罗汉松类、桂花类、紫薇类、槭树类、山茶类以及枫香、红枫等乡土绿化苗木，蓝甘菊、迷迭香、月桂等香草植物，草珊瑚、金线莲、铁皮石斛、金银花等食药用花卉的生产与加工；南平产业区重点发展百合切花，中国兰花(寒兰、建兰)、观赏蕨等盆栽花卉，丹桂、茉莉花、萱草等食用、药用与工业用途花卉，桂花类、香樟类、杜英类、木兰类、樱花类等乡土绿化苗木的生产和加工

（五）林产化建设

在林产化工建设上，根据国家优化经济结构、提高经济效益的总体思路，积极推进林产化工产业的优化升级。加快调整木竹纸浆、人造板工业产品结构和区域布局，重点抓好现有企业的改造与挖潜，改进工艺技术，着重开发有市场的新品种；大力发展以松香、松节油为主导的出口创汇系列产品，有重点地发展工业香料加工业；加快发展以森林旅游业为主的第三产业，加强景观林业建设。

（1）林产化工原料产业主要布局在龙岩、三明、南平地区；林产化学产品主要分布在闽西北的沙县、宁化、武平、尤溪、将乐、明溪、清流、永安、连城、长汀、漳平、上杭、邵武、顺昌等县（市）以及闽南的德化县。林竹产品深加工及资源综合利用主要分布在闽西北山区的建瓯、永安、邵武以及漳州、厦门等地。

（2）芳香类植物原料与提炼产业重点在武平、明溪、永春、厦门等县（市）发展芳香樟原料基地与产品加工基地；在厦门、宁化、永安等地发展互叶百千层、黄金宝树原料基地与产品加工基地；在将乐等县发展山苍子等原料种植与产业基地。

（六）食用菌产业发展

食用菌产业发展上，依托森林环境与林业剩余物以及林草发展的食用菌产业，综合考虑栽培历史、产业基础、原料资源、气候条件、技术、产品市场等因素，将福建省传统的常规食用菌优势种类产业发展格局分为闽东南沿海以粪草生为主的优势食用菌生产区、闽西北以木生菌为主的优势食用菌生产区，以及附属于两大优势食用菌生产区的珍稀种类和药用菌种类生产区（表7-6）。

表7-6　福建发展食用菌产业区域布局、品种表

区域布局	重点县（市、区）	主要品种
闽东南沿海粪草类优势食用菌生产区	包括漳州、厦门、泉州、莆田、福州、宁德六市的二十县区	主要为福建省粪草生食用菌蘑菇、草菇、姬松茸、鸡腿蘑、金福菇以及木生菌白背毛木耳等优势种类
闽西北木生食用菌优势种类生产区	包括南平、三明、龙岩三地市和宁德的寿宁、屏南、古田、周宁等高海拔县市	该区木生菌类的香菇、毛木耳、银耳、金针菇、竹荪和药用菌灵芝、猴头菌、灰树花及珍稀菌类。该区食用菌特色产品多，如寿宁花菇、长汀地栽香菇、屏南夏香菇、浦城和松溪的灵芝、建瓯黄背毛木耳、竹荪等产品闻名省内外；古田银耳产品主导了全国市场

（七）森林旅游产业

在森林旅游产业上，重点打造"海峡森林生态旅游"品牌，努力建设我国重要的自然和文化旅游中心和世界级旅游目的地。福建省林业生产振兴方案根据海峡西岸城市分布特点及福建旅游资源特色，根据《福建省林业产业振兴实施方案》，将福建森林旅游划分为山、海和红色生态旅游区。

（1）以武夷山为龙头，辐射南平、三明，充分发挥森林资源丰富和自然环境优美的优势，整合绿色山水生态旅游资源，利用武夷山、大金湖等旅游品牌的带动功能，重点发展山、湖、洞休闲度假旅游。

（2）以厦门为窗口，辐射漳州、泉州、莆田、福州、宁德沿海地区，依托区域内山水、滨海兼备的旅游资源以及独特民俗风情，优化太姥山、平潭岛、湄洲岛等滨海森林生态旅游地开发建设，重点发展滨海旅游和城市森林旅游业。

（3）以龙岩为中心，辐射漳州，充分发挥红色圣地、客家文化等旅游资源优势和森林生态环境优势，利用客家土楼等旅游品牌的带动功能，重点发展森林文化体验探索和休闲养生旅游。

（八）林下经济重点县发展布局

在林下经济重点县发展布局上，根据《福建省林下经济发展规划（2014～2020年）》成果资料，运用系统聚类分析方法，反映重点县发展林下经济不同模式的区域布局情况，将全省林下经济发展规划在地域上划分为4个区域，既闽东南高优林下经济产品主产区（包括福州、厦门、泉州、莆田、漳州、平潭6个设区市）、闽东北山地林下经济产品主产区（宁德市）、闽西山地林下经济产品主产区（龙岩市）和闽北山地林下经济产品主产区（南平市和三明市），以供各地参考（表7-7）。

表7-7　福建省林下经济重点县规划布局表

序号	模式	重　点　县
1	林药模式	柘荣县、明溪县、福鼎市、福安市、清流县、邵武市、将乐县、寿宁县、建阳市、泰宁县、宁化县、光泽县、武平县、霞浦县、闽清县
2	林菌模式	罗源县、仙游县、尤溪县、永春县、龙海市、南靖县、平和县、顺昌县、漳平市、古田县
3	林花模式	闽侯、龙海、漳浦、南靖、南安、永春、清流、三元、永安、明溪、浦城、顺昌、连城、漳平、武平
4	林禽模式	光泽县、城厢区、南安市、新罗区、福清市、龙海市、永安市、上杭县、长汀县、长乐市、南靖县、闽侯县、建阳市、晋江市、永春县
5	林蜂模式	平和县、南靖县、漳浦县、建瓯市、永春县、尤溪县、福安市、永安市、大田县、长泰县、古田县、南安市、闽清县、漳平市、闽侯县、长汀县、将乐县、邵武市

（续）

序号	模式	重　点　县
6	林蛙模式	连城县、泰宁县、浦城县、霞浦县、武平县、尤溪县、德化县、仙游县、永安市
7	野生食用菌采集加工	泰宁县、政和县、屏南县、武夷山市、尤溪县、古田县、松溪县、德化县、闽清县、清流县、永春县
8	野生中药材采集加工	邵武市、漳浦县、连城县、永春县、永定县、清流县、泰宁县、光泽县、梅列区、柘荣县、闽侯县
9	山野菜采集加工	连城县、泰宁县、武夷山市、周宁县、梅列区、政和县
10	藤芒编织	永定县
11	森林景观利用	武夷山市、泰宁县、永定县、南靖县、屏南县、永安市、长乐市、永泰县、东山县、惠安县、德化县、上杭县、连城县、沙县

第二节　森林非木质资源科学利用战略措施

　　森林非木质资源利用是林业发展的重要组成部分，不仅要综合利用丰富的非木质资源，实行综合投入（资金、技术、人力；国家、地方、个人），而且要采取综合措施（生物与工程相结合），创新综合开发模式（农林牧副渔、非木质资源产业延伸），取得综合效益（社会、经济和生态环境效益）。因此，对其科学合理地开发利用和构筑完善、高效的战略措施，是加快经济结构的优化调整、节约节省土地资源、加快林业发展、改善生态环境，实现福建林业又好又快发展的重要举措，也是实现生态文明建设、转变林业经济发展方式、促进绿色增长的途径和机制。

一、坚持科学发展观，推进森林非木质资源的科学利用

　　森林非木质资源的科学利用是以人为本，全面、协调、可持续的利用的观点，是关于森林非木质资源的科学利用的根本观点和根本看法，是关于森林非木质资源的科学利用问题的世界观和方法论，是指导森林非木质资源的科学利用中具有重要的指导作用。对于是否利用森林非木质资源，如何利用森林非木质资源，多大的发展规模比较适宜等问题都应该以森林非木质资源的科学利用观来判断、衡量和决策。从理论上说，科学发展观是指导现阶段福建省林业发展坚实的理论基础，也是"三个代表"重要思想在现代化建设中的具体体现。由此可见，福建林业要树立和落实科学发展观，就要在绿色产业、绿色经济、绿色环境以及人的全面发展的意义上来实现执政兴林的第一要务；就要正确统筹生态优先与产业发展、山区林业与沿海林业、城市林业与乡村林业的关系。为此，要立足改革创新、开放搞活、科技振兴、依法治林、统筹协调等方面抓住机遇，采取有力措施，推进建立森林非木质资源的科学利用的生态体系、产业体系和完善的保障体

系，促进建设绿色海峡西岸宏伟目标的全面实现。

森林非木质资源全面、协调、可持续的发展十分强调对所拥有资源的充分合理利用，所谓充分即使各种资源在利用过程中能发挥其最大的生产效能；所谓合理即对各种资源的利用要适时、适度。森林非木质资源具有十分明显的时间效应，表现在相同地点，同等数量的同类资源，在不同时期利用所获得的效益可能十分不同，如果不适时地让资源发挥其最大的生产潜能，获得不了最高的生产效益，也只能算是另一种形式的资源浪费。资源的时间性主要受市场变化的剧烈影响，资源的生产效益也必然随市场的变化而变化。因此，要保证森林非木质生产的持续发展，就要十分注意对资源利用的时间分配。按照传统观念，人们对资源利用的程序一般是先生产后销售，这种计划经济体制下的产物，常常造成产品不能适销对路，影响了资源效益的发挥。发展非木质资源要改变这一传统做法，将资源利用方式由单一向多元方式发展，必须以市场为前提，要搞清楚市场定位和可能的份额，避免盲目发展，提倡产销对路，供求相符，从而使资源更好地发挥了其应有的作用。

二、坚持科学规划，促进非木质资源可持续发展

在经济全球化、区域一体化趋势日益明显的大背景下，我们不能搞小而全的产业布局，更不能一哄而上，盲目投资，走低水平重复建设的老路。要在深入研究国内外森林非木质发展趋势和认真分析福建省森林非木质资源优势与产业发展现状的基础上，自觉地把福建省的森林非木质产业纳入国内乃至国际森林非木质行业分工协作体系之中，找准位置，统筹兼顾，合理布局。在保护资源和生态环境的基础上，重点围绕当前福建省多样的森林非木质资源开发利用现状，对非木质资源的利用制订出科学、有序、合理的发展政策和永续发展的方案，科学地制定福建省森林非木质产业发展规划，尽量做到综合开发，物尽其用，变资源优势为经济优势。

在实施过程中，还要认真考虑各个地区自然环境与经济发展水平不协调问题，我们为了解决这些矛盾及冲突，对森林的经营应当是有层次的进行：即在全球、国家、区域、景观、森林群落等不同空间尺度上，研究和实施森林可持续经营。对森林非木质资源可持续发展来说，要转变传统破坏森林生态为代价的经营方式（如全面清理、炼山、全垦等），避免在开发利用森林非木质资源时对生物多样性造成毁灭性的破坏，直接后果是林下植被滞育、覆盖度下降、水土流失严重、系统的稳定性降低等。只有在区域可持续发展框架内，才能明确区域社会经济发展过程中需要什么样的森林，需要森林经营过程中提供什么样的产品和服务。地域分布规模的客观存在决定了区域森林可持续经营的环境基础，最终决定了现实潜在的森林生态系统的承载力和森林生态系统的结构、组成与功能。因

303

此，科学地开发森林中的非木质资源，依照森林系统内各组分共生、寄生、竞争、他感、捕食和机械等作用相辅相成的原理，建立和谐的结构，充分体现有限的土地上发挥森林各个成分的优势，产生最佳的生态效益。

同时，在实施过程中，积极调整林业产业发展方向，实现从传统的注重劳动密集型向技术密集型、科技含量高林业产业投资方向转变，通过合作交流，推动笋竹业、名特优茶果、苗木花卉等山地综合开发和生物制药、森林食品、森林旅游等林业新兴产业等非木质资源培育，不断提高福建林业产业化和现代化水平，使林业产业向区域化、专业化、规模化发展，维护林业生态系统平衡，促进林业产业持续快速协调健康发展。

三、依靠技术优势，实现森林非木质资源的综合利用

森林非木质资源种类繁多、特点各异，森林非木质资源的利用渠道不同，其利用效果也相差悬殊，为协调好各具特色的不同资源的利用关系，必须充分发挥林业技术的集约优势。森林非木质资源利用是一项技术密集型事业，发展非木质资源产业出奇制胜在科技。在林业生产过程中，从资源的布局、研发、利用到资源的维护形成一个整体，各环节间有各自的技术保证体系，从而实现资源的综合利用。在林业科技创新体系的建设中，把森林非木质资源领域的科技自主创新作为优先领域。

（一）加快科技创新体系建设

以林业公益类科学研究机构为主体，以促进林业综合生产能力持续提高为目的，高效有序地开展包括原始创新、集成创新和引进吸收消化再创新，以及先进实用技术应用与加快成果转化等全部林业科技活动。构架非木质资源区域研发中心、科技服务中心(包括政府公益性推广组织、民间商品性推广组织即专业合作组织、林业龙头企业、民营研究所等)和创新实验示范基地，形成产、学、研、推紧密结合的新的科技创新体系，有必要在一些非木质林产品发展的重点区域(省、市)和大专院校与科技单位，集中研究开发力量，设立相应的研究机构，如森林野生生物资源开发研究中心等，有重点地进行系统深入的研究和技术开发，以提高我国非木质森林生物资源开发、利用的整体水平，提高福建省林业生态建设水平和提升非木质资源产业核心竞争力。

（二）增加科技投入，加强资源开发利用的研究力度

政府要多渠道筹措资金，除了继续加大科研投入外，对于非木质资源高新技术企业也要从资金上给予倾斜。首先是基础性调研，为栽培利用提供科技基础，包括对那些野生生物资源的生物学特性，开发利用价值及对有开发前景的种类进

行筛选研究，以便驯化、栽培、开发和利用；二是组织科研院校对森林非木质生物资源的种类、数量、质量进行调查、评估，摸清资源情况，建立非木质资源信息系统，为开发打好基础；对业已发现处在濒危状态的生物资源，实施有效保护，并开展人工优良品种选育与提纯复壮、杂交育种、多倍体育种以及无性繁殖植物的育种等关键技术的研究和推广，为开发利用提供技术贮备。三是对具有食味佳、营养丰富、产量高、需求量大、经济效益显著而天然野生不足的非木质资源种类的强化栽培已成为产业发展急需的技术。并提高现有产品的加工技术并进行精深加工的研究和高新技术的应用，以便深层次地开发利用。

（三）加强资源加工工艺开发

开展加工工艺、贮藏保鲜、食用方法和综合开发利用等方面的研究，使产品上规模、上档次，增效益。为此，可加强产学研相结合，大力推广先进技术，形成"发现、选育、推广"的科技产业链，提高整个行业的科技水平，实现森林非木质资源的综合开发利用。

四、培育主导产业，实现非木质资源开发利用多次增殖

森林非木质资源开发利用是一项新兴产业，应以培育主导产业为目标，以产业化开发为基础。这在区域经济发展中举足轻重，它能对区域经济增长速度与质量产生决定性影响。美国发展经济学家艾尔伯特·赫希曼（A. Hirschman）在《经济发展战略》（1958）中，提出了联系效应理论和"产业关联度基准"，即选择能对较多产业产生带动和推动作用的产业。即前项关联、后项关联和旁侧关联度大的产业，作为政府优先扶植发展的产业和主导产业，以主导产业为动力，直接或间接地带动其他产业的共同发展。根据赫尔希曼的"关联效应基准"作为判别主导产业的标准，非木质资源利用是关联效益强的产业，若将非木质资源利用培植成主导产业，可促进该区域第一、第二、第三产业的全面发展。也只有这样，才能使非木质资源利用再上一个新台阶，提高资源的转化效率，形成规模经济，产生规模效益，进而促进木质资源的保护和生态环境的改善。

在培育规模产业、实现资源增殖的同时，森林非木质资源产业在生产经营全过程须建立和执行一系列技术标准和规范，推进森林非木质资源开发利用从传统生产中的粗放式管理向规范化管理方面转移。特别是森林野菜、中草药、食用菌等要重视产地 GAP、GMP 建设，以提升产业发展质量和竞争力，同时注重非木质资源的精深加工，尤其是林业附加值高及专利产品的开发力度，逐步实现资源的多次增殖。比如，森林食品大部分都是经过加工而利用的，随着时代的发展，消费者对食品的要求是质量高而稳定，取用方便、洁净，品种多样性，价钱相对便宜，要发挥森林食物资源优势和潜力，必须在很大程度上依靠发达的加工业来

实现，并由一般的粗加工向深加工、精加工和系列化的方向发展，着力，开发具有特色的深加工产品和中、高档产品，如保鲜森林蔬菜、速冻森林蔬菜、复合方便菜、森林蔬菜脆片、森林蔬菜晶或粉、营养口服液、复合森林蔬菜汁、饮料等，以及适合不同消费者需要的系列保健食品和功能食品（如食疗食品）。要尽快形成福建特有的森林蔬菜制品新产业，使福建的森林蔬菜加工食品更多地参与国际市场竞争，使资源优势转为商品优势，以真正形成强大的"森林食品"产业。

培育森林非木质资源主导产业是一个复杂的系统工程，涉及资源培育、林产工业、林产品贸易等多个环节。我们必须抓住产、供、销三个环节之间的有效整合，使之形成利益共享的联合体，实现企业一体化、产业化战略。林光美（2009）在主导产业发展思路方面作了比较详细的概括，主要包括：

第一，靠市场拉动。在市场经济条件下，市场的发育对于非木质资源的发展起着越来越重要的作用，各类企业通过自身努力，依靠政策和资金扶持壮大企业规模，提高自身适应市场经济的能力，从而进行有目的生产和加工，使产销良性循环，进一步扩展市场空间。

第二，靠龙头带动。产业化的关键就是要有技术先进、经济效益好、带动能力强的大中型龙头企业，通过联合、入股、兼并等形式培育一批实力强的龙头企业，并通过这些龙头企业统一加工、统一品牌形象和品牌战略、统一市场营销和流通管理，培育和提高特色产品的竞争力和经济效益，使生产要素得到合理整合。

第三，靠品牌实施。名牌是增强市场竞争力的基础，也是非木质资源产业化的基础。通过开发名品、创品牌、打品牌，实施优良品种原产地保护，大力打造品牌战略，提高产品的市场竞争力。

第四，靠科技创新。通过实现产品与技术创新以及制定标准化，推进农户生产产品结构的调整和技术升级，促进非木质资源产业组织制度的创新，使福建省非木质资源产业的资源优势转化为可持续的竞争优势。

第五，靠窗口促动。通过合理的宣传来推动非木质资源产业化的进程，如建立一批科技示范园区、示范基地、示范乡村、或一批窗口门市部，或通过非木质资源展销会（博览会）与非木质文化活动，来扩大非木质资源的影响力。

第六，靠协会牵动。行业协会是产业化的协调组织，在行业与企业以及政府与企业之间起关沟通主渠道的作用。促进产销的衔接和平衡，规范市场有序竞争，为非木质资源产业化开拓新思路。

第七，靠服务完善。实现产业化，必须靠服务体系的完善和强化，这既包括科技服务体系的完善，也包括以消费者为中心的服务理念的建立和强化，通过服务的完善来深化非木质资源产业组织制度的改革。

五、创新合作模式，培育规范化的林业和企业组织形式

当前，社会参与森林非木质资源利用的积极性空前高涨，但在开发利用模式、森林资源管理体制和企业组织形式上存在诸多缺失，引发一系列的社会问题和经济纠纷。对于这些制约发展的因素，要推进制度创新、最广泛、最充分地调动一切积极因素，开创多种所有制经济成分共同建设、共同发展的政策环境，追求公正和共同富裕的、法制的林业经营体制。对非公有制林业，要加大政策扶持力度、依法保护力度和科技支撑力度。利用物质利益原则，把林业发展和林业生产经营者的切身利益紧密结合在一起，创新合作模式，创造宽松的发展空间，促进林业和企业组织形式的规范化、高起点培育，形成培育发展和规范管理良性互动的机制，解决福建省林业目前的生产规模小、林产品品质差别小、营销方式落后等问题。这需要培育规范化、高起点的各种形式的林业产业化组织，即围绕非木材林主导产业，建设与完善规模大，带动能力强的龙头企业，提高其产业化和规模化水平。

在基地建设、生产方面，可以建立企业带动型、中介组织带动型、政府组织引导型与其化类型组织，内部实行不同程度的企业化管理与经营，如专业性生产某一种类或品种的林产品，统一进行产品的加工并使用同一品牌销售（林光美，2009）。

企业带动型，即企业＋基地＋农户或"龙头企业＋专业合作社＋农户"的组织形式。企业可以是非木质资源企业，也可以是商业性企业，如永安森美达生物科技有限公司永安相关乡镇所建立的互叶百千层高效栽培示范基地、福建金山医药实业集团有限公司在福建建瓯的建泽泻 GAP 生产示范基地，以企业建立基地带动当地农户生产香料和药材，满足企业的需要的同时，也促进了当地经济的发展。连城富饶花卉专业合作社是由龙岩市龙头花卉企业牵头创办的，由于公司有雄厚的经济实力和较好的经营能力，吸引社员踊跃参加合作社，促进花卉产业的发展。

中介组织带动型，即农民生产协会、专业性生产合作组织＋农户的组织形式，如福安白沙绿竹产业经济合作社帮助组织当地农民开展绿竹高效栽培与产品的销售，由合作社组织福建省林业科学研究院、福建农林大学等科研院校，解决了绿竹产量低的问题；漳平永福的花卉专业合作社建立花卉生产资料经营服务部，为社员统一采购花肥、农药、薄膜等生产物质，也联合在外销售大户为社员销售花卉产品，极大地调动了林农的生产积极性。

政府组织引导型，如宁化县、泰宁县、柘荣县政府依据当地得天独厚的自然条件，把发展药业作为该县经济新的增长点，成立了专门的机构，提出建立"闽东药城""海西药谷"的发展目标，出台一些补助政策，组织引导全县发展虎杖、

太子参、雷公藤等中药材生产。

在市场方面，建立有特点的品牌产品产地市场，集中销售当地的名优林产品，同时建立稳定的销售渠道，开拓新的业务关系，促进林产品的大流通。非常典型要数漳龙集团强力打造的集科研、交易交流、展示、观光及市场拓展为一体的世界级花卉苗木集散平台。它填补漳州市乃至福建省内无大型花卉苗木集散市场的空白，成为海峡西岸经济区最具辐射力和影响力的高品质、高标准、国际化的花卉物流集散中心。

在技术创新、提升产品质量方面，充分发挥龙头企业在科技推广应用中的辐射和带动作用以及在资金、市场、信息、管理等方面的优势，通过"龙头＋基地＋农户""中介机构＋农户"的产业化模式，加速福建森林非木质资源产业化发展的步伐。

六、树立品牌和产品认证意识，提高非木质资源产品竞争力

随着森林问题的国际化，林产品认证已成为世界潮流。强化森林非木质资源的管理法规、品牌意识和产品认证制度是促进和保证森林非木质资源可持续经营的一种市场的经营措施。

（一）突出地方特色，实施非木质资源品牌战略

实施品牌战略是林业产业化经营和林业集约化经营的核心和基础。要立足福建省实际，对非木质资源产品科学引导，合理定位，选择有特色、有规模、有效益、有竞争优势、发展前景较好的绿色生态产品分步骤地实施品牌发展战略，做到每个环节的专业化与产业化相结合。根据林产品的不同特征，对未来品牌效力范围进行分析定位，细分为国际品牌、国内品牌、区域品牌等，防止一哄而上，盲目创牌。

重点做好：

1. 保护传统特色名品

传统名优产品是实施林产品名牌战略的良好基础。传统名品是经过几代或更多人的辛勤劳动培养的优秀品牌，现代人有责任保护它的优良性状和品质。福建是一个林业资源型大省，林业历来在全国就有较大的影响，经过长时间的积淀形成了一大批传统的优势林副产品，这些林产品只要实施或加强产业化运作，做好深加工这篇文章，有效实施品牌化经营，整合营销网络，创国内甚至国际名牌应该说不是太困难的事。如福安市在发展茶叶产业的过程中，突出抓品牌建设与管理。"清宣统二年(1910年)，以坦洋茶商为主，福安成立了福建省第一家茶叶研究会。1915年，坦洋工夫作为华茶代表，在巴拿马国际博览会上荣获金奖，确立了世界名牌的地位，开创了闽红乃至中国红茶的新纪元"。近年来，福安市比较

注重品牌的宣传，品牌的管理和品牌保护，强力打造"坦洋工夫"历史品牌，"坦洋工夫"先后获得国家地理标志保护产品、中国驰名商标、中国证明商标、福建省著名商标和福建名茶等，并成为"中华名人特供茶"。"坦洋工夫茶制作技艺"被福建省人民政府列入第三批省级非物质文化遗产名录，在国内外历届重要茶文化活动荣获60多项金、银奖，100多项优质奖。

2. 营造有地方特色的林产品名牌

福建东地处热带亚热带区域，光热资源丰富，雨量充沛，林业自然条件较好；山地、水域的林业名优产品种类资源特色明显，开发潜力大；还有历史、地理、传统、风俗等文化底蕴厚重，可利用这些有利条件研究开发或引进适合本地的林业优良品种，培育地方特色的林业品牌，推动林业产业化经营。例如福建有大量荔枝、龙眼、香蕉等佳果，丹桂、银杏、厚朴、南方红豆杉等药用、观赏集一身的植物，可以从品种选择、深加工和文化等方面营造八闽特色非木质资源名牌。截至2014年，福建省林业有中国驰名商标28枚、省名牌产品170个、国家地理标志证明商标6个，上市企业21家，176家林业企业入选省级重点龙头企业。

(二) 实施标准化战略，推进产业与产品认证制度的开展

这是林业在更大的范围、更宽的领域和更高的层次上融入世界经济、适应经济全球化的需要。林业标准化和森林认证工作是一项系统工程，为确保其效性、权威性、公平性、公正性和公开性，保证林业产业和产品的质量，促进福建省森林的可持续经营，可依照国家相关管理办法，逐步制定"福建省林业质量标准化实施管理条例"和"福建省林产品认证制度管理条例"，以林产品质量安全标准为核心，建立完善"林业生产先进适用技术标准、检验检测方法标准和管理标准协调配套"的林产品生产、加工、贮运标准体系。根据福建省林产品的区域特色，构建"以省级检测中心为龙头、与主产区检测站(点)相衔接、企业(基地)自我检测相结合"的检验检测体系，从产地环境、生产技术、产品质量和标识管理等各个环节严把质量关。同时，有效地开展绿色消费教育，强化绿色消费动机和偏好。绿色消费需求是标准化战略和森林认证产生的源动力，必须逐步开展森林野菜、中草药、食用菌等非木质资源的产地 GAP、GMP 建设，并对林产品进行 FSC、FM/COC 和有机认证和公平贸易标签，提升产业发展质量和竞争力，易使产品进入国际市场。目前，FSC 是最成熟、最完善的专门针对林业部门的森林论证体系，所有认证体系中 FSC 体系受到了广泛认可。FSC 认证标准要求涵盖了社会、经济、环境各个方面共 10 原则 56 条标准。认证机构在遵循 FSC 原则和标准的前提下，为了更好的审核考虑森林经营单位的经营水平，在每个标准下设定了若干审核指标。每家认证机构设定的审核指标有一定的差异，审核时所考虑的侧

重点也有所不同。目前，福建有永安、漳平五一国有林场、福建金森林业股份有限公司等9家经营单位的300多万亩森林、竹林通过 FSC 森林认证。

从目前开展森林认证的国家和机构看，由于认证体系不同，其认证程序也不完全一样，每个认证计划都有一套完整的认证程序，但主要步骤是相同的，祝列克等（2004）在《森林可持续经营》一书总结出的森林认证程序一般包括如下步骤：

（1）申请。一个森林经营企业或加工企业（经营单位）在申请认证之前，应该做好以下准备工作：①经营单位首先要了解什么是森林认证，为什么要开展认证，开展认证的必要性，认证能带来哪些效益，认证费用等；②经营单位决定开展认证后，要明确选择哪些证书和认证体系。目前，全球性认证体系有2个，如森林管理委员会、环境管理认证体系（ISO14000）；至少有2个区域性认证体系，如非洲木材组织、泛欧森林认证体系（PEFC）。还有一些国别认证计划，如瑞典、英国、美国、印度尼西亚、圭亚那等。经营单位应该根据消费者和市场选择一种体系。目前得到最广泛认可、最具有影响力的是 FSC 认证。国内经营单位选择认证体系，还要考虑能够提供合适服务的认证机构，目前我国全球认证体系机构大约有8~9家，如中国方圆认证中心，国家体系认证大约有4~5家机构。③经营单位在进行正式认证之前，还要进行内部评估，包括标准的选择，当地条件下对标准的解释，以及经营活动是否符合所选择的标准等。

如果上述准备工作基本充分，则就可以正式提出申请。

（2）实地考察。认证机构收到经营单位的认证申请后，将委派评估专家对要求认证的森林进行实地考察，确定认证程序和内容、认证范围、文件审核，以及林区的自然地理概况等。

（3）文件审查。认证机构将检查经营单位所提供的文件是否与认证标准相一致，并着重检查森林经营过程中反映环境与社会的相关因素。

（4）实地评估。主要内容包括经营单位正在实施的科研项目、永久性样地和主要保护地等状况；同时对经营单位的文件管理系统进行抽查，以此检查野外调查结果与文件记载是否相一致。如果条件严重不符，评估组将考虑终止评估。实地评估结束后，评估组将起草一份报告，并说明是否授予认证证书。

（5）复查。实地评估报告和相关文件将由3名独立专家组成复查小组，审定某一认证活动的评估产生的可靠性，检查评估小组所做了的决定。

（6）认证。复查小组批准评估建议后，可以为经营单位颁发证书。取得认证证书的经营单位要兑现有善于改善环境和社会发展的承诺。如果在规定时间内，经营单位没有按规定的程序改善经营活动，或在对外宣传中有不规范行为，将被吊销证书。

（7）标签（产销监管链）（COC）。经过森林认证的森林经营者或产品消费者，希望清楚产品来自经认证的渠道，可以通过产销监管链检查来实现。产销监管链

是指原料加工后的半成品和产品所经过的森林到消费者的所有环节的监管过程，包括所有的加工、制造、运输、储存和销售阶段。监管链是任何认证项目的关键，它为买方和卖方从森林到林产品的最终销售提供了联系。链条上的任一机构都应建立和保持一定的程序，以便认定来自特定方向的产品。根据认定和相关记录，可以追溯产品的来源和最初认证来源。

（8）定期审查（监督）。审查的范围由评估报告中提出的改善经营活动的数量来决定。目的是提醒经营单位注意某些需要改正的问题，也包括产销监管链检查。

以上 8 个步骤是森林认证的基本程序，仅供大家参考。在每个程序中，都必须强调经营单位与认证机构的交流与沟通。有些步骤是由认证机构独立完成的，有些则需要申请单位和认证机构共同协商、合作完成。特别注意的是，森林认证不是适合所有经营单位，必须具备一定条件，同时是一种自愿行为。

相别于 FSC 认证体系的中国森林认证体系从 2001 年开始启动，建设经过 10 多年的发展，至 2014 年，中国森林认证管理委员会正式成为泛欧森林认证体系（PEFC）国家委员，认证范围涵盖了森林经营认证、产销监管链认证、碳汇林认证、竹林认证、非木质林产品认证、森林生态系统服务功能认证、生产经营性珍贵稀有濒危物种认证等，发布了《中国森林认证 森林生态环境服务 自然保护区》等 2 项行业标准，森林认证工作取得了突破性进展，实现了与 PEFC 互认评估，基本建成了符合国情林情并与国际接轨的国家森林认证体系，正成为越来越多中国森林认证的选择，趋势越来越明显。现在经过中国森林认证管理委员会（CF-CC）认证认可的机构有四家：2009 年成立的中林天合（北京）森林认证中心有限公司、2013 年成立的吉林松柏森林认证有限公司、临沂市金兴森林认证中心、江西山和森林认证中心。这里着重强调一下，要开展非木质林产品认证的前提，先要通过森林经营认证，或者根据实际情况，可同时进行森林经营和非木质林产品认证。其目的是说明只有森林经营的可持续性，才能保证非木质林产品的可持续性。CFCC 认证与 FSC 认证在程序上都归纳为 8 个步骤，但略有差异，现根据中国森林认证实施规则，简要将 CFCC 认证基本程序列图说明（图 7-1），简明直观，仅供参考。

七、建立碳汇机制，推进森林碳汇为林业经济服务

森林是陆地生态系统的主体。在全球碳循环中，森林植被通过光合作用，将大气中游离的 CO_2 固定下来，转变为有机态的碳，这就是森林的因碳功能，形成所谓的碳汇（cathonsink）。与其他植被生态系统相比，树木生活周期较长，形体更大，在时间和空间上均占有较大的生态位置，具有更高的碳储存密度，能够长期和大量地影响大气碳库。平均每公顷森林的生物量碳贮量 71.5tC，如果加上土

图 7-1　CFCC 认证基本程序列图

壤、粗木质残体和枯落特中的碳，每公顷森林碳贮量达 161.1tC。单位面积森林生态系统碳贮量化（碳密度）是农地的 1.9 ~ 5 倍（江泽慧等，2004）。可见森林生态系统是陆地生态系统中最大的碳库，其增加或减少都将对大气 CO_2 产业重要的影响。基于森林是全球碳循环的重要组成部分和在吸储 CO_2 等温室气体方面的重要作用，森林的碳汇服务功能作为 CO_2 减排的主要替代渠道，它所产生的碳信用通过某种方式可以自由转换成在市场上交易的温室气体排放权,帮助一些国家完成温室气体减排义务,于是,就逐渐形成了森林碳汇的交易市场。森林碳汇服务交易市场有可能成为一个新兴的、具有巨大发展潜力的环境服务市场。同时它也是一个特殊市场,其特殊性就在于这个市场不是自发形成的,而是人们为了有效配置大气平流层这一个全球公共资源,人为地运用交易和价格机制。不容置疑,森林碳汇服务作为人们一贯自由享用的公共物品,要求为其付费是很困难的。

因此,2005 年 2 月《京都议定书》生效,正式成为具有法律效力的文件规定和实施计划,使得森林碳汇服务产权做到排他和可转让,那么 CO_2 排放者为获得向大气平流层排放 CO_2 的权利就要购买森林碳汇服务。由此,森林碳汇服务的配置就能够实现商品化和市场化。

目前,国际上许多国家实施了碳排放权交易机制,将森林生态效益补偿推向市场。碳排放权交易主要方式是:排放二氧化碳的国家或公司,以资金形式,向本国或外国森林拥有者、经营者支付森林生态效益生产成本,协助他们造林,并可将其造林所吸收的二氧化碳量作为其排放减量成果:森林拥有者、经营者利用其他国家或公司的资金援助进行造林,同时将所吸收的碳汇或抵减量卖给提供资金的国家或公司。目前国外已有 25 个国家对生态效益补偿引入市场机制,美国、巴西、哥斯达黎加是 3 个成功地实施碳排放权交易机制的国家,他们的成功经验表明,在产权明晰条件下,森林生态效益价值可以在市场上实现,政府并不是生态效益补偿资金来源的唯一渠道。推进生态公益林效益补偿市场化改革,把我国生态公益林生态效益补偿引入市场机制,可以减轻政府的财政压力。其提供的补偿资金远大于政府提供的补偿资金。

福建省具有开展碳汇项目所需的林地和森林优势,特别是有 300 万 hm^2,占现有森林面积的 30.7% 的生态公益林将为森林碳汇的研究、服务等方面提供坚强的资源保证,既能做到生态公益林的保护,又能增加林农收入、发展农村经济,实现绿色产业、绿色经济、绿色环境的全面和可持续发展。全省森林每年吸收的二氧化碳相当于全省二氧化碳排放总量的 57.8%。因此,我们要高度重视这一新兴领域,急需开展林业碳汇的规模与潜力、市场准入与交易原则、管理政策与环境影响评价研究,开展碳汇试点,率先提出福建省的森林碳汇补偿机制,为碳汇价格的制定提供依据,并可据此对碳汇项目的规模、比例、分布等提供决策参考,有利于林业部门在未来的碳交易中掌握主动。涂慧萍等(2004)提出森林碳汇项目试点的初步思考,能为福建省开展试点工作提供参考。

（一）试点准备工作要充分

首先,应注意试点地区的选择。在碳汇试点工作中,必须解决碳汇合理价格、碳汇项目分布与规模等在内的一系列问题,这要求有较完善的资源管理体系与资源监测体系。其次，碳汇项目在世界各地开展时间较短。因此，试点要吸取国内外已有的经验，结合具体情况，将碳汇项目的开展与当地林业生态建设结合起来，与促进当地社会、经济可持续发展结合起来，与增加当地农民收入等问题结合起来，制定详尽的试点方案。同时，由于碳交易是一个新的事物，提高认识与加强宣传显得尤为重要。

（二）试点内容

试点工作应结合试点地区的具体情况，解决碳汇项目一些关键问题。以福建为例，试点可从以下几方面着手：①福建碳汇项目可行性分析和评估；②福建碳汇项目的实施对当地社会的影响；③对森林碳汇项目现有规则的验证；④福建的碳汇价格；⑤福建碳汇项目的最佳规模、比例与分布，尤其与福建目前纸浆业在林地使用中的关系；⑥福建碳汇项目实施的技术体系与政策保障体系；⑦碳汇项目实施的中介、监督与仲裁机构等等。

（三）加强协作

试点工作要强调群众参与和多学科多部门的协作，并要健全试点工作的领导，及时交流国内外碳汇项目的信息。

近年来，福建省在碳汇建设与交易上走在全国的前列，开启了碳汇项目建设的良好开端，取得了显著成效。2011年由中国绿色碳汇基金会承接、福建建峰包装用品公司出资建设的全国首个"碳中和企业"碳汇林项目落户建宁，在建宁县营造150亩碳汇林，在未来20年净吸收的二氧化碳可以中和该公司2010年全年排放的二氧化碳碳当量5081t。这种企业自愿捐资到中国绿色碳汇基金会以资助实施碳汇造林项目，能充分展示企业社会责任和绿色形象，提高企业的软实力。2013年中国绿色碳汇基金会批复由中国绿色碳汇基金会与永安市委、市政府联手发起设立的永安碳汇专项基金，该基金是全国第五个县级碳汇专项基金，也是福建省首个碳汇专项基金。这是探索永安在林改及林业转型升级的同时，设立碳汇基金，将为社会各界志愿参与碳汇林业事业者提供一个公共平台，为政府投资与社会捐赠筹资开辟新的渠道。

八、加强国际交流与合作，提升福建林业的国际竞争力

面对经济全球化、贸易自由化的机遇与挑战，应充分利用福建外向型经济发达的优势，加强林业领域的国际交流与合作，加快国际接轨步伐，大力发展林业外向型经济，扩大林业发展空间。

（一）充分发挥福建海峡西岸的区位优势

鼓励实力雄厚、国际合作经验丰富的林产工业到台湾引进先进的生物医药、

生物能源、花卉等先进技术，推进福建省林业产业结构调整，提升林业经济的竞争力。同时，适应国际林产品贸易的新变化，通过宣传教育和培训，提高对森林非木质资源利用的认识，研究并制定应对策略。还可以到越南、老挝、柬埔寨以及南美等相对落后的国家创业，利用那里丰富的森林资源和更廉价的劳动力，开展林产品加工、贸易，占领当地市场，扩大松香、松节油、桂油、茶油、竹藤芒编工艺品等传统林产品的出口，输出福建的林业生产力，实现福建林业的跨国扩张。

（二）积极实施"走出去"战略，开展国际合作，引进国外的先进技术

森林非木质资源的开发利用是当今国际上的一大热点，美国等一些发达国家对生物质能源等非木质资源开发利用已有相当大的规模和较先进的技术。当前我们抓住的大好时机，坚持自主开发与引进消化吸收相结合，有目的、有选择地引进先进的技术工艺和主要设备，在高起点上发展我国的非木质资源开发利用成果与技术；同时，拓宽林业科技国际合作领域，加快技术、人才引进与输出的步伐，充分利用好两种资源、两个市场，提高福建林业的国际竞争力。制定有效政策措施鼓励引进国外先进技术，提高非木质林产品出口企业的科技含量，充分利用海外资源和市场，提升福建林业产业的整体市场竞争能力。

第三节　森林非木质资源利用支撑体系

区域经济学家 G·迈尔达认为：一个地区的经济发展一旦超过了社会平均发展速度，与发展缓慢的地区相比它就可能获得积累竞争优势。在市场经济条件下，由于市场机制的自发作用，一些条件好、发展快的地区就会在发展的过程中不断地为自己积累有利因素，且进一步推动该地区的发展；相反另一些地区条件欠差，发展慢的地区难以为自身积累有利因素，从而不断制约困难地区的经济发展。因此，山区进行森林非木质资源与生物多样性资源开发，也必需要建立和完善必须的支撑体系，从而促使其更好更快的发展，进而推进林业跨越式发展。

一、政策支撑体系

（一）深化林业改革

2002 年以来福建率先在全国开展的集体林权制度改革，使林农获得了基本的生产资料，明晰了产权，放活了经营权，落实了处置权，确保了收益权，充分调动起农民和社会发展林业的积极性。但在长期运行过程中仍存在投融资机制、技术推广机制、社会保障机制等问题，下一步最关键的是要继续做好集体林权制

度的配套改革工作。一是要深化以林业分类经营为龙头的各项林业改革，完善《福建省公益林管理办法》和《福建省商品林管理办法》，建立既适应市场经济要求，又能体现林业特点的新的管理体制和运行机制。逐步完善以公共财政为主、多渠道融资的林业投入机制。建立公益林以政府投入为主、吸引社会力量参与建设，商品林以市场融资为主、政府适当扶持的投入机制。二是进一步完善林业产权制度。加快核发山林权属证明步伐，稳定林地所有权，放活使用权和经营权，延长林地承包或租赁年限，使经营者吃上"定心丸"。三是抓紧《福建省森林资源流转条例》的修订完善，鼓励各种社会主体通过承包、租赁、转让、拍卖、协商、划拨等形式参与流转。当前要重点加快新形势下推进森林、林木和林地使用权的合理流转政策的修订完善力度，鼓励集体经营的森林、林木和林地以及处于生态区位的集体林地，在充分尊重群众意愿的基础上，通过流转或赎买，落实经营主体，提高集体林经营水平，改善林分质量与保护生态环境。

（二）加大政策扶持力度

（1）建立非木质资源产业补助机制。非木质资源产业是新兴产业，尚处在粗放型的发展阶段。首先要加大贴息扶持力度，根据中央财政对林业龙头企业的种植业、养殖业以及林产品加工业贷款项目，各类经济实体营造的工业原料林贷款项目，山区综合开发贷款项目，林场（苗圃）和森工企业多种经营贷款项目，林农和林业职工林业资源开发贷款项目的有关贴息规定，地方应根据实际情况，给予适当支持。其次要加大非木质资源培育的收购价补助机制，政府应调整一部分资金用于扶持非木质资源培育，弥补企业收购价低而造成资源培育者比较效益低的现状，调动种植业者的积极性，实现资源培育业与企业之间和谐共处，共同发展，最终推进非木质资源产业发展从小到大，逐步走上发展的正轨。

（2）政策性银行应在业务范围内，积极提供符合林业特点的金融服务，适当延长林业贷款期限，对林业项目给予积极支持。国家开发银行对经济林和其他种植业、养殖业和加工业项目，贷款年限为 10～15 年。中国农业发展银行对林业产业化龙头企业贷款期限一般为 1～5 年，最长为 8 年；对经济林和其他种植业、养殖业和加工项目贷款一般为 5 年，最高为 10 年，具体贷款期限也可根据项目实际情况与企业协商确定。建立和完善面向林农和林业职工个人的小额贷款和林业小企业贷款扶持机制。适当放宽贷款条件，简化贷款手续，积极开辟包括林权抵押贷款在内的符合林业产业特点的多种信贷模式融资业务。

（3）积极发挥信用担保机构作用，探索建立多种形式的林业信贷担保机制，积极研究探索建立政府扶持的林业保险机制，会同有关部门，研究开展各级政府对林业种植业和养殖业保险实行保费补贴的试点工作，以降低林业保险成本，增强林业产业项目抗风险能力。2013 年《福建省人民政府关于进一步深化集体林权制度改革的若干意见》规定：将林权抵押贷款业务全部纳入福建省小微企业贷款风险补偿范围，按有关规定给予风险补偿。林木收储中心和林业担保机构为林农生产性贷款提供担保的，由省级财政按年度担保额的1.6%给予风险补偿。

（4）建立森林、林木和林地使用权流转交易平台，推进森林、林木和林地使用权流转。鼓励林业贷款借款人以森林、林木和林地使用权作为抵押物向银行申请贷款，落实森林资源资产抵押登记办法。按照市场经济体制和分类经营的要求，完善森林资源采伐管理制度，对人工商品林特别是工业原料林的采伐管理进一步依法放活，其采伐限额和采伐年龄依据经营者依法编制的森林经营方案确定，以充分保障其经营自主权和林木处置权。特别要探索突破重点区位公益林收购赎买政策。目前，全省上下有不少重点区位由非国有投资主体投资营造的商品林由于国家生态安全的需要被禁伐，造成林业经营者损失，特别是农民投资营造的生态林，由国家进行征收或赎买，转变其所有制形式。收购中，应优先对农民个人投资营造的、事关农民收益、生存等切身利益的个人所有重点公益林进行收购赎买。

（5）出台非木质林产品认证的扶持政策。开展非木质林产品认证，由第三方按照绩效标准与规定的程序，对森林/环境（林产品加工企业）进行符合性评价，提出改进意见，颁发证书，建立产销监管链，确定经营良好的森林，建立产品链联系，创建一个公众认可的标识，使消费者支持负责任的企业。因此，政府部门要积极制定政策，出台非木质林产品认证的扶持政策，对获得认证证书的企业或组织给予一定的资金补助，推动非木质资源开发利用产业转型升级，改变传统的林业利用模式和发展方式，改变生存环境，促进社会需求，保护森林生态功能，持续提供林业的产品和服务，提高林业的附加值与认知度、提升林业的社会地位。

二、科技支撑体系

邓小平同志说过："科学技术是第一生产力。"技术是开发森林非木质资源的源泉和根本保证，是连接资源开发与产业开发的纽带，使森林非木质资源开发利用向"高、优、深"发展。

（一）加快林业科技创新体系建设

加强产业开发的科技支撑，扶持新兴产业发展的科学研究、技术开发、成果转化和中试、推广。林业科技创新体系，是以林业公益类科学研究机构为主体，以促进林业综合生产能力持续提高为目的，高效有序地开展包括原始创新、集成创新和引进吸收消化再创新，以及先进实用技术应用与加快成果转化等全部非木质利用科技活动。同时，按照产业化、集聚化、国际化的发展方向，加快建立以企业为主体、市场为导向、产学研相结合的技术创新体系，大力实施品牌战略、标准战略和知识产权战略，不断优化产品结构、企业结构和产业布局，提升林业产业的整体技术水平和综合竞争能力。重视全局性，战略性和对林业产业带动力强的生物技术、新材料技术、信息技术、关键性技术的研究开发和推广，推进产业化。林业科技创新体系的构架可分成区域研发中心、科技服务中心和创新实验基地三种类型。

1. 区域研发中心

按照林业现代化目标的要求，以基础研究和应用基础研究为核心，在加强"省院合作"的基础上，以现有省级科研机构和相关大学科研机构的优势学科和领域为龙头，通过加大扶持力度、整合资源、集聚人才、提升林业科技自主创新能力，共同服务于福建林业经济社会的全面协调发展。

2. 科技服务中心

基于福建省生态、经济和社会发展对林业的需求，以现有的林业高等院校、科研院所和企业的研发机构为依托，按照区域优势建立若干科技中心，扩大现有区域科技创新服务中心和工程技术中心的范围，直接服务于林业生态和林业产业建设的主战场。尤其要重视在企业创建科技中心，形成产、学、研紧密结合的新的研发投入机制，减少成果转化环节和周期，使企业真正成为技术创新的主体。

3. 创新实验基地

以提供科研条件和基础性工作为目标，打造与知识创新和科技创新相适应的科学研究基地(重点实验室、野外观测台站、种质资源库等)和产业开发基地(试验林、中试基地、示范林、科技示范园区等等)。

(二)完善科技推广体系建设

林业科研成果的产业化水平以及成果的转化程度，需要依靠强有力的林业科技推广体系为其提供科技支撑。市场经济条件下的科技推广体系，应该是适应市场化要求的多元化主体共同参与的立体模式。根据福建现代林业建设的需要和市场经济发育状况，这些多元化供给主体可以划分为两类(图7-2)。

(1)政府公益性推广组织，民间商品性推广组织(专业合作组织、林业龙头企业、民营研究所等)。

应在乡镇林业站等林业基层组织全额纳入财政预算的前提下，承担起政府公益性推广组织的职责；加大推广资金投入，确保林业科技能及时有效地转化，以满足经营主体尤其是林农对林业技术的需求。

(2)鼓励技术推广组织采用股份(合作)制等形式创办科技示范基地(企业)，鼓励科技人员通过技术入股、承包、转让等形式参与推广。

政府应制定扶持政策(税收、信贷、项目等)鼓励民间组织从事商品性林业

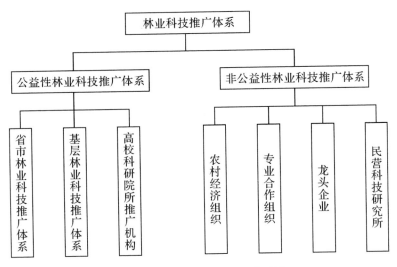

图 7-2　林业科技推广体系建设图

技术推广。通过建立小额贷款等方式减少农民采用新技术的资金障碍；通过咨询、讲授、现场示范、举办培训班和建立示范点等多种方式更新观念，提高农民接受和掌握新技术的能力和水平。坚持和完善林业科技特派员制度，通过制定优惠政策鼓励高等院校、科研院所人员到欠发达地区进行指导，为当地解决生产实践中的问题；并鼓励林业科技特派员在当地进行科研活动，使科技成果转化为生产力。

（三）推进林业标准化体系建设

1. 完善林业标准化体系

采取有效措施应对国际市场对我国林产品出口的技术性贸易壁垒。建立健全林产品质量检验监测体系，加强林产品质量安全检测。建立健全林产品质量检验检测机构体系，实施林产品质量监测制度，加大对人造板、竹藤，林木种苗、花卉和森林食品等林产品，特别是涉及人类身体健康和生命安全的林产品及非木质林产品的监督力度，要在产地环境、生产性技术规程、产品质量以及质量管理进行规范，确保林产品质量安全。同时，要加快《福建省主要非木质林产品生产技术规程》的编制和完善工作，确保非木质林产品符合国内外越来越严格的生产要求的需要。

2. 推进森林认证体系建设

森林认证体系建设已经成为国内推动林业经济发展的一种有效工具，它有利于实现五个方面的转变：既森林资源由政府直接管理向政府和社会共同监督管理转变、森林经营由注重经济效益向生态社会经济综合效益均衡发展转变、林木采伐由限额管理向森林经营方案管理转变、经过认证的木材运输由许可证管理向认证标识管理转变、林产品利用由过渡消费向绿色消费转变。国家技术监督局、国家环保总局和国家经贸委先后成立了相应的认证机构。2001年9月，国家林业局成立了森林认证领导小组，正式启动了我国的森林认证工作。鼓励和促进林业企业通过ISO9000质量体系和ISO14000环境质量等认证企业建设造纸林基地。要符合国家林业分类经营、速生丰产林建设规划和全国林纸一体化专项规划的总体要求，必须符合土地生态、水土保持和环境保护等相关规定。鼓励采用清洁生产工艺和节地、节水、节能、节材技术，积极发展先进的污染治理技术及装备，确保企业生产符合国家环境保护标准。开展标准化教育培训，尽快培养一批既有标准化知识，又掌握专业技术的推广队伍。

（四）创新林业科技入户方式和手段

开展林业科技入户工程是林业科技管理体制的重大创新，是科技服务林农、服务基层和服务林业的重要抓手，也是适应林改后千万林农和林业生产经营者对林业科技迫切需求而推行的有效举措。根据国家林业局关于"百县千村万户"林业科技示范行动实施方案、科技服务林改行动方案等要求，无偿为广大农民开展"百企千村万户"、林业技术人员培训、热线和网络服务、专家技术服务、科技示范致富等"五大"科技入户行动，培育新型林农，全面提高林农素质、实现林业发展方式转变、推进新农村建设。重点实施"四个开展"活动。

1. 开展林业科技特派员创业行动

加快科技成果推广应用。根据《关于开展林业科技特派员科技创业行动的意见》，选派林业科技特派员驻村服务活动。围绕优势特色产业，在对口帮扶林农大户、创办林业示范基地、建立技术服务实体等方面深入各乡村开展各种技术服务及科技创业活动。

2. 开展林业农民技术员培训

村级林业农民技术员是福建省率先在全国实施的农村"六大员"当中的一员，在省、县财政给予每月100元补助的基础上，组织对专业技术技能、熟悉林业工作并自愿热心为林业生产服务的村级林技员进行技术培训，不断提高他们的科技文化素质，进而起到上连"林业部门"，下连"一线农民"的"接力棒"作用，为周围群众起到良好的现身教育和典型示范，带领当地林农科学经营。

3. 开展96355林业热线服务

通过电话、网络等通讯手段，采用电话问答、函件咨询、网络查询、现场指导等方式，及时把科技成果、实用技术和行业专家信息准确地传播到林业基层和广大农村，无偿为基层林农提供技术、政策和信息服务，使服务热线成为林业便民服务的窗口。

4. 开展送科技下乡活动

为了更好地帮助林农开展林地经营活动，掌握林业生产技术，宣传林业科普知识，定期开展多形式的科技下乡活动。聘请具有专业特长、推广经验丰富的林业专业技术人员组成科技服务小组，根据林事活动情况和农闲季节进行科技进村入户开展科技服务，以深入乡村山头地块发放技术资料、现场指导、举办科技讲座、开展技术咨询等多种形式，给群众以实实在在的生产、生活的知识和技能帮助。

三、人才支撑体系

林业人力资源是林业生产要素中最能动、最积极、最活跃的因素，是林业建设的第一资源。

（一）建立"生态文明"林业科技人才发展基金，实施林业科技人才计划和青年人才科研培养计划

生态文明建设是新形势下林业建设的重大发展战略，森林非木质资源利用是生态文明建设的重要突破口。而进行森林非木质资源开发，特别是新兴的碳汇林业、森林认证等离不开人才的支持，拥有人才，才能用活资本、创新技术和产品，才能开拓和拥有市场。目前，林业科技人才的不稳定，尤其是基层林业生产第一线科技人才非常缺乏，已造成林业科技普及率很低，林业的科技含量不高，成为福建林业发展的一大限制因素。因此，要引进培养一批掌握现代林业科技知识的人才，建立一支强有力的林业科技队伍，这是林业可持续发展的智力支撑体系。同时，福建的林业学校、学院要主动适应福建现代林业建设和生态环境建设的需要，加大学科专业建设力度，调整专业结构和人才培养方案，以满足福建林业经济建设与发展对林业高级技术人才的需求。设立农民培训专项计划和经费，选择若干相关高等院校和科研院所作为培训基地，选择一批生态市（县）、乡镇和生态村、林业生态型科技企业建立林业现代化教育基地。

（二）建立"按绩取酬"分配制度，鼓励要素参与分配

逐步缩小林业职工与其他行业职工工资水平的差距，调动林业人才的积极性，稳定现有林业从业人员队伍。并且按照"公开、平等、竞争、择优"的原则，采取公开招聘、竞争上岗、双向选择等手段，促进各类人才的合理流动和优化组合。坚持"不为所有，但求所用"的原则，通过制定优惠政策，为引进人员提供优厚的工作和生活条件，实现人力资源的共享。加强与中国林科院等在内的人才培养方面的合作。

四、资金支撑体系

我国林业长期处于"低投入、高产出"，或说给予少而索取多的状态，国家对林业投资少，特别是对森林非木质资源利用更是投资严重不足。由于林业资金短缺，在国有林区产生了企业经济危困、林业生产萎缩、林区林农收入减少，呈现隐性的经济危困。在战略实现途径中，森林非木质资源开发利用和产出水平对林业经济的发展影响很大，非木质资源生产的高产出对整个林业经济发展具有较强的拉动作用。然而，森林非木质资源产业对资金的需求量是很大的。发展森林非木质资源产业就要摆脱传统林业的影响，转变林业经济增长方式。调整林业产业结构包括发展高度集约经营的森林野菜、生物医药、生物农业，发展森林旅游业，兴办林副产品深加工企业；提高林业经济效益，就要改造旧设备、旧设施，引进新技术，扩大经济规模，这些没有政府的资金支持是不行的。

（一）拓宽投融资渠道

加大森林非木质资源利用产业研究开发的投入，利用原财政预算安排的企业改革与发展资金、重点产业及企业扶持政策兑现资金、产业集群资金、科技创新奖励资金、中小企业科技新资金、产学研资金及国有资本收益和土地出让收放提取的工业用地成本调节基金，统一整合归并为企业发展专项资金。

（二）实行个人、集体、国家三结合，多层次、多渠道筹措资金，增加对林业的资金投入

1. 创新林业资产证券化融资方式

福建林业资产证券化也是全国首创，林业资产证券化是金融工具创新和融资机制变革的一个必然发展方向。金融业要抓住这千载难逢的历史机遇，大胆解放思想，催生林业资产证券化这个前无古人的金融新产品，实现林业资产资本化。实现林业资产证券化必将产生巨大的现金流，如碳汇经济收益、活立木交易市场资金流转、林下经济效益等，是一项银行、保险、证券业共同受益的金融产品。重点培育一批非木质资源产业在创业板、新三板上市融资，解决林业企业资金紧缺问题。

要使生长周期长的林业资产提前变现，唯一的途径就是加快林木资源流转市场体系的建立，从已经建立的活立木流转市场开始，将林业资产变成资本，由资本进入市场，大胆推行林地承包经营权抵押贷款，真正解决林地承包户育林、发展林下经济贷款难的问题；实现活立木出售、转让、柜台交易，使林业资源依法有偿进行流转，让承包户手中的活立木、林地资源随时获得短期收益和实职工发展林下经济，推动林权制度改革向纵深发展。

2. 创新招商方式，加大招商引资力度

招商引资是福建省发展森林非木质产业一项长期而又带根本性的战略举措，因此，要将林业生物产业项目的招商作为招商引资工作的重点，全力提升生物医药产业招商引资的规模、质量和水平。充分发挥海峡两岸（三明）现代林业合作实验区、"5·18"海峡两岸商品交易会、厦门"9·8"投资贸易洽谈会、"11·6"林博会暨生物医药项目对接会、"11·18"海峡两岸（福建漳州）花卉博览会等平台的作用，积极组织、引导全省森林非木质开发利用企业进行招商引资和市场开拓。

五、产业支撑体系

市场是由大量的人流、物流、信息流和资金流聚集在一起，相互交换形成的，形成成本很大，单个的林农（福建省林地主要以分散的林农经营为主）无法支付这种高昂的成本，采取集体行动又因市场具有公共品性质，难以避免"搭便车"行为，协调成本过大而无法达成；自发形成过程相当长，难以满足产业的快速发展要求。政府作为该产业积极的倡导者，应加强市场体系培育，实行政策引导，提供服务等措施，以形成"政府搭台，企业唱戏，群众参与"的良好局面。

（一）扶持培育一批有特色、有市场竞争优势、产业关联度大、带动力强的大中型龙头企业

采取扶持、改造、组建等多种形式培植林业龙头企业，定期发布林业龙头企业目录，提高林业产业的规模化经营水平，带动相关中小企业发展，形成大中小企业协调发展、有序竞争的格局。通过市场和政策引导，发展具有国际竞争力的大型企业集团，营造有利的发展环境，促进劳动密集型中小企业健康发展。鼓励企业以市场为导向，以资本、技术为纽带进行联合重组，通过股份出售、转让等多种形式逐步推进产权结构的调整和优化。培育一批具有特色的品牌企业和品牌产品，尤其是具有原产地特色的产品企业和品牌，进一步加大保护和宣传力度，切实发挥其示范、辐射和带动作用。

（二）鼓励竞争，反对垄断，消除地方保护政策，促进区域性林产品交易市场发展，建立公平竞争、规范有序的林产品与服务市场体系

扶持培育林业专业经济合作组织发展，提高林农进入市场的组织化程度。整合和完善现有林业专业协会，建立区域和全凶性林业产业的行业协会，充分发挥其在政府、企业和农户之间的桥梁作用。支持发展适应我国农村生产力发展水平的多种类型的农村林业专业纤济合作组织，创新农村林业经营体制。

（三）大力发展非公有制林业，消除束缚非公有制林业发展的体制性障碍

发展非公有制林业是非木质资源开发利用重要手段。要创造宽松的发展环境，在项目准入、资金扶持、税费和资源利用政策等方面，给予各种所有制林业经营主体平等待遇，一视同仁。充分发挥非公有制经济在资金、机制等方面的优势，积极鼓励、支持和引导非公有制林业的发展，促使国内外资本、技术和劳动力等要素在市场资源配置中流向林业。鼓励打破行政区域界限，按照自愿互利原则，采取联合、兼并、股份制等形式组建跨地区的林业产业实体，鼓励各种经济成分参与林业多种经营、林产加工以及林区非木质资源的开发利用，发展混合所有制经济，获取规模经济效益。各类林业投资要向非公有制林业倾斜，积极扶持非公有制林业发展，促进山区资源开发向纵深发展。

六、中介服务体系

（一）加强创新服务体系建设

按照"组织网络化、功能社会化、服务产业化"方向，要重点培育四类服务机构：一是直接参与服务对象科研科技技术研究中心、博士后工作站等；二是主要为服务对象提供技术、信息、管理和市场等方面咨询服务的机构，包括信息服务中心、知识产权机构、科技咨询公司、资源评估公司等；三是为科技创新活动提供场所、设施等硬件服务的创新服务机构，如创业孵化器等；四是主要为科技资源的有效流动和配置提供服务的机构，如技术市场、产权交易所、风险投资公司、担保公司、人才中介市场等。引导扶持各类科技中介服务机构的发展，为森林非木质资源利用企业提供经营管理、市场营销及人才、技术、信息、金融、财务、法律、专利等方面的服务。

（二）完善林业专业合作经济组织

建立适应市场需求的林业专业合作经济组织（农民合作社和专业协会），是提高农民的组织化程度、增加农民收入的必然要求。要认真贯彻《中华人民共和国农民专业合作社条例》、《国家林业局关于促进农民专业合作社建设的若干意见》，为合作经济组织的发展营造良好的外部环境和提供规范的法律和政策保障制度。因此，应在自愿基础上，建立和完善真正服务于林农的、功能齐全的林业专业合作经济组织体系，包括直接围绕林业生产活动服务的合作小组（或称联络会），围绕产前、产后服务的合作小组，以及省、县（市）、乡（镇）垂直型纵向组织结构。建立健全"利益共享，风险共担"机制，通过协议定价、利润返还、按

股分红等方式进行利益分配，确定法定公积金、公益金、合作经济组织发展基金（风险基金）、社员（会员）股息等的分配比例。增强林业专业合作经济组织对社员（会员）的资金扶持、低价或无偿服务、生产资料采购等方面的功能，提升合作组织自身的层次和竞争力。

参考资料

福建省地方志编纂委员会．福建省志·林业志［M］．福州：方志出版社，1996.

《中国农业全书》总编辑委员会．中国农业全书．福建卷［M］．北京：中国农业出版社，1997，10.

陈嵘．中国森林史料［M］．北京：中国林业出版社，1983.12.

中华人民共和国林业部．中国林业年鉴［M］．北京：中国林业出版社，1995，411～420.

邱俊齐．林业经济学［M］．北京：中国林业出版社，1998.

杨行亮，林伯德，叶奇栋．福建食用菌产业化的回顾与展望［J］．技术开发与引进，1996，5：7～9.

李国平，刘剑秋．福建野菜资源及开发利用［J］．西南农业大学学报，1999，21（5）：437～443.

任宝贵．论山野菜的开发与利用［J］．中国林副特产，1994，29（2）：47～49.

胡明芳．福建竹类植物生物多样性的现状、保护和利用［J］．竹子研究汇刊，2002，21（4）：33～38

陶荫春，吴洪明．浅谈福建花卉发展的品牌战略［J］．中国花卉园艺，2002，12：6～6.

林如辉，严立勇．福建省主要木本药用植物资源［J］．中国野生植物资源2005，24（5）：49～51.

洪利兴，何志华，钱华，等．浙江效益农业百科全书·森林蔬菜［M］．北京：中国农业科学技术出版社，2004.

何小勇，柳新红，刘跃钧．森林蔬菜利用与栽培［M］．北京：中国林业出版社，2005．

吴德峰．福建的药用植物资源与鱼类疾病防治［J］．福建水产，2000（1）：66～69．

福建省林业厅．福建省林下经济发展规划（2014～2020年），2014．

福建省林业厅．海峡两岸（福建）林业合作实验区规划，2005：1～28．

福建省林业厅．福建省林业"十二五"发展规划，2010．

福建省林业厅．2001—2013年福建省林业统计年鉴．

福建省林业厅．福建建设海峡西岸经济区"十一五"林业发展重点专项规划，2005：1～20

冯彩云．世界非木材林产品现状、存在问题及其应对政策［J］．林业科技管理 2001（1）：56～59．

冯彩云．世界非木材林产品的现状及其发展趋势［J］．世界林业研究，2002，15（1）：43～52．

李兰英，楼涛，沈月琴，等．非木质资源利用实践研究［J］．林业经济问题，2000，20（6）：340～342，372

楼涛，韦新良，林相剑，等．山区乡村森林资源利用方式创新效应及机理分析［J］．浙江林学院学报，2002，19（1）：63～67．

沈月琴，周国模，顾蕾，等．山区非木质资源利用研究［J］．林业经济问题，1998，18（4）：33～38．

关百钧．世界非木材林产品发展战略［J］．世界林业研究，1999，12（2）：2～6．

张爱美，谢屹，温亚利，等，我国非木质林产品开发利用现状及对策研究［J］．北京林业大学学报，2008，7（3）：47～51．

齐建辉．可持续发展理论与经济法的基本理念考辨［J］．西北民族大学学报，2005（6）：87～92．

严立冬．孟慧君．深化生态经济理论研究，走"可持续发展"之路［J］．生态经济，1997（2）：27～30．

佘济云，现代林业生态系统理论探析［J］．林业经济问题（双月刊），2008，28（5）：424～426．

丁国龙，谭著明，申爱荣．林下经济的主要模式及优劣分析［J］．湖南林业科技，2013，40（2）：52～55．

陈满玉，福建省林下经济可持续发展研究［D］．福州：福建农林大学，2013，9．

徐超，福建省三明地区发展林下经济实证研究［D］．北京：北京林业大学，

2013，6.

翁翊，浙江省主要林下经济模式及关键技术研究[D]．临安：浙江农林大学，2012，3.

姜秀华．伊春市林下经济开发浅谈[J]．统计与咨询，2004(01)：44.

高兆蔚．福建省林下经济发展初探[J]．林业勘察设计，2012(01)：9～10.

陈波、李娅．云南省林下经济主要发展模式探析——基于对云南省典型案例的调查研究[J]．林业经济问题，2013，33(6)：510～518.

陈婕．福建省森林人家研究[D]．福州：福建师范大学，2010，6.

王邦富．林下经济植物栽培[M]．北京：中国林业出版社，2014.

国家林业局．全国林下经济现场会会议材料及全国林下经济发展典型材料汇编，2011.

李宝银，周俊新．生物质能源树种培育[M]．厦门：厦门大学出版社，2010.

潘标志．福建森林非木质资源利用、评价及发展对策研究[J]．中国造纸学报，2004，19(增)：526～529.

潘标志．福建森林非木质资源利用的 SWOT 分析及对策研究[M]．福建林业学术会议论文集，福建省机械学会，2006，10：72～74，71.

徐正春，谢献强，先锋．广东省生态公益林建设 SWOT 分析及对策研究[J]．绿色中国：理论版，2004(10M)：47～49.

苏时鹏，张春霞，杨建洲．生态开发福建非木质森林资源[J]．资源开发与市场，2002，(05)：40～42.

黄瑞平．福建主要中药材生态适宜性种植区划探讨[J]．福建热作科技，2012，37(2)：38～41.

卢萍，罗明灿．非木质林产品开发利用研究综述[J]．内蒙古林业调查设计，2009，32(4)：97～100.

刘国初．三明药用植物资源开发利用情况综述[J]．中国林业产业，2005，12：56～58.

福建林业勘察设计院．福建三明市国家林业生物产业基地发展规划(2009～2020 年)，2009.

潘标志．依靠外向型经济加快麻竹产业化发展[J]．林业经济问题，2004，24(1)：55～58.

潘标志．福建南方红豆杉产业化发展对策研究[J]．福建林业科技，2004，31(2)：100～103.

陈杰，林雅秋，林宇，等．福建省生态公益林补偿问题研究[J]．林业经济问题，2002，22(6)357～359.

黄选高．关于循环经济理论与实践探索[J]．广西社会科学，2005(10)：

51～55.

初丽霞，楚永生，叶春和．论循环经济理论对农业经济发展的适用性意义[J]．山东师范大学学报（自然科学版），2005，20(3)：72～74.

武慧君，武民军．循环经济理论与发展循环经济对策探讨[J]．合作经济与科技，2007(6)：33～34.

杜炳新．农林复合经营研究进展[J]．河北林业科技，2008(6)：42～44.

根锁．复合经营初谈——以日本农业复合经营研究为背景[J]．农业技术经济，2003(6)：49～52.

孙建昌．林草结合可持续复合经营技术研究[J]．贵州林业科技，2004，32(4)：1～10.

陈静，叶晔．农林复合经营与林业可持续发展[J]．内蒙古林业调查设计，2009，32(5)：84～87.

袁玉欣．生存与发展的结合——混农林业的崛起[J]．生态农业研究，1994，2(2)：20～24.

刘世岩，朱丽辉，王秀芬等．浅谈混农林业的设计[J]．水土保持科技情报，2003(6)：30～31.

周小萍，陈百明，周常萍．区域农业资源可持续利用模式及其评价研究[J]．经济地理，2004，01：85～90.

周小萍，陈百明，刘永胜．农业资源利用模式体系构建的理论探讨——以江汉－洞庭平原为例[J]．长江流域资源与环境，2004，13(5)：465～470.

苏亨荣．森林非木质利用的综合效益评价[J]．福建林业科技 2014(2).

陈屹松，陈百明，张红旗．农业自然资源利用模式的发展演化规律初探[J]．江西农业大学学报，2005，27(3)：321～325.

刘晓鹰，程颂．林药人工复合生态系统的初步研究[J]．北京林业大学学报，1992，14(2)：65～71.

王伟英，邹晖，陈永快，等．铁皮石斛的综合利用与展望[J]．中国园艺文摘，2011(1)：189～192.

吴韵琴，斯金平．铁皮石斛产业现状及可持续发展的探讨[J]．中国医药杂志，2010，35(15)：2033～2037.

潘标志，池新钦，杨楠，等．发展林下经济模式设计与应用实践——以林药铁皮石斛为例中国林学会林下经济发展学术研讨会论文，2014.

徐文辉，赵维娅．浙江新农村庭院经济发展模式和树种选择[J]．江苏农业科学，2010(1)：388～390.

孙光新，试论立体林业及其发展模式[J]．安徽林业科技，1995(2)：2～6.

缪妙青，缪碧华．福建省绿竹资源现状及发展对策[J]．竹子研究汇刊，

2005，24（4）：48～51.

高允旺. 依托科技办社的好例子——记福建南平顺昌大历竹荪专业合作社[J]. 中国农民合作社，2010（4）：58～59.

周志春，余能键，金国庆，等. 南方红豆杉和三尖杉优良药用种质选择及高效栽培[M]. 北京：中国林业出版社，2009.10.

熊兴隆. 富贵籽人工繁殖技术与造型栽培方法[J]. 福建农业科技，2013（8）：67～69.

高兆蔚.《中国南方红豆杉研究》[M]. 北京：中国林业出版社，2006，10.

高兆蔚，王挺良，等. 福建省南方红豆杉的分布、生境和栽培技术研究[J]. 华东森林经理，2003，17（2）：6～10，13.

明溪——中国红豆杉之乡的璀璨明珠，福建南方生物技术股份有限公司的"红豆杉"发展之路[J]. 中国林业产业，2005，10.

潘标志. 杉木林冠下虎杖不同栽培方式生长效果分析[J]. 林业科技开发，2009，23（3）：55～58.

潘标志，王邦富. 虎杖规范化种植操作规程[J]. 江西林业科技，2008（6）：33～35，38.

潘标志. 三尖杉短周期药用林栽培技术研究[J]. 林业科学研究，2009，22（5）：641～646.

陈爱美，吴永泉，陈金美. 浦城丹桂发展与气象服务[J]. 福建气象，2008（4）：56～57，50.

李会芳，苏喜友. 森林资源评价的发展及研究[J]. 西部林业科学，2005，34（2）：102～107.

黄竞辉. 三明市草珊瑚产业发展战略研究[D]. 福州：福建农林大学，2012，9.

景艳丽. 集体林区林下草珊瑚套种模式及其生物量研究[D]. 北京：北京林业大学，2013，6.

王生华. 林下生境对草珊瑚生长形态和质量的影响[J]. 三明学院学报，2013，30（6）：81～86.

于小飞. 张东升. 基于生态经济学的林下经济探究[J]. 林产工业，2011（03）：50～52.

罗晓青，吴明开，查兰松，等. 珍稀药用植物金线莲研究现状与发展趋势[I]. 贵州农业科学，2011，39（3）：71～74.

蔡衍山，肖淑霞，陈德好，等. 福建省食用菌产业发展规划（2004～2010年）[J]. 中国食用菌，2004，24（3）：3～6.

余文权. 福建省茶叶优势区域发展规划[J]. 中国茶叶，2006（1）：11～13.

福建林业厅. 福建省油茶产业发展规划(2009~2020 年). 2009 年.

潘标志. 毛竹雷公藤混农经营技术与固土保水功能[J]. 亚热带农业研究, 2006, 2(4)：262~265.

林光美. 中国南方特用作物[M]. 厦门：厦门大学出版社, 2009.12.

温远光. 桉树生态、社会问题与科学发展[M]. 北京：中国林业出版社, 2008, 12.

江泽慧. 中国现代林业(第二版)[M]. 北京：中国林业出版社, 2008, 7.

祝列克, 智信. 森林可持续经营[M]. 北京：中国林业出版社, 2001, 9.

涂慧萍, 陈世清, 陈建群. 对森林碳汇及试点的思考[J]. 林业资源管理, 2004(6)：18~21.

福建省政府发展研究中心, 先行·突破·创新——福建集体林权制度改革报告[M]. 北京：中国林业出版社, 2008, 10.

李建民, 潘标志. 林业科技推广改革的理论与实践[J]. 中国林业, 2007, 9B：52~53.

国务院办公厅关于加快林下
经济发展的意见

国办发〔2012〕42 号

各省、自治区、直辖市人民政府，国务院各部委、各直属机构：

近年来，各地区大力发展以林下种植、林下养殖、相关产品采集加工和森林景观利用等为主要内容的林下经济，取得了积极成效，对于增加农民收入、巩固集体林权制度改革和生态建设成果、加快林业产业结构调整步伐发挥了重要作用。为加快林下经济发展，经国务院同意，现提出以下意见。

一、总体要求

（一）指导思想。以邓小平理论和"三个代表"重要思想为指导，深入贯彻落实科学发展观，在保护生态环境的前提下，以市场为导向，科学合理利用森林资源，大力推进专业合作组织和市场流通体系建设，着力加强科技服务、政策扶持和监督管理，促进林下经济向集约化、规模化、标准化和产业化发展，为实现绿色增长，推动社会主义新农村建设作出更大贡献。

（二）基本原则。坚持生态优先，确保生态环境得到保护；坚持因地制宜，确保林下经济发展符合实际；坚持政策扶持，确保农民得到实惠；坚持机制创新，确保林地综合生产效益得到持续提高。

（三）总体目标。努力建成一批规模大、效益好、带动力强的林下经济示范基地，重点扶持一批龙头企业和农民林业专业合作社，逐步形成"一县一业，一村一品"的发展格局，增强农民持续增收能力，林下经济产值和农民林业综合收入实现稳定增长，林下经济产值占林业总产值的比重显著提高。

二、主要任务

（四）科学规划林下经济发展。要结合国家特色农产品区域布局，制定专项规划，分区域确定林下经济发展的重点产业和目标。要把林下经济发展与森林资源培育、天然林保护、重点防护林体系建设、退耕还林、防沙治沙、野生动植物保护及自然保护区建设等生态建设工程紧密结合，根据当地自然条件和市场需求等情况，充分发挥农民主体作用，尊重农民意愿，突出当地特色，合理确定林下经济发展方向和模式。

（五）推进示范基地建设。积极引进和培育龙头企业，大力推广"龙头企业＋专业合作组织＋基地＋农户"运作模式，因地制宜发展品牌产品，加大产品营销和品牌宣传力度，形成一批各具特色的林下经济示范基地。通过典型示范，推广先进实用技术和发展模式，辐射带动广大农民积极发展林下经济。推动龙头企业集群发展，增强区域经济发展实力。鼓励企业在贫困地区建立基地，帮助扶贫对象参与林下经济发展，加快脱贫致富步伐。

（六）提高科技支撑水平。加大科技扶持和投入力度，重点加强适宜林下经济发展的优势品种的研究与开发。加快构建科技服务平台，切实加强技术指导。积极搭建农民、企业与科研院所合作平台，加快良种选育、病虫害防治、森林防火、林产品加工、储藏保鲜等先进实用技术的转化和科技成果推广。强化人才培养，积极开展龙头企业负责人和农民培训。

（七）健全社会化服务体系。支持农民林业专业合作组织建设，提高农民发展林下经济的组织化水平和抗风险能力。推进林权管理服务机构建设，为农民提供林权评估、交易、融资等服务。鼓励相关专业协会建设，充分发挥其政策咨询、信息服务、科技推广、行业自律等作用。加快社会化中介服务机构建设，为广大农民和林业生产经营者提供方便快捷的服务。

（八）加强市场流通体系建设。积极培育林下经济产品的专业市场，加快市场需求信息公共服务平台建设，健全流通网络，引导产销衔接，降低流通成本，帮助农民规避市场风险。支持连锁经营、物流配送、电子商务、农超对接等现代流通方式向林下经济产品延伸，促进贸易便利化。努力开拓国际市场，提高林下经济对外开放水平。

（九）强化日常监督管理。严格土地用途管制，依法执行林木采伐制度，严禁以发展林下经济为名擅自改变林地性质或乱砍乱伐、毁坏林木。要充分考虑当地生态承载能力，适量、适度、合理发展林下经济。依法加强森林资源资产评估、林地承包经营权和林木所有权流转管理。

（十）提高林下经济发展水平。支持发展市场短缺品种，优化林下经济结构，切实帮助相关企业提高经营管理水平。积极促进林下经济产品深加工，提高产品质量和附加值。不断延伸产业链条，大力发展林业循环经济。开展林下经济产品生态原产地保护工作。完善林下经济产品标准和检测体系，确保产品使用和食用安全。

三、政策措施

（十一）加大投入力度。要逐步建立政府引导，农民、企业和社会为主体的多元化投入机制。充分发挥现代农业生产发展资金、林业科技推广示范资金等专项资金的作用，重点支持林下经济示范基地与综合生产能力建设，促进林下经济技术推广和农民林业专业合作组织发展。通过以奖代补等方式支持林下经济优势产品集中开发。发展改革、财政、水利、农业、商务、林业、扶贫等部门要结合各地林下经济发展的需求和相关资金渠道，对符合条件的项目予以支持。天然林保护、森林抚育、公益林管护、退耕还林、速生丰产用材林基地建设、木本粮油基地建设、农业综合开发、科技富民、新品种新技术推广等项目，以及林业基本建设、技术转让、技术改造等资金，应紧密结合各自项目建设的政策、规划等，扶持林下经济发展。

（十二）强化政策扶持。对符合小型微型企业条件的农民林业专业合作社、合作林场等，可享受国家相关扶持政策。符合税收相关规定的农民生产林下经济产品，应依法享受有关税收优惠政策。支持符合条件的龙头企业申请国家相关扶持资金。对生态脆弱区域、少数民族地区和边远地区发展林下经济，要重点予以扶持。

（十三）加大金融支持力度。各银行业金融机构要积极开展林权抵押贷款、农民小额信用贷款和农民联保贷款等业务，加大对林下经济发展的有效信贷投入。充分发挥财政贴息政策的带动和引导作用，中央财政对符合条件的林下经济发展项目加大贴息扶持力度。

（十四）加快基础设施建设。要加大林下经济相关基础设施的投入力度，将其纳入各地基础设施建设规划并优先安排，结合新农村建设有关要求，加快道路、水利、通信、电力等基础设施建设，切实解决农民发展林下经济基础设施薄弱的难题。

（十五）加强组织领导和协调配合。地方各级人民政府要把林下经济发展列入重要议事日程，明确目标任务，完善政策措施；要实行领导负责制，完善激励机制，层层落实责任，并将其纳入干部考核内容；要充分发挥基层组织作用，注重增强村级集体经济实力。各有关部门要依据各自职责，加强监督检查、监测统计和信息沟通，充分发挥管理、指导、协调和服务职能，形成共同支持林下经济发展的合力。

　　各地区、各部门要结合实际，研究制定贯彻落实本意见的具体办法，加强舆论宣传，加大扶持力度，努力营造有利于林下经济健康发展的良好环境。

国务院办公厅

2012 年 7 月 30 日

附录2

福建省人民政府关于进一步
加快林业发展的若干意见

闽政〔2012〕48 号

各市、县(区)人民政府,平潭综合实验区管委会,省政府各部门、各直属机构,各大企业,各高等院校:

为加快推进福建省林业科学发展、跨越发展,到 2015 年实现森林覆盖率 65.5%,森林蓄积 5.22 亿立方米,林业产业总产值 3000 亿元以上,农民涉林收入年均增长 12%;到 2020 年实现森林覆盖率 65.5% 以上,森林蓄积 5.42 亿立方米,林业产业总产值突破 6000 亿元,农民涉林收入年均增长 12% 以上,努力把福建省建成生态环境优美、林业产业发达、森林文化繁荣、人与自然和谐的生态强省,特提出如下意见:

一、转变林业生产方式,加强森林资源培育

着力抓好林木种苗科技创新,建设林木良种基地,提高良种使用率,财政对使用良种壮苗造林予以补助。推广不炼山造林,推进林木采伐由皆伐向择伐转变,防止水土流失,保护生物多样性。从 2013 年起三年内,省级财政安排资金,对择伐作业给予 100 元/亩补助,市、县(区)财政予以配套。加快"四绿"工程建设,加强城市、村镇、道路和"三沿一环"(沿路、沿江、沿海、环城)植树绿化,重点抓好高速公路、高速铁路森林生态景观通道建设。要保障森林通道建设用地,采取租赁、征收、补助、合作等方式,将通道两侧土地用于植树造林。加强未成林和中幼林抚育,提高森林质量,争取中央加大对森林抚育的扶持力度。

依托国有林场、采育场,推进国家木材战略储备生产基地建设,培育大径

材、珍贵树种用材林。争取国家加大投入，并按照国家部委要求，省级相应部门安排资金用于基地建设配套。依托福建省林业投资发展有限公司，建立林业发展投融资平台，支持国家木材战略储备生产基地等重大林业项目建设。有条件的市、县(区)政府可组建同级林业发展投融资平台。金融机构要加大重大林业项目建设信贷支持力度。

二、完善生态补偿机制，强化重点区位生态保护

通过收取森林资源补偿费，适当提高用地成本，控制林地不合理消耗，引导科学合理节约利用林地。从 2013 年起，对使用重点生态区位商品林、省级生态公益林、国家级生态公益林林地的，分别按照每平方米 30 元、60 元、90 元的标准收取森林资源补偿费(2013~2015 年交通基础设施建设项目减半征收，所收资金用于高速公路两侧红线内造林绿化)，具体征收使用管理办法由省财政厅、省林业厅制定。

构筑沿海森林防护屏障，对沿海基干林带划定范围内无法造林的，将临海第一层林缘向内 200m 范围的林木划为沿海基干林带管理。加强林地、湿地保护，鼓励建设自然保护区、保护小区。加大环城一重山及城中山的林地保护，严格控制林木采伐。交通、电网、风电等基础设施建设要科学规划，应当不占或者少占林地，并在可利用的土地上种植树木，加强生态保护。规范树木采挖移植，禁止在重点生态区位采挖树木，严格限制胸径 20cm 以上的大树移植出省。

三、加快转型升级，提升传统林产加工业

培育林业龙头企业，鼓励开展森林认证和质量认证，扶持企业上市融资，做大、做强林业品牌。鼓励企业开展技术改造和创新，发展木竹、松脂、纸浆、木质活性炭精深加工，延长产业链，对符合企业科技创新和成果转化扶持范围的给予重点支持。鼓励进口木材(木片)，简化进口木材(木片)运输手续。

支持林业专业园区建设，对进入园区的工业项目，凡符合产业政策，属于福建省鼓励发展的重点项目，可按不低于所在地土地等别相对应《全国工业用地出让最低价标准》的 70% 作为底价招拍挂出让土地使用权，但出让价格不低于土地取得、前期开发成本和相关税费之和。

金融机构要进一步增加林业贷款额度，根据林业生产特点适当延长贷款期限，利率不上浮，简化贷款手续。对企业收购原料及初加工产品，享受农民自产自销农副产品免税政策。

四、拓展林业新兴领域，大力发展非木质利用产业

发展林业生物产业。扶持林业生物能源基地建设，突出森林生物产品精深加

工，引进大型生物技术企业，鼓励生物技术创新，加强植物精油、生物碱等植物提取产品开发，加快发展生物材料、生物制药、森林食品、天然化妆品和生态茶园等产业。对经有关部门认定的科技含量高、带动农民增收能力强的林业生物企业，享受高新技术企业优惠政策。

发展花卉产业。加强优势花卉品种研发和培育技术推广，加快建设花卉专业市场和花卉文化博览园，推进与荷兰、台湾地区的花卉合作。按照现有投资标准，每年新增扶持建设 5 个现代花卉项目县，逐步将花卉项目县扩大到 30 个。对设施栽培花卉的用水、用电按照一般农业用水、用电标准收费。

发展林下经济。实施"千万林农增收千元工程"，加快发展林药、林菌、林禽、林蜂等林下种植和养殖业，实现"以短养长、立体经营"。从 2013 年起连续三年，省级财政每年安排 3000 万元对林下经济发展予以补助，市、县(区)财政也应安排资金予以扶持。

发展森林生态旅游和森林文化产业。发挥森林景观资源优势，鼓励社会资金投入发展森林生态旅游，依托森林公园、国有林场、自然保护区和"森林人家"，结合全省精品旅游线路规划，打造森林生态旅游精品线路，培育森林休闲、养生、探险、体验等生态旅游区域品牌。经工商注册的森林生态旅游企业，免征属于登记类、证照类的各项行政事业性收费地方级收入部分。加快森林公园立法，依法保障符合规划的森林休闲用地。加强森林文化教育基地和森林博物馆建设，将森林文化产业纳入全省文化产业予以支持。

五、加强基层林业建设，夯实林业发展基础

稳定和加强林业基层管理机构建设，提高基层林业主管部门领导班子专业技术人员比例。立足于乡镇林业站社会公益性质和职能转变需求，科学制定人员编制核定标准，在编制内配齐配强工作人员，经费足额列入地方财政预算。各地应结合实际，合理制定招聘林业站、林场等基层林业岗位的学历资格条件，允许林学类大中专毕业生报考林业站、林场等基层林业岗位，对于急需紧缺专业岗位，可采取直接考核或专项公开招聘方式予以补充。将林业基础设施建设纳入各级政府基本建设规划，强化林区道路和基层林业站所基础设施建设，改善基层林业生产生活条件。

福建省人民政府

2012 年 9 月 24 日

附录 3 ...

福建省人民政府关于进一步深化集体林权制度改革的若干意见

闽政〔2013〕32 号

各市、县(区)人民政府,平潭综合实验区管委会,省人民政府各部门、各直属机构,各大企业,各高等院校:

为深化集体林权制度改革,加快林业发展,增加农民收入,推进生态省建设,特制定如下意见:

一、以林权管理为重点,建立规范有序的森林资源流转市场

(一)加强林权管理。稳定和落实产权。对集体林地已经落实家庭承包的,要保持稳定不变;对采取联户承包的集体林,要将林地面积份额量化到户,完善合作经营管理制度;对集体经济组织统一经营的集体林,要实行民主管理。实行林权动态管理。加强林权登记、变更、注销和抵押登记,对林权重、错、漏登记发证的应依法纠正。各级政府要加大投入,加强林权管理机构建设,在 2015 年底前建成林权管理信息系统。要建立林地承包经营纠纷调解仲裁机构,开展纠纷仲裁。

(二)建立林权流转市场。按照"依法、自愿、有偿"的原则,以海峡股权交易中心等机构为依托,建立规范有序的林权流转交易平台和信息发布机制,鼓励林权公开、公平、公正流转,促进林业适度规模经营。引导林农以入股、合作、租赁、互换等多种方式流转林地;探索建立工商企业流转林权的准入和监管制度,防止以"林地开发"名义搞资本炒作或"炒林"。严格执行森林资源流转法律法规,加强对集体统一经营林地流转的监管,维护林区稳定。

（三）加强森林资源资产评估体系建设。规范森林资源资产评估，资产评估机构进行森林资源资产价值评定估算前，可以根据有关规定委托具有相应资质的林业专业核查机构对委托方或者相关当事方提供的森林资源资产实物量清单进行现场核查，由核查机构出具核查报告。非国有森林资源抵押贷款项目可由资产评估机构进行评估或由林业主管部门管理的具有丙级以上（含丙级）资质的森林资源调查规划设计、林业科研教学等单位提供评估咨询服务，出具评估咨询报告。

（四）加大金融支持林业发展力度。各银行业金融机构要加大林业信贷投入，延长贷款期限，推广"免评估"小额林权抵押贷款和花卉、竹林抵押贷款，完善"林权证＋保单"抵押贷款模式。支持各类金融机构在林区新设或将原有分支机构转型设立林业金融专营机构，提供专业化林业金融服务。对森林资源资产评估机构、林业调查规划设计机构出具的森林资源资产评估咨询报告应予采信，适当提高林权抵押率。各级人民银行要进一步加强林业信贷政策窗口指导，各级银行业监管部门可适当提高林业不良贷款容忍度。将林权抵押贷款业务全部纳入福建省小微企业贷款风险补偿范围，按有关规定给予风险补偿。福人集团有限责任公司牵头成立省一级林木收储中心、担保机构，参与成立林业金融专营机构。有条件的地方，可由市、县（区）林业投资公司成立林木收储中心，对林农林权抵押贷款进行担保，并对出险的抵押林权进行收储，有效化解金融风险。林木收储中心和林业担保机构为林农生产性贷款提供担保的，由省级财政按年度担保额的1.6%给予风险补偿。

二、以分类经营为主导，建立森林可持续经营新机制

（五）完善生态公益林管理机制。建立省级公益林与国家级公益林补偿联动机制，补偿标准随着国家级公益林补偿标准提高而提高。从 2013 年起省级以上公益林补偿标准每亩提高 5 元。要建立村集体、护林员管护生态公益林联动责任机制，实行年度考核、奖惩制度。进一步优化生态公益林布局，对落在重点区位外的零星分散的生态公益林，可采用等面积置换的方法置换重点区位内的商品林。落实《福建省生态功能区划》，加强重点生态区位林地保护，建设项目应不占用或少占用重点生态区位林地，严格控制占用沿海防护林尤其是基干林带林地。

（六）推进商品林可持续经营。持续加快造林绿化，推进"四绿"工程建设和"三沿一环"（沿路、沿江、沿海、环城一重山）等重点生态区位森林以及低产低效林分的补植、改造和提升，推进封山育林，禁止采伐天然阔叶林和皆伐天然针叶林，打造"四季皆绿、四季有花、四季变化"的森林生态景观。县级政府要加快编制县级森林经营规划，森林经营单位要编制森林经营方案，明确经营目标和措施。林业主管部门要开展森林可持续经营试点，强化森林抚育。扶持实施木材

战略储备项目，加快培育大径材，实现木材供给基地化。完善林木采伐管理制度，对除短周期工业原料林以外的一般商品林提倡择伐，主伐年龄按照国家《森林采伐更新管理办法》规定执行。大力发展专业合作和股份合作等多元化、多类型的林业合作社，支持发展股份制合作林场和家庭林场；鼓励一批有实力的骨干合作组织采取"合作社＋林农"模式和林业龙头企业采取"公司＋林农"模式或采取"公司＋合作社＋林农"模式开展合作经营，推动商品林经营规模化、专业化、集约化。实施"以二促一带三"战略，改造提升传统产业，加快发展新兴产业，促进农民就业增收。

（七）科学发展林下经济。各地要按照生态优先、顺应自然、因地制宜的原则，科学编制林下经济发展规划，科学发展林药、林菌、林花等林下种植业，林禽、林蜂、林蛙等林下养殖业，"森林人家"、森林景观利用等森林旅游业和森林化学利用、生物质等非木质产品采集加工业，立体开发森林资源，增加林农收入。鼓励林业合作社发展林下经济，推广"公司＋合作社＋农户"的产业化经营模式，鼓励龙头企业通过订单保证农户林下产品销售，精深加工林下产品。建立政府引导，农民、企业和社会为主体的多元化投入机制，吸引国内外企业、民间资本参与林下经济发展。加强林下种养业发展的金融服务，积极通过农户小额贷款、农户联保贷款、个人经营性贷款等品种予以支持。对于林下种植的价值高的苗木，鼓励金融机构探索开办苗木抵押贷款业务，创新符合林下生产经营特点的多样化金融产品。从2013年起连续三年，省级财政每年安排3000万元用于发展林下经济，市、县（区）财政也应安排资金予以扶持。

三、以转变职能为核心，健全林业社会化服务体系

（八）加强林业基层和设施建设。加强基层林业站、森林公安派出所、林业行政执法机构等基础设施建设，经费纳入当地财政预算。各级财政要加大投入，保障森林公安经费。各级森林公安的业务经费、政策性补贴等按照地方公安标准，足额列入同级财政预算。合理调整林业检查站布局，在高速公路省际口设立林业检查站，强化木材、野生动植物及其产品凭证运输和林业有害生物的检查监管。按编制配齐配强基层林业行政执法队伍、林权管理机构、林业站、林业科技推广机构工作人员，增加专业人员比例，经费足额纳入地方财政预算。严厉打击非法收购木材行为，切实控制森林资源非法消耗。

（九）强化林业社会化服务。加强林权管理服务中心建设，建立优质高效的林业服务平台，提高服务林农的能力。落实好"三免三补三优先"政策（即免收登记注册费、免收增值税、免收印花税，实行林木种苗补助、贷款贴息补助、森林保险补助，采伐指标优先安排、科技推广项目优先安排、国家各项扶持政策优先享受），加强对林业合作社的指导、培训和服务，促进林业合作社规范发展。鼓

励以合作联营等形式，加快造林、防火、采伐、森林病虫害防治等专业队伍建设，提高林业服务专业化水平。鼓励森林资源资产评估、伐区调查设计、木竹检验、林业物证鉴定等社会化中介机构建设。加强林业技术培训，省级财政每年新增安排专项资金，用于开展服务林农专业技术骨干培训、林业实用技术和基本技能培训。

（十）积极实施生物防火林带和设施林业建设。省、市、县（区）要科学编制生物防火林带建设规划，选用防火性能较好、经济价值较高的树种，建设生物防火林带。从今年开始实施生物防火林带建设，着力提高生物防火能力，增加农民收入。各级政府要加大林区水、电、路、讯等基础建设力度，统一纳入地方规划建设。要加大力度扶持设施林业，加强花卉、苗木、毛竹、经济林等生产设施建设，提高林业现代化水平。

福建省人民政府

2013 年 8 月 1 日

附录 4 ...

林下经济植物 GAP 栽培的原则与要求

一、GAP 的概念

GAP 是"良好农业规范(good agricultural practices)"的简称，是 1997 年欧洲零售商农产品工作组(EUREP)在零售商的倡导下提出的，2001 年 EUREP 秘书处首次将 EUREPGAP 标准对外公开发布。主要是针对未加工或经简单加工(生的)出售给消费者或加工企业的大多数农林产品的种植、采收、清洗、摆放、包装和运输过程中常见的微生物危害进行控制，其关注的是农林产品的生产和包装，包含从生产场地到餐桌的整个食品链的所有步骤，保证农林产品生产安全的一套规范体系。

2006 年 1 月，国家认监委制定了《良好农业规范认证实施规则(试行)》，并会同有关部门联合制定了良好农业规范系列国家标准，用于指导认证机构开展作物、水果、蔬菜、肉牛、肉羊、奶牛、生猪和家禽等生产的良好规范认证活动，每个标准包含通则、控制点与符合性规范、检查表和基准程序。ChinaGAP 是结合中国国情，根据中国的法律法规，参照 EUREPGAP 的有关标准制定的用来认证安全和可持续发展农业的规范性标准。

二、GAP 的原则与要求

(一)产地生态环境质量的原则与要求

1. 产地适宜性优化原则与要求

发展种植的经济植物要不仅能在该地生长，而且适宜于在该地的自然环境下大量的生产。其表现为不仅经济利用部位生物产量高或具有一定的产量，而且更重要的是有效成分含量也高。其中：具有特定产区的经济植物（有的也兼具特定种质）由于其特殊的生物习性，决定了对种植地的特殊要求，包括：土壤的质地、酸碱性和氧化还原性、有机质含量（或有效肥力）、土层结构等。

2. 栽培面积的原则与要求

实际上 GAP 并没有就生产某一药用植物对其栽培面积作出规定，一定规模的栽培面积是 GAP 的一项隐性要求。但从经济学的角度来讲，若要满足 GAP 的要求进行生产，必然要求栽培面积达到一定规模才是可行（有利可图）的。也就是说 GAP 必然要求规模栽培，但不是指分散栽培地的组合，而是相对集中的环境（土壤、灌溉水、大气）质量基本一致且面积较大的地块。

3. 环境质量的原则与要求

（1）大气质量标准。制定的科学依据是保证农作物在长期和短期接触情况下能正常生长，不发生急性或慢性伤害的空气质量要求；根据二氧化硫、氮氧化合物、氟化物各自对农作物的毒性大小，选取 NY/ T 391 – 2000（环境空气质量要求》为标准而确定农产品 GAP 生产环境空气质量限值指标，见表1。

表1 农产品 GAP 生产环境空气中主要污染物含量限值

项目	浓度限值	
	日平均	1h 平均
总悬浮颗粒（标准状态）/ mg/m³ ≤	0.30	–
二氧化硫（标准状态）/ mg/m³ ≤	0.15	0.50
二氧化氮（标准状态）/ mg/m³ ≤	0.12	0.24
氟化物/（标准状态）μg/ m³ ≤	7	20 μg/ m³
	1.8 μg/（dm² · d）	–

（2）土壤质量标准。近几年，环境质量评价过程中对土壤中重金属的评价标准大多采用土壤背景值，或监测对照点作为评价标准，但是我国幅员辽阔，各地土壤中重金属的背景值各不相同，高低相差数倍或十余倍之多。原生环境污染会导致当地某些农作物中某些元素含量难以达到 GAP 农产品质量和卫生标准，安全系数相对较小，因此，农产品 GAP 生产中土壤标准以 NY/ T 391 – 2000《土壤中各项污染物的含量限值指标》为基础确定农产品 GAP 生产中不同类型土壤的重金属含量限值指标，见表2。

表2 农产品 GAP 农产品 GAP 生产不同类型土壤重金属含量限值 单位：mg/kg

土壤类型	铜	铅	镉	砷	汞	铬
绵土≤	23.0	16.8	0.098	10.5	0.016	57.5
黑垆土≤	20.5	18.5	0.112	12.2	0.016	61.8
褐土≤	24.3	21.3	0.100	11.6	0.040	64.8

（续）

土壤类型	铜	铅	镉	砷	汞	铬
灰褐土≤	23.6	21.2	0.139	11.4	0.024	65.1
黑土≤	20.8	26.7	0.078	10.2	0.037	80.1
白浆土≤	20.1	27.7	0.106	11.1	0.036	57.9
黑钙土≤	22.1	19.6	0.110	9.8	0.026	52.2
灰色森林土≤	15.9	15.6	0.066	8.0	0.052	46.4
潮土≤	24.1	21.9	0.103	9.7	0.047	66.6
绿洲土≤	26.9	21.8	0.118	12.5	0.023	56.5
水稻土≤	25.3	34.4	0.142	10.0	0.183	65.8
砖红壤≤	20.0	28.7	0.058	6.7	0.040	64.6
赤红壤≤	17.1	35.0	0.048	9.7	0.056	41.5
红壤≤	24.4	29.1	0.080	12.4	0.102	55.5
燥红土≤	32.5	41.2	0.125	11.2	0.027	45.0
黄棕壤≤	23.4	29.2	0.105	11.8	0.071	66.9
棕壤≤	22.4	25.1	0.092	10.8	0.053	64.5
暗棕壤≤	17.8	23.9	0.103	6.4	0.049	54.9
棕色针叶林土≤	13.8	20.2	0.108	5.4	0.070	46.3
栗钙土≤	18.9	21.2	0.069	10.8	0.027	54.0
棕钙土≤	21.6	22.0	0.102	10.2	0.016	47.0
灰钙土≤	20.3	18.2	0.088	11.5	0.017	59.3
灰漠土≤	20.2	19.8	0.101	8.8	0.011	47.6
灰棕漠土≤	25.6	18.1	0.110	9.8	0.018	56.4
棕漠土≤	23.5	17.6	0.094	10.0	0.013	48.0
草甸土≤	19.8	22.0	0.08	8.8	0.039	51.1
沼泽土≤	20.8	22.1	0.092	9.6	0.041	58.3
盐土≤	23.3	23.0	0.100	10.6	0.041	62.8
碱土≤	18.7	17.5	0.088	10.7	0.025	53.3
磷质石灰土≤	19.5	1.7	0.751	2.9	0.046	17.4
石灰（岩）土≤	33.0	38.7	1.115	29.3	0.191	108.6
紫色土≤	26.3	27.7	0.094	9.4	0.047	64.8
风沙土≤	8.8	13.8	0.044	4.3	0.016	24.8
黑毡土≤	27.3	31.4	0.094	17.0	0.028	71.5

（续）

土壤类型	铜	铅	镉	砷	汞	铬
草毡土≤	24.3	27.0	0.114	17.2	0.024	87.8
马嘎土≤	25.9	25.8	0.116	20.0	0.022	76.6
莎嘎土≤	20.0	25.0	0.116	20.5	0.019	80.8
寒漠土≤	24.5	37.3	0.083	17.1	0.019	80.6
高山漠土≤	26.3	23.7	0.124	16.6	0.022	55.4

（3）灌溉水质量标准。目前我国现行的《农田灌溉水质量标准》是为了防止农作物污染而允许的最低灌溉用水质量标准，其制定的科学依据是保证农作物在长期和短期接触情况下能正常生长，不发生急性或慢性伤害。然而由于某些作物对一些污染物的忍受能力较强，虽能正常生长且并未发生急性或慢性中毒，但其体内（果实）污染物含量却已超过了食品卫生标准；显然，它不符合农产品 GAP 生产基地灌溉水质量标准，因此，农业行业标准 NY/T 391 - 2000 特制定了《农田灌溉水中各项污染物的浓度限值指标》（表3）。

表3　灌溉水各项污染物的浓度限值

项目	浓度限值	项目	浓度限值
pH 值	5.5～8.5	铬（六价）/mg/L≤	0.10
化学需氧量/mg/L≤	150	氟化物/mg/L≤	2.0
总汞/mg/L≤	0.001	氰化物/mg/L≤	0.50
总镉/mg/L≤	0.005	石油类/mg/L≤	1.0
总砷/mg/L≤	0.05	大肠菌群/个/L≤	10000
总铅/mg/L≤	0.10		

农林产品采后处理用水要求使用高质量的水，推荐采用国家饮用水标准。农产品采后处理用水中各项污染物的浓度限值见表4。

表4　农产品采后处理用水中各项污染物的浓度限值

项目	浓度限值	项目	浓度限值
pH 值	6.5～8.5	氟化物/mg/L≤	0.10
总汞/mg/L≤	0.001	氰化物/mg/L≤	0.05
总镉 mg/L≤	0.005	氯化物/mg/L≤	250
总砷/mg/L≤	0.05	细菌总数/个/L≤	100
总铅/mg/L≤	0.05	大肠杆菌数/个/L≤	3
铬（六价）/mg/L≤	0.05		

（二）种质和繁殖材料的原则与要求

种质和繁殖材料是最基本的生产资料，在农产品 GAP 生产中发挥着重要的作用。通过推广应用新的优良品种，可以极大地提高作物的产量和改善产品的品质，丰富农产品的种类、花色品种，以满足市场的需要，从而为农产品 GAP 生产提供充实的资源。为规范种质和繁殖材料的生产和管理，应遵循以下原则和要求。

（1）选择高产优质、抗病虫或耐病虫的品种栽培，既可减少或避免病虫害的发生，也就能减少农药的施用量和污染。不同作物种类和品种都有其适宜的栽培条件，要根据作物的生长特性和栽培区的气候环境等条件选择可获得高产、优质的作物种类和品种。

（2）在不断充实、更新品种的同时，要注意保存原有的地方优良品种，保持遗传多样性。

（3）种子、菌种和繁殖材料在生产、储运过程中应实行检验和检疫制度以保证质量和防止病虫害及杂草的传播；防止伪劣种子、菌种和繁殖材料的交易与传播。

（4）加速良种繁育，为扩大农产品 GAP 生产提供物质基础。

（四）农药的使用管理原则与要求

农药是指用于防治农林作物病虫、杂草、鼠害等有害生物及调节植物生长的各种物质，包括提高药剂效力的辅助剂、增白剂等。使用农药作为一项重要的农业技术措施，其特点是作用迅速，效果明显，投入回报高，效益显著，使用方便，便于机械化管理，原料来源广泛，便于工业化生产等；特别是对一些暴发性或突发性的有害生物来说，药剂防治是一种不可替代的应急措施。但是，农药使用不当也会带来一些负面影响，主要表现为大量杀伤天敌造成生态平衡失调，引起有害生物的再度猖獗；使病、虫、草、鼠等有害生物产生抗药性，给防治带来困难；易使作物产生药害和引起人、畜中毒；增加生产成本，造成环境污染等。因此，使用农药要遵循以下原则。

1. 坚持"预防为主，综合防治"的原则

所谓预防为主，就是做好病虫害的预测预报工作，准确掌握病情虫情，合理安排用药次数和用药量，并通过农业技术措施，控制病虫害滋生和繁殖的条件，培育和使用抗病抗虫能力强的品种，防止病虫害的侵入与蔓延。总之，一切防治措施必须在病虫害发生前实施，并用其来控制病虫害的发生与发展。

所谓综合防治，就是从农业生产的总体规划和农业生态系统出发，有组织、协调地运用农业、生物、化学、物理等多种防治措施。采用综合防治可控制经济危害在允许水平下，同时也把有可能产生的有害副作用减小到最低限度。如利用瓢虫、蜘蛛来捕食蚜虫，利用姬蜂、草蛉虫来防治棉铃虫，利用金小蜂防治越冬棉花虹铃虫，利用赤眼蜂防治水稻纵卷叶螟、玉米螟、甘蔗螟等。

2. 坚持少用或不用原则

在 GAP 生产过程中，立足于技术措施进行管理，实施保健栽培，当不防治病虫害会直接影响产品的产量和质量时，实行被迫防治，尽量不用或少用农药。不用或少用农药既防止了产品的污染，又保护了生态环境，为农业资源的持续利用打下了良好的基础。

3. 禁止使用高毒、高残留的农药

GAP 生产中禁止使用的化学农药见表 5 和表 6。

表 5　GAP 生产中所有作物禁止使用的化学农药

农药种类	农药名称
有机锡杀菌剂	薯瘟锡（三苯基醋酸锡）、三苯基氧化锡、毒菌锡、氯化锡
有机杂环类	敌枯双、毒杀芬
有机氯杀虫剂	滴滴涕、六六六、林丹、艾氏剂、狄氏剂、五氯酚钠、氯丹
卤代烷类熏蒸杀虫	二溴忌乙烷、二溴氯丙烷
氨基甲酸酯杀虫剂	克百威、涕灭威、灭多威
二甲基甲脒类杀虫杀螨剂	杀虫脒
取代苯类杀虫杀菌剂	五氯硝基苯、稻瘟醇（五氯苯甲醇）、苯茵灵（苯莱特）
二苯醚类除草剂	除草醚、草枯醚
其他	汞制剂、砷及铅娄、氧制剂、毒鼠强、毒鼠硅

表 6　GAP 生产中部分作物禁止使用的化学农药

禁用作物	农药种类	农药名称
水稻	有机磷杀菌剂	稻瘟净、异稻瘟净
	拟除虫菊酯类杀虫剂	所有拟除虫菊酯类杀虫剂
果树茶叶中草药	有机磷杀虫剂	甲拌磷、乙拌磷、久效磷、对硫磷、甲甚对硫磷、甲胺磷、甲基异硫磷、特丁硫磷、甲基硫环磷、氧化乐果、治螟磷、灭线磷、地虫硫磷、氯唑磷、苯线磷、蝇毒磷、水胺硫磷、磷胺、内吸磷
蔬菜	有机氯类 　　有机氯杀螨剂 　　有机磷类	杀螟威、赛丹、杀螟威、赛丹 　　三氯杀螨醇 　　甲基1605、1059、乙酰甲胺磷、异丙磷、三硫磷、高效磷、蝇毒磷、高渗氧乐果、增效甲胺磷、喹硫磷、高渗喹硫磷、马甲磷、乐胺磷、速胺磷、水胺硫磷、大风雷、治螟磷、叶胺磷、克线丹、磷化锌、氟己酰胺、达甲、敌甲畏、久敌、敌甲治、敌甲
	氨基甲酸酯类 熏蒸剂类 其他杀虫剂	速无畏、呋喃丹、速扑杀、铁灭克 磷化铝、氯化苦 砒霜、苏203、益舒宝、速蚧克、氧乐氰、杀螟灭、氢化物、溃扬净、401（抗菌素）、敌枯霜、普特丹、培福朗

4. 提倡使用生物农药和高效、低毒、低残留的农药。

生物农药不破坏生态平衡，不影响农产品的质量，而且持效时间长。

5. 筛选适宜的农药种类和品种

不同的农药防治不同的病虫害，不同的农药其防治效果和残留状态也不同，必须针对病虫害筛选出适宜的高效、低毒、低残留的农药，才能达到防治效果。筛选的农药首先必须是管理措施中允许使用的农药，符合以下条件：①符合防治病虫的对象；②适合当地土壤条件，有利于土壤自净；③农药的残留期和防治期符合产品的采收和使用特点；④经过权威部门认定和监测。

6. 遵循"严格、准确、适量"的原则

严格控制农药品种，严格执行农药安全间隔期。在选择农药品种时应优先选择低毒、低残留的化学农药。农产品中的农药残留量与最后一次施药离收获期的远近有密切关系，不同农药有不同的安全间隔期。一般允许使用的生物农药为3 ~ 5d，有机磷和杀菌剂为 7 ~ 10d（少数 14 天以上）。蔬菜和水果生产中限量使用的农药的安全间隔期见表 7 和表 8。

防治策略要准确，做到适期防治，对症下药。首先要根据病虫生长规律，准确选择施药时间；其次根据病虫的分布状况，准确选择施药方式；再次就是要选择准确的浓度和剂量。适量是指在每次施药时，必须从实际出发，通过试验，确定有效的浓度和剂量，不可随意加大浓度和剂量。应该强调的是，采用化学方法防治病虫害仅是综合防治中的补充环节，绝不是首选措施。

表 7　GAP 蔬菜生产中限量使用的化学农药安全间隔期

农药名称	安全间隔期/d	农药名称	安全间隔期/d
敌敌畏	7	除虫脲	7
乐果	10	来福星	3
马拉硫磷	10	多来宝	7
倍硫磷	14	灭扫利	3
敌百虫	7	农梦特	10
早螨克	7	可杀得	3
辛硫磷	5	速克灵	1
氯氰菊酯	3	特富灵	2
天王星	4	农利灵	4
抗蚜威	11	瑞毒霉锰锌	1
溴氰菊酯	2	杀霉矾	3
氰戊菊酯	12	百菌清	7
乐斯本	7	粉锈灵	20
喹硫磷	24	DT	3
西维因	14	抗枯灵	40
功夫菊酯	7	除草通	10

表8　GAP果品生产中限量使用的化学农药安全间隔期

农药名称	安全间隔期/d	农药名称	安全间隔期/d
乐果	30	双甲脒	40
杀螟硫磷	30	噻螨酮	40
辛硫磷	30	克螨特	40
氯氰菊酯	30	百菌清	30
溴氰菊酯	30	异菌脲	20
氰戊菊酯	30	粉锈宁	10
除虫脲	30		

（五）化肥的使用管理原则与要求

根据 GAP 生产特定的生产操作规程及产品质量要求，GAP 生产中通过施肥促进作物生长，提高产量和品质，并有利于改良土壤和提高土壤肥力，但不能造成对作物和环境的污染。

1. 创造一个农业生态系统的良性养分循环备件

充分开发和利用本区域、本单位的有机肥源，合理循环使用有机物质，创造一个农业生态系统的良性养分循环条件。农业生态系统的养分循环有三个基本组成部分即植物、土壤和动物，应协调和统一好三者的关系创造条件，充分利用植物残余物、动物的粪尿、厩肥、土壤中有益微生物群进行养分转化，不断增加土壤中有机质含量，提高土壤肥力。GAP 生产基地在发展种植业的同时，要有计划地按比例发展畜禽、水产养殖业，综合利用资源，开发肥源，促进养分良性循环。

2. 经济、合理地施用肥料

农产品 GAP 生产合理施肥就是要按要求，根据气候、土壤条件以及作物生长状态。正确选用肥料种类、品种，确定施肥时间和方法，以求以较低的投入获得最佳的经济效益。施肥是一项技术性很强的农业措施，为了达到经济合理地施肥，GAP 生产基地不仅应不断总结施肥经验，而且有条件的地区和单位应逐步通过土壤、植株营养诊断来科学地指导配方施肥。

3. 尽可能使有机物质和养分回归土壤

有机肥料是全营养肥料，不仅含有作物所需的大量营养元素和有机质，还含有各种微量元素、氨基酸等；有机肥的吸附量大，被吸附的养分易被作物吸收利用，又不易流失；它还具有改良土壤，提高土壤肥力，改善土壤保肥、保水和通透性能的作用。因此，GAP 生产要以有机肥为基础，作物残体如各种秸秆应直接或间接地与动物粪尿配合制成优质厩肥回归土壤。种植绿肥直接翻压或经堆、沤后施入，尤其是豆科绿肥，可增加生物固氮量，利用经高温处理腐熟的动物粪尿，补充土壤中养分。施用有机肥时，要经无害化处理，如高温堆制、沼气发酵、多次翻捣、过筛去杂物等，以减少有机肥可能出现的副作用。

4. 充分发挥土壤中有益微生物在提高土壤肥力中的作用

土壤中的有机物质常常要依靠土壤中有益微生物群的活动，分解成可供作物吸收的养分而被利用，因此要通过耕作、栽培管理如翻耕、灌水、中耕等措施，调节土壤中水分、空气、温度等状态，创造一个适合有益微生物群繁殖、活动的环境，以增加土壤的有效肥力。微生物肥料在我国已悄然兴起，GAP 生产可有目的地施用不同种类的微生物肥料制品，以增加土壤中的有益微生物群，发挥其作用。

5. 尽量控制和减少使用化学合成肥料

尽量控制和减少各种氮素化肥的使用，必须使用时，也应与有机肥按氮含量 1:1 的比例配合施用，最后使用时间必须在作物收获前 30 天施用。

(六)包装、储藏和运输的原则与要求

包装材料和正确的包装方法及包装质量，对保障农产品的安全、质景、稳定、有效，起着重要作用。有利于保护农产品的质量和卫生，减少原始成分和营养的损失，方便贮运，促进销售，提高货架期和商品价值。GAP 农产品生产的包装材料必须符合安全、卫生标准，不得对农产品及其生产环境造成污染。因此对应用于 GAP 生产的农产品包装材料的化学成分和种类的选择要求较高，除了要达到抗冲击、无毒、避光、不散色、防渗漏、对农产品本身不会产生化学影响外，还要考虑其在保鲜、保质、延长运输和货架寿命等方面的作用。另外，选用的包装材料应尽量避免带来城市垃圾，减少运输贮藏消耗和资源的浪费。

(八)人员卫生与配套设施的原则与要求

许多病原菌可以通过采摘、包装和加工处理的工人传播到新鲜农产品上，工人的健康和卫生对生产安全的农产品来说是非常重要的。种植者可通过对工人进行有关微生物污染风险的教育、加强洗手间和洗手设施的管理、密切关注工人的身体健康情况、鼓励工人生病时进行报告等简单的措施，降低病原菌从工人传播到新鲜农产品上的风险。

后　记

　　进入 21 世纪，深感森林非木质资源培育与精深加工将是推进林产业进一步发展的重要手段。自 2002 年以来，编者结合本职工作开展了森林非木质资源利用的研究与推广，调研了许多非木质资源利用的案例，也查阅了许多同行的成果和论文资料，更耳闻目濡了众多非木质资源利用的成功与失败。通过思考与实践，整整七年多的时间里，利用双休日、节假日和下班后的业余时间，开始了孜孜不倦地编著工作。

　　一个人的成长离不开对知识的不断求索，一本书的出版凝结着团队多年的研究成果。长期以来，编者一直很努力地参加非木质资源产业的研究与实践。这些年的成长，虽然取得成绩不大，但乐于其中，编者对非木质资源产业锲而不舍的追求，得到了各级领导的大力支持。在本书编著过程中，得到了福建省林业厅高兆蔚教授级高工、林如青调研员，福建省林木种苗总站林金木副站长、陈璋教授级高工，福建三明林业学校黄云鹏校长、范繁荣教授级高工悉心指导和支持；得到了福建省林权登记中心林名堂、薛行忠、刘相明、高鸿程等同志，三明市生物医药办高刚锋高级工程师，漳州市林业局张友炳副局长，大田县林业科技推广中心苏亨荣教授级高工等单位和负责人以及多家非木质资源开发利用龙头企业的支持；福建省林业厅黄海同志、福建林业职业技术学院周俊新高级工程师、大田县委宣传部张知松副部长、漳平市林业局花卉办蔡志勇主任、长汀县林业科技推广中心范小明主任、永安市林业科技推广中心涂年旺主任、闽清县林业局黄能开高级工程师提供一些资料与图片，在此表示衷心感谢！原林业部副部长、《森林与人类》期刊原主编董智勇先生为本书作序，董智勇先生同时还对本书给予了高度肯定，认为福建林业在正确的理论指导下，出人才、出经验，出经济效益、社会效益和生态效益等，很有必要系统地总结福建省林业发展的经验，这对各省区都

352

有指导意义，在此一并致以诚挚的谢意。同时感谢中国林业出版社于界芬编辑为此书出版给予大力支持，感谢家庭成员对本书撰写过程中给予的大力支持。

这本书是编者多年从事森林非木质资源培育、研究与推广工作的一个阶段性的成果，现在看来尽管还写得不够深透和全面，但毕竟反映福建多年来森林非木质资源开发利用的成就与经验以及编者近几年对森林非木质资源利用的认知历程。未来的岁月里，编者将继续秉承"知不足而后学"，不断迎难而上，精益求精，学而思用，审慎笃行。

2015 年 3 月